建筑门窗幕墙创新与发展

（2018年卷）

名誉主编　黄　圻

主　　编　董　红

副主编　　刘忠伟　白　新

主编单位　中国建筑金属结构协会铝门窗幕墙委员会
支持单位　湖北兴瑞硅材料有限公司

中国建材工业出版社

图书在版编目（CIP）数据

建筑门窗幕墙创新与发展.2018年卷/董红主编.—北京：中国建材工业出版社，2019.2
ISBN 978-7-5160-2509-3

Ⅰ.①建… Ⅱ.①董… Ⅲ.①铝合金-门-文集 ②铝合金-窗-文集 ③幕墙-文集 Ⅳ.①TU228-53 ②TU227-53

中国版本图书馆CIP数据核字（2019）第028988号

内 容 简 介

《建筑门窗幕墙创新与发展（2018年卷）》共收集论文38篇，分为综合篇、设计与施工篇、方法与标准篇、材料性能篇四部分，涵盖了建筑门窗幕墙行业发展现状、生产工艺、技术装备、新产品、标准规范、管理创新等内容，反映了近年来行业发展的部分成果。

编辑出版本书，旨在为门窗幕墙行业在更广泛的范围内开展技术交流提供平台，为行业和企业的发展提供指导。本书适合幕墙行业从业人员阅读和借鉴，也可供相关专业技术人员的科研、教学和培训使用。

建筑门窗幕墙创新与发展（2018年卷）
Jianzhu Menchuang Muqiang Chuangxin Yu Fazhan（2018 Nianjuan）

名誉主编 黄圻
主　编 董红
副主编 刘忠伟 白新

出版发行：中国建材工业出版社
地　　址：北京市海淀区三里河路1号
邮　　编：100044
经　　销：全国各地新华书店
印　　刷：北京雁林吉兆印刷有限公司
开　　本：787mm×1092mm　1/16
印　　张：23.5
字　　数：580千字
版　　次：2019年2月第1版
印　　次：2019年2月第1次
定　　价：98.00元

本社网址：www.jccbs.com，微信公众号：zgjcgycbs
请选用正版图书，采购、销售盗版图书属违法行为
版权专有，盗版必究。本社法律顾问：北京天驰君泰律师事务所，张杰律师
举报信箱：zhangjie@tiantailaw.com　举报电话：（010）68343948
本书如有印装质量问题，由我社市场营销部负责调换，联系电话：（010）88386906

前　言

2018年是风云突变的一年，中美贸易摩擦、股市暴跌、商业房地产史无前例的调控和拐点，大宗商品如石油、钢铁价格大起大落；同时，门窗幕墙作为房地产、建筑业的一个细分行业，也遇到前所未有的挑战和冲击，各类原材料价格如过山车般暴涨暴跌，市场需求又充满诸多的不确定性。传统的房地产公司、建筑业企业、门窗幕墙单位及配套材料生产厂商正在告别爆炸式增长，进入供给侧改革的全新阶段，行业企业的生存与发展面临着转型的阵痛，创新、突破已经成为企业最为核心的问题。

1　宏观经济形势和经济政策对行业的影响

2017年开始，全球经济遇到的风险和困难逐步增多，主要经济体增长放缓、通胀上升，紧缩货币政策周期开启，与此同时，贸易保护主义正在抬头。整体来看，2018年全球经济的形势较2017年有所弱化，我国面临的外部环境不利因素增多。

国家统计局数据显示，2018年第三季度我国GDP增速为6.5%；前三季度第三产业占GDP比重上升至53.1%，最终消费支出对经济增长贡献率达78%，高新技术制造业增加值同比保持两位数增长。2018年10月31日，中共中央政治局会议明确当前经济"运行总体平稳，稳中有进，继续保持在合理区间"。

同时我们也应当看到，我国经济对外面临贸易保护主义不断抬头、世界经济复苏具有更多不确定性等多重挑战；对内，当前经济运行稳中有变，经济下行压力有所加大，部分企业经营困难较多，长期积累的风险隐患有所暴露。

2018年，随着税收及社保的规范化，原材料成本的不断攀升，劳动力资源短缺情况日趋严峻，实体经济尤其是中小企业的发展压力进一步加大，行业发展面临着巨大的考验。

在此背景下，提振市场信心已成当务之急，除了财政政策继续发力、货币政策边际宽松之外，国家也多措并举扭转资本市场单边下行趋势，围绕资本市场改革，加强制度建设，激发市场活力，纾解民营企业、中小企业融资困难。

2　房地产、建筑业与行业发展的现状

近年来，在经历了市场需求低迷，且中央进一步强调"房住不炒"与"坚

决遏制房价上涨"定调政策的背景下，房地产行业长达 15 年的"黄金繁荣期"宣告结束，正式进入了真正意义上的冷静调整期。全国房价广义上普遍呈现稳中有降的态势，而狭义上看，有价无市现象非常明显，表现在新房及二手房成交量明显萎缩，开发商资金压力较大。因此，作为上游的房地产业、建筑业发展速度回落，给铝门窗幕墙行业也带来了较大的冲击，导致全行业生产总量不足，利润滑坡。近年来，房地产行业解决资金紧张的最好办法是去库存，直接拿现房抵债；同时，银行承兑、商业承兑等汇票，成为了主流的结算方式，严重影响企业的现金流健康。因此，流动资金的短缺也给铝门窗幕墙行业的发展带来了前所未有的压力。

此外，近期经营出现困难的材料生产企业数量呈增长的态势，大部分企业表示生存难度加剧，利润空间进一步被压缩，日常运营难以维持。2018 年上半年，许多行业材料生产企业呈现亏损状况，更有许多企业因之前盲目扩大生产，导致资金短缺、经营困难。生产企业面对原材料价格的大幅波动，以及用户方的不断压价，显得捉襟见肘，非常被动。

整个行业在经济下行压力下，面临企业间洗牌和重组的可能性大大提高，未来能够生存并发展的企业一定是追求高品质产品的企业。那么，如何引导行业企业健康、高质地发展，将是铝门窗幕墙委员会（以下简称委员会）未来发展的重点。树立诚信品质、培养工匠精神、担当社会责任、建立长远规划，将成为我们整个行业企业追求的发展目标。

3 进一步发展高端、绿色铝门窗幕墙产品

我国通过三十多年来的高速发展，一线城市、省会城市的规划建设已经趋于饱和。近两年来，公共建筑明显减少，大型商用住宅建筑明显减少，建筑幕墙的工程量开始萎缩。然而，伴随着我国经济从高速增长转向高质量发展，优质的门窗、高品质的绿色节能材料，更加受到甲方、设计院的欢迎。

建筑行业的发展是一个从低端人口密集型产业向高端高品质产业发展的过程，其中，门窗产品极具代表性。门窗产品从最初仅为了简单的挡风遮雨，到后来追求气密、水密、抗风压性能，再到现在对节能保温、隔声以及个性化设计等更高端使用舒适性的要求，这体现出我们门窗幕墙行业在产品使用性能上一直在追求完美。

随着建筑行业在"十三五"期间更加明确了以建筑工业化为核心的发展方向，门窗幕墙行业作为一个一直以工业化流水线生产加工著称的行业，为建筑

工业化的发展进程提供了许多宝贵的经验。同时，行业也追求不断地完善设计、生产、施工工艺，从而提高工业化率，也降低了生产建造成本。此外，工业化是保障门窗幕墙质量的重要手段，企业也希望通过工业化生产加工方式保障产品质量。

4 加快推进既有幕墙安全排查及鉴定工作

近些年，上海、浙江、广东等地幕墙玻璃自爆、坠落伤人事件时有发生，引起了社会各界的广泛关注，住房城乡建设部也一再发文要求加强对新建建筑幕墙工程质量的监管，以及对既有幕墙开展安全排查及检测鉴定工作，从而保障幕墙工程安全使用。早在2015年，住房城乡建设部就会同安全监管总局联合发文，在《关于进一步加强玻璃幕墙安全防护工作的通知》中约定：

（1）充分认识玻璃幕墙安全防护的重要性，要进一步强化新建玻璃幕墙安全防护措施。

（2）严格落实既有玻璃幕墙安全维护要求，对既有玻璃幕墙，责任人应每年进行一次专项检查。

（3）对新建建筑的玻璃幕墙工程的使用方法及范围提出了一定的限定，特别是要求玻璃幕墙竣工验收一年后，施工单位应对幕墙的安全性及适用性进行全面检查。

近年来，协会多次组织有关专家、业内人士调查研究目前建筑幕墙行业的质量安全现状，分析产生质量安全问题的主要原因，并提出切实可行的技术方案和管理措施。通过专家研讨、国内外情况调研，我们一致认为建筑幕墙是高层和超高层建筑不可替代的外墙设计方案。根据国外几十年的建筑幕墙发展经验，建筑幕墙的安全总体是可控的，安全使用是有保障的。

分析我国既有建筑幕墙质量安全问题存在的原因，主要有玻璃自爆、隐框玻璃幕墙的设计、硅酮结构密封胶使用寿命、石材及陶瓷板等脆性材料的破碎、门窗五金件的缺失等因素。这些因素也是给现今既有幕墙带来重大安全隐患的因素。

虽然住房城乡建设部一再发文强调对既有幕墙进行安全排查的重要性，但因为既有幕墙的业主较分散，很难统一管理和要求，因此，既有幕墙安全排查工作近两年才刚有起色。协会也多次派专家对各地市既有幕墙安全排查鉴定工作给予技术支持。今后，协会还将多方位开展既有幕墙安全性相关的活动，从技术、标准、现场排查鉴定等具体工作着手，推动该领域的进步和发展，保障既有幕墙的安全使用。

5 加强行业上下游产业链之间的沟通与合作

俗话说"一个人可以走得很快，一群人才会走得更远"，委员会多年来一直致力于打造房地产、建筑业、门窗幕墙企业与配套材料厂商之间的互动平台。从创办展会、开展活动、组织会议到建立中国幕墙网以及微信公众号、会员微信群等，都是希望能够帮助大家找到企业的"生态圈"。

同时，为了加强与上游行业企业的互动与交流，解决发展中遇到的技术、产品瓶颈，委员会联合会员单位、龙头企业与中国房地产业协会、中国建筑业协会以及深圳、上海、广州和苏州等地方协会，共同组织多次产业链合作共赢的活动和会议。本着打造房地产业与门窗幕墙业发展命运共同体的初心，希望能够多为房地产企业和门窗幕墙企业办实事、办好事。

另外，建议广大会员单位积极参与由委员会组织的各类会议、活动，从而能够广泛接触，从相同细分产品到相关产业等多个维度，寻求方向一致、适合共同发展的合作伙伴。在市场需求增长乏力、原材料与经营成本上涨的背景下，同类企业、同产业链企业，针对相互间市场定位、销售区域的不同，从产品到技术，从研发到销售，加强与同行之间的沟通，迅速布局更大的市场领域，建立和搭建有效的互补机制，真正实现合作共赢。

6 人力成本、人口老龄化倒逼产业模式升级

随着社保、税收体系工作的不断推进和完善，从以往春节后频频出现的"用工荒"现象，到现在生产线熟手仍旧是普遍缺工的状况虽然依旧存在，但实体经济中企业对传统型低端人才的依赖程度已经有所转变。企业招工不易，但是80后、90后务工人员的用工成本越来越高而他们的综合质素又略有下降，这使得企业招工与用工之间形成了鲜明的反差。

"工欲善其事，必先利其器"。近一年多来，很多有前瞻性的企业为了生存发展下去，已经开始投入资金，着手采用自动化生产线和智能机械手设备，努力探索着"无人车间"的美好愿景。门窗幕墙行业作为生产型企业，应当将复杂的生产工艺流程标准化、规范化；同时，还要把产品类型模板化，从而减轻工人的劳动强度，降低对熟练工的依赖程度。

7 原材料价格趋于平稳，稳中略降

伴随着环保督查工作的常态化，原材料企业进一步对产品结构进行了调整，并通过优化升级生产设备，促使其单位时间的产能效率有所提高。此外，上下

游现金流的传导关系，也迫使其加快加大生产的度和量，因此，针对门窗幕墙行业应用的配套材料部品，原材料供应量普遍趋于稳定，基本能够满足日常的生产经营。

由于中美贸易关系复杂，国内汽油、柴油价格大幅波动等因素，导致原材料的供货周期极不稳定，有市无价现象依然存在。部分原材料如铝锭、炭黑等甚至还呈现出价格再度上涨的趋势。因此，整个行业的原材料采购仍然存在很多不可控因素，制约了企业的正常生产经营和稳定发展。

8 深化供给侧改革要 "对症下药"

从国家提出供给侧结构性改革以来，房地产行业的去库存、建筑行业的去产能成为主基调，因此，从2017年下半年到2018年，行业企业在经营状况上出现的两极分化现象越发明显。大型幕墙公司因为参与市政工程，包括北京新机场、展馆、体育场馆、全球500强企业总部等超大体量、复杂工程项目的建设，规模和产值提升明显。也就是说，幕墙的总体体量虽然受限，但市场已经在向"高品质"和"有利润"的向好模式发展。

我国门窗产品的研发能力、生产工艺和产品品质，近几年已经有了非常大的提升，而市场的应用还是以量取胜。尽管全国各地的房价不断上升，但仍然是充当了对土地价格上涨后的补给，开发商在针对门窗的选用时，还是以价格来衡量其配置和标准，导致近年来工程门窗市场呈现出单价和品质不降反升的态势。同时，因为原材料价格波动等因素，导致密封胶渗白油、型材壁厚不达标以及劣质五金件、隔热和密封条造假等不规范的竞争行为又有抬头的趋势。

2019年是我们关注门窗幕墙优质节能产品、聚焦建筑工程质量提升的关键之年，也是我们推进全球化视野寻求跨越发展的一年，更是我们践行工匠精神，深入实施工业化、智能化、信息化战略的攻坚之年，只要我们秉承不断创新与发展的理念，我相信2019年行业的发展一定会更加辉煌。

2019年2月18日于北京

目　　录

一、综合篇 …………………………………………………………………………（1）

2018年度铝门窗幕墙委员会工作报告 ………………………………… 董　红（3）
真空玻璃安全性综述 …………………………… 孙景春　刘忠伟　蒋　毅　闫培起（10）
U值及SHGC值对铝门窗保温隔热性能的影响 ………………………… 贺玉妹（17）
断桥铝门窗设计、组装和安装对门窗性能的影响 ……………………… 贺玉妹（29）
智能玻璃的遮阳系统 ……………………………………………………… 牛　晓（41）
台风对建筑门窗幕墙的破坏及反思 …………… 窦铁波　陈　勇　包　毅　杜继予（46）

二、设计与施工 …………………………………………………………………（55）

幕墙抗风设计 ……………………………………………………………… 赵西安（57）
金属屋面的排水、防水构造特点 ………………………………………… 王德勤（78）
重庆江北国际机场新建T2A航站楼预应力单索幕墙设计 ……………… 刘长龙（90）
海口美兰国际机场航站楼幕墙工程技术介绍 ………………… 陈国新　花定兴（101）
中国西部国际博览城交通大厅18m×58m大跨空间玻璃幕墙系统设计
　　解析 …………………………………………… 殷兵利　董　彪　杨洪智（108）
双支座铝合金立柱计算分析方法对比 ………………………… 黄庆文　熊志强（124）
某沿海城市超高层建筑幕墙开启扇掉落原因分析及整改
　　方案 …………………………………………… 刘家良　姜　仁　韩智勇（133）
中关村壹号空中连廊吊顶的吊装施工方法 ……………………………… 杨加喜（139）
板块装配式金属屋面双层防水构造技术的应用——贵州铜仁凤凰机场 …… 王德勤（147）
几种常用金属屋面系统应用的对比与浅析 …………… 杨　涛　张　洋　张立坤（158）
常州大剧院倾斜式竖向单拉索点支式幕墙设计与
　　施工 …………………………………………… 刘长龙　洪　源　晁晓刚（167）
双层"集热腔"玻璃幕墙的设计实践 …………………… 殷兵利　董　彪　杨洪智（177）
芜湖文化艺术中心异型金属屋面的设计与施工 ………………………… 陆立刚（186）
多吸盘法在既有玻璃幕墙检测中的应用 ……………………… 刘　盈　张仁瑜（200）
BIM技术对异型建筑表皮设计施工带来的变革 ………………… 胡正平　徐增建（206）
铝合金外平开窗保温性能研究 ………………………………… 吴莹莹　张益军（217）
竖向大线条插接型单元幕墙设计浅析 …………………………………… 文　林（224）
框支承建筑幕墙受力构件挠度控制的研究 ……………………… 谭国湘　黄永杭（233）
建筑幕墙三维参数设计 ………………………………………… 王　鹏　刘玉琦（244）
单元式幕墙逆作法安装方案探讨 ……………………………… 姜清海　姜　辉（252）
腾讯数码大厦大跨度不锈钢龙骨幕墙系统分析 ………………… 彭赞峰　邓军华（259）
北京丽泽E06单元幕墙设计介绍 ………………………… 毛伙南　戈宏飞　李公平（267）

浅谈建筑幕墙可靠性设计原理与实践（上） ………………………… 陈　峻（278）
严寒地区玻璃幕墙节能设计 ………………………… 刘家良　姜　仁　韩智勇（286）
遮阳系统抗动态风压性能研究 ………………… 韩智勇　姜　仁　刘家良　郝志华（293）
基于BIM技术的异形幕墙（屋面）面板下料 ……………………… 曾晓武（298）

三、方法与标准 …………………………………………………………………（305）
内平开下悬窗五金系统中欧标准解析 ………………… 曾　超　华若家　杜万明（307）
门窗密封胶标准解析 …………………………………… 曾　容　蒋全博　汪　洋（323）

四、材料性能 ……………………………………………………………………（331）
台风过后既有幕墙调研及硅酮结构胶自然老化研究 ……………… 程　鹏　崔　洪（333）
一种符合EN1279充气中空玻璃用聚硫密封胶的研制及性能
　评价 ……… 佘安宇　王玉美　焦振峰　白　慧　崔　洪　邱　凯　宫祥怡（342）
粘结形态对硅酮耐候密封胶性能的
　影响 ………………………… 谢　林　罗思彬　齐成龙　邓玉梅　黄　强（348）
大工程，小材料——硅酮结构密封胶在建筑幕墙上的应用 ……… 王有治　罗思彬（355）

一、综合篇

2018 年度铝门窗幕墙委员会工作报告

董 红

中国建筑金属结构协会铝门窗幕墙委员会　北京　100037

1　坚持做好行业调查统计工作

铝门窗幕墙委员会（以下简称"委员会"）自 2005 年开始，对全国的铝门窗、建筑幕墙企业进行数据统计工作，以帮助会员单位纵览上下游经营状况、了解行业发展趋势。这是一件具有深远意义的事情。

从前三年的统计情况来看，在铝门窗幕墙的生产总值中，幕墙和门窗几乎是各占一半的份额，随着国家政策、市场需求的变化，幕墙工程总量呈现下降的态势，而铝门窗的产值继续保持小幅上升。总体而言，2018 年铝门窗幕墙行业的生产总值在 6100 亿元左右，其中门窗所占的比例已明显高于幕墙，但整个工程市场的发展速度呈现出停滞的状态。

从统计情况来看，行业企业的经营状况普遍呈现产值不变或略升，但利润下滑的趋势，随着前期各类原材料价格的上涨，通过一年多的发酵后，更加直观地向型材、五金、密封胶、隔热及密封材料等生产、加工企业传导，同时房地产企业"现金为王"的政策导向，也加剧了铝门窗幕墙企业的资金压力。

统计结果表明，我国历经前十年的高速发展时期，一线城市、省会城市的公共建设已经趋于饱和，近几年来工程量减少、业主方资金紧张，因此相当一段时期内，我国的铝门窗幕墙行业都会处在较低速发展的萎靡时期。

2　参与标准制定、修订工作

委员会积极响应国家对建筑业绿色、环保、高性能的要求，从源头标准的完善和制定高水平企业的评价方法，引导行业企业向着更高的目标前行。

委员会共参编标准 9 项，立项标准 2 项，申报标准 1 项。

（1）参编并出版《建筑幕墙工程 BIM 实施标准》和《轨道交通车站幕墙工程技术规程》。

（2）已经立项的标准有《建筑幕墙施工图深化设计标准》《铝合金门窗规范》。

（3）已参编的标准有《铝合金门窗》（GB/T 8478）、《建筑门窗洞口尺寸系列》（GB/T 5824）、《建筑门窗和幕墙产品及制品基本技术要求》《绿色建材评价标准——建筑门窗及配件》《绿色建材评价标准——建筑幕墙》《装配式幕墙标准》《建筑幕墙耐撞击性能分级及监测方法》《智能化幕墙设计标准》以及住建部"工程设计资质标准"幕墙专项设计资质部分的修订。

（4）已申报的标准有《铝合金门窗工程技术规范》（JGJ 214）（重新修订）。

3 各类会议活动的开展情况

3.1 举办行业年会及新产品博览会

2018年3月，在广州如期召开行业年会和新产品博览会。年会聚焦建筑产业化和人居生存环境的思考，在资本寒冬下，用地产商思维、互联网视角，寻求房地产与门窗幕墙行业上下游产业链之间的转型升级之路，用政策导向为企业的未来发展指引了方向，帮助企业制定突围2018年的市场战略。

同时，在年会期间还举行了优秀企业、年度工程的证书和奖牌颁发工作。随后，在举办的第24届全国铝门窗幕墙新产品博览会上，共计有115237观展人次，其中观众64518人，展商579家，展出新产品逾20000件，展会面积达到了85000平方米，相比2017年同期增加百分之六。

3.2 组织开展欧洲先进制作业、德国工业4.0学习考察行

2018年3月18日，委员会组织展开了为期12天的"德国纽伦堡展会赴欧洲考察团"门窗幕墙工业化、智能化学习之行。来自全国各地，涉及幕墙、门窗、配套材料以及顾问咨询等多个领域的行业专家、企业精英二十余人，走进欧洲，探访了全球规模最大的"德国纽伦堡门窗幕墙博览会"展会，深入当地的优秀企业参观、学习、交流，并前往奥地利维也纳造访当地的兰拉装配式展览中心，旨在向全球化的"旭格SCHÜCO""好博HOPPE"以及"泰诺风Technoform"等细分领域国际一线品牌学习，对成熟的装配式建筑技术取经。

3.3 积极开展幕墙顾问联盟观摩活动

2018年6月8日，举办了第三届全国建筑幕墙顾问行业联盟观摩活动。在天津北玻安全玻璃有限公司（简称"天津北玻"）、北京和平铝业有限公司（简称"和平铝业"）的大力支持下，与会嘉宾走进了"凤凰国际传媒中心"，围绕着门窗幕墙系统在建筑上应用、超大型机场项目采光顶设计、钢化玻璃自爆问题分析、超大玻璃在复杂建筑表面中的应用和摄影师眼中的建筑之美展开了交流。并参观天津北玻以及和平铝业位于大厂的公司总部。

3.4 举办门窗幕墙技术培训班

委员会于2018年7月在贵阳举办"2018全国建筑铝门窗技术培训班"，来自贵州本地企业员工85人参加了培训。此次培训邀请了8位业内专家，从贵州省建筑市场入手，详尽地讲解了门窗技术、标准、品质控制、技术检测等内容，并就被动窗等先进技术对学员进行了技术培训并颁发了结业证书。

3.5 持续关注行业青年企业家成长

2018年9月4日，在浙江兴三星五金有限公司、杭州之江公司以及苏州协会的大力支持下，委员会在杭州主办了"2018门窗幕墙行业青年企业家交流座谈会暨第三届青年企业家沙龙活动"。活动深入分析门窗幕墙行业发展现状及经济形势，剖析企业传承之道，是门窗幕墙行业有态度、有温度，一个专门为青年发声的平台。本次会议特别邀请到国内著名企业管理大师——泰山管理学院创办人、院长马方先生，为青年企业家们分享企业发展、融合等方面的管理经验。同时，也为更多的青年企业家建立了沟通交流的平台，促进相互间的凝聚力，推动行业的健康发展。会议期间还组织所有青年企业家参观了G20峰会主会场（杭州国际博览中心），深入认识和学习优质幕墙工程是如何通过多种途径实现节能、节材，以及贯彻可持续发展的绿色环保理念。

3.6 召开2018年中国大陆、台湾、香港建筑幕墙技术发展研讨会

2018年11月3日北京，在中国房地产与门窗幕墙产业合作联盟的发起下，委员会联合台湾帷幕墙技术发展协会、香港建筑幕墙装饰协会联合主办了"2018年中国大陆、台湾、香港建筑幕墙技术发展研讨会"，活动在天津北玻安全玻璃有限公司、广东坚朗五金制品股份有限公司的共同协办下，参观了全球最大的柔性拉索幕墙新保利大厦以及复杂幕墙曲面应用典范的凤凰中心。北京土木工程学会、上海市建筑学会幕墙专业委员会、深圳建筑学会幕墙专业委员会、苏州市建筑金属结构协会等，纷纷派代表组团前来参会。

3.7 委员会专家组工作情况

据不完全统计，铝门窗幕墙委员会专家组专家在2018年活跃在全国各地，参编标准逾200次，参评标准逾190次，评标、讲座、审图等技术工作近千次，发表文章90篇，申报课题32个，申请专利106项。专家们不遗余力地推进技术引领、开展专业服务为门窗幕墙产业链发展带来了积极影响。

另外，委员会在2018年与各地方协会、学会合作的活动20余次，走访企业100余次。在此就不一一列举，期待广大会员企业积极参与行业活动，通过技术介绍、产品展示等交流形式，深度融入委员会组建的行业大家庭中。

4 出版发行期刊

2018年，委员会编写了《建筑门窗幕墙创新与发展（2017年卷）》一书，并于中国建材工业出版社出版（ISBN：978-7-5160-1781-4），书中收录文章46篇，从多角度对建筑门窗幕墙的创新与发展提出了不同的看法。同时，委员会在山东永安胶业的大力支持下，组织了行业专家、幕墙顾问代表以及企业的市场与技术负责人，联合编制出版了《中国门窗幕墙行业分析报告》（ISBN：978-7-5126-6118-9），书中收录文章35篇，重点关注行业的运行状况及品牌测评。两本图书通过对最新政策法规、行业专家、市场趋势、数据统计、技术分析等内容进行深入剖析，为门窗幕墙行业形成分析和发展报告。

5 完成第六届专家组的换届选举工作

多年来，专家组在中国建筑金属结构协会的领导下广泛开展技术咨询、技术服务、人才培训和科技研发等技术服务工作，得到了行业的普遍认可，在行业内产生了积极的影响。2018年第五届专家组届满，为了更好地发挥专家组的作用，依据相关管理办法和规定，第六届专家组候选人申请和推荐工作从2018年6月10日开始，至2018年8月20日截止，共收到72名专家申请人和3名顾问专家申请人的申请资料。经过严格审查和投票，最终有60名专家符合要求，成为第六届专家组专家；有3名顾问专家符合要求，成为第六届专家组顾问专家。

6 举办首届"幕墙顾问咨询行业20强"评选

为了更好地推广建筑幕墙顾问咨询行业企业，帮助上游房地产商及建筑设计院更好地了解建筑幕墙顾问咨询行业品牌，委员会与全国建筑幕墙顾问咨询联盟联合发起并共同主办了此次评选活动。活动从2018年6月由承办方中国幕墙网开始资料的申报工作，随后展开了网络投票和专家评审，通过资料评分、专家复审和人气票选三个环节，最终选拔出了

2017—2018年度最具实力和代表性的20家企业,并在2018年11月的联盟座谈会上为这20家企业颁发了奖牌。

7 2019年度门窗幕墙行业趋势及委员会工作思路

7.1 大力推进门窗幕墙的"智能化"产品研发与创新

智能建筑的概念起源很早,但实际应用是从20世纪80年代美国联合科技公司将建筑设备信息化、整合化概念应用于美国康涅狄格州的城市广场项目(City Place Building)时,才真正意义上出现全球首栋"智能型建筑"。中国的智能建筑在近几年呈现爆发式发展,越来越多的楼盘和高档住宅利用互联网、云计算、大数据等热点,在智能手机、智能电视、数字家庭智能终端的集成化、系统化的环境下,展现出与传统建筑、传统居住环境差距化的竞争优势。

目前,门窗幕墙行业在跟进智能建筑方面,主要表现在智能家居和舒适家居等领域的研发,配套的新品层出不穷,已经有不少的门窗企业、型材企业开始着手开展智能化产品的研发与推广,如体感式的新风系统、光感雨感门窗系统、人体工程学的智能隔声装置、智能门禁系统(智能锁)以及电控变色玻璃等产品成为了新亮点。

接下来,委员会将更多地利用展会、活动、会议等平台,组织上下游企业与科研机构、高校院所对接,将更多"实验室"中的核心技术转化成优质的产品,从而帮助行业企业拓展更多的发展空间,提高市场生存的竞争力。

7.2 引导建筑幕墙设计规范化

目前,建筑幕墙设计市场乱象丛生,存在大量的仅由几个人组合而成的"小型团队",由于其技术实力难以胜任大型、复杂项目,因此为了求生存而低价接单;同时,一些团队在设计与深化过程中运用的节点和细节设计还是多年前的技术,单方面为了满足甲方"外行领导内行"的意见,对建筑安全、使用性能等大幅违规改动。

针对这一乱象,委员会将利用自身平台优势,与多协会、联盟积极开展合作,引导建筑幕墙设计师们开展各类学习及交流活动,通过学习先进技术、交流国际经验,为设计师们谋求更好的规划职业生涯,建立良好的行业服务规范,培养更加规范化的工作习惯。同时,委员会将利用每年召开的培训班,对最新的国家和行业设计规范、标准进行解读,帮助设计从业者提高专业技能。

7.3 推动防火窗产品市场调研

门窗作为建筑外围护的开口部位,是抵御室外火灾向室内蔓延的重要屏障,其防火性能已成为防止高层建筑火焰层间蔓延的关键因素,防火门窗质量的好坏直接影响建筑物抗御火灾的能力。随着国家《建筑设计防火规范》(GB 50016—2014)的落地,对建筑外墙上门窗的耐火完整性做了明确规定,并根据高层建筑人员疏散困难的特点,人性化地对每户设置避难间做了明确要求。这对于提升我国建筑物抗御火灾的能力,提高我国高层住宅建筑的火灾安全,避免人员伤亡,意义十分重大。

防火窗是帮助人们抵御突如其来的火灾的有力保障,是高层建筑、高层住宅的标配,随着消防安全检查工作的推行,防火窗的需求量定然会增加。目前国内的建筑门窗产品中,铝型材门窗外观漂亮、定制多样,受到广大用户的喜爱,因此占据了市场的主导地位。同时,铝合金型材也是较容易加工改造成为防火窗的一种材质。从市场需求量上看,国内对防火门窗的市场需求量大致为 1.5 亿平方米，数量巨大。

未来，随着人们安全意识的进一步提高，满足社会大众需求的铝合金防火窗势必成为市场热点，委员会将重点关注相关产品的质量水平、材料标准和工艺发展，引导甲方、设计院在工程项目中选用优秀的品牌和产品解决方案。

7.4 组织编制建筑门窗幕墙行业新规范

自 2017 年《深化标准化工作改革方案》的发布，标准由六类整合精简为四类，在政府制定的四类标准保证基础面的前提下，企业及团体标准将为市场竞争提供更多合理方案。为了更好地服务建筑铝门窗幕墙行业及协会会员单位，委员会将抓住协会标准发展的契机，发挥委员会技术专家的专业优势，针对新产品、新工艺、新技术，进一步积极开展团体标准的编制和修订工作。

委员会拟在 2019 年出台协会的团队标准申报、管理的规定，进一步规范协会标准的申报审批流程，提高协会标准的技术水平，真正做到让协会标准为行业服务、为企业服务。

7.5 持续推广绿色环保新材料

建筑材料的绿色化、环保化应用已经成为市场的上流，例如铝木门窗、全铝家具、智能家居、新风系统、装配式建筑等，还包括一些无毒、无公害、可循环利用、可降解等符合自然生态保护要求的新材料正在研发并逐步投放到市场中。

由于上述材料的应用不仅节约了自然资源，同时对改善自然环境起到了重要作用，因此，该类材料有着广阔的市场前景。其中，断桥铝合金门窗（含铝包木）、高性能建筑玻璃等产品，更是在近期国家统计局发布的"2018 国家战略性新兴产业分类"中得到推荐，印证了国家大力推广绿色环保建材的方向和决心。

委员会将持续关注建筑门窗幕墙行业内的绿色环保新材料，通过走访、调研、采集、推广等方式，运用平台化、集中化、系统性的科学方法，对符合建筑门窗幕墙行业长效发展、符合新生态环境建设的新产品、新材料进行业内学习、推广。

7.6 建立中小企业发展论坛

近年来，市场的冰山、技术的高山、转型的火山这"三座大山"伴随着门窗幕墙行业的发展，以及人工成本高、周转成本高、税费负担高、制度性交易成本高等现状，严重制约着企业竞争力的提升。当前，行业内 80% 的企业规模仍属中小规模的发展中企业，在 2019 年委员会的市场服务工作中，中小企业的发展将成为我们重点关注和研究的方向。合理推动中小企业的发展，为中小企业发展建言献策，开展中小企业发展论坛，组织中小企业参观、学习、交流，增强企业家们的互通互助，共同提升行业企业的内生动力，激发中小企业的创新活力。

7.7 继续深入优化行业年会及新产品博览会

行业内每年 3 月在广州召开的行业年会暨中国建筑经济峰会以及新产品博览会，2018 年除保利世贸馆以外，还针对当前热点关注的智能化产品、科技住宅、高端门窗等，增加了"南丰馆"，首次开启"双馆模式"。为此，在以后的年会工作中，组委会除了将更多地邀请房地产、建筑业的国内外知名企业与专家、机构等共同参与之外，还将注重向上游产业链、向国际化领域的拓展，在家门口与国际发达国家的先进技术、管理经验、新材料等互动交流，增强行业信心，引领企业发展潮流。

7.8 坚持做好铝门窗幕墙行业数据统计工作

铝门窗幕墙行业数据统计工作是委员会的一项重要工作指标，每年通过收集、整理、研究、分析行业内门窗企业、幕墙企业、型材企业、玻璃企业、隔热材料企业、密封材料企业、五金企业、设备企业等的经营、研发、福利、成本等数据，建立完善的行业大数据基础，并秉持着在供给侧改革的形势下，为企业的发展及投资方向提供具有战略价值的参考数据。同时，利用大数据基础和专家评审机制相结合的方式，还将评选出行业的优质幕墙工程和优秀材料品牌，向甲方、设计院以及广大用户等上下游产业链成员进行推荐。

7.9 建立幕墙顾问咨询行业专家组

全国建筑幕墙顾问行业联盟在委员会的组建和管理下，已经连续召开了5次年度工作会议和3次观摩活动，随着从事幕墙设计及咨询的专业化公司越来越多，其规模和影响力越来越大。接下来，联盟将着手筹备组建专家组，专家成员由建筑幕墙行业知名的教授、技术总工等经评审后组成，任期四年，总人数不超过20人。专家组成立后将更好地配合全国建筑幕墙顾问行业联盟，进行技术交流与合作，提供技术咨询等服务，同时，将开展项目技术论证、评审和监督，组织技术和人才的专业培训等工作。

7.10 行业展望

改革开放以来，中国建筑业及房地产行业蓬勃发展，建筑幕墙、门窗产量位居世界第一，特别在建筑幕墙设计和幕墙施工技术领域中国企业已经进入世界发达国家前列。在超高层建筑幕墙设计、特大型异型幕墙设计、建筑信息模型（BIM）在幕墙中的应用等方面，中国的建筑幕墙设计施工技术已经走向世界，在三十多年的积累下，建筑幕墙技术发展日新月异，新技术、新产品层出不穷。

7.10.1 住房属性的定位不会仅体现在政府工作报告中

随着政府两会工作报告中提到"坚持房子是用来住的、不是用来炒的"定位，落实地方主体责任，继续实行差别化调控，建立健全长效机制，促进房地产市场平稳健康发展。前期的房地产经济、高债务发展、土地财政手段等，将进一步受到控制。相信在未来几年里，我国经济将继续保持稳中求进的总基调，经济发展的基本特征，由高速增长转向高质量发展。

7.10.2 品质与价格的博弈转变

伴随着市场政策及调控措施的逐步实施，房地产市场的变化将最终影响建筑门窗幕墙工程市场，带来的最大改变将是出现两极分化。"重价格、轻品质"的经营模式逐渐转变为"重品质、轻价格"，在由消费终端及甲方主导的市场传导作用中，好的商品、好的房屋、好的建筑、好的作品是市场发展的主要潮流取向，行业企业要注重技术创新、服务创新，用品牌赢得客户信任。

7.10.3 鼓励行业工匠精神

"工匠精神"一词自2016年以来成为中国制造业的热词，与之相伴随的是，门窗幕墙行业赚快钱和暴利的时代一去不返。唯有价值向上、价格合理、耐心和专注地坚守做好产品，严谨、负责地做好服务，以追求良好和超越来创建品牌、寻找出路，行业企业才能屹立不倒，这也是工匠精神最好的运用。

委员会将一如既往地鼓励与支持企业家、员工们学习工匠精神、运用工匠精神、创新工匠精神，更多地关注人类居住环境改善，研发和生产绿色环保、安全可靠的门窗幕墙产品，增加用户的高品质体验和舒适度感受，共同追求高层次的"工匠精神"。

7.10.4 持续关注上游行业发展动向

随着房地产行业的发展趋向和产品结构的深度变化，其采购模式逐渐由项目需求型的实时分散式采购，向周期性集中式战略采购转变。进而开发商对型材、玻璃、五金、密封胶以及隔热密封材料等相关配套建筑材料，采取了品牌入库的新形合作模式，以实现资源集约管理与模式化。为此，作为下游的门窗幕墙行业企业迫切希望与房地产开发商建立直接的商务合作，然而在这种模式下，入库品牌除了需要满足多项准入门槛以外，大多数还需要垫资供货，这样一来，甲方的发展状况与经营情报就显得尤为重要，委员会将积极寻求信息渠道，获取有价值的信息，帮助会员单位掌握更多相关情报。

"不经一番寒彻骨，怎得梅花扑鼻香"。寒冬过去必将迎来温暖的春天。在此，希望全体会员单位与委员会一起再谱新篇章，再创新辉煌。

真空玻璃安全性综述

孙景春[1,2]　刘忠伟[3]　蒋毅[1,2]　闫培起[1,2]
1　北京新立基真空玻璃技术有限公司　北京　100607
2　北京市真空玻璃工程技术研究中心　北京　100607
3　北京中新方建筑科技研究中心　北京　100024

摘　要　本文从实际应用的角度出发，结合国内对建筑用安全玻璃的标准和规范的具体要求，论述了真空玻璃应用安全性方面的问题。在提高真空玻璃产品自身强度方面，使用低温封接技术提高真空玻璃表面应力，通过理论分析和计算来科学合理地设计支撑物外形和排列间距，并模拟实际使用工况分析计算真空玻璃封边强度，从上述三个方面论述了真空玻璃在实际应用中具有很高的安全性。最后，结合标准和规范中对真空玻璃应用安全性的规定，分别给出了真空玻璃在玻璃幕墙、门窗以及采光顶等场所应用时推荐使用的安全配置。
关键词　真空玻璃；安全性；表面应力；安全配置

1　引言

真空玻璃是新型玻璃深加工产品，是我国玻璃工业中为数不多的具有自主知识产权的节能玻璃品种，它与传统的中空玻璃相比，具有传热系数低、抗结露因子级别高、隔声性能强、寿命超长、结构轻薄等优势。

真空玻璃是由两层平板玻璃构成的玻璃制品，两层玻璃之间为气压低于0.01Pa的真空层，使得气体传热可忽略不计，这是真空玻璃热工性能优异的机理。为了平衡真空玻璃内外大气压差，必须在两层玻璃之间设置支撑物矩阵，类似房屋中的承重柱，同时，支撑物使玻璃之间保持间隔，形成真空层。支撑物矩阵不仅要平衡大气压差，还要考虑到支撑物"热桥"形成的传热，以及避免影响玻璃通透性，通常都要经过复杂和严格的计算来综合各种因素进行设计。真空玻璃的结构如图1所示。

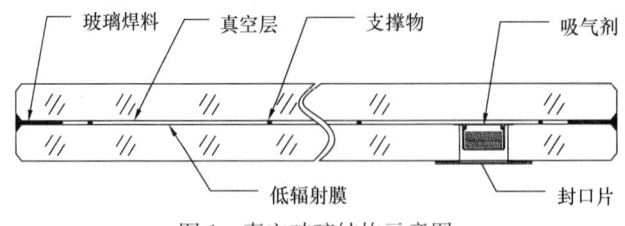

图1　真空玻璃结构示意图

广大用户选用真空玻璃的原因主要是看中了其优异的保温隔热性能，可以大幅度降低用

十三五项目"高性能全钢化真空玻璃开发及连续线改造与生产示范"（2016YFC0700804-2）。

于建筑物采暖和制冷的能耗。在实际工程应用中，不少用户关心真空玻璃的安全性问题。关于真空玻璃的"安全性"这一概念，可以从两个方面来介绍：一是真空玻璃自身强度；二是各种标准和规范对真空玻璃的实际应用提出的具体的限定指标。真空玻璃产品经过多年的研究和改进，不仅不断地提升自身强度指标，同时也在适应各种标准和规范的要求，不断完善产品结构，进一步提升产品的安全性。

2 真空玻璃自身强度对产品安全性的影响

2.1 表面应力和碎片状态

影响真空玻璃自身强度最主要的因素是玻璃的表面压应力，表面压应力越大，其强度越高，越不易破碎。一旦玻璃意外发生破碎，表面压应力越大的玻璃其碎片的尺寸越小，对人身安全来说则越安全。因此，提高真空玻璃安全性最直接的办法是提高产品表面应力。

最初的真空玻璃产品是采用未钢化的平板玻璃加工而成，产品强度低、安全性差，现已基本淘汰。目前行业内众多真空玻璃生产厂商都在使用钢化玻璃来生产真空玻璃，并且结合各种低温封接技术，使最终真空玻璃成品的表面应力不断提高。现在已经可以规模化生产表面应力高于 90MPa 的真空玻璃产品，破碎后在 50mm×50mm 区域内碎片数量均不小于40 个，完全符合国家标准《建筑安全玻璃　第二部分：钢化玻璃》（GB 15763.2）的要求，破碎后的状态与钢化玻璃相同。因此，这样的真空玻璃习惯上被称为"钢化真空玻璃"，是目前市场上强度和安全系数最高的真空玻璃产品，如图 2 所示。

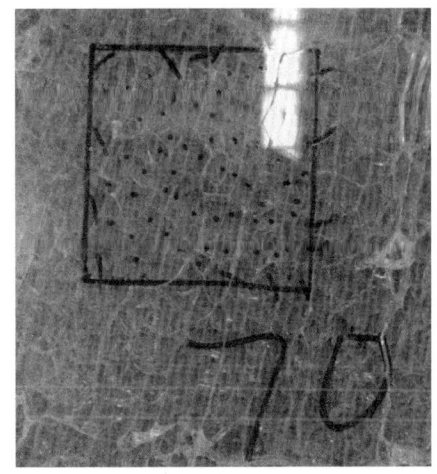

图 2　钢化真空玻璃碎片状态

钢化玻璃是通过使平板玻璃在应变点以上快速冷却的方法使表面形成压应力层，从而提高强度。但玻璃自身结构的缺陷，如硫化镍粒子、结石等会导致钢化玻璃自爆。目前行业内普遍认为，钢化玻璃的自爆率不超过 0.3%。如将钢化玻璃进行均质处理，其自爆率会进一步降低。

真空玻璃的加工工艺有一个特点，即在其边部封接材料熔封过程中，通常要将玻璃加热到 300℃以上，并保持较长的一段时间，这与钢化玻璃均质过程相似，因而钢化真空玻璃成品自爆率经过这一工艺过程得到了有效的控制，进一步提高了其使用安全性。

2.2 支撑物矩阵设计

另一个影响真空玻璃强度的因素是支撑物矩阵的设计。真空玻璃中间层的支撑物起到平衡玻璃片内外大气压差的作用,如图 3 所示。大气压对真空玻璃外表面施加了一个均布载荷,在真空层内要由支撑物对玻璃内表面施加的支撑力来平衡。玻璃基片与支撑物的相互作用使真空玻璃产生以下 3 个主要的应力:(1)玻璃基片的弯曲应力,在支撑位置玻璃外表面和支撑物连线中点玻璃内表面产生极值;(2)支撑物压应力;(3)支撑物与玻璃的接触应力。图 4 所示为偏光镜下真空玻璃支撑物矩阵的应力斑,也称为真空星。

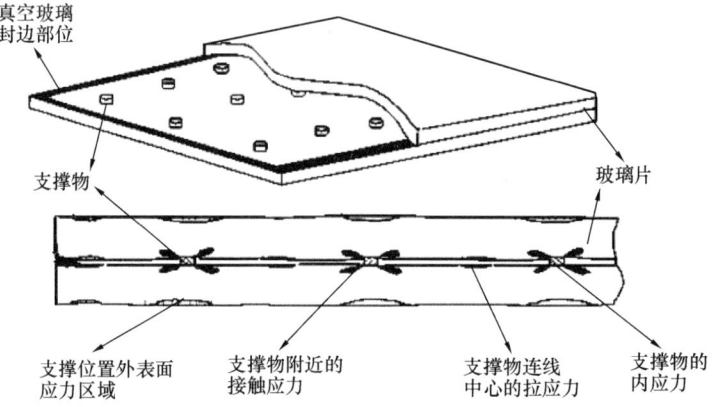

图 3 真空玻璃构造及大气压作用下应力分布示意图

图 4 真空玻璃支撑物矩阵应力斑

为保证支撑物矩阵不会影响玻璃采光和视觉效果,通常都将支撑物设计得比较小,并且希望支撑间距尽量增大。通过合理布置支撑物间距和设计支撑物的外形尺寸,能保证上述 3 个应力在材料允许的范围内,同时得到真空玻璃最低的导热系数。因而,真空玻璃支撑物的形状、端面面积和矩阵排列的间距都需要经过严格的理论计算来进行设计,使真空玻璃在使用过程中的安全性得到有效的保障。

参考《建筑玻璃应用技术规程》(JGJ 113—2015)对平板玻璃长期荷载作用下安全强度设计值的具体规定,以直径为 0.6mm 的环形金属支撑物为例,假设支撑物表面处理为理想状态，即表面光滑、无毛刺棱角，经过模型分析和模拟计算，真空玻璃允许的最大支撑物间距可参考表1的数据。该结果经过试验验证与实际使用情况符合度非常高。

表1 真空玻璃基片厚度允许的最大支撑距离

玻璃厚度（mm）	玻璃品种	最大允许支撑距离（mm）
3	普通浮法玻璃	25
	半钢化玻璃	30
	钢化玻璃	45
4	普通浮法玻璃	30
	半钢化玻璃	45
	钢化玻璃	45
5	普通浮法玻璃	30
	半钢化玻璃	45
	钢化玻璃	45
6	普通浮法玻璃	30
	半钢化玻璃	45
	钢化玻璃	45

由此可见，为了同时兼顾保温性能和使用安全性，真空玻璃的支撑物设计和间距的选择应该参考表1提供的数据，在合理的范围内选择，让广大用户放心使用。

2.3 封边可靠性

真空玻璃是通过焊料（通常是低温玻璃焊料）沿着四周将两片平板玻璃密封在一起，封边宽度通常在10～16mm之间。真空玻璃在实际应用中，尤其是在隐框幕墙的应用中，由于受到外力、玻璃本身自重以及温差等多重作用，低熔点封边玻璃焊料在满足密封功能之外，还需要满足一定的力学性能要求。

目前，各真空玻璃生产厂家所使用的封边焊料不尽相同，并且有各自独特的加工工艺，难以逐一列举计算。本节选用北京新立基真空玻璃技术有限公司所使用的低熔点玻璃焊料为例，通过实测数据和理论计算，分析真空玻璃在实际使用中受到自重、温差以及风载荷作用下的边部应力状态和大小，来说明真空玻璃封边的可靠性问题。

对玻璃焊料的基本性能进行三点弯曲强度试验、封接界面的拉伸和剪切强度测试。低熔点玻璃焊料的弯曲强度按《玻璃材料弯曲强度试验方法》（JC/T 676—1997）标准执行，真空玻璃封接界面拉伸和剪切强度按《Fine ceramics（advanced ceramics，advanced technical ceramics）-test method for interfacial bond strength of ceramic materials》（ISO 13124）标准执行。测试结果见表2。

表2 低熔点玻璃焊料强度测试结果

测试项目	试样数量（个）	测试结果（MPa）
三点弯曲强度	8	33.16
封接界面拉伸强度	6	0.604
封接界面剪切强度	5	3.45

首先,考虑玻璃自重对封边的影响。竖直放置的复合真空玻璃中的一片或几片玻璃自重全部由边缘封接部位承担,受到剪切应力作用。例如玻璃结构为 T6+夹胶+T6+V+T6+9A+T6 的复合真空结构,玻璃尺寸为 2.8m×1.8m,封边宽度 10mm,真空玻璃封接部位承受共 12mm 厚度的玻璃自重影响,经过计算其剪切强度为 0.0161MPa。从表 2 中得到低熔点玻璃焊料封接界面的剪切强度为 3.45MPa,按持久应力作用取安全系数为 6,则设计强度为 0.575MPa,远高于上述举例中真空玻璃封接部位实际承受的剪切强度。因此,真空玻璃边缘封接强度能够承受玻璃自重的作用。

其次,考虑温差作用下真空玻璃边缘封接的可靠性。当真空玻璃内外基片温度不同时,因真空玻璃内外基片膨胀程度不同,可造成边缘封接部位产生剪切应力。通过模型计算结果显示,由温差引起的对玻璃焊料的剪切应力只与温差和玻璃基片的厚度有关,与真空玻璃长宽尺寸无关。表 3 为通过计算得到的不同厚度真空玻璃基片和不同温差下封接部位剪切应力数值。

表 3 不同厚度真空玻璃基片和不同温差下封接部位剪应力

玻璃厚度(mm)	温差(℃)	剪应力(MPa)
3	30	0.01035
	40	0.0138
	50	0.0173
	60	0.021
	70	0.024
	80	0.028
4	30	0.0139
	40	0.0184
	50	0.023
	60	0.028
	70	0.032
	80	0.037
5	30	0.017
	40	0.023
	50	0.029
	60	0.035
	70	0.04
	80	0.046
6	30	0.021
	40	0.028
	50	0.035
	60	0.041
	70	0.048
	80	0.055

由计算结果可以看出，由温差产生的封接部位剪切应力远小于封边玻璃实际测试的剪应力强度（3.45MPa），因此，温差对封边玻璃的影响可以忽略不计。

最后，考虑风载荷作用下真空玻璃边缘封接可靠性。假设真空玻璃边部处于自由状态，不受边框约束，这时风压下真空玻璃边部会发生弯曲，最大应力产生在最大弯矩处，即边部中心位置。按照前面复合结构真空玻璃的例子，长边 2.8m 为自由边，通过理论计算得到焊料承受的最大弯曲应力为 2.99MPa。表 2 实际测量得到的低熔点玻璃焊料弯曲应力为 33.16MPa，按短期载荷作用，取安全系数为 3，则设计强度为 11.05MPa。可见，实例中的真空玻璃在该设计风压作用下封边焊料是安全可靠的。而实际上，真空玻璃装配在幕墙或门窗后，由于边部有框架或密封胶的支撑作用，在风压作用下实际弯矩远小于完全自由状态。根据权威部门实际风压测试结果显示，该真空玻璃结构边缘封接部位实际承受国家最高级别 5000Pa 风压测试，结构和功能仍保持完好。

3 标准和规范中对真空玻璃应用安全性的规定

为保证真空玻璃在实际应用中的安全性和防护性，除了需要满足前面介绍的有关真空玻璃自身强度的各种设计指标以外，还应满足各种工程应用技术规范的要求，使真空玻璃产品结构设计乃至运输、安装和使用等各个方面都有理有据，使广大客户可以放心使用。

通过对中国地区幕墙用玻璃的各种规范和工程应用指南的调研和汇总，可以得到对幕墙用真空玻璃的总体性要求：幕墙（全玻幕墙除外）必须使用安全玻璃（钢化玻璃、夹层玻璃及由钢化玻璃或夹层玻璃组合加工而成的其他玻璃制品）；玻璃幕墙采用夹层玻璃时，宜采用干法加工合成；框支承玻璃幕墙，单片玻璃的厚度不应小于 6mm，离子性中间层夹层玻璃的单片厚度不应小于 4mm、PVB 夹层玻璃的单片厚度不应小于 5mm；夹层玻璃、中空玻璃的单片玻璃厚度相差不宜大于 3mm。针对上述通用性要求，建议幕墙用真空玻璃采用以下三种结构：

（1）中空＋真空＋夹胶。
（2）中空＋真空＋中空。
（3）夹胶＋真空＋夹胶。

除此之外，《建筑安全玻璃管理规定》要求，除幕墙（全玻幕墙除外）必须使用安全玻璃外，以下位置也需要使用安全玻璃：7 层及 7 层以上建筑物外开窗；面积大于 1.5m² 的窗玻璃，或玻璃底边离最终装修面小于 500mm 的落地窗；公共建筑物的出入口、门厅等部位。因此，真空玻璃在上述场所的使用也建议采用复合结构。

根据规定，除上述特殊位置之外的窗玻璃可以单独使用真空玻璃，尤其是强度高、安全性好的钢化真空玻璃。考虑到为了满足型材设计的需要，可以在单真空玻璃的基础上适当复合一层单真空或单夹胶的结构，都是值得推荐的配置。

真空玻璃由于腔体内的真空度可以达到 1.0×10^{-2} Pa，因此在平放使用时，不会因为气体传导而造成传热增大，采光顶也是真空玻璃应用的重要方面。由于采光顶用玻璃需要承受水平自重、人员踩踏以及雨雪载荷等，因此，国内对这个领域的建筑玻璃应用有具体而明确的规定，主要内容汇总如下：

（1）采光顶玻璃应为安全玻璃。屋面距离地面高度大于 3m 时，必须采用夹胶玻璃；上人采光顶用玻璃必须采用夹层玻璃。

(2) 采光顶玻璃单片不宜小于6mm，夹胶玻璃单片不宜小于5mm，其中上人屋面单片玻璃厚度不宜小于8mm，且夹层胶片厚度不应小于0.76mm，夹层玻璃的两片玻璃厚度相差不宜大于2mm。

(3) 采光顶玻璃面板简支矩形最大相对挠度为短边/60。

(4) 玻璃面板面积不宜大于2.5㎡，长边边长不宜大于2m。

针对上述规定，建议没有节能要求的采光顶采用夹胶复合真空结构，如双面夹胶真空玻璃6mm＋1.14夹胶＋5mm＋V＋5mm＋1.14夹胶＋6mm（所有玻璃为钢化玻璃）；有节能要求的采用夹胶＋中空复合真空的结构，如6mm＋1.14夹胶＋5mm＋V＋5mm＋12A＋6mm（所有玻璃为钢化玻璃）。

最后《建筑玻璃应用技术规程》（JGJ 113—2015）对真空玻璃的最大许用面积进行了规定，具体细则见表4。

表4 真空玻璃的最大许用面积

公称厚度（mm）	最大许用面积（㎡）
6	0.9
8	1.8
10	2.7
12	4.5

如表4所示，该规程规定厚度为5mm＋V＋5mm的真空玻璃（公称厚度为10mm），在建筑上应用时最大面积不可以超过2.7㎡，这也是从安全性方面考虑对真空玻璃的实际使用提出了限定指标。值得注意的是，该标准是依据非钢化真空玻璃的强度制定的。如今随着低温封接技术的进步，真空玻璃的表面应力不断得到提升，目前已经可以做到90MPa以上，因此，理论上来说，超过上述要求需用面积的真空玻璃产品，如果应用在建筑上的，其安全性也是有保障的。

4 结语

综上所述，经过行业内各研究单位和真空玻璃生产企业多年的技术积累和研究，在扎实充分的理论分析和计算的基础上，真空玻璃的自身强度不断得到提升，完全可以满足实际应用中最恶劣工况下的安全性需要。并且基于对各项标准和规范的总结和研究，真空玻璃的设计和工程应用也能得到理论支撑和技术指导，进一步地保障了真空玻璃产品实际应用的安全性，使广大客户用得放心。相信在行业各级领导的关怀下，在各方同仁的共同努力下，只要我们在科研到生产再到工程应用的所有环节中尊重科学，遵守法规和规范，一定能走出一条真空玻璃健康发展的康庄大道。

参考文献

[1] 唐健正. 真空玻璃产业化及发展前景[J]. 玻璃, 2008, 203(8): 26-36.
[2] 刘亦根, 包亦望. 建筑真空玻璃承载性能及强度设计[J]. 中南大学学报(自然科学版), 2011, 42(2).
[3] 刘小根, 包亦望, 万德田. 安全型真空玻璃构件功能一体化优化设计[J]. 硅酸盐学报, 2010, 38(7).
[4] 刘小根, 孙景春. 支撑物缺位对真空玻璃应力和变形影响分析[J]. 门窗, 2016.
[5] 许海凤, 刘小根, 包亦望. 真空玻璃边缘封接强度即可靠性分析[J]. 材料科学与工程学报, 2012.

U 值及 SHGC 值对铝门窗保温隔热性能的影响

贺玉妹

泰诺风保泰（苏州）隔热材料有限公司　江苏苏州　215000

摘　要　U 值表征了门窗的保温性能、SHGC 值表征了门窗的隔热性能。在寒冷地区或者寒冷时长大于炎热时长的地区，需要高保温性能、低隔热性能的门窗；在炎热地区或者炎热时长大于寒冷时长的地区，需要高保温性能、高隔热性能的门窗。U 值和 SHGC 值并不是两个毫无关联的数值，它们从原理上到实际计算过程中都存在着一定的联系，本文就 U 值和 SHGC 值的原理、计算方法以及两者间关系做了分析。

关键词　U 值；SHGC 值；保温；隔热

Abstract　The U value represents the thermal preservation performance of doors and windows, and the SHGC-value represents the thermal insulation performance of doors and windows. In cold regions or where the duration of cold is longer than that of hot, doors and windows with higher thermal preservation performance and lower thermal insulation performance are required; In hot regions or where the duration of hot is longer than that of cold, doors and windows with higher thermal preservation performance and higher thermal insulation performance are required. U-value and SHGC-value are not unrelated values, they are related from the principle to the calculation process, this artical analyzes their principle, calculation method and the relationship between them.

Keywords　U-value; SHGC-value; thermal preservation performance; thermal Insulation performance

　　从 20 世纪 80 年代国家推行"三步节能"以来，"节能"成为建筑行业出现频次最高的词之一。据统计，各项建筑能源消耗占社会总能耗的三分之一左右，建筑部件中门窗相对墙体、屋面和地面三大围护结构来说绝热性能最差。门窗的能耗约占建筑围护结构总能耗的 40%~50%，较高的门窗能耗不利于我国能源走可持续发展道路，近年来国家标准、地方政策都提高了节能要求，门窗行业一直致力于节能门窗的设计研发工作。

　　自然界中热量的传递有三种形式：传导、对流和辐射。由于玻璃是透明材料，其涉及的传热形式最多，通过玻璃的传热除上述三种形式外还有太阳能量以光辐射形式的直接透过。衡量通过玻璃进行能量传播的主要指标有可见光透射比 T_v，传热系数 U 值（或 K 值），太阳能总透射比 SHGC 值，太阳红外热能总透射比 g_{IR}，如图 1 所示。

　　可见光透射比 T_v：是对于玻璃窗最基本的功能"采光"来说，也就是玻璃对可见光的透过能力，以可见光透射比 T_v 来衡量。行业标准《建筑门窗玻璃幕墙热工计算规程》

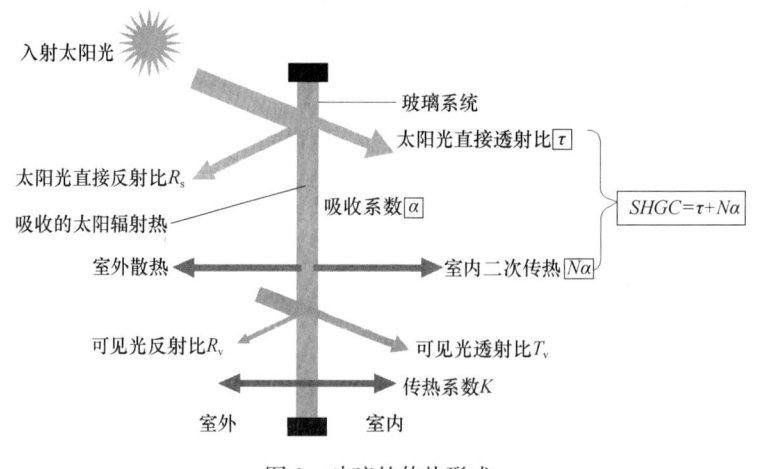

图 1 玻璃的传热形式

(JGJ/T 151—2008) 对可见光透射比定义为，采用人眼视见函数进行加权，标准光源透过玻璃、门窗或玻璃幕墙成为室内的可见光通量与投射到玻璃、门窗或玻璃幕墙上的可见光通量的比值。可见光透射比越大，室内采光效果越好。

传热系数 U 值（或 K 值）：对于玻璃窗第二大功能"保温"来说，也就是阻隔温差传热的能力，以传热系数 U 值衡量。传热系数越小，保温性能越好。

太阳能总透射比 $SHGC$：玻璃窗的第三大功能是"隔热"，也就是玻璃阻挡太阳辐射热的能力。在欧洲，$SHGC$ 又被称为太阳能总透射率（Total Solar Energy Transmittance）、太阳能因子（Solar Factor）或 g 值（g-value）。太阳能总透射比 $SHGC$ 值定义：在 300～2500nm 波长范围内，通过玻璃门窗或玻璃幕墙成为室内得热量的太阳辐射部分，与投射到玻璃、门窗或玻璃幕墙构件上的太阳辐射照度的比值。成为室内得热量的太阳辐射部分包括：太阳辐射通过辐射透射的得热量，太阳辐射被构件吸收再传入室内的得热量（二次传热）。太阳能总透射比近乎完整地表征了玻璃的得热能力，太阳能总透射比越小，隔热性能越好。

太阳红外热能总透射比 g_{IR}：在 780～2500nm 波长范围内的太阳能总透射比，不考虑可见光范围的透射及吸收情况，所以其表征玻璃的得热能力有一定局限性。g_{IR} 值越小，玻璃阻挡太阳辐射热的能力越强。目前，降低 g_{IR} 值的技术是采用隔热涂膜玻璃，隔热涂膜玻璃在可见光 380～780nm 波段范围内，具有较高的透射率及较低的反射率，在红外 780～2500nm 波段范围内，具有极低的透射率及较高的反射率，这样既可以保证较好的采光效果，又可以达到隔热保温的目的，但因其限制太阳辐射的局限性及本身技术不够成熟应用很少，所以在此不再详述。

在夏季或者热带气候地区，室外的热量通过门窗传导入室内主要通过以下两个途径：（1）热传递（通过室内外温差实现）；（2）太阳得热（通过太阳辐射实现）。我们通过影响这两条途径来达到节能的目的。影响热传递是为了保温，影响太阳得热是为了隔热。保温效果通过 U 值来衡量，隔热效果通过 $SHGC$ 来衡量。

本文中笔者选取了三樘窗，分别是 40 系列普铝窗、65 系列隔热断桥铝窗配 24mm 宽聚酰胺型材、91 系列隔热断桥铝窗配 54mm 宽聚酰胺型材，用 THERM 及 WINDOW 软件来

模拟对比三樘窗的 U 值及 $SHGC$ 值，计算边界条件和计算方法参考《建筑门窗玻璃幕墙热工计算规程》(JGJ/T 151—2008)，由于篇幅限制只展示典型的框扇组合部分窗框的节点，其立面图及节点图如图 2 所示。

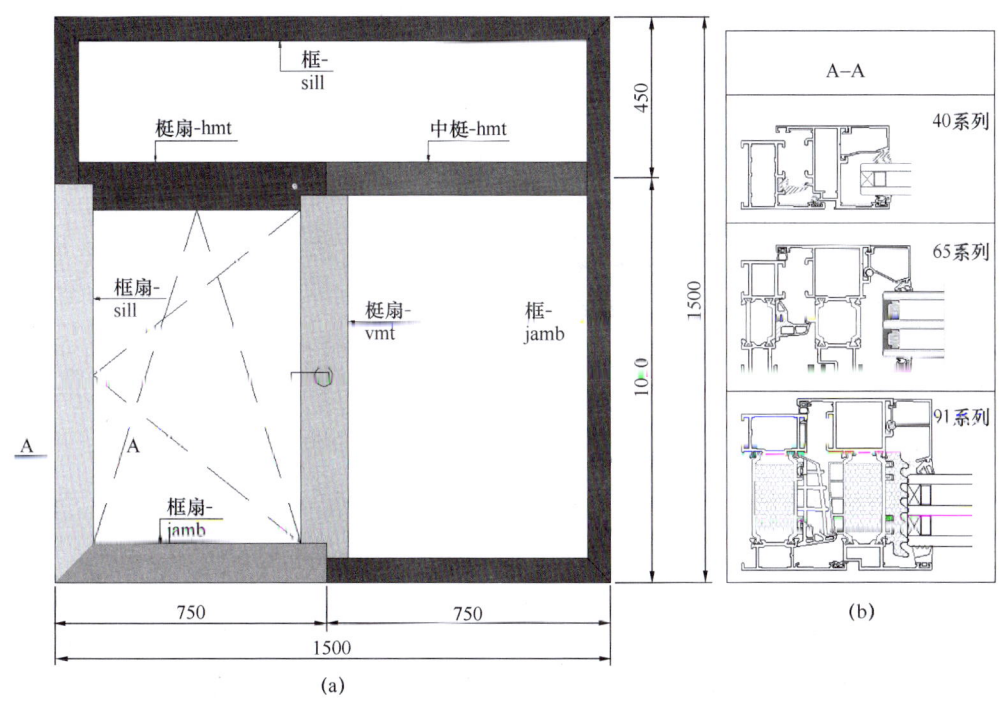

图 2　窗框立面图与节点图
（a）立面图；（b）节点图

1　U 值

1.1　U 值概念

U 值定义：热透过比 [W/(m²·K)]，即在稳态（热传递时没有温度变化，无热量存储）传热条件下，两侧环境温度差为 1K 时，在单位时间内通过单位面积门窗或玻璃幕墙的热量。从定义可以看出，U 值取决于标准中定义的环境条件，在自然条件下不存在稳态传热条件，所以 U 值是为了产品评级而人为定义的量，不存在自然条件下的 U 值。美国 NFRC 标准体系适用于门窗系统计算，使用数值计算法，可以计算玻璃和窗框各自的 U 值，使用公式（1）计算。玻璃的 U 值计算是标准的一部分，可以用计算软件 WINDOW 进行相关计算；窗框的传热是二维问题，无法求解析解，需要用数值法求解每个节点的温度和热流量，可以用国际通用的 THERM 软件来计算。

$$U = \frac{Q}{\Delta T \cdot A} \tag{1}$$

式中　Q——热透过速率（W）；

　　　ΔT——室内外温差（K）；

　　　A——投影面积（m²）。

从传热学原理来讲，传热有三种方式：传导、对流和辐射。热是总是从高温物体传至低温物体，U 值可以用热通量 q 来表达，如公式（2）所示：

$$U = \frac{Q}{\Delta T \cdot A} = \frac{q}{\Delta T} \tag{2}$$

式中　q——热通量（单位面积上的热流量）（W/m²）。

还有一个与 U 值相关的概念，那就是热阻，热阻的倒数是热导系数，而 U 值是一种热导系数。

$$U = \frac{1}{R} \tag{3}$$

1.2　玻璃 U 值

《建筑玻璃多层玻璃窗稳态 U 值（传热系数）的计算》（ISO 10292—1994）适用于玻璃 U 值计算，并未具体计算热流量和温度分布，使用公式（4）计算。

$$\frac{1}{U} = R_{out} + R + R_{in} \tag{4}$$

式中　R_{out}——室外表面热阻 [(m²·K)/W]；
　　　R——玻璃系统热阻 [(m²·K)/W]；
　　　R_{in}——室内表面热阻 [(m²·K)/W]。

在《建筑玻璃多层玻璃窗稳态 U 值（传热系数）的计算》（ISO 10292—1994）中，室外表面热阻 R_{out} 使用公式（5）计算。物体表面与空气之间的热导系数通常被称为表面传热系数 h，稳态下 h_{out} 是一个常量，所以 R_{out} 也是一个常量。结合公式（4）和公式（5）分析，可以通过增大室内表面热阻 R_{in} 和玻璃系统热阻 R 来降低玻璃的 U 值。

$$\frac{1}{R_{out}} = h_{out} = 23 \text{W}/(\text{m}^2 \cdot \text{K}) \tag{5}$$

式中　h_{out}——室外表面传热系数 [W/(m²·K)]。

在《建筑玻璃多层玻璃窗稳态 U 值（传热系数）的计算》（ISO 10292—1994）中，室内表面热阻 R_{in} 又包括室内表面对流热阻 $R_{con,in}$ 和室内表面辐射热阻 $R_{rad,in}$，如公式（6）。室内表面对流热阻 $R_{con,in}$ 取决于风速，而稳态环境下风速恒定，所以 $R_{con,in}$ 是一个常量，如公式（7）。在《建筑玻璃多层玻璃窗稳态 U 值（传热系数）的计算》（ISO 10292—1994）中，室内表面辐射热阻 $R_{rad,in}$ 使用公式（8）计算，$R_{rad,in}$ 是室内表面发射比 ε 的函数，ε 越小则 U 值也越小，所以我们最终要通过降低 ε 来增大 $R_{rad,in}$，从而增大室内表面热阻 R_{in}。

$$\frac{1}{R_{in}} = \frac{1}{R_{con,in}} + \frac{1}{R_{rad,in}} \tag{6}$$

$$\frac{1}{R_{con,in}} = h_{con,in} = 3.6 \text{W}/(\text{m}^2 \cdot \text{K}) \tag{7}$$

$$\frac{1}{R_{rad,in}} = h_{rad,in} = \frac{4.4\varepsilon}{0.837} \text{W}/(\text{m}^2 \cdot \text{K}) \tag{8}$$

式中　$h_{con,in}$——室内表面对流系数 [W/(m²·K)]；
　　　$h_{rad,in}$——室内表面辐射系数 [W/(m²·K)]；
　　　ε——室内表面发射比。

先来了解一下辐射传热的概念。物体在向外发射辐射能的同时，也会不断地吸收周围其他物体发射的辐射能，并将其重新转变为热能，这种物体间相互发射辐射能和吸收辐射能的传热过程称为辐射传热，又称热辐射，是热传递的一种基本方式。辐射传热是一个无尽的过程,所有高于绝对零度的物体表面都会发射热辐射,也都反射和吸收辐射。若辐射传热是在两个温度不同的物体之间进行,则传热的结果是高温物体将热量传给了低温物体;若两个物体温度相同,则物体间的辐射传热量等于零,但物体间的辐射和吸收过程仍在进行。太阳辐射是辐射传热的一种形式,包括紫外线、可见光和红外线,玻璃与铝的太阳得热原理稍有不同,玻璃对于太阳辐射是透明的,铝对于太阳辐射是不透明的。玻璃对于低温物体的远红外辐射是不透明的。

基尔霍夫定律(热辐射定律):任意物体在热力学平衡状态下发射和吸收热辐射时,物体的吸收比等于它的发射比。对不透明物体:吸收比+反射比=1。对黑体:黑体吸收所有入射辐射,并发射所有辐射,吸收比=发射比=1,反射比=0。

发射比也常称为发射率,是物体热辐射与黑体热辐射之比。普通物体的发射比低于理想黑体,在 0 和 1 之间。降低室内表面发射比 ε 最常见的方式是在室内侧采用 Low-E 镀膜减少辐射传热,Low-E 镀膜发射较少辐射,吸收较少辐射,反射内多辐射。

表 1 几款玻璃的 U 值和 $SHGC$ 值

玻璃配置	U 值	$SHGC$ 值
5	5.385	0.866
8	5.304	0.815
5(在线 Low-E)	3.365	0.561
5+9A+5	2.790	0.731
5+9Ar+5	2.623	0.758
5(离线单银 Low-E)+9Ar+5	1.632	0.520
5+9Ar+5(离线单银 Low-E)	1.631	0.003
5(离线单银 Low-E)+12Ar+5	1.517	0.517
5(离线单银 Low E)+12Ar+5+12Ar+5	1.128	0.473

笔者用 WINDOW 软件模拟计算了几款玻璃的 U 值和 $SHGC$ 值(表 1),综合上文所述可得结论:

(1)降低单片玻璃 U 值。要增大玻璃系统热阻 R,需要通过增加玻璃厚度或者采用夹胶玻璃,但影响都很小;有效措施是增大室内表面热阻 R_{in},需要在室内侧镀硬 Low-E 膜(在线镀膜)。

(2)降低中空玻璃 U 值。要增大玻璃系统热阻 R,可以增加玻璃厚度(影响很小),适当增加中空层厚度(降低传导,增大热阻),在中空层填充惰性气体(降低对流和辐射传热),在中空层内一侧玻璃表面镀软 Low-E 膜(离线镀膜,膜的位置几乎不影响 U 值);也可以在室内侧镀硬 Low-E 膜(在线镀膜)增大室内表面热阻 R_{in},但一般不与离线镀软 Low-E 膜同时使用。

1.3 窗框 U 值

大多数玻璃 U 值的概念也适用于窗框,理论上通过镀 Low-E 膜来降低室内表面发射比 ε 对于降低窗框 U 值同样有效,但工艺和耐久性是目前不能解决的难题,所以我们着意于增大窗框系统的热阻。可以从传热学原理采取相应措施:①降低传导。采用断桥铝来代替普铝,增加隔热条长度;②降低对流和辐射。在隔热腔增加尼龙隔板或者填充发泡、采用长尾胶条等。

按照《建筑门窗玻璃幕墙热工计算规程》(JGJ/T 151—2008)，笔者用THERM软件模拟了普铝40系列、隔热断桥65-24系列、隔热断桥91-54系列的框扇组合部分的等温线和等温流图（图3、图4、图5），并计算窗框的U_f值结果（表2），对比表2可以得出，断桥铝比普铝窗窗框的U_f值要低，隔热条宽度越宽窗框U_f值越低。65系列隔热断桥铝窗与40系列普铝窗相比，窗框U_f值降低了50.9%；91系列隔热断桥铝窗与40系列普铝窗相比，窗框U_f值降低了80.8%。

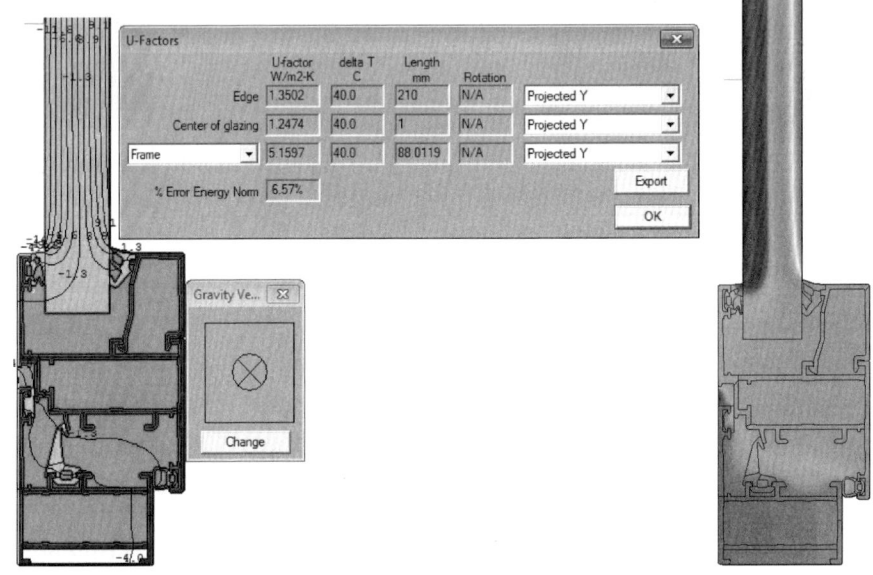

图3 普铝40系列

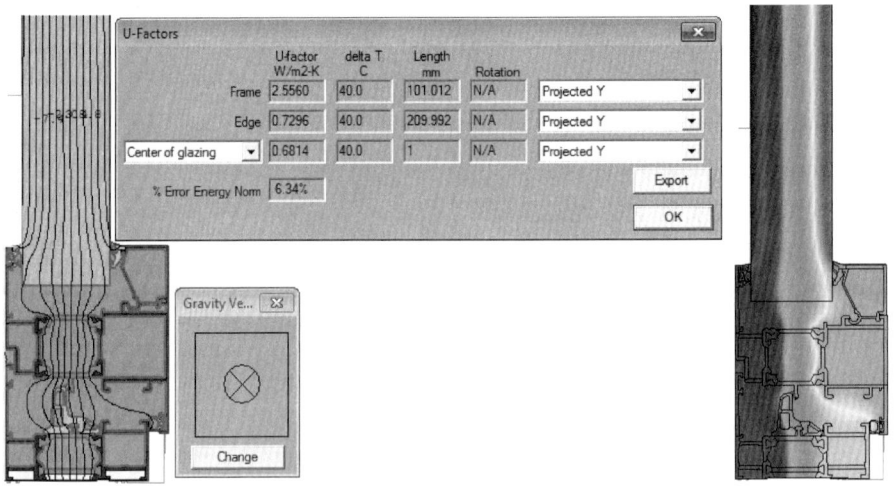

图4 隔热断桥65-24系列

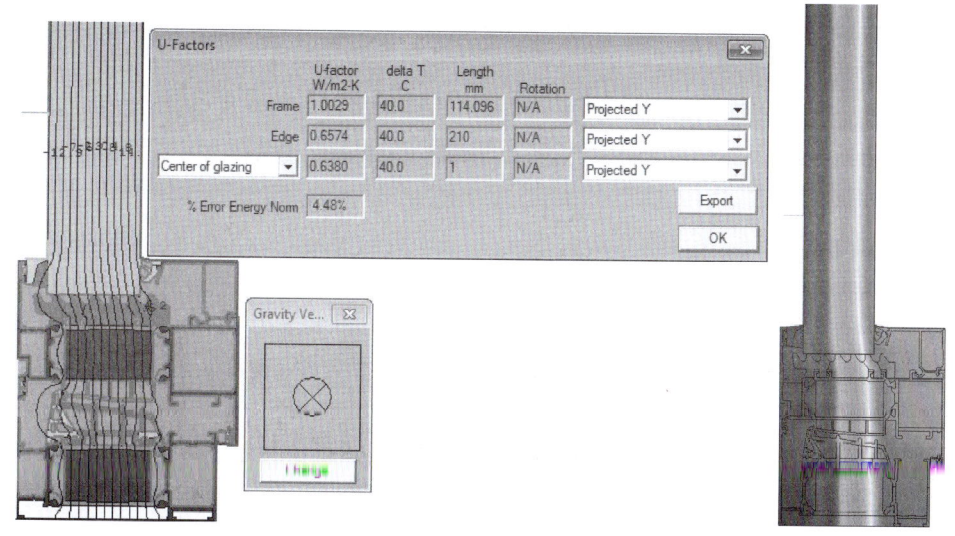

图 6 隔热断桥 91-54 系列

表 2 三款门窗窗框的 U_f 值

系统门窗系列	U_f 值
普铝 40	5.405
断桥 65	2.656
断桥 91	1.039

1.4 整窗 U 值

笔者又分别模拟了三个系列框、中梃、梃扇部分的 U_f 值（具体计算步骤不再赘述和展示），按照《建筑门窗玻璃幕墙热工计算规程》（JGJ/T 151—2008）第 3.3.1 条中的公式（9），搭配不同配置的玻璃及不同类型的间隔条（间隔条影响玻璃边缘线性传热系数 g）来计算整窗的 U_w 值，结果见表 3。

$$U_w = \frac{\sum A_g U_g + \sum A_f U_f + \sum l_g g}{A_w} \tag{9}$$

式中　A_w——窗面积（m²）；

　　　U_w——窗传热系数 [W/(m²·K)]；

　　　A_g——玻璃面积（m²）；

　　　U_g——玻璃传热系数 [W/(m²·K)]；

　　　A_f——框架面积（m²）；

　　　U_f——框架传热系数 [W/(m²·K)]；

　　　l_g——玻璃边缘长度（m）；

　　　g——玻璃边缘线性传热系数 [W/(m²·K)]。

表 3 三个系列整窗的 U_w 值

系统门窗系列	典型窗框 U_f 值	玻璃配置	玻璃 U_g 值	间隔条	整窗 U_w 值
普铝 40	5.405	5+9A+5	2.790	冷边	3.96
普铝 40	5.405	5（单银 low-E）+12Ar+5	1.517	冷边	3.02

续表

系统门窗系列	典型窗框U_f值	玻璃配置	玻璃U_g值	间隔条	整窗U_w值
断桥65	2.656	5（单银low-E）+12Ar+5	1.517	冷边	2.19
断桥91	1.039	5（单银low-E）+12Ar+5	1.517	冷边	1.69
断桥91	1.039	5（单银low-E）+12Ar+5	1.517	暖边	1.54
断桥91	1.039	5（单银low-E）+12Ar+5+12Ar+5	1.128	暖边	1.28

对比表3中数值可以得出，不管是优化玻璃配置、优化窗框保温设计、使用低导热率的间隔条都有助于降低整窗的U_w值。采用相同配置玻璃和间隔条时，65系列隔热断桥铝窗与40系列普铝窗相比，整窗U_w值降低了27.5%；91系列隔热断桥铝窗与40系列普铝窗相比，整窗U_w值降低了44.0%。

2 SHGC值

2.1 SHGC值的概念

《公共建筑节能设计规范》(GB 50189—2015)、《严寒和寒冷地区居住建筑节能设计标准》(JGJ 26—2010)、《夏热冬冷地区居住建筑节能设计标准》(JGJ 134—2010)、《夏热冬暖地区居住建筑节能设计标准》(JGJ 75—2012)中，对于建筑立面，不同的窗墙比的玻璃材料，都有遮阳系数SC或者太阳得热系数SHGC的具体参数限制。SHGC可以直接计算或测量，遮阳系数SC无法直接计算或测量，只可以通过SHGC换算。遮阳系数SC起初是作为一个单一数值来比较玻璃对太阳得热的控制能力，简单但不够精确。SC只定义了窗户玻璃这部分的太阳得热能力(SC_g)，整窗遮阳系数SC_w是以玻璃SC_g乘以玻窗比来计算，也就是忽略了窗框的影响。SC还可以用来表征一定范围太阳方位角下玻璃的太阳得热性能，但是当太阳入射角较大时，精度上就得不到满足。美国已经废除了遮阳系数这个概念。目前国内普遍采用SHGC值来进行建筑能耗分析，国内2015版《公共建筑节能设计标准》(GB 50189)中，外窗的SC值也用SHGC值替换了，两者关系如公式(10)，0.87是3mm透明玻璃的SHGC值。

$$SC = \frac{SHGC}{0.87} \tag{10}$$

在自然条件下，太阳辐射包括直接辐射和漫射辐射，直接辐射相对于玻璃表面有一定角度，而且角度随时间变化。SHGC值也是基于理想化的环境条件得出的，在SHGC值的定义中，仅考虑直接太阳辐射，并且太阳辐射方向和玻璃表面垂直。美国NFRC标准体系中SHGC标准用于门窗系统评级，玻璃的SHGC计算是标准的一部分，使用数值计算法求解每个节点的温度和热流量，太阳照度被定义为783W/m^2，可用WINDOW软件直接计算玻璃的SHGC值，使用公式(11)计算。

$$SHGC = \frac{透过玻璃的太阳辐射能量}{太阳辐射能量} = \frac{Q}{IA} \tag{11}$$

式中 Q——太阳得热速率（W）；

I——太阳照度（单位面积上的太阳辐射量）（W/m^2）；

A——投影面积（m^2）。

玻璃的 SHGC 值增大时，意味着可以有更多的太阳直射热量进入室内；减小时，则是将更多的太阳直射热量阻挡在室外。SHGC 值对节能效果的影响，是与建筑物所处的不同气候条件相联系的。在炎热气候条件下，应该减少太阳辐射热量对室内温度的影响，此时需要玻璃具有相对低的 SHGC 值。而在寒冷气候条件下，应充分利用太阳辐射热量来提高室内的温度，此时需要高 SHGC 值的玻璃。

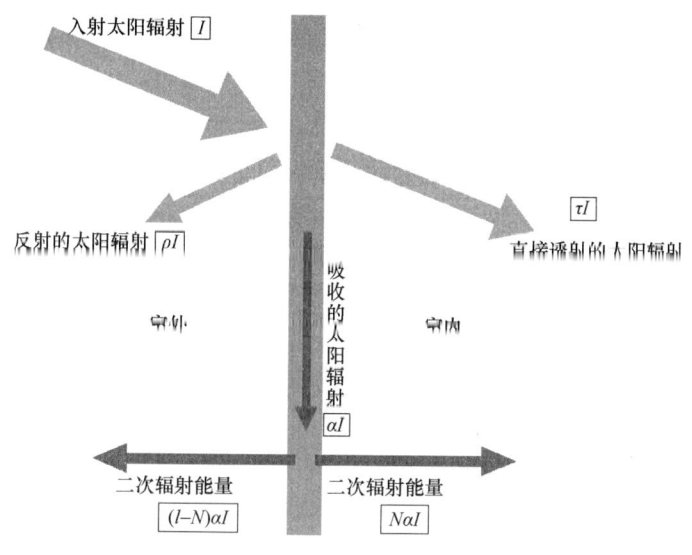

图 6　太阳得热示意图

根据图 6，我们从太阳得热原理来分析，太阳得热 Q 应该包括直接透射得热和二次得热，如公式（12）：

$$SHGC = \frac{Q}{IA} = \frac{\tau IA + N\alpha IA}{IA} \tag{12}$$

《建筑玻璃　光透率、日光直射率、太阳能总透射率及紫外线透射率及有关光泽系数的测定》（ISO 9050—2003）仅适用于玻璃 SHGC 评级，使用解析法，并未具体计算温度分布，不需要知道太阳照度，使用公式（13）计算。太阳能透射比 τ 和反射比 α 是光学性质，只有热辐射，没有对流和传导。内流分数 N 是一个热学性质，同时有辐射、对流和传导。综上，SHGC 的二次得热原理和 U 值的传热原理几乎一样。

$$SHGC = \tau + N\alpha \tag{13}$$

式中　τ——太阳能透射比；
　　　α——太阳能吸收系数；
　　　N——吸收太阳能的内流分数。

2.2　玻璃 SHGC 值

通过分析表 1 中的 SHGC 值对比可以看出，增加玻璃层数、增大中空层厚度、镀 Low-E 膜可以有效降低 SHGC 值，使用 Low-E 膜是目前最有效的降低 SHGC 值的措施。Low-E 膜通过两种机制影响 SHGC 值：①改变玻璃在太阳光谱范围内的光学性质（τ 和 α），例如，降低太阳能透射比 τ；②降低内流分数（N），使较少热量传到室内。前者是主要作用，后者是次要作用。

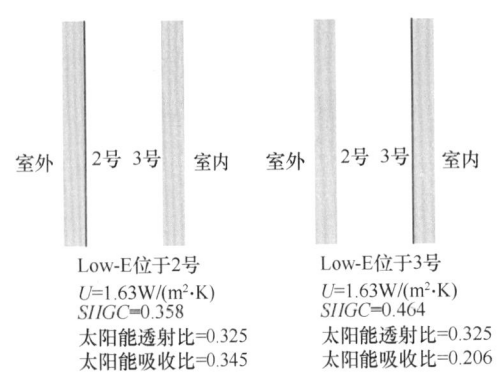

图 7 双层真空玻璃的 SHGC 值分析

如图 7 所示,对于双层中空玻璃 Low-E 膜位置不影响 U 值,但会影响 $SHGC$ 值,在表 1 中也已经验证过。Low-E 膜不管位于 2 号表面还是 3 号表面,太阳能透射比 τ 并没有改变。膜位于 2 号表面时,太阳能吸收比 α 较高,但是总体 $SHGC$ 值较低,因为内流分数较小,较多热量被吸收,但较少被传到室内,$SHGC$ 值较低,适用于常年制冷地区。膜位于 3 号表面时,太阳能吸收比 α 较低,但是总体 $SHGC$ 值较高,因为内流分数较大,较少热量被吸收,但较多被传到室内,$SHGC$ 值较高,适用于常年采暖地区。

2.3 窗框 SHGC 值

铝窗框对于太阳辐射是不透明的,但热量一定会从高温侧传递到低温侧,所以太阳热量可以通过窗框以二次得热的形式传递。窗框 $SHGC$ 值可以被认为是一种没有直接太阳透射的特例,太阳能透射比 $\tau=0$,只考虑二次传热,如图 8 所示。

在《建筑门窗玻璃幕墙热工计算规程》(JGJ/T 151—2008)第 7.6 条中窗框 $SHGC$ 值使用公式(14)计算:

$$SHGC = N\alpha = \frac{U\alpha}{\dfrac{A_w}{A} h_{\text{out}}} \qquad (14)$$

式中 h_{out}——室外表面传热系数(不能控制,跟外界环境有关,比如风速)[W/(m²·K)];

α——窗框的表面太阳能吸收系数;

A_w——窗框外表面展开面积(m²);

A——窗框外表面投影面积(m²)。

由公式(14)得出两种降低太阳得热的方法:①降低窗框的表面太阳能吸收系数 α,比如采用浅色外表面;②提高窗框的保温性能降低 U 值,比如增加隔热条宽度、增加发泡。

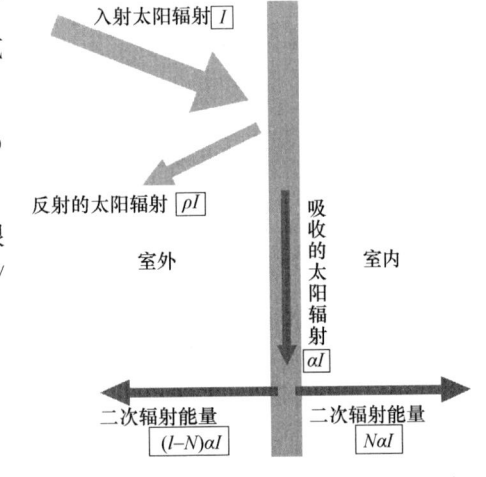

图 8 窗框 SHGC 值分析

笔者通过公式(14)计算了三个系列的框扇组合部分框的 $SHGC$ 值,见表 4。综上,降低窗框 U 值,也可以降低窗框的 $SHGC$ 值,65 系列隔热断桥铝窗与 40 系列普铝窗相比,窗框 $SHGC$ 值降低了 47.9%;91 系列隔热断桥铝窗与 40 系列普铝窗相比,窗框 $SHGC$ 值降低了 80.0%。

表 4 三个系列窗框的 SHGC 值

系统门窗系列	窗 U_f 值	窗框 SHGC 值
普铝 40	5.405	0.1593
隔桥 65	2.656	0.0830
断桥 91	1.039	0.0318

2.4 整窗 SHGC 值

《建筑门窗玻璃幕墙热工计算规程》（JGJ/T 151—2008）第 3.4.1 条中规定了整窗 SHGC 值使用公式（15）计算：

$$SHGC_w = \frac{\sum A_g SHGC_g + \sum A_f SHGC_f}{A_w} \tag{15}$$

式中　A_w——整窗面积（m²）；

$SHGC_w$——整窗太阳得热系数；

A_g——玻璃面积（m²）；

$SHGC_g$——玻璃太阳得热系数；

A_f——框架面积（m²）；

$SHGC_f$——窗框太阳得热系数。

笔者又分别模拟了三个系列框、中梃、楼扇部分 SHGC 值（具体计算步骤不再赘述和展示），按照公式（15）搭配不同配置的玻璃来计算整窗的 SHGC 值，计算出三个系列整窗 SHGC 值（表5）。对比表5中数值可以得出，不管是优化玻璃配置还是增加窗框的保温性能都有助于降低整窗的 SHGC。采用相同配置玻璃时，65 系列隔热断桥铝窗与 40 系列普铝窗相比，整窗 SHGC 值降低了 9.3%；91 系列隔热断桥铝窗与 40 系列普铝窗相比，整窗 SHGC 值降低了 16.3%。

表5　三个系列整窗的 SHGC 值

系统门窗系列	典型窗框 SHGC 值	玻璃配置	玻璃 SHGC 值	整窗 SHGC 值
普铝 40	0.1593	5+9A+5	0.731	0.59
普铝 40	0.1593	5（单银 Low-E）+12Ar+5	0.517	0.43
断桥 65	0.0830	5（单银 Low-E）+12Ar+5	0.517	0.39
断桥 91	0.0318	5（单银 Low-E）+12Ar+5	0.517	0.36
断桥 91	0.0318	5（单银 Low-E）+12Ar+5+12Ar+5	0.473	0.334

3　结语

门窗的保温隔热性能主要通过 U 值和 SHGC 值来体现，保温性能由 U 值大小决定，隔热性能由 SHGC 值大小决定。整窗 U 值与玻璃 U 值、窗框 U 值、间隔条选用以及窗玻比有关，整窗 SHGC 值与玻璃 SHGC 值、窗框 SHGC 值以及窗玻比有关。在常年取暖或者采暖能耗高于制冷能耗地区，节能型门窗具有相对低的 U 值和相对高的 SHGC 值；在常年制冷或者制冷能耗高于采暖能耗地区，节能型门窗具有相对低的 U 值和相对低的 SHGC 值。但是 U 值和 SHGC 值并不是两个完全没有关系的数值，对于玻璃来说，大部分降低 U 值的措施都是可以降低 SHGC 值的，但两者之间并没有绝对性关系，Low-E 膜位置对 SHGC 值起着决定性作用；对于不透明的窗框来说，SHGC 值与 U 值成正比关系。

参考文献

[1]　建筑门窗玻璃幕墙热工计算规程：JGJ/T 151—2008[S]。

[2]　公共建筑节能设计标准：GB 50189—2015[S]。

[3] Glass in building—Calculation of steady—state Uvalues(thermal transmittance)of multiple glazing：ISO 10292—1994[S].

[4] Glass in building—Determination of light transmittance, solar direct transmittance, total solar energy transmittance, ultraviolet transmittance and related glazing factors：ISO 9050—2003[S].

[5] Procedure for Determining Fenestration Product U-Factors：NFRC 100—2004[S].

[6] Procedure for Determining Fenestration Product Solar Heat Gain Cofficient and Visible Transmittance at Normal Incidence：NFRC 200—2004[S].

[7] Test Method for Determining the Solar Optical Properties of Glazing Materials and Systems：NFRC 300—2004[S].

作者简介

贺玉妹（He Yumei），女，1989 年 6 月出生，工程师。研究方向：主要从事聚酰胺型材、穿条式隔热型材和铝合金门窗幕墙的设计、研发等方面的工作；工作单位：泰诺风保泰（苏州）隔热材料有限公司（Technoform Bautec (Suzhou) Thermal Insulation Material Co., Ltd）；地址：江苏省苏州工业园区现代大道东青丘街 283 号；邮编：215000；联系电话：18306212026；E-mail：mia.he@technoform.cn。

断桥铝门窗设计、组装和安装对门窗性能的影响

贺玉妹

泰诺风保泰（苏州）隔热材料有限公司　江苏苏州　215000

摘　要　门窗作为建筑的外围护结构，需要解决安全、采光、通风、保温、防风、隔声、防水、防火、抗老化、框架位移等功能，《铝合金门窗》（GB/T 8478—2008）对铝合金门窗的抗风压性能、水密性能、气密性能、空气声隔声性能、保温性能、遮阳性能、采光性能做了分级，对门窗启闭力、反复启闭性能、耐撞击性能、抗垂直荷载性能、抗静扭曲性能等做出了规定。门窗的各种性能间既可以相互促进，也可以相互制约，本文就如何优化门窗设计、组装和安装过程来综合协调提高门窗性能做了分析。

关键词　性能；设计；组装；安装

Abstract Doors and windows as building envelope, the function of security, lighting, ventilation, thermal preservation, windproof, sound insulation, waterproof, fire prevention, anti-aging and the displacement of frame need to be solved. 《Aluminum alloy doors and windows》 (GB/T 8478—2008) gardes wind load resistance performance, watertight performance, airtight performance, air acoustic insulation performance, therml preservation performance, shading performance and lighting performance, and spacifies the hoisting capacity, repeted opening and closing performance, impact resistance, vertical load resistance, static distortion resistance and other properties. All sorts of performance can promote and restrict each other, this article analysis how to improve the performance of doors and windows according to optimizing design, assembly and installation process.

Keywords performance; design; assembly; installation

　　国家政策正在积极推进绿色生态建筑，强化并提高门窗产品的规范和标准，并与国际标准和认证进行接轨。断桥铝门窗解决了原有普铝门窗不隔热的问题，成为绿色生态建筑的必然之选。断桥铝门窗是由型材、玻璃、胶条、五金件、窗台板及窗套等材料设计组合而成，断桥铝门窗并不是材料的简单组合，而是通过结构安全性、可靠性的整体设计优化以及不同材料的选择来实现，其设计、组装和安装方式灵活多变，并直接影响到门窗的各项性能指标。

1　设计、组装

　　门窗设计的目的是提高门窗的性能质量，门窗规范和标准是门窗设计的主要依据。门窗的各种性能不是单独存在的，它们之间或多或少存在着相互促进或制约的关系，所以我们很难把性能分开来设计门窗。门窗抗风压性能、气密性能、水密性能之间联系非常密切。《建

筑外门窗气密水密抗风压性能检测及分级方法》(GB/T 7106—2008)中规定的抗风压性能、水密性能、气密性能均为可开启部分在正常关闭状态时的性能，但抗风压性能、水密性能是在风雨同时作用下的抵抗能力，在设计中也要把这种动态的变化考虑在内。正在报批的最新标准《建筑外窗抗风压性能分级及检测方法》(GB 7106)中调整了检测装置，修改了检测顺序和检测方法，取消了气密、水密和抗风压性能的分级，但需要满足工程设计要求等。铝合金门窗组装要按照相关技术要求和规范，也取决于加工设备质量和人员操作能力，需要控制实际操作来把控门窗质量。

1.1 抗风压性能

成熟的门窗产品需要对构件做相应的强度和挠度的计算，对产品的抗风压性能有初步的判断，最终还需要做相关检测来对产品定级。

门窗抗风压性能设计需要把玻璃面板和型材部分分别计算，当玻璃不满足强度或挠度要求时，可以增加玻璃厚度、调整玻璃板块尺寸，也可以用强度更好的钢化玻璃或半钢化玻璃来代替普通玻璃。型材强度跟铝型材合金牌号有关，铝合金牌号不同强度也不同。当型材强度不满足要求时，可以通过增加型材壁厚、做加强中梃、增加型材宽度等措施来解决（图1）。

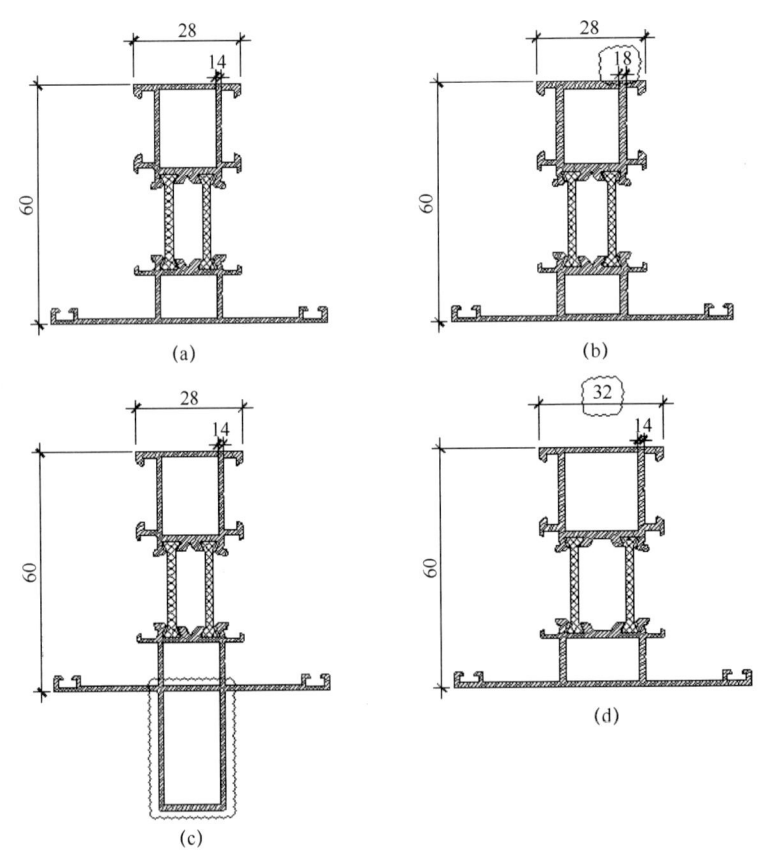

图1 提高型材强度的措施
(a) 原图；(b) 增加壁厚；(c) 加强中梃；(d) 增加宽度

五金系统是将窗框与窗扇紧密连接的部件，五金系统的稳定性很大程度上决定了门窗系统的优劣。五金的强度、设计和安装精度、锁点数量都影响着门窗的抗风压性能；强度好的五金能够提高合页的最大承重能力,满足更大重量窗扇的设计要求;设计和安装精度高的五金能够保证框扇的合理配合,防止风压下产生变形;锁点的增加相当于在型材的受力结构中增加了约束点,减小了型材的形变量,防止框扇搭接部位出现缝隙,提高抗风压性能的同时又提高整窗的水密性和气密性。

增强边框组角的拼接强度对于保证整窗完整性同样重要,保证各个型材间有效连接。组角时通常采用角部注胶工艺,组角胶和导流板控制角部密封;角码和组角钢片的形状和尺寸设计控制着两种型材间接缝的缝隙和强度,防止变形量大时使拼接缝隙增大,提高门窗的气密性和水密性(图2)。组角质量也取决于组装时的操作水平。

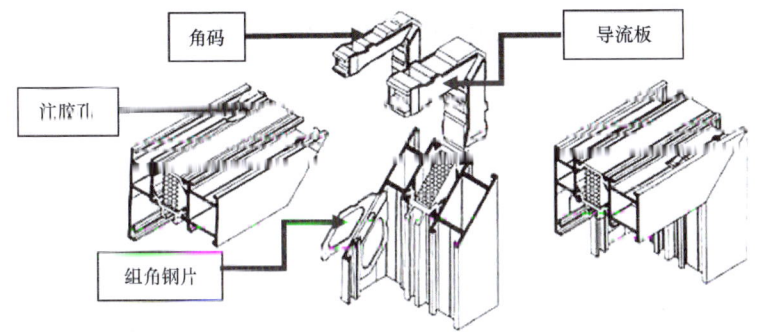

图 2　边框组角示意图

当玻璃面板较大或较重时,必须考虑扣条的设计,图3中闭腔结构的扣条强度明显优于开敞结构的扣条,因此要防止玻璃受正风压时压迫扣条产生较大变形、玻璃向室内侧产生较大位移,如果玻璃内移与外侧胶条产生缝隙,会影响门窗的水密性和气密性。

1.2　气密性能

从前文可以看出,提高门窗的抗风压性能大多有利于增加门窗的气密性,五金、组角、扣条设计对气密性的影响在前文中已经讲解过,在此不再赘述。

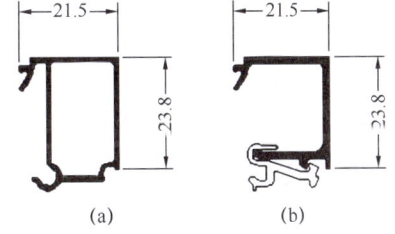

图 3　扣条的两种形式
(a)闭腔结构;(b)开敞结构

门窗一般采用三道密封来保证气密性,利用室内外止口胶条与型材的压合、中间等压胶条与隔热条的搭接形成三道密封(图4)。胶条的设计是缝隙形成的关键,对门窗气密性至

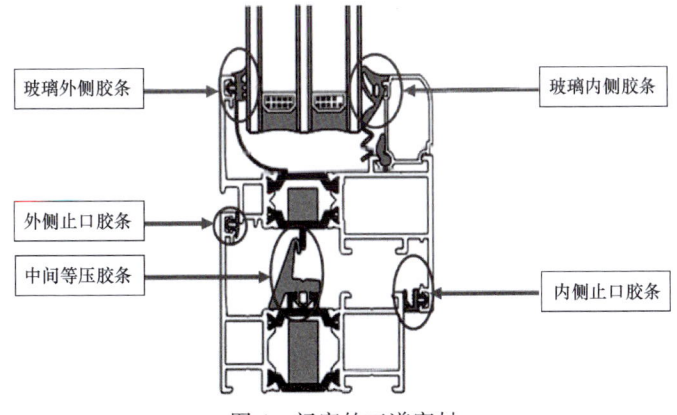

图 4　门窗的三道密封

关重要,可以通过胶条厚度、开敞或闭腔结构的选用、闭腔结构中空腔的大小和数量来控制胶条的压缩量(图5),并且控制门窗扇的启闭力大小。胶条安装过程中,角部连接应是连续的,并考虑伸缩问题,防止热胀冷缩时发生不完整连接。较厚胶条折弯困难时,使用L形胶条连接件连接。两个不同形状的胶条在角部连接时,可以设计插接件,并且在组装胶条时应预留收缩变形量。密封胶的质量、打胶深度和宽度、打胶饱满度也是缝隙形成的因素,同样影响着门窗的气密性。

1.3 水密性能

水渗漏有四种方式:缝隙渗漏;水的毛细张力;水蒸气对流;水蒸气扩散。门窗的气密性跟水密性息息相关,漏气的地方通常也会漏水,所以提高气密性的措施也可以提高水密性。但是门窗不能只做防水,也要做相应的排水措施,防止

图5 控制胶条压缩量的方式

防水措施失效后雨水进入窗框内部。排水措施:采用等压平衡原理,解决水与气的分离。我们需要在型材设计时设计排水孔和气压平衡孔,如图6所示。当玻璃外侧胶条失效后,水进入玻璃与型材之间的空腔1内,在型材上开排水孔可以使进入空腔1内的水顺着排水路径排到等压腔2再排出到室外侧。如果气压平衡孔处装了外侧止口胶条并且处于压紧状态时,那么等压腔2相对于室外侧环境可能形成负压,则等压腔2中的水不能排出到室外。外侧止口胶条可以提高气密性并防止灰尘进入,但要控制好压缩量,或者将框扇组合处上部横向外侧止口胶条切掉两段,同样可以形成等压腔。

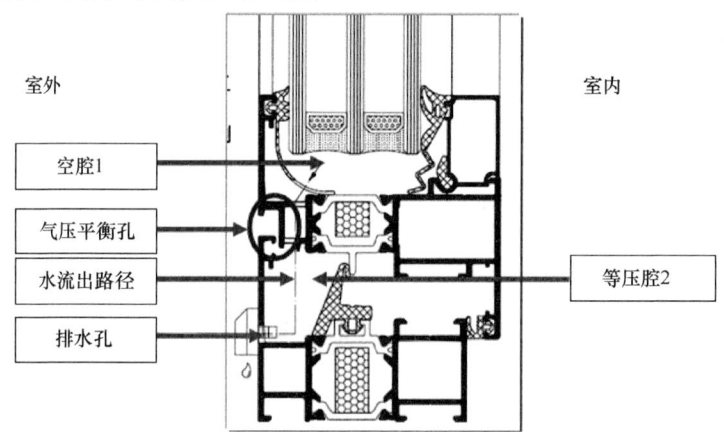

图6 设计排水孔和气压平衡孔

排水孔的位置及数量需要严格控制,排水孔不宜开得过高,平开窗开启扇位置必须设两个(扇宽小于400mm铣一个)排水孔;底部窗框和中横框,距角部100mm,框宽小于1500mm开设2孔,1500~1800mm开设3孔,1800mm以上开设4孔;单框宽度小于

400mm 中间铣一个孔。

1.4 空气声隔声性能

根据声波在建筑物和建筑构件中的传递方式可分为空气声传声和固体传声，相应的隔声就分为空气声隔声和撞击声隔声。空气声隔声是利用墙体、门窗或其他屏障来隔离噪声在空气中的传播，而撞击声隔声是利用弹性阻尼材料进行减低或隔离由撞击或振动而产生的噪声在结构中的传播。对于作为建筑围护结构使用的门窗幕墙及其玻璃来说，空气声隔声是评价其隔声性能的主要方面。

在《建筑门窗空气声隔声性能分级及检测方法》（GB/T 8485—2008）中利用隔声实验室来测得门窗的隔声性能，在实验中考虑了背景噪声的修正，按 GB/T 50121 规定的方法确定了试件的平均计权隔声量 R_w、粉红噪声频谱修正量 C 和交通噪声谱修正量 C_{tr}。外门、外窗以"计权隔声量和交通噪声频谱修正量之和（R_w+C_{tr}）"作为分级指标；内门、内窗以"计权隔声量和粉红噪声频谱修正量之和（R_w+C）"作为分级指标。

科学的门窗隔声性能设计应首先对室内外的噪声进行频谱检测，确定主要噪声源的频谱特性，再调整门结构和配置，使围护结构固有的自由弯曲波的频率不与临界频率一致，避免出现吻合谷效应，以满足在整个频谱范围内都有较好的隔声性能。在长久的设计与检测经验中，已经积累了很多可以利用的经验来进行门窗的隔声性能设计。

在对门窗进行隔声设计时，玻璃作为占据 70% 甚至更大面积的部分应首先被考虑。中空玻璃和夹胶玻璃都有优异的隔声性能，夹胶玻璃中夹胶膜的柔性减振作用使之隔声性能优于中空玻璃，但由于中空玻璃保温性能更好，可以做成镀膜玻璃，防结露性能更好，所以在门窗设计中受到更多青睐。中空玻璃由两片或两片以上玻璃板压合而成，中空层具有弹簧作用，但小的中空层使得两玻璃间的空气层呈现较强的"刚性"，没有起到空气弹簧作用，丧失了一般双层结构的优点。同时，由于双层结构存在共振，小的中空距离使共振现象在中、低频产生，致使隔声量有所下降。中空层如果太大，在特定周期数范围内有可能引发共振等现象，反而不利于隔声，所以中空玻璃中空层厚度最好控制在 9~12mm 之间，并可在中空层内填充传声能力弱的惰性气体。如果内外片玻璃厚度不同，可以有效减弱共振现象，所以在玻璃选择上，不论中空玻璃还是夹胶玻璃，都应该选择不同厚度的单玻来组合使用。当然也可以选择效果更好的真空玻璃，但需要综合考虑价格、视觉效果等问题。

其他有效措施：选择合适的窗墙比，通常墙的隔声性能优于窗；减少声桥设计，比如增加框的腔体数量；采用三道甚至多道密封、适当提高密封胶条压缩量、增加锁点来提高框扇间的密封性；填充高阻流的隔声材料，提高窗墙间缝隙隔声性能。

建筑门窗的隔声性能不只跟设计本身有关，现有建筑施工条件下，窗与墙体之间缝隙过大，形成声音传播到室内的有利通道，可以利用附框设计来精确控制门窗与墙体之间的缝隙，减少声波的传透量。

现阶段门窗设计并没有把撞击声隔声考虑在内，但在日常生活中，风雨天雨水撞击门窗形成的噪声同样影响人们的正常作息。玻璃受本身性能的影响，并不能实现弹性阻尼材料的功能。希望随着科技的发展可以从门窗材料或者智能化上来实现撞击声隔声的性能。

1.5 保温性能

门窗的结露问题与保温性能以往是两个独立的测试判定体系，但两者之间存在因果联系，所以在《建筑外门窗保温性能分级及检测方法》（GB/T 8484—2008）中增加了抗结露因子的定义,并对外门窗的传热系数 U 值和抗结露因子 CRF 做了分级,定义了其检测方法。随着国家节能要求的提高,U 值要求越来越低,新的 GB 8484 在 2018 年 11 月份已顺利通过审查,新的标准中对外门窗保温性能分级指标值进行了调整、合并,并完善了检测装置。

热量传递的方式有三种:传导、对流和辐射。所有提高保温性能的措施都是围绕怎样克服这三种热传递方式进行。

$$U_w = \frac{A_g U_g + A_f U_f + l_g g}{A_f + A_g} \tag{1}$$

对应图 7 来分析 U 值计算公式(1)[见《建筑门窗玻璃幕墙热工计算规程》(JGJ 151—2008)]。对于一樘面积已定的门窗,我们可以通过降低 U_g、U_f、g 来降低 U_w:降低 U_g 的方法有单玻升级成双玻或三玻、玻璃中空层表面镀 Low-E 膜、控制玻璃中空层厚度在 12~16mm、中空层填充惰性气体等,甚至可以采用真空玻璃;降低 U_f 的方法有增大隔热条宽度、隔热腔填充保温材料(也可增加尼龙隔板)、采用带空腔隔热条、采用带空腔中间胶条、采用长尾胶条等(图 8);窗框与玻璃结合处的线传热系数 g 主要描述了在窗框、玻璃和间隔层之间相互作用下的附加的热传递,附加线传热系数 g 主要受玻璃间隔层材料导热系数的影响,降低 g 可以通过用暖边条代替普铝间隔条来实现。

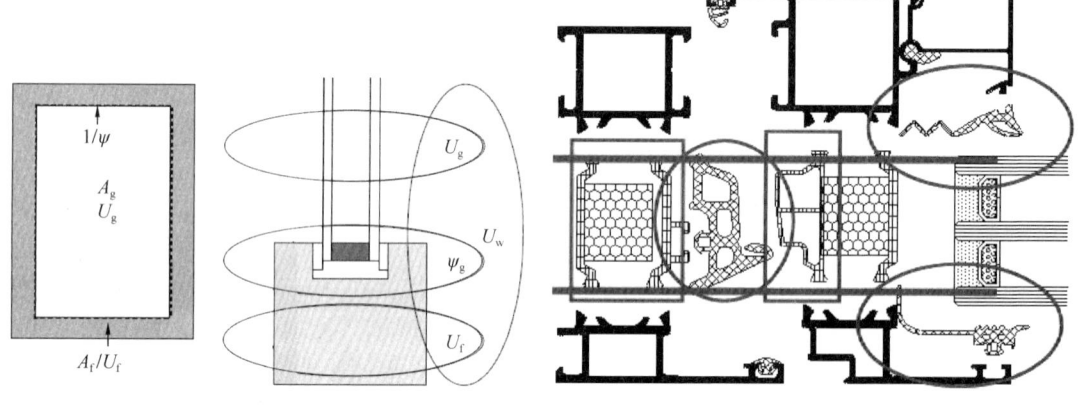

图 7　U 值计算分析图　　　　图 8　采用长尾胶条降低 U_f 值

门窗型材内表面的结露现象受到以下三方面因素的综合影响:室内温度、室内空气湿度、窗框内表面温度(因为玻璃的隔热性能通常优于窗框,所以窗框内表面温度较玻璃内表面温度低)。其中,窗框内表面温度在室外温度已知的情况下,可以通过窗框节点的设计来进行有效控制,窗框 U_f 值越低,门窗内表面温度越高。笔者模拟了隔热断桥 55-14.8 系列、67-27 系列两个节点的等温流图(图 9),可以看出门窗内表面温度最低值通常出现在玻璃与型材结合处附近,这个区域的温度跟 g 值有关,所以降低 g 值是防止结露的关键点。

1.6　其他性能

关于门窗耐候性能,欧美国家自 20 世纪 80 年代已经开展相关研究,形成了多项标准,部分标准上升为国际标准。我国起步相对较晚,对该性能检测的研究始于"十一五"国家科技支撑计划重点课题——"典型地区用建筑外窗系统研究开发"。国家标准《门窗耐候试验方法》编制工作已启动,标准中将规定我国典型气候地区门窗耐候性试验的气象参数条件、

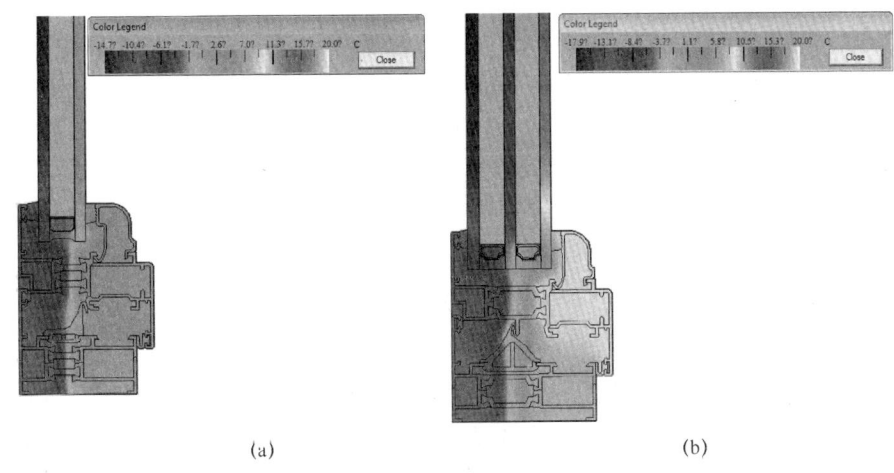

图9 55-14.8系列、67-27系列两个节点的等温流图
(a) 55-14.8系列;(b) 67-27系列

多气候因素加载方法以及试验前后性能评价方法等内容,该标准的制定对进一步完善我国建筑门窗物理性能试验方法标准体系、提升我国建筑门窗的产品质量具有重要意义。

针对门窗耐火性能问题,行业内一直缺少规范的行业标准,归口管理模糊不清,经常与防火门窗性能要求混为一谈,给相关企业产品的研发生产、质量检测带来了阻碍,一定程度上影响了门窗行业的发展速度。国家标准《建筑门窗耐火完整性试验方法及判定要求》标准编制工作已经完成了试验验证,编制了标准讨论稿。

针对其他性能方面的设计,比如抗震设计、防侧雷击设计、防盗设计等,目前我国并没有对应的国家标准及行业标准。随着门窗行业的发展、功能的完善、定制门窗的差异化要求,相信对于门窗其他功能性设计和标准文件会有所丰富。

2 安装

2.1 五金件与玻璃安装

五金件安装是控制框扇配合的关键,使用五金件将扇框安装在外框上,通过调整合页或滑撑来定位,对于平开窗来说,五金件安装是控制窗扇"掉角"的关键。

玻璃安装是通过调整承重垫块和定位垫块的数量和位置来实现的(图10),承重垫块承担玻璃重量,定位垫块定位玻璃,确保玻璃四周缝隙均匀。扇框安装后安装玻璃,通过玻璃垫块来调整玻璃的位置。垫块厚度至少为5mm,宽度应比玻璃厚度大2mm,垫块的长度一般在100mm左右,垫块位置不应影响排水孔的正常排水。垫块的数量是由玻璃宽度决定的,如果玻璃宽度超过1m,至少应用两个超过100mm的玻璃垫块放在支点上。对于平开窗来说,垫块的位置决定了玻璃偏心压力的位置,垫块也是控制平开窗窗扇"掉角"的关键。

2.2 门窗安装分类

外门窗应与建筑主结构可靠连接,门窗洞口与外门窗框接缝处的气密性能、水密性能和保温性能不应低于外门窗的有关性能。门窗固定方法直接关系到门窗的安全性和可靠性,以及与建筑主体结构间的位移伸缩等,因此保证窗户的固定安全是非常重要的。门窗的固定方式可分为湿法安装和干法安装。

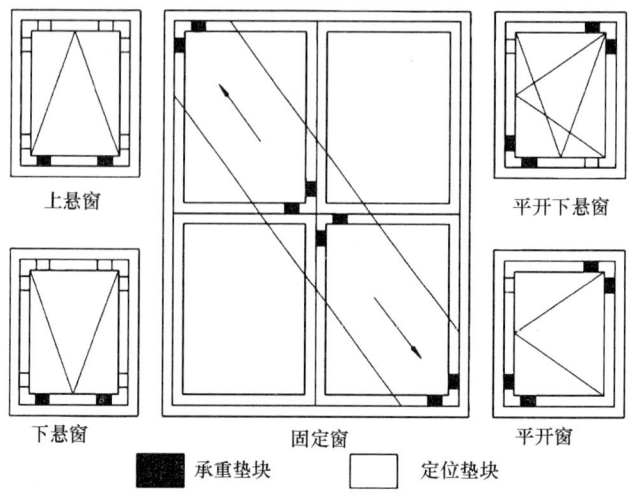

图 10 玻璃安装

典型湿法安装的主要步骤（图11）：

（1）在毛坯洞口套入窗框，窗框套入洞口的前后均不能把门窗上的保护膜撕掉，这样可避免后期施工对门窗造成损害；利用木垫块调整好窗与墙体间的间隙，打好水平后固定窗框（图11a）。

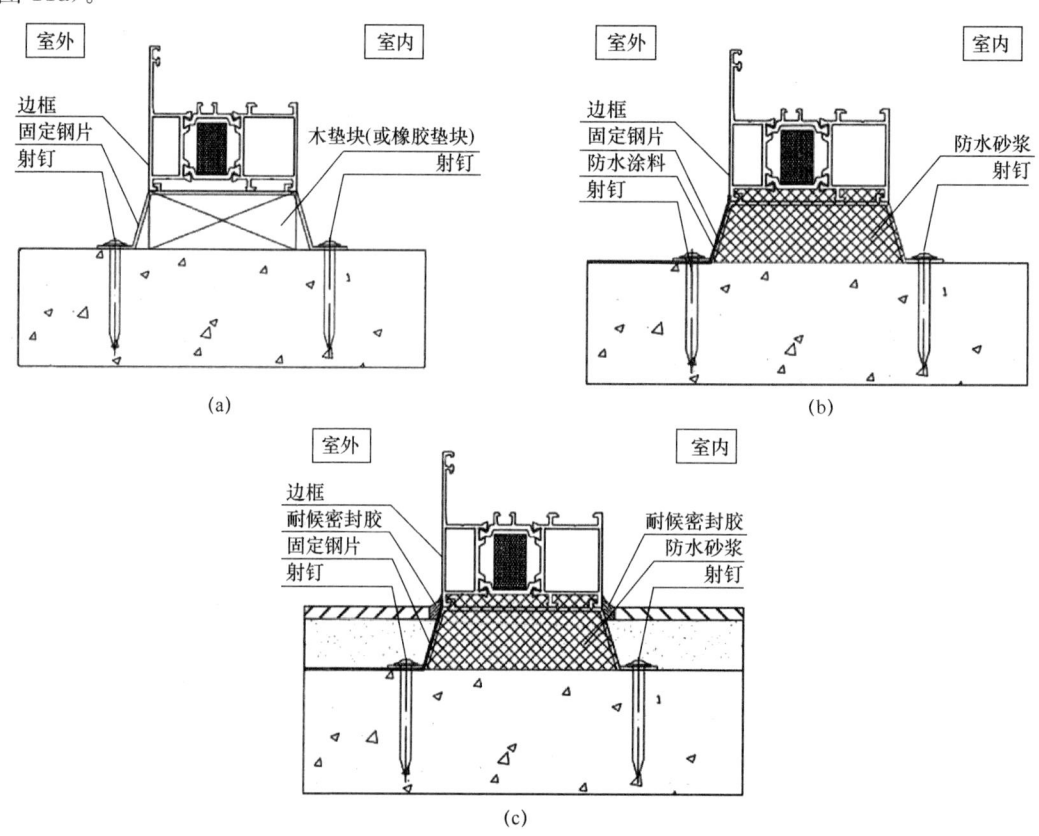

图 11 湿法安装门窗的步骤

(a) 套窗框并固定；(b) 做防水处理；(c) 做室内外装饰

（2）固定好窗框后，需做防水处理。在窗框与墙体间填充防水砂浆，填充满砂浆让窗框稳定后，把木垫块卸出。然后在外墙窗框与墙体间涂上防水涂料（图11b）。

（3）做好防水处理后，就可以做室内外装修。在做室内外装修前，要对门窗做好保护，防止污染、刮伤。在湿法安装过程中，这一步尤其重要（图11c）。

典型干法安装（钢附框安装）的主要步骤（图12）：

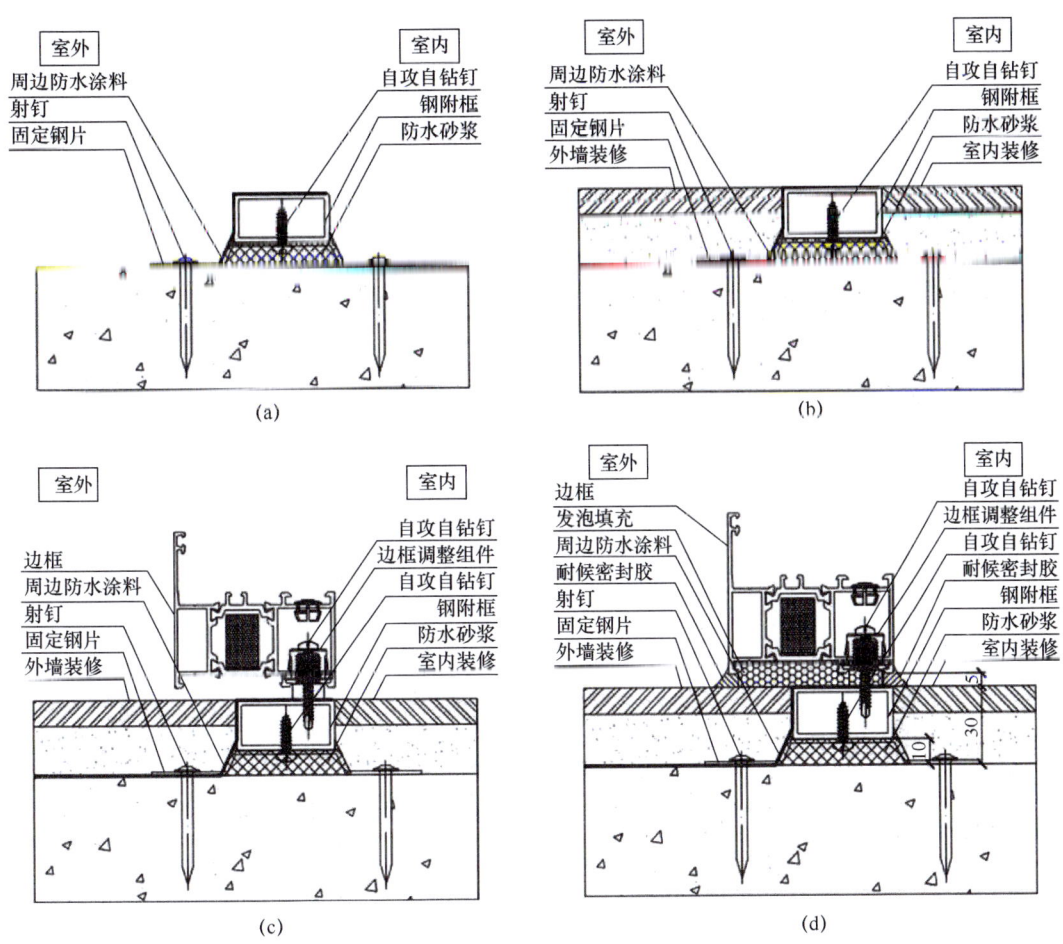

图12　干法安装门窗的步骤

(a) 固定钢附框并做防水处理；(b) 进行室内外装修；(c) 固定门窗框架；(d) 填缝密封处理

（1）在毛坯洞口预埋钢附框，钢附框上墙调好水平后，附框与洞口间的缝隙填充防水砂浆，附框与洞口间的缝隙要预留10mm以上，固定好附框后，在室外侧附框与洞口间涂刷防水涂料（图12a）。

（2）钢附框上墙后，就可以进行室内外装修，装修完成面以钢附框表面为准（图12b）。

（3）室内外装修完成后，门窗框架上墙，窗框上墙前必须做好防护处理，防止门窗被污染或者刮花，门窗框架与钢附框的间隙要在5mm以上。门窗框架与钢附框固定连接前，必须用水平仪打好水平，窗框的水平可以通过边框调整件进行调整，打好水平后就可以直接跟钢附框连接固定（图12c）。

（4）门窗框架固定后，窗框与钢附框缝隙间需做填缝处理，通常采用聚氨酯发泡剂填缝，然后在窗框室内、室外两侧都打上耐候密封胶，做好密封处理，这样门窗的上墙安装操作基本完成（图12d）。

湿法安装与干法安装的最大区别：湿法安装窗框必须在墙体湿作业前上墙，而干法安装可以在室内外装修完成后再上墙。湿法安装存在着土建在施工过程对门窗的污损，对成品保护极为不利的缺点。干法安装是门窗标准化、规范化的基础，解决了安装过程中的精度问题、拆卸困难问题。干法安装需要增加钢附框，附框对门窗起到一个定尺、定位的作用，是节约工期的关键。增加钢附框时，一定要处理好节点的防水、热桥、钢附框的耐腐蚀性等问题。系统门窗及装配式建筑中都推荐使用干法安装，为了满足门窗行业发展需求，国家标准《建筑门窗附框技术要求》编制工作已经启动。

2.3 门窗安装位置

以往门窗的好坏和安装位置的正确与否常常被忽视，目前绝大部分门窗采用传统的安装方式，那么，门窗安装在什么位置才能最大发挥出门窗的保温节能作用？

图13所示为窗的不同安装位置示意，图14为其所对应的等温流图，反映了门窗安装位置与建筑外保温的配合关系。图13a、图14a为窗安装在结构洞口的居中位置，保温没有对

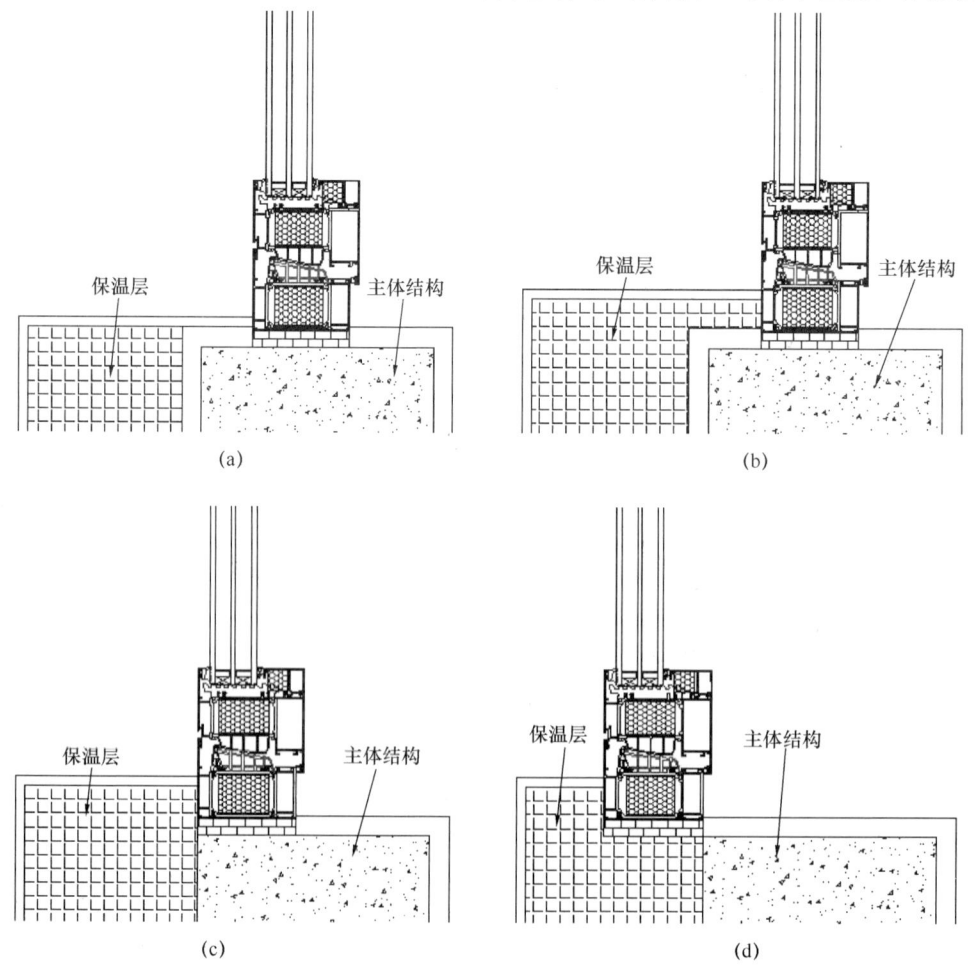

图13 窗的不同安装位置示意图

（a）洞口居中位置，窗框体无保温覆盖；（b）洞口居中位置，窗框体有保温覆盖；（c）洞口内靠外侧；（d）洞口外侧

窗框体进行覆盖；图 13b、图 14b 为窗安装在结构洞口居中位置，保温对窗框体进行覆盖；图 13c、图 14c 为窗安装在结构洞口内靠外侧，保温对窗框体进行覆盖；图 13d、图 14d 为窗安装在结构洞口外侧，保温材料对其进行覆盖。通过对图 14 中等温流图的分析可以看出，窗的安装位置靠近结构洞口外侧、对室外侧窗框进行保温覆盖，更能发挥出门窗的保温节能作用，并有效防止主体结构的结露和霉菌的产生。图 13d 的方案——洞口外侧安装形式目前国内只局限于超低能耗建筑的外窗安装，并没有全面推广应用，窗框与结构通过专用钢质角码和墙体外挂式连接固定，类似幕墙的连接方式，但是与幕墙弯曲不同，使窗户与墙体成为一体化模块设计结构，这样的窗户结构属于模块化设计，是当今最先进的设计和施工方法，并能解决建筑的渗漏问题。

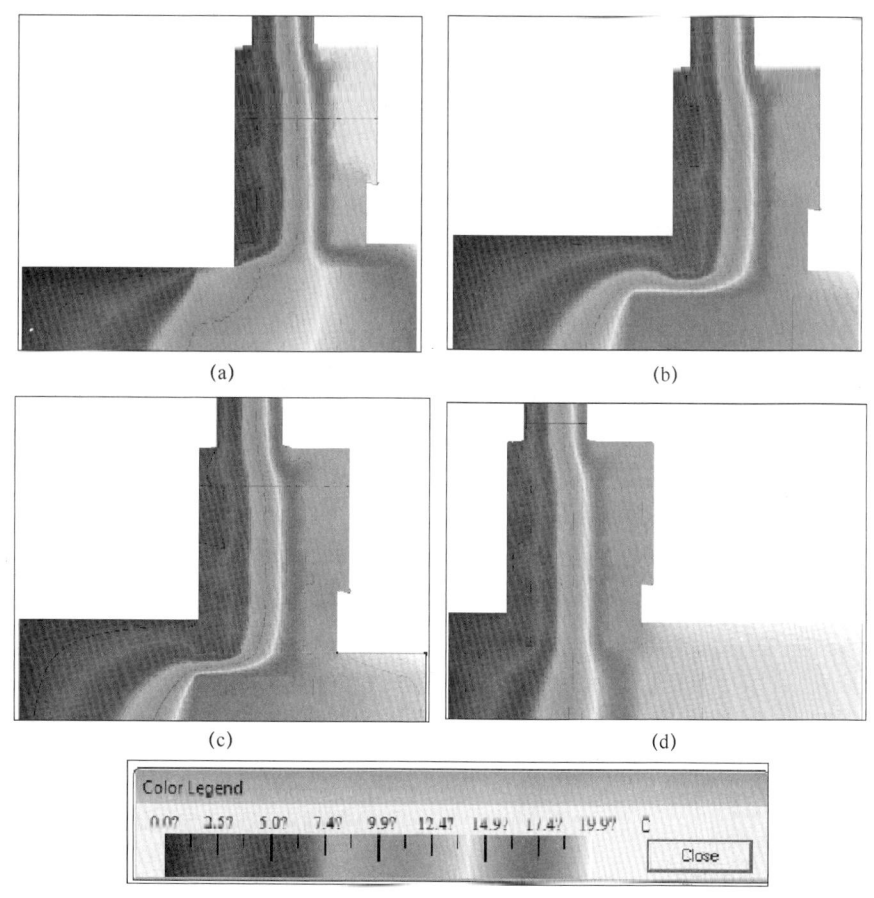

图 14　窗不同安装位置所对应的等温流图
(a) 洞口居中位置，窗框体无保温覆盖；(b) 洞口居中位置，窗框体有保温覆盖；
(c) 洞口内靠外侧；(d) 洞口外侧

在欧洲，外窗与墙体的连接有防水透气膜（室外）、防水隔气膜（室内）和密封胶组成的完整密封连接系统，防止室内外的水进入门窗与结构的缝隙，使结构内的水汽可以自由地蒸发到室外侧，从而避免墙体发霉。由于工艺和技术原因，防水透气膜和防水隔气膜在国内应用很少，随着门窗行业的发展，相信防水透气膜和防水隔气膜的应用会得到普及。

3　结语

我国门窗行业虽然还存在质量参差不齐、标准体系不完善、缺乏第三方认证等问题，但很多门窗企业都着力于提高门窗的性能质量，多项性能检测、试验标准都在编制或修订，国家标准《系统门窗通用技术要求》《装配式建筑用门窗技术规程》的编制工作均在启动，《铝合金门窗》（GB/T 8478）修订标准也已通过审查，门窗行业正在逐步走向系列化、标准化、集成化和信息化。

参考文献

[1]　铝合金门窗：GB/T 8478—2008[S].
[2]　建筑外门窗气密水密抗风压性能检测及分级方法：GB/T 7106—2008[S].
[3]　建筑门窗空气声隔声性能分级及检测方法：GB/T 8485—2008[S].
[4]　建筑外门窗保温性能分级及检测方法：GB/T 8484—2008[S].
[5]　建筑门窗玻璃幕墙热工计算规程：JGJ 151—2008[S].
[6]　贺玉妹. 浅谈建筑门窗幕墙空气声隔声性能分析与设计[J]. 中国建筑金属结构，2018.

作者简介

贺玉妹（He Yumei），女，1989年6月出生，工程师，研究方向：主要从事聚酰胺型材、穿条式隔热型材和铝合金门窗幕墙的设计、研发等方面的工作；工作单位：泰诺风保泰（苏州）隔热材料有限公司（Technoform Bautec（Suzhou）Thermal Insulation Material Co., Ltd）；地址：江苏省苏州工业园区现代大道东青丘街283号；邮编：215000；联系电话：18306212026；E-mail：mia.he@technoform.cn。

智能玻璃的遮阳系统

牛 晓

合肥威迪变色玻璃有限公司　安徽合肥　230012

摘　要　本文简要概述了电致变色玻璃的基本原理、生产工艺以及应用。
关键词　智能玻璃；遮阳系统

随着建筑和玻璃技术的发展，玻璃幕墙的保温隔热性能和气密性能的提高，使得人们可以在舒适的室内环境中生活与工作，带来感舒适感的性能有：隔热、遮阳、通风。玻璃幕墙的节能可以通过选择合理的遮阳物来降低空调系统的运行费用。

"建筑的历史就是为光线而斗争的历史，就是为窗子而斗争的历史"。遮阳设施能合理控制太阳光线进入室内，减少建筑空调能耗和人工照明用电，改善室内光环境。采取有效的遮阳措施能阻挡阳光直射辐射和漫反射，控制热量进入室内，降低室温，改善室内热环境，是实现建筑节能的最有效方法之一。

1　遮阳系统的分类

遮阳系统按其安装位置与建筑墙面的相对位置分为外遮阳系统、中置遮阳系统和内遮阳系统。

外遮阳系统就是安装在玻璃幕墙和门窗外的遮挡阳光的装置。

中置遮阳系统就是安装在中空玻璃腔体内的遮阳产品。

内遮阳系统就是安装在建筑物室内的遮挡阳光的装置。

外遮阳系统的遮阳效果要优于内遮阳系统。安装外遮阳系统可使室内温度降低7～8℃，节省40%～60%的空调能耗，安装内遮阳系统可使室内温度降低4～5℃，节省30%～45%的空调能耗电量。就节能而言，外遮阳系统优于内遮阳系统。

外遮阳系统在太阳辐射达到玻璃幕墙前就被遮挡在外，并且由于在外遮阳设施与窗户之间有流动的空气把热量带走，热量不会有机会进入室内。而内遮阳系统是太阳辐射进入室内之后再进行处理，在窗帘和玻璃之间形成了热岛效应，窗帘在室内并没有密封的效果，热量很容易在室内扩散。

2　遮阳的作用与效果

在夏季，阳光透过玻璃射入室内，是造成室内过热的主要原因。在玻璃幕墙上设置遮阳系统，可以最大限度减少阳光的直接照射，从而避免室内过热、提高舒适性，是炎热地区建筑防热的主要措施之一。设置遮阳系统后，会有以下作用及效果：

2.1　遮阳系统对太阳辐射的作用

遮阳系数就是透过有遮阳措施的围护结构和没有遮阳措施的围护结构的太阳辐射热量的

比值。遮阳系数越小,透过外围护结构的太阳辐射热量越小,防热效果越好。由此可见,遮阳系统对遮挡太阳辐射热的效果是相当大的,玻璃幕墙建筑设置遮阳措施更是效果明显。遮阳系统对空调房间可减少冷负荷,所以对空调建筑来说,降低遮阳系数更是节约电能的主要措施之一。

2.2 遮阳系统对采光的作用

从天然采光的观点来看,遮阳措施会阻挡阳光直射,防止眩光,使室内照度分布比较均匀,有助于提高工作效率。但是,由于遮阳措施有挡光作用,从而会降低室内照度,在阴雨天更为不利。

2.3 遮阳系统对建筑外观的作用

优美的遮阳形式可以成为建筑造型有趣的一部分。遮阳系统在玻璃幕墙外观上,体现出现代建筑艺术美学效果,是现代技术解决人类对建筑节能和享受自然需求而产生的一种新的现代建筑形态。

2.4 遮阳系统对房间通风的影响

遮阳设施对房间通风有一定的阻挡作用,在开启窗通风的情况下,室内的风速会减弱1/3～1/2。具体视遮阳设施的构造情况而定;对玻璃表面上升的热空气有阻挡作用,不利散热,在遮阳系统的构造设计时应加以注意。

对于常用的遮阳系统,大家都是熟知的。现在介绍一种新型的遮阳系统:电致变色玻璃智能遮阳系统。

3 电致变色智能遮阳系统

3.1 生产工艺

电致变色玻璃智能遮阳系统,是在玻璃表面上,利用真空磁控溅射镀膜工艺,把无机材料溅射到玻璃表面(图1)。

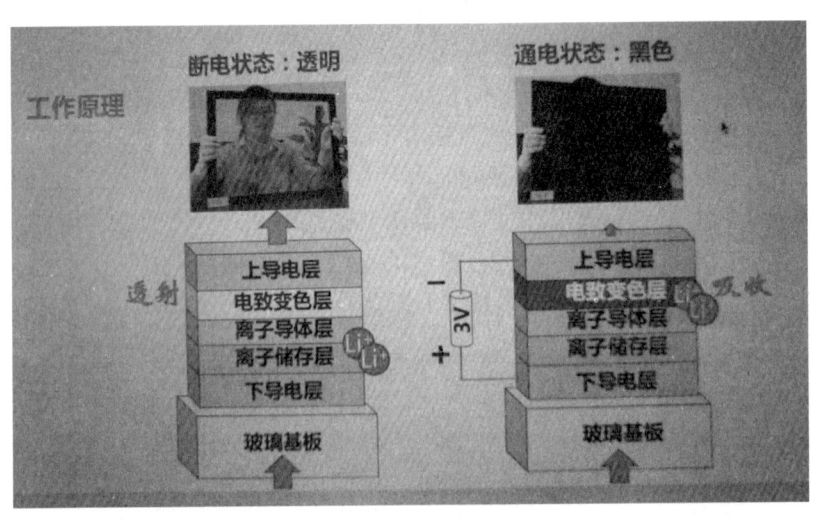

图1 电致变色玻璃智能遮阳系统

图1由下至上分别是玻璃、透明导电层、离子贮藏层、电离子导体层、致变色层。

3.2 基本工作原理

在玻璃透明状态下，三氧化钨变色层为空心立方结构，该结构下，只吸收少量的可见光和红外线。在+3V直流电压的驱动下，锂离子进入三氧化钨的晶格，形成实心立方结构。该结构下，电致变色玻璃可以吸收98%以上的可见光和99%以上的红外光，从而可以实现对可见光和红外光的调节，玻璃呈现黑灰色态。改变施加电压的方向，锂离子回到自己的位置，进而实现电致变色膜的透明态。

3.3 光热学参数

电致变色玻璃智能遮阳系统的光热学参数如图2所示。

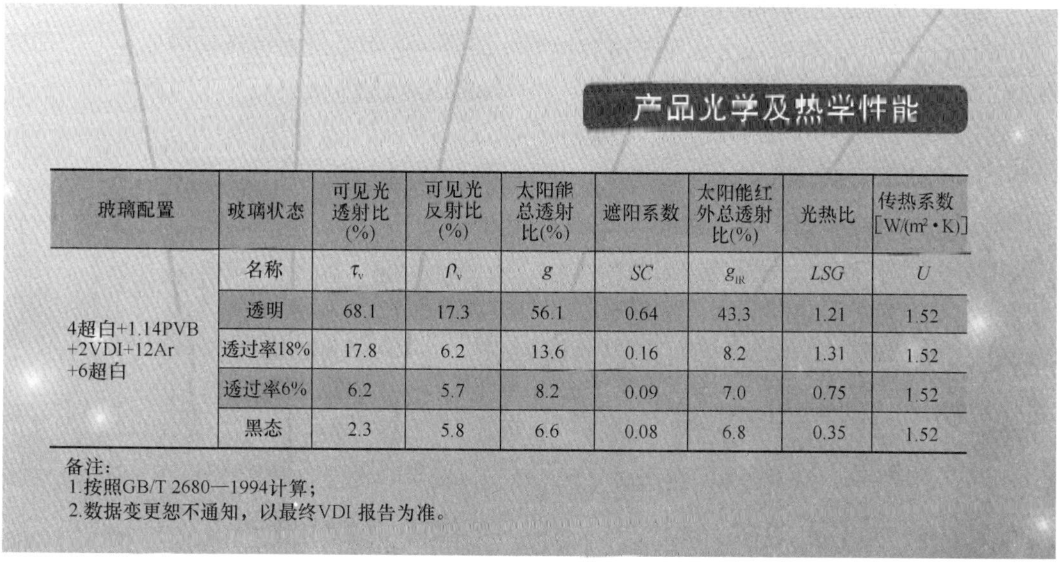

玻璃配置	玻璃状态	可见光透射比(%)	可见光反射比(%)	太阳能总透射比(%)	遮阳系数	太阳能红外总透射比(%)	光热比	传热系数[W/(m²·K)]
	名称	τ_v	ρ_v	g	SC	g_{IR}	LSG	U
4超白+1.14PVB +2VDI+12Ar +6超白	透明	68.1	17.3	56.1	0.64	43.3	1.21	1.52
	透过率18%	17.8	6.2	13.6	0.16	8.2	1.31	1.52
	透过率6%	6.2	5.7	8.2	0.09	7.0	0.75	1.52
	黑态	2.3	5.8	6.6	0.08	6.8	0.35	1.52

备注：
1.按照GB/T 2680—1994计算；
2.数据变更恕不通知，以最终VDI报告为准。

图2 产品光学及热学性能

图2数据由国家玻璃质检中心测试得出。

3.4 应用场景

产品的应用场景如图3~图6所示。

图3 国外项目（圣戈班）

图 4 腾讯北京总部采光板(圣戈班)

 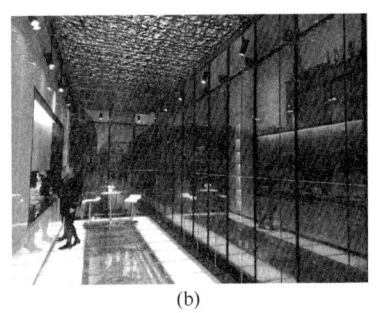

图 5 四川项目(威迪)
(a)适明态时,从室内往室外看;(b)黑态时,从室内往室外看

图 6 北京项目(威迪)
(a)黑态时,从室外往室内看;(b)黑态时,从室内往室外看

4 全固态电致变色玻璃的特点

(1)连续可调的可见光、红外光透过率与遮阳系数,且具有较宽的变化范围。
(2)3V 直流低压驱动方式,远低于人体安全电压 36V,更适合于电子产品与车载电源。

(3) 全无机材料带来的较长寿命。

(4) 与各种控制方式友好匹配。键盘、APP、遥控器、光传感器等智能控制。

(5) 在黑态时，也可以看到室外的风景。

(6) 具有一定的隐私功能。

威迪变色玻璃智能遮阳系统，采用磁控溅射镀膜生产工艺。通过3V直流电作用，玻璃的可见光透过率可以从68%～2%之间无级变色，同样，遮阳系数也从0.64～0.1之间无级变化。在电场作用下，具有光吸收透过的可调节性，可选择性地吸收或反射外界的热辐射和内部的热扩散，减少办公大楼和民用住宅在夏季保持凉爽和冬季保持温暖而必须消耗的大量能源。同时起到改善自然光照程度、防窥的目的。12mm充氩气中空玻璃的传热系数为$1.52W/(m^2 \cdot K)$，可以起到隔热保温的作用，从而实现遮阳、调光、隔热、保温、节能的功效。智能玻璃的遮阳系统是节能建筑材料的一个发展方向。

作者简介

牛晓(Niu Xiao)，男，教授级高级工程师，从事玻璃和玻璃深加工工艺以及玻璃质量检验三十多年，具有丰富的分析和解决玻璃质量问题的方法；工作单位：威迪变色玻璃有限公司；联系电话：13917385551；E-mail xiaoniu@vdiglass.com 和 13917385551@163.com。

台风对建筑门窗幕墙的破坏及反思

窦铁波[1]　陈　勇[2]　包　毅[1]　杜继予[1]
1　深圳市新山幕墙技术咨询有限公司　广东深圳　518057
2　深圳市科源建设集团有限公司　广东深圳　518031

摘　要　近年来影响我国的强台风给沿海地区的建筑门窗幕墙带来较多的破坏，使人们对建筑门窗幕墙在抵抗强台风的能力方面产生了担忧，对强台风造成破坏的原因和应采取的应对措施议论较多。本文针对强台风造成的不同破坏现象，分析了问题产生的原因，从标准规范、工程设计、试验检测和工程质量监管等方面提出了应采取的措施，为提高我国建筑门窗幕墙抗击强台风和超强台风的能力及安全性提出有益的建议。
关键词　台风；安全；措施

1　引言

台风是我国沿海地区常年遭遇的自然灾害之一，每年给我国造成的经济损失和对生命的危害不可估量。随着我国沿海地区超高层建筑的增多，近年来台风对沿海地区建筑门窗幕墙，包括金属屋面的影响和破坏非常显著，如2016年厦门百年不遇的"莫兰蒂"、2017年打破珠海瞬时大风风速纪录51.9（m/s）（16级）的"飞鸽"和2018年在深圳登陆并袭击广东的"山竹"等均为超过14级的强台风，都给当地的建筑门窗幕墙造成了严重的破坏，其中尤以大面积玻璃破损、开启扇整体脱落、门窗整体垮塌和幕墙构件脱落较为常见。

1.1　玻璃破损

大面积玻璃破损，是强台风给建筑门窗幕墙带来的最为常见的破坏，有些甚至非常严重。图1为香港海滨广场在台风"山竹"作用下，玻璃幕墙玻璃大面积严重破损的情况。

图1　香港海滨广场玻璃幕墙破损情况

图 2、图 3 为 2016 年厦门部分门窗幕墙的玻璃破坏状况。

图 2　2016 年厦门部分门窗幕墙的破损情况　　图 3　厦门幕墙破损情况

1.2　开启扇整体脱落

幕墙和门窗的开启部位是幕墙和门窗抗风承载能力较弱的部位，开启扇在台风期间由于锁闭不严或抗风承载力不足导致开启扇整体脱落下坠。图 4 为坠落到地面的窗扇框架，图 5 为窗扇脱落后的窗框和残留的风撑，图 6 为被风掀起即将坠落的窗扇。

图 4　坠落到地面的窗扇框架　　图 5　窗扇脱落后的窗框和残留的风撑

图 6　被风掀起即将坠落的窗扇

1.3 门窗整体垮塌

门窗的整体垮塌虽然不多见,但对于存在设计和安装缺陷的门窗,在强台风作用下,出现整体垮塌是不可避免的。从图7中可以明显看出,门窗设计存在的严重缺陷,整樘窗的立柱和横梁在风荷载受载最大的部位出现了十字连接。图8和图9在窗框与结构洞口的连接安装上出现了连接不可靠的问题。

图7 窗的立柱和横梁出现了十字连接　　图8 窗框与结构洞口的连接不可靠　　图9 窗框与结构洞口的连接不可靠

1.4 其他的破坏

强台风除了对幕墙门窗的采光部位造成破坏外,对非透明部位幕墙、吊顶、雨棚和屋面等同样造成多种严重的破坏。图10为金属板幕墙的面板脱落,图11为金属屋面被掀开。

图10 金属板幕墙的面板脱落　　图11 金属屋面被掀开

2 应对台风破坏的反思

在经历了近几年台风的破坏后,人们对门窗幕墙的安全意识有了进一步的提高。对于台风给人们造成的影响和破坏,建筑门窗幕墙在工程设计和施工方面存在的问题需要我们去认真面对和思考,并采取有效的方法去处理。

2.1 风荷载设计的选取

近几年造成门窗幕墙严重破坏的强台风基本都在14级以上,使得部分人认为,为确保建筑门窗幕墙在强台风作用下的安全,在进行门窗幕墙的抗风设计时,应提高建筑门窗幕墙的抗风承载能力水平，对现行设计规范的风荷载取值是否可行存在疑惑。有的建设单位在门窗幕墙项目设计方案中，提出门窗幕墙的抗风设计要保证在任何台风作用下均不能出现破坏的现象，有的为了照顾安全和建设成本的最优化，甚至在同一项目的不同方位的墙面采用两种风荷载取值的方法。

我们应该认识到，针对强台风造成的破坏，除了有材料方面自身缺陷的因素，如玻璃存在的离散性和风携碎物撞击等引起的破坏，确实存在门窗幕墙自身抗风承载能力不足的可能性，如大面积玻璃非正常破损等现象。但这些承载能力不足的现象，并不完全是现行设计规范的风荷载取值存在问题造成的，而应是在某种条件下产生的。按照现行《建筑设计荷载规范》（GB 50009—2012）和《玻璃幕墙工程技术规范》（JGJ 102—2003）的要求，建筑门窗幕墙作为围护结构的风荷载标准值最低取值不应低于$1kN/m^2$，此值实际上已高于气象台预报12级台风[2min平均风速32.7m/s，《热带气旋等级》(GB/T 19201—2006)]约$0.67kN/m^2$的风荷载值（忽略气象台预报与规范间的风速倍差，以下同）。对于沿海地区的建筑，如深圳的超高层建筑，按照现行规范50年一遇的基本风压计算，其风荷载标准值（W_k）约为$3.2kN/m^2$，用于强度和安全验算的风荷载设计值（$1.4W_k$）约为$4.5kN/m^2$，将其换算成风速约为71.7m/s，相比较深圳平安大厦顶层（约600m）在强台风"山竹"登陆期间录到的最大风速55m/s而言应该是安全的。由深圳气象局提供的气象资料表明，"2018年9月15—17日，受台风"山竹"影响，深圳市陆地出现11～13级阵风，沿海和高地出现14～16级阵风……"。图12为香港天文台录得的数据，2018年强台风"山竹"期间香港的最大风速为170km/h（47.22m/s），略高于14级强台风，而市区则为12级阵风，图13中后侧数据为阵风128km/h。

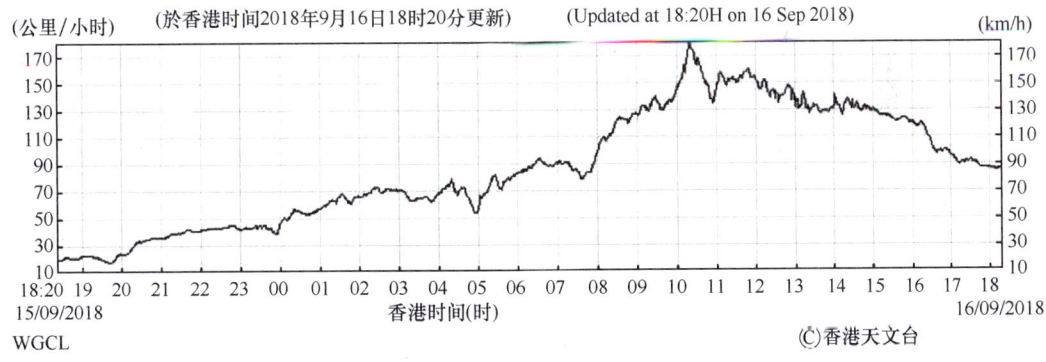

图12　香港天文台录得的数据

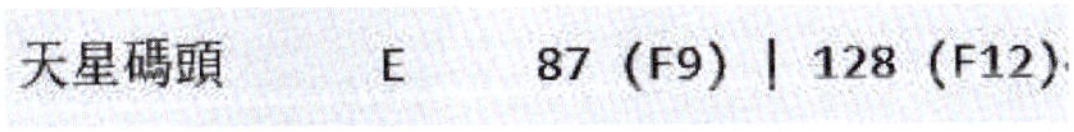

图13　阵风风速128km/h

从上面的分析中可以看出，按照现行荷载规范的计算，在正常的条件下建筑门窗幕墙的安全是不会有问题的，这从深圳和香港的建筑门窗幕墙在台风"山竹"期间的大部分表现可以得到证实。但为什么正常的按照规范设计的建筑门窗幕墙在强台风作用下还会出现不正常的破坏？在此，我们用香港海滨广场玻璃幕墙的破坏作为例子来分析和探求这种不正常破坏的原因。香港海滨广场位于香港红磡黄埔花园南侧,临海而立。海滨广场为一建筑群,包括海滨广场一座、海滨广场二座海逸酒店和后期新建的超高层住宅,图 14 为其平面图。从平面图中可以看到,整个建筑的正面朝西偏北方向,与台风风向大致相迎,同时建筑群正对着的两条街道(德安街和德丰街)与建筑群的分割间隙和朝向基本一致,这无形中形成了一个极佳的狭窄风道和边角效应,造成局部区域风速的急剧增加,从而对两侧和角部玻璃幕墙陡添了巨大的作用力,导致玻璃幕墙玻璃的大面积破坏。图 15 中红色线条为玻璃破坏的位置,图 16 所示为海滨广场一座、二座之间的间隙仅为两辆大巴车通道的宽度。从图 17 中还可以看到,玻璃破坏集中在 20 层以下,20 层以上的部位基本无损,特别是北侧 200 多米高的海名轩,除群楼外基本无一玻璃破损,这主要得益于 20 层以上部位不存在狭窄风道现象。图 18 为广场的西南侧,玻璃幕墙完好无损。这种大面积的非正常玻璃破坏除了在海滨广场出现外,在香港港岛湾仔的中环广场也有同样的问题,图 19 为紧邻中环广场的玻璃破坏情况。

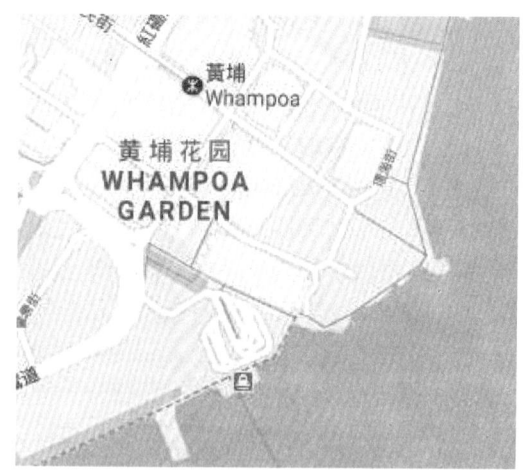

图 14　海滨广场平面图

图 15　玻璃破坏的位置

图 16　海滨广场一座、二座的间隙

图 17　玻璃破坏集中在 20 层以下

图18 广场西南侧玻璃完好无损　　　　图19 紧邻中环广场的玻璃破坏情况

从香港海滨广场这一典型案例可以看到，造成玻璃幕墙大量非正常破坏的关键因素之一应与存在于集密建筑群间或建筑自身结构间的狭窄间隙所形成的"穿堂风"效应相关，也包括建筑表面造型异常突变引起的风荷载变化。对于建筑群间形成的狭窄效应和建筑群体间风力相互干扰的效应，在GB 50009—2012第8.3.2条已有相应的设计规定，但在现有建筑设计和幕墙设计中，却较少获得认真的关注和执行。随着土地资源日益稀缺、建筑间密度的增大，这种狭窄效应和群体间风力相互干扰产生的破坏应引起认真反思。这包括城市建设规划管理部门、建设单位和建筑设计单位应在审批和发展新建项目的过程中，对新建项目的发展对已有建筑可能产生的影响，以及后于自身项目的未来新建项目对自身项目的影响给予切实评估。其次是标准规范制定单位对规范的要求如何进一步细化，例如当采用风洞试验来确定风荷载，而试验数据与规范计算数据相差较大时，如何处理两者间的关系。再则建筑门窗幕墙设计和施工单位应严格按规范进行设计，当项目中存在狭窄效应等类似情况时，应给予高度重视，在提高设计标准的同时，对涉及的部位尽可能通过实样试验对设计加以验证。

2.2　门窗幕墙开启扇设计

门窗幕墙开启扇在台风作用下产生整体脱落是极其危险的现象，并且成为近年来的多发事件。这种现象不仅在台风期间出现，在平时由于天气瞬间变化时也经常出现。这种现象的出现，除了开启扇在台风或天气变化时没有锁闭到位外，还与开启扇自身的设计缺陷有关。在目前开启扇的设计中，开启扇与窗框之间的支承连接形式较多，常见的包括外开上旋滑撑或悬挂连接、外开滑撑平推连接、内外平开滑撑或铰链连接等。其中，外开上旋滑撑和悬挂连接开启扇在幕墙中的应用较多，而出现脱落问题最多的是上旋悬挂形式的开启扇。上旋悬挂形式开启扇的破坏形式除了最常见的挂钩脱落和风撑拉脱外，开启扇上部组角部位因连接不可靠，承载能力不够（包括重量）产生窗扇下部整体拉脱并坠落已成为常见的现象。图20为窗扇下部整体拉脱的状况，图20(a)为坠落地上的窗扇，图20(b)为留在窗框上的窗扇上边框和角码。对于上旋悬挂形式的开启扇，除了应设置有效的防止挂钩脱落的装置外，尚应强化组角件连接的可靠性，完善组角件与窗扇框架间的连接强度。同时应强化窗扇与窗框间风撑的连接可靠性，防止出现风撑被拉脱而失效的现象。图21为出现窗扇坠落的窗扇与窗框风撑的连接及风撑拉脱后的状况，图22为设计修改后的连接状况，风撑与窗扇的连接采用螺栓穿透连接，风撑与窗框的连接螺钉直接固定到幕墙立柱上。

 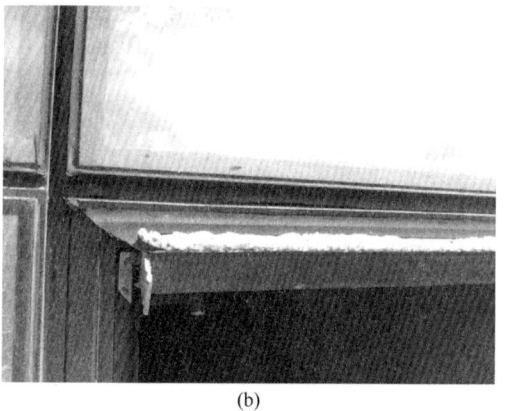

图 20　窗扇下部整体拉脱的状况
（a）坠落地上的窗扇；（b）留在窗框上的窗扇上边框和角码

 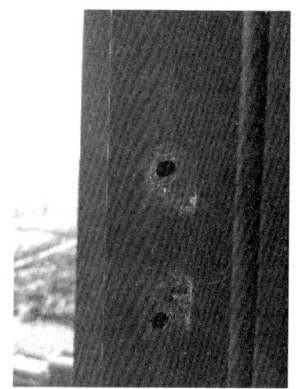  

图 21　风撑拉脱后的状况　　　　　　　图 22　设计修改后的连接状况

除了台风的影响，从对近 30 年来既有建筑门窗幕墙的检查发现，开启部位始终是出问题最多的地方，包括严重渗漏、启闭不畅，以及开启扇坠落的严重安全事故。如何在开启扇的设计中解决这些问题，值得认真思考和采取对应的措施。随着建筑美学的发展，建筑立面的大分隔板块越来越多，造成了开启扇板块尺寸越来越大，板块尺寸的增大，造成了重量的增加，现在的开启扇重量在面积相同的条件下，是以前的三倍多（3 层玻璃），同时也造成风承载面增大。所有这些因素给开启扇的连接设计、连接构件的承载能力和质量提出了严酷的要求，有的甚至不可实现。对于开启扇的面积，JGJ 102—2003 提出不宜大于 $1.5m^2$，但并没有实际的封顶尺寸要求，造成现在的建筑设计存在盲目追求大开窗而不违规的现象，给建筑埋下了安全隐患。根据既有建筑门窗幕墙的实际情况，应考虑将开启扇面积限定在 $1.8m^2$ 以内，对于外平开窗则应该更小，不应超过 $1.0m^2$，且应控制其高宽比。在目前的标准规范中，尚未有对门窗幕墙开启部位的完整设计和计算要求，应尽快加以完善。为了防止台风期间开启部位锁闭疏忽或瞬间天气突变造成未锁闭或处于开启状态的开启扇被风掀落，可考虑提高开启扇抗风掀的能力，并研发开启扇的抗风掀试验方法。同时可开发一些安全自锁的装置，确保开启扇在强台风期间或突发状态下的安全。

2.3 安全要点的设计和施工监管

建筑门窗幕墙最为重要的安全要点应为门窗幕墙与建筑结构的连接点，如果此节点出现松动、脱钩和任何影响承载能力的缺陷，将导致门窗幕墙可能出现从建筑结构上整体坍塌和脱落的严重安全事故，特别是在强台风影响期间，这种问题更为显著。图8、图9为台风期间窗户整体从建筑洞口脱落和坠地，甚至还出现单元式幕墙板块整体从挂钩脱落后下坠的现象。作为门窗幕墙安全要点的连接点出现问题，既有设计问题，也有施工过程存在的质量问题，此处仅讨论与设计有关的试验验证和施工监管的问题。

门窗幕墙的实样模型试验验证，最主要的目的是对设计效果的验证。但在目前的试验验证中，门窗的试验基本没有真实地反映出门窗与洞口的实际安装连接状况，幕墙的试验验证同样存在不完整性。所以门窗幕墙的实样模型试验在与建筑结构连接点的验证方面是不完全真实的，应该引起高度的重视。为弥补这一缺陷，我们应该强化门窗幕墙与建筑结构连接点在施工过程中的现场检测和施工质量监管，在门窗幕墙的安全上筑起第一道安全屏障。特别是这些连接部位，在工程施工完毕后均处于隐蔽状态，在门窗幕墙正常使用的日常检查和维护维修过程中非常难于观察到，一旦问题出现，已有可能造成不可估量的重大损失和安全事故。目前，工程施工过程中包括门窗幕墙与结构安装连接在内的隐蔽工程验收大多流于形式，并没有实施严格的监管，这可以从许多门窗幕墙工程的隐蔽工程验收记录表中反映出来。大部分的隐蔽工程记录记载的仅有"验收合格"等字眼，既没有发现任何问题，也没有处理问题的意见和结果，这是完全不可能的现象。最近，香港某一地铁站施工中出现了钢筋长度可能短缺的问题，整个建筑业界、法律界和政府都被牵涉进去。为了确保工程安全，他们制定了方案，不惜重金挖开已施工好的建筑结构，重新进行检验。这种为了建筑安全的严谨精神值得我们学习和仿效，严格地、到位地对门窗幕墙的安全要点进行现场检测和施工安全管控。现在数字化和信息化已非常普遍和发达，我们应该在工程现场的管理中大量引入这些科学可行的手段，像门窗幕墙与建筑结构连接的重要节点，除了采用文字记录外，应增加和保留图片或视频之类的影视检查资料，如图23所示的单元式板块的插接状况，使我们对工程施工质量和安全有更可靠、直观和全面的了解和评判。

图23 单元式板块的插接状况

3 结语

通过对近几年沿海各地强台风对建筑门窗幕墙影响的有限分析可以看到，严格按照现行标准规范进行设计和施工监管的建筑门窗幕墙，在抵抗强台风的作用具有足够可靠的能力，绝大部分的建筑门窗幕墙整体结构稳定、性能良好。对于强台风期间门窗幕墙以及金属屋面出现的一些破坏，应该加以科学的分析和面对。可以通过进一步地科学研究、试验和探索，进一步地完善我国的标准规范体系，通过强化工程现场管理水平来不断地提高建筑门窗幕墙抵抗强台风和超强台风的能力。

参考文献

[1] 林树枝. 高层建筑抗风设计的几点思考. 厦门：装配式建筑研究中心，2018.
[2] 热带气旋等级：GB/T 19201—2006[S].

二、设计与施工

幕墙抗风设计

赵西安

中国建筑科学研究院　北京　100013

摘　要　风力是幕墙结构的主要外部作用，是设计控制的主要因素。沿海地区台风频繁，幕墙在强台风中破损的事件时有发生，抗风设计应予充分注意。本文介绍了风力对建筑幕墙的作用，风洞试验结果在设计中的应用，抗台风玻璃，开启扇设计，大尺寸玻璃的抗风设计以及金属屋面的抗风问题。建议适当提高门窗的抗风设防标准。

关键词　抗风设计；风力分布；风洞试验；抗台风玻璃；开启扇设计；抗风设防标准

1　引言

按照规范正确进行设计和施工的幕墙，可以抵抗强台风的袭击。

2018年9月16日，超强台风"山竹"在珠三角登陆，广州、深圳、珠海的建筑幕墙经受了一次严峻的考验。这次台风最大风力达到16级，远远超出了幕墙设计的标准。

在这次超强台风中，绝大多数幕墙表现是良好的，在远超设计风力的强风吹袭下，幕墙没有破损或者破损轻微（图1至图4）。

图1　港珠澳大桥检查站

图2　深港高铁站

图3　深圳京基100大厦

图4　深圳东海腾讯大厦

其中，在设计和建造过程中最令人担心的几栋特殊建筑幕墙，表现出极为良好的抗风能力，使我们认识到：认真设计，认真施工，可以大大提高建筑幕墙的抗风能力。

1.1 超高建筑

深圳平安金融中心，600m 高，明框幕墙，不锈钢板竖向线条（图 5）。此外，如广州塔（600m）、广州东塔（528m，图 6）、广州西塔（432m，图 7）、深圳京基 100 大厦（412m）、深圳地王大厦（350m）等均未发生强风产生的破损。

1.2 超高陶板装饰线条

广州周大福中心（广州东塔，528m），竖向采用空心陶板装饰线条，安装到 500m 以上的高空，这是世界独一无二的，由于事先采取了特殊的加强措施，使这种脆性的材料在强风中安然无恙（图 6）。

1.3 世界最高的隐框玻璃幕墙

广州国际金融中心（广州西塔，432m），玻璃单元板块最大 1.5m×6.0m，重 600kg。全隐框幕墙，世界第一高。采用了高强结构胶。在"山竹"台风中表现良好，无损坏（图 7）。

图 5 深圳平安金融中心　　　图 6 广州东塔　　　图 7 广州西塔

2 风力对建筑幕墙的作用

2.1 风力沿建筑表面的分布

作用在建筑物表面的风力大小与风速的平方成正比。2016 年 9 月，"莫兰蒂"台风在厦门登陆，风速达 48m/s，换算成风荷载达 $1.44kN/m^2$，为厦门按规范设计风力的 1.8 倍。

作用于建筑物表面，即幕墙上的风力不是均匀分布的。在水平面上，建筑物的角部幕墙受到的风力比大面上的风力大得多（图 8）。"莫兰蒂"台风中，许多幕墙角部附近的玻璃损坏比大面上的玻璃多（图 9）。

沿幕墙高度方向，风荷载总的趋势是随着高度加大而逐渐加大。所以荷载规范给出的风荷载高度系数是沿高度逐渐加大的（图 10）。但实际上由于气流在建筑物顶部可以较顺利地滑过，顶部的风力反而减少（图 11）。风力现场实测表明，风力的最大值不在幕墙的顶点，而在幕墙的 1/2 至 3/4 高度上。

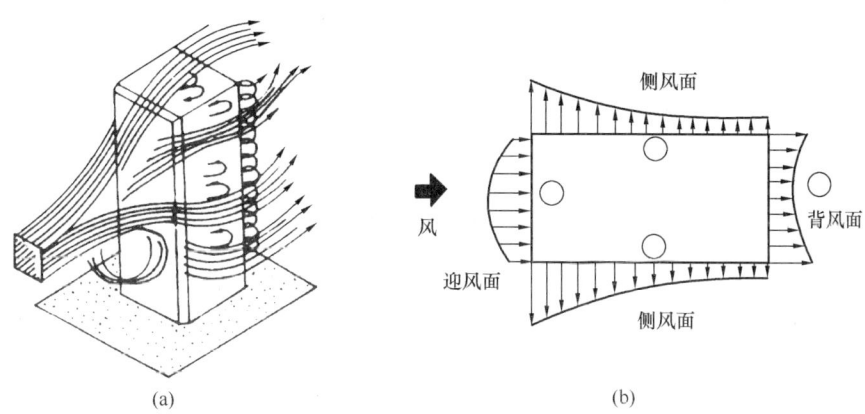

图 8 风力在建筑物表面的分布
（a）高层建筑物表面风流示意；（b）风压在建筑物平面上的分布

图 9 幕墙角部玻璃在台风中损坏比大面上玻璃损坏多

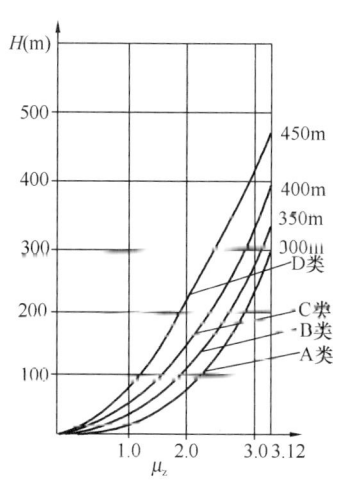

图 10 荷载规范的高度系数

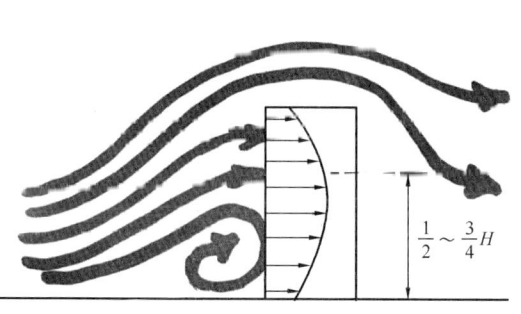

图 11 风力沿高度的实际分布

图 12 为广州环市广场大厦（220m，石材幕墙）在风洞试验中的风力沿高度分布的实测结果。实测数据表明，顶部风力分布与规范给出的分布是有差别的。

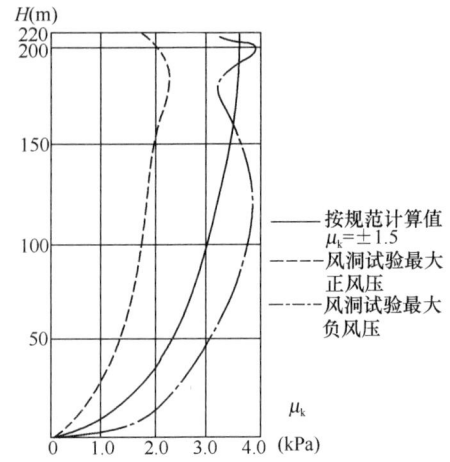

图 12　广州环市广场大厦风力实测结果与规范计算的比较

美国 M.I.T 大厦的风力实测也得到类似的结果（图 13）。

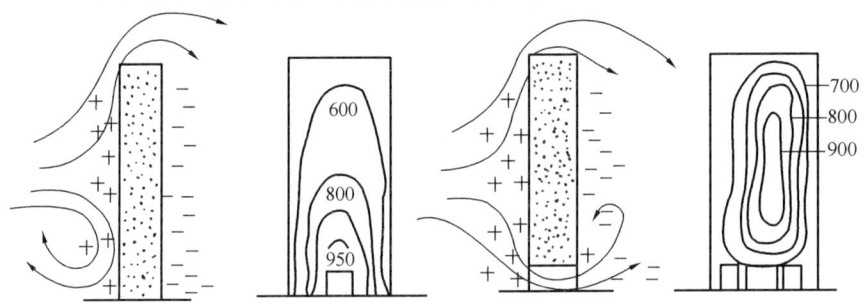

图 13　美国 M.I.T 大厦风力实测结果

图 14 为厦门中绿大厦玻璃幕墙在"莫兰蒂"台风中损坏玻璃沿高度的分布，损坏最多的部位是幕墙的中高部分。

图 14　幕墙中高部位玻璃破损较多

2.2　狭缝效应

空气通过相邻建筑物之间的狭缝时，风速会相应加大（图 15）。这就使得狭缝两侧和正对狭缝后排的建筑幕墙受到更大的风力作用（图 16），发生更严重的风力破损。

二、设计与施工

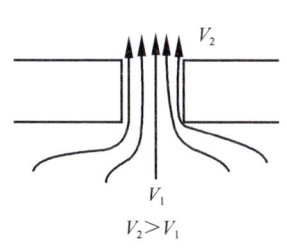 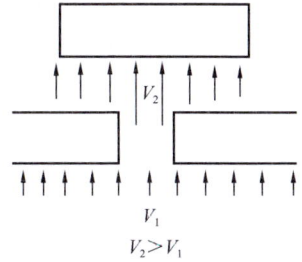

图 15　空气通过狭缝时速度加大　　图 16　狭缝使后排建筑的幕墙受风力加大

图 17 为厦门宝墅住宅区，第一排住宅正对大海，直接受到登陆台风的袭击。但是台风过后，首当其冲的第一排住宅玻璃破碎较少，而第二排、第三排住宅楼的门窗玻璃破损要比第一排严重得多（图 18）。

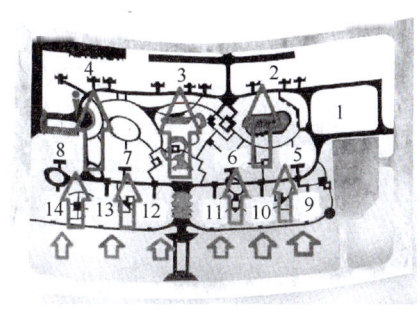

图 17　厦门五缘湾宝墅住宅区，后排风力加大

图 18　迎风第一排住宅的玻璃破损较轻微，其后的第二排、第三排的玻璃破损反而更严重
（a）第一排住宅；（b）第二排住宅；（c）第三排住宅

2.3　幕墙构件的风振疲劳

风力的大小随时间不断变化，幕墙构件受到的风荷载也在急速变化（图 20）。幕墙构件的荷载是脉动的、疲劳的荷载。

在幕墙生存期内（30 年至 50 年），幕墙构件受到的疲劳次数可以达到 10 万次到 100 万次。因此，面板、结构胶、连接件和支承结构的耐疲劳性能要充分注意。

图 19 临近建筑的玻璃幕墙,在狭缝两侧部位玻璃破碎较多

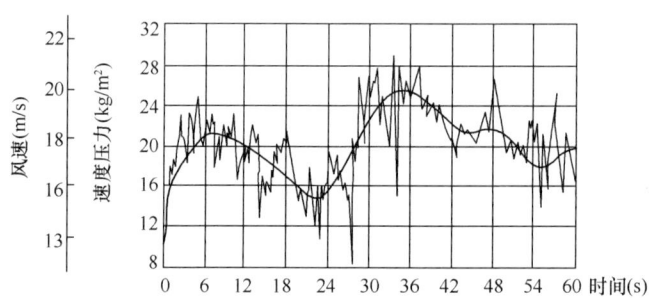

图 20 日本东京京王饭店风速、风压实测记录(1971.3.6)

3 设计风荷载

3.1 幕墙设计风荷载首先按规范计算

作用在幕墙上的风荷载首先应按《建筑结构荷载规范》进行计算。按 50 年一遇取用当地的基本风压,选取相应的体形系数、高度系数和风振系数,计算风荷载的标准值,并考虑超载系数 1.4 计算其设计值。这是幕墙设计的最基本依据。

3.2 风洞试验是重要的设计手段

实际建筑物外形往往比较复杂,附加装饰较多,超出规范的常规范围;加之邻近建筑的影响往往需要考虑,这时风洞试验就成为重要的设计手段。近年来,我国建成了许多建筑风洞,以适应工程建设的需要。图 21 为中国建筑科学研究院的建筑风洞,其试验段的截面为 6.5m×3.5m,可以适应大比例建筑模型试验的需要。

图 22 为国内外一些大型工程的风洞试验,试验结果为这些工程的主体结构和幕墙设计提供了重要的依据。

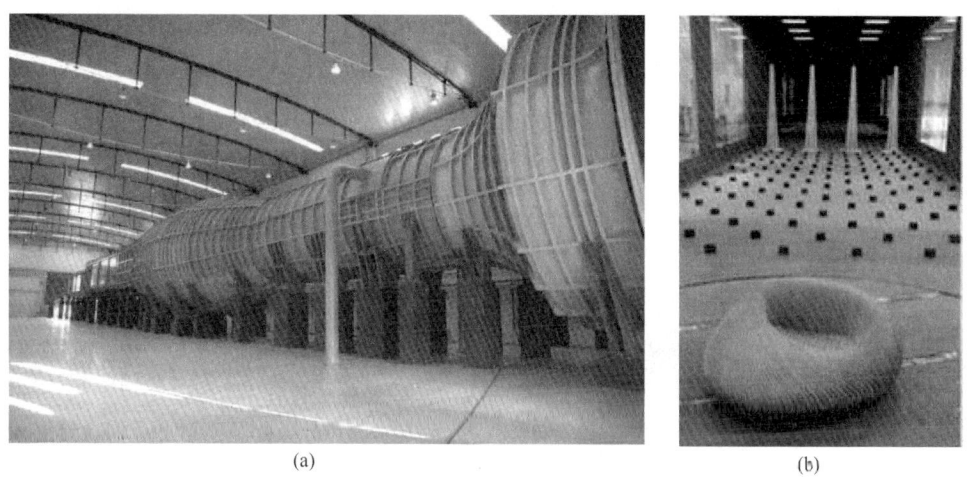

图 21 中国建筑科学研究院的风洞和进行的凤凰传媒中心的风洞试验
(a) 中国建筑科学研究院的风洞；(b) 凤凰传媒中心的风洞试验

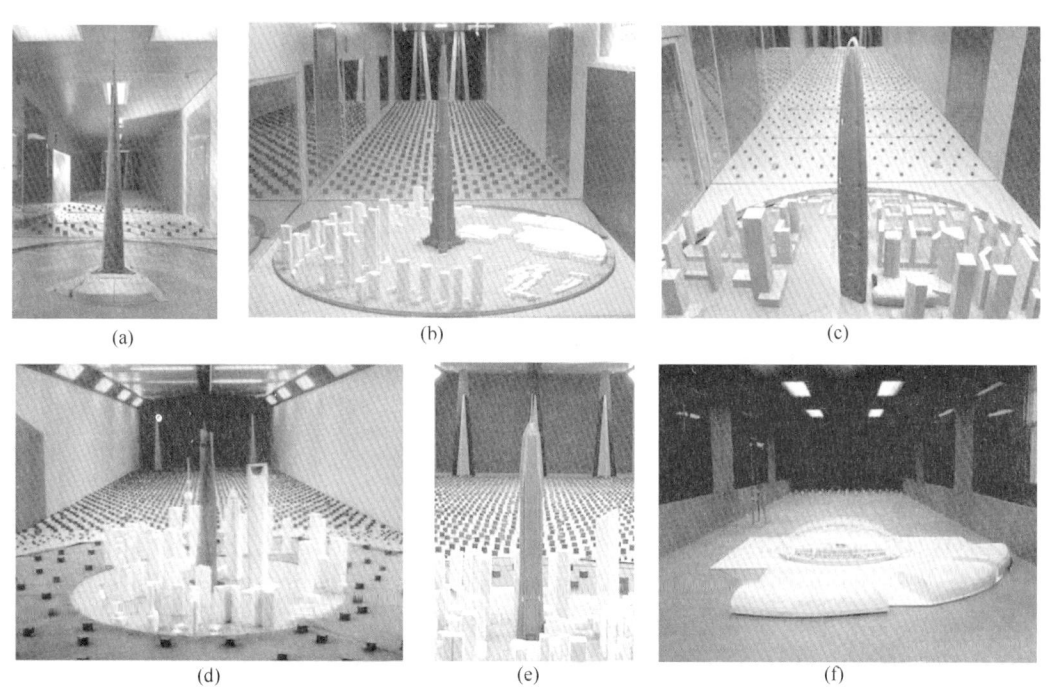

图 22 大型工程的风洞试验
(a) 沙特王国塔，1007m；(b) 迪拜哈利法塔，828m；(c) 武汉绿地中心，636m；
(d) 上海中心，632m；(e) 深圳平安中心，600m；(f) 体育场馆风洞试验

3.3 风洞试验结果的分析判断

风洞试验结果是幕墙抗风设计的重要依据，但要用好这些试验结果，必须对试验数据进行分析判断。

第一，风洞试验设备是大型、复杂的试验系统，其可靠性取决于运行技术和良好的维

护。事实上，往往同一个工程在不同的风洞试验室进行试验，其结果会有明显差别。因此重大、复杂的工程宜在两个以上的试验室进行试验。上海市明确要求300m以上的超高层建筑应在两个不同的试验室进行风洞试验。

第二，建筑物不同于火箭、飞机、汽车，其体量巨大，进行风洞试验时模型比例较小，一般单体试验为1/100至1/250；群体风环境试验的比例更小到1/500至1/2000。因此这种小比例模型难以表达原建筑的建筑细部，而且其结果的相似性和模拟可信度也难以确定。

第三，风洞试验测量的数据并不是直接用于实体工程的风荷载，从测量的数据到设计用的风荷载，中间要经过多次转换，用到许多转换系数，转换过程中人为因素可能会产生一些干扰。试验者的工程经验和直觉判断非常重要。因此，纯学术型的风洞试验室往往提交出偏离实际的试验结果。重要工程的风洞试验宜在有较多工程经验的风洞试验室进行。

由于上述多种因素的影响，设计人员拿到的风洞试验报告中，往往可能出现明显偏离工程实践经验的数据点，对这些偏离实际的"奇点"，应对其数据进行分析判断，决定其取舍，而不能照搬照用。某大型国际会议中心（图23）因其体型极其复杂，无法按规范确定其准确的风荷载，因此进行了风洞试验。在得到的风洞试验报告中，许多点的风荷载数值达到$1.4kN/m^2$。

图23　国际会议中心

这个数值达到按规范计算风荷载值的3倍，也达到周边临近点试验值的3.5倍以上。从工程经验来看，这是不可能的。因此经过细致分析，舍弃了这些奇点的不合理峰值。

所以，《玻璃幕墙工程技术规范》（JGJ 102）和《金属与石材幕墙工程技术规范》（JGJ 133）中，没有采用"按照风洞试验数据进行幕墙设计"的表达方式。

3.4　幕墙设计风荷载的决定

幕墙的设计风荷载首先按照《建筑结构荷载规范》进行计算。当未进行风洞试验时，幕墙按照规范计算结果进行抗风设计。

进行风洞试验后，对提供的风洞试验结果应加以分析，了解风洞试验段的风力分布和数据转换过程中所用的系数数值是否符合规范规定，并根据工程经验和计算结果加以判断，然后确定如何在设计中应用。

由于存在上述 3.2 小节所述情况，所以规范第 5.3.3 条没有写成"应按照试验数值采用"，而是写成"可按试验结果和计算结果综合分析确定""宜进行风洞试验并按风洞试验结果和计算结果综合分析确定风荷载"。不是直接采用试验结果，而是在与计算结果进行综合分析后再确定风荷载。

4 防止台风对幕墙的二次破坏

4.1 台风对幕墙玻璃的二次破坏

台风中出现的幕墙玻璃的破损，除直接被风力压碎以外，还有许多玻璃面板是因为被台风卷起、夹带的杂物击碎的。这些冲击碎物，一些来自地面，砖石、棍棒等被强大的风力抬升，撞向玻璃幕墙；还有一些是建筑幕墙高处破损后，破碎的构件被台风夹带，撞击较低处的玻璃面板，造成二次伤害（图 24～图 27）。

图 24 "莫兰蒂"台风把地面饮料瓶卷起击穿汽车的前挡风玻璃

图 25 地面的砖石木料都是造成幕墙玻璃二次破坏的炮弹

图 26 2016 年 9 月"莫兰蒂"台风夹带杂物冲击，造成厦门幕墙玻璃的二次破坏

4.2 抗台风玻璃和抗台风幕墙门窗

抗台风玻璃是加强型夹胶玻璃，能耐受风持杂物的冲击，冲击后能保持玻璃的完整性和门窗幕墙的建筑功能。重要的工程，以及玻璃破碎后会产生重大损失的工程，可以采用防碎物冲击玻璃（防台风玻璃）及其门窗产品（图 28）。

防碎物冲击玻璃可以是高强单片玻璃、夹胶玻璃或夹胶中空玻璃。根据需要防备的杂

图 27　非平面幕墙由于邻近玻璃破碎后横向冲击而造成更为严重的二次破坏

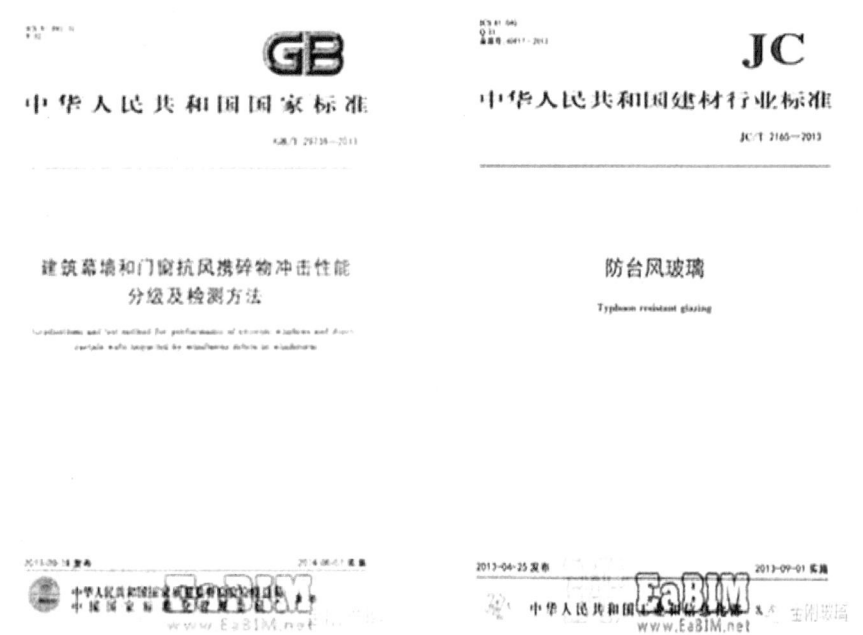

图 28　防台风玻璃和防台风幕墙门窗技术标准

物的种类和大小，选用防台风玻璃的等级，决定玻璃的厚度和构成，并通过试验加以验证（图 29）。

图 29　防台风幕墙门窗进行防台风测试

《建筑幕墙和门窗抗风携碎物冲击性能分级及检测方法》（GB/T 29738）中规定，按照不同的发射物和发射速度将门窗幕墙的抗飓风级别分为A、B、C、D、E五级。测试样品在通过发射物冲击测试后还必须通过正压、负压各4500次共计9000次的循环风压试验。试验后门窗玻璃应保持完整，不能被发射物穿透，也不能产生可使76mm直径球体通过的开口及长度超过130mm的裂口。

我国如金刚玻璃公司等厂家从2005年开始开展防台风携碎物玻璃的研发工作，已经可以提供防台风玻璃和采用防台风玻璃的门窗系统。通过国内外防台风试验室检测，国产防台风玻璃和防台风门窗系统产品的防冲击性能可以达到和超过最高级别E级的要求。

5 大尺寸玻璃的抗风能力

5.1 许多幕墙工程采用大尺寸玻璃

由于建筑功能和建筑艺术的需要，许多幕墙工程采用了大尺寸玻璃。

广州西塔是世界最高的隐框幕墙（2008年建成），高度432m（图30）。玻璃4.5m×1.5m，6.0m×1.5m，玻璃配置：（8mm+1.52PVB+8mm）+12A+10mm。玻璃采用半钢化玻璃。最大玻璃板块面积达9m²，重量达600kg。全部玻璃采用高强结构胶与附框粘结。广州西塔建成至今已有10余年，多次遭台风吹袭，大玻璃仍安全可靠。

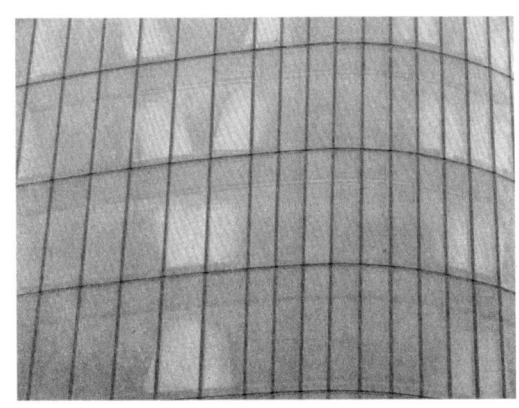

图30 广州西塔和它的大玻璃隐框幕墙

天津117工程（图31），高度597m。玻璃尺寸为1.5m×6.0m，面积达9.0m²。玻璃采

图31 天津117工程

型超白玻璃、Low-E玻璃、中空玻璃、外片PVB夹胶半钢化玻璃、内片钢化玻璃。标准层：（8mm+1.52PVB+8mm）+12A+8mm；高空大堂层（32层、63层、94层、115层、116层）：（8mm+1.52PVB+8mm）+12A+10mm（12mm）。

北京金霖酒店采用悬膜中空玻璃，内外均为12mm厚钢化玻璃，尺寸达到2m×9.8m（图32）。

图32　北京金霖酒店9.8m大玻璃

目前，中国是世界超大玻璃的供应国，可以生产最大尺寸为18m×4m，厚度达25mm的超大玻璃；并可对长达18m的玻璃进行钢化、夹胶、热弯和中空等深加工。各国苹果店的超大夹胶玻璃都是北玻供货的。

美国加州的苹果总部为直径500m的环形办公楼，4层，玻璃幕墙总长度达6000m（图33）。玻璃类型：超白玻璃，Low-E玻璃，钢化玻璃，热弯玻璃，中空玻璃；玻璃尺寸：

图33　美国加州苹果总部和12mm厚、面积50m² 的超白热弯钢化中空玻璃

15m×3.3m；玻璃面积：50m²；

玻璃配置：12mm+16mmAr+12mm。全部大玻璃由中国供应或由在德国的中国设备生产。

5.2 超大玻璃的尺寸应由安全条件决定

超大玻璃是否安全，首先要考虑对于人身撞击是否安全。试验证明，厚度为10mm及以上的钢化玻璃，不会因人身撞击而破碎，厚度12mm及以上的落地钢化玻璃也可以不设置防护栏杆（图34、图35）。

图34 钢化玻璃的撞击试验　　图35 厚度在12mm以上的落地钢化玻璃可以不设栏杆

所以，采用厚度10mm及以上的钢化玻璃及钢化中空玻璃时，不必因考虑人身安全而对玻璃尺寸限制过严。

幕墙玻璃主要的面外荷载是风力，只要经过抗风设计，满足承载力和刚度要求，玻璃可采用较大的尺寸。

国内外大量工程采用了大尺寸玻璃，使用经验表明玻璃未产生问题。实践是检验真理的唯一标准，还是需要按照常规设计方法进行设计，不要人为随意规定一些限制。

6 提高玻璃幕墙的抗风能力

构造措施是提高玻璃幕墙抗风能力，确保玻璃幕墙在台风袭击时仍保持安全工作的重要手段。以下这些做法是幕墙设计时应予注意的：

（1）中空玻璃的二道密封胶要采用硅酮结构胶。结构胶宽度通过风荷载计算决定，最小7mm。

（2）开启扇要妥善处理，面积不宜大于1.5m²，挂钩要有足够的入槽深度，要有限位装置。

（3）明框压板厚度不小于2.0mm。

（4）幕墙下方设隔离带，入口设雨棚。

6.1 正确采用中空玻璃二道密封胶

中空玻璃二道密封胶粘结前后玻璃片。在明框玻璃板块中由于有金属压条固定，风力和地震力由压条承受，二道密封胶不承受外力，所以可采用聚硫胶。

隐框幕墙、半隐框幕墙、全玻幕墙和点支承幕墙的中空玻璃，其二道密封胶是要承受风力和地震力的。隐框幕墙和半隐框幕墙的中空玻璃，其二道密封胶还要承受外片玻璃的自重。因此，必须采用硅酮结构密封胶。钢爪、夹板支承的点支玻璃，离开支点较远的部位，二道密封胶也要部分受力，也要采用硅酮结构密封胶作为中空玻璃的二道密封胶。

2011年，杭州庆春大厦发生19楼外玻整片坠落重伤行人的事件。这是由于业主自行决定将部分固定玻璃板块改为开启窗，交由非专业门窗厂施工。违反隐框中空玻璃二道密封胶必须用硅酮结构胶的规定，竟然采用聚硫胶，导致外片玻璃整片滑落，砸断行人小腿导致截肢。经检查，聚硫胶与铝框接触面光滑、潮湿，玻璃在风力作用下整体滑落（图36）。

图36 杭州庆春大厦19层玻璃滑落伤人

二道密封胶的宽度要由隐框、半隐框中空玻璃的荷载、尺寸，通过计算决定。并且不得小于7mm。

由于中空玻璃二道密封胶的质量问题，在2016年9月的"莫兰蒂"台风中，厦门有些幕墙中空玻璃的外片掉落（图37）。

图37 幕墙中空玻璃外片脱落

6.2 活动开启扇

玻璃幕墙的活动开启扇不应采用外开平开窗，外开窗容易被大风吹落；也不应采用推拉窗，推拉窗密封性能差，大雨大风中易漏风渗水。目前，广泛采用上悬外开窗。上悬窗的开启角度不应大于30°，下端开启距离不应大于300mm（图38）。

上悬窗的挂钩应有足够的入槽深度，并设有金属的限位防脱钩装置（图39）。

图40为北京某高层写字楼的开启扇被风吹落，其上悬挂钩入槽设计不当，且没有设置限位装置。图41为北京某三甲医院的开启扇被吹落，其上悬挂钩与横梁不成整体，且自攻

二、设计与施工

图 38 上悬窗的开启角度和下端距离

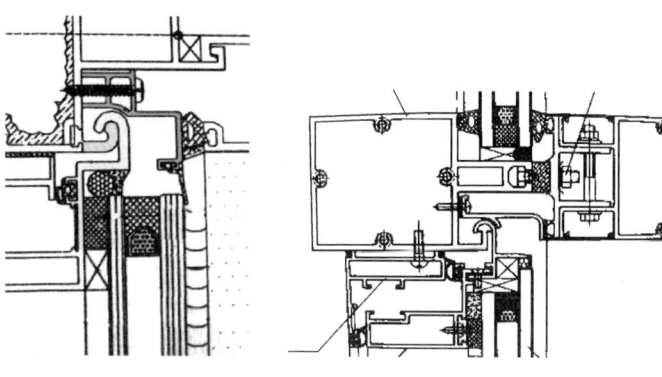

图 39 上悬窗的挂钩入槽和限位装置

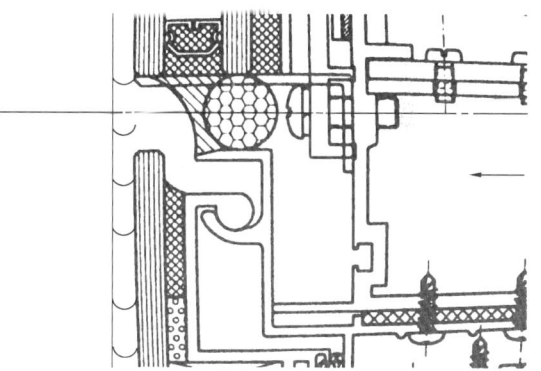

图 40 挂钩形状容易脱出，没有设置防脱钩部件

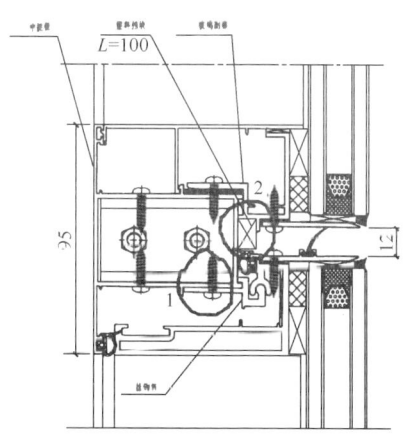

图 41 开启扇吹落原因
1—横梁截面未局部加厚；2—塑料块作为限位装置

螺钉固定处的横梁壁厚太小，螺钉无法固定，大风将螺钉从钉孔处拔出；加之采用塑料限位块，脱钩时被挤压变形，起不到限位作用，阻止不了开启扇被大风吹落。

在台风吹袭下，开启扇坠落的事件更容易发生，合理进行开启扇设计，确保开启扇安全

71

尤为重要（图42、图43）。

图42 深圳写字楼在2018年的台风中开启扇坠落砸坏公交车站

图43 厦门某大楼在2016年的台风中开启扇掉落

6.3 隐框玻璃的压块

隐框玻璃板块的附框由压块、螺钉连接到铝横梁和铝立柱上，玻璃面板的风荷载由压块、螺钉传递到支承结构上，所以压块和螺钉的受力应加和计算，且间距不应大于300mm。

2010年3月，天津五矿大厦隐框玻璃幕墙的角部玻璃板块，幕墙玻璃正在安装中，由于等待修改设计，角缝处附框悬空，尚未固定，四边支承板成为一个长边自由、三边简支板。某晚刮起8级大风，现场未封闭，玻璃正反面均受大风长时间作用。大块的玻璃连框拔出，整块掉落；小尺寸玻璃未出问题（图44）。

图44 天津五矿大厦角部隐框玻璃板块被大风吹走

在此项目中，隐框玻璃幕墙角部板块超大，面积达7m²，边长达3.2m，附框相对薄弱，易变形。施工过程中外部未封闭。遇8级以上大风，板腹背均受大的风力；尤其位于锐角角区，风力更大。压块间距过大，每个压块受力太大，而固定螺钉部位型材壁厚尺寸不足，风反复作用，螺钉孔晃大，螺钉最终逐个拔出，玻璃连框整块掉下（图45）。

图 45 压块间距过大和螺钉连接处型材壁加厚不足
(a) 压块间距过大;(b) 螺钉连接处型材壁加厚不足

7 提高铝板幕墙的抗风能力

7.1 台风中铝板幕墙表现总体良好

在 2016 年"莫兰蒂"台风和 2017 年"天鸽"台风中,厦门和珠海的铝板幕墙抗风能力总体良好,铝板幕墙损坏不多(图 46)。采用铝板幕墙的工程,在这次台风中损害较少。铝板的板块是折边的,通过角码、螺钉与横梁、立柱连接,工作比较可靠。

发生风损坏的原因通常是折边过少,螺钉开孔过分靠近板边缘,在风力作用下,板边被撕开。另一原因是角码距离过大,螺钉连接处铝型材没有局部加厚,螺钉拔出使连接失效。

 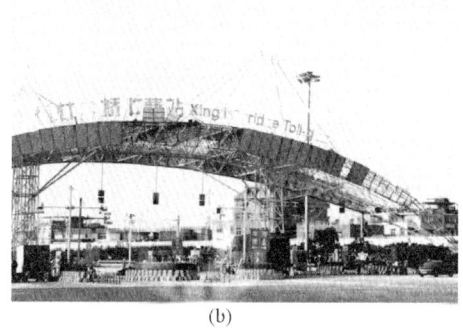 

图 46 2016 年"莫兰蒂"台风中铝板幕墙损坏情况
(a) 厦门机场指挥塔;(b) 杏林收费站;(c) 华侨大学

但是,既然发生了损坏,就有必要进一步提高铝板幕墙的抗风能力。

7.2 铝板折边要有足够宽度,螺钉孔离板边有足够距离

螺钉孔距铝板的板边要有足够的距离,避免在拉力作用下铝板被撕开。孔中心点至板边的距离不应小于 2 倍的孔径(图 47)。为此,折边铝板的折边宽度不应小于 25mm(图 48)。

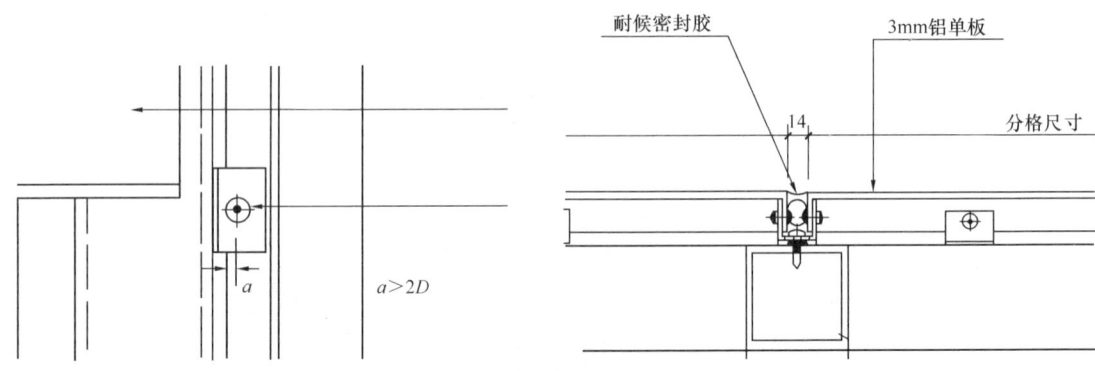

图 47　孔中心离板边不应小于 2 倍孔径　　　　图 48　铝板折边不应小于 25mm

图 49 为在"莫兰蒂"台风中被吹落的铝板，明显是由于孔边剩余铝板太窄，孔边被撕开，铝板失去固定而被吹落。

图 49　孔边剩余铝板太窄，孔边被撕开，铝板失去固定被吹落

7.3　面板的厚度要适应连接构造

选用非常规的面板连接构造时，面板的厚度要与连接构造相适应，未经试验验证确保安全，不能随意改动。广州新保利大厦自 2007 年建成以来，连年在台风中出现铝板被吹落的现象，不得不重新改造（图 50）。

图 50 广州新保利大厦幕墙铝板连年在台风中被吹落

广州新保利大厦工程采用白色单层铝板，2007—2012 年，每年在台风中都有板块被吹落。铝板与铝横梁立柱的连接采用欧洲的平板开缝、种钉挂钩的方式（图 51）。

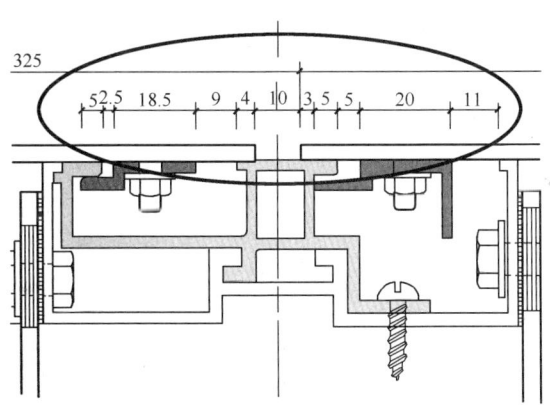

图 51 新保利大厦采用的连接方式

这种连接方式要求铝面板厚度不小于 5mm，使面板有足够的刚度，防止大风下产生过大变形，避免挂钩转动拔出，保证挂钩工作可靠。但是该工程自行将板厚更改为 3mm，面板在大风中变形过大，挂钩滑出，面板吹落。到 2012 年，只得拆除全部铝面板，改为国内传统的折边连接方式。

8 结语

历史的经验证明，只要严格按照幕墙规范进行设计和施工，建筑幕墙在台风中的表现是良好的，是经得起台风的考验的。图 52 为深圳发展中心，1987 年建成，是内地第一座隐框玻璃幕墙，至今经历多次强台风，完好无损。图 53 为深圳蛇口新时代广场，高 175m，为内地第一座超过 100m 的石材幕墙，位于海边风口，1997 年建成；30mm 厚花岗岩板，通槽长挂板连接；二十多年来经受多次超强台风袭击，无损坏。

2016年百年不遇的强台风"莫兰蒂"袭击厦门，风力大大超出了幕墙设计标准，但是绝大部分幕墙完好无损（图54）；2017年超强台风"天鸽"袭击珠海，港珠澳大桥人工岛、珠海大剧院等海上建筑的幕墙处于波浪滔天的包围之中，台风过后安然无恙（图55、图56）。

图52　深圳发展中心大厦，隐框玻璃幕墙

图53　深圳蛇口新时代广场，石材幕墙

(a)

(b)

图54　2016年"莫兰蒂"台风中建筑幕墙表现良好
(a) 厦门海峡交流中心，330m；(b) 厦门波特曼大厦，300m

图55　2017年"天鸽"台风中，
珠海中心330m，幕墙完好

按幕墙规范认真进行设计，严格进行施工，就能确保建筑幕墙的质量，确保幕墙在设计标准的大风作用下的安全。

 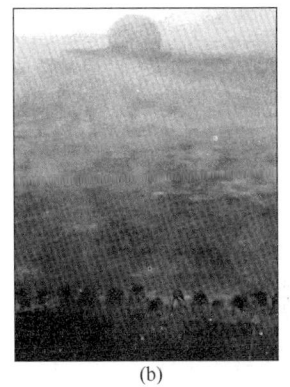 

图 56 2017 年"天鸽"超强台风袭击珠海,海上建筑的幕墙完好无损
(a) 港珠澳大桥人工岛建筑物幕墙完好;(b) 波涛汹涌中的大剧院;
(c) 台风后,珠海大剧院幕墙依旧完好

金属屋面的排水、防水构造特点

王德勤

北京德宏幕墙工程技术科研中心　北京　100062

摘　要　本文对金属屋面和斜面金属板幕墙上的防水系统，排水天沟的功能设计及虹吸排水的使用作了介绍。特别对不锈钢排水天沟的结构与构造设计原理、节点的设计思路和相关的技术进行了详细的分析。并将天沟溢流口的设计、阻水挡板与水平落水斗的设计、防治积尘积沙的方法作了介绍。同时将金属屋面汇水区域的划分及汇水量的分析、计算，对融冰融雪系统的设计用实例进行了解析。

关键词　不锈钢排水天沟；金属屋面；溢流口；汇水量；融冰系统

1　引言

当今的建筑造型已经呈现多元化的发展态势，一些新派建筑师不满足于设计中规中矩的建筑形式，许多大型和超大型的极富视觉冲击力的建筑越来越多地呈现在人们面前。建筑的屋顶、屋面部分也都利用外饰层作为建筑设计思想的载体，展示着建筑艺术的魅力。异形金属屋面系统以往也只是作为建筑造型中的个别单体，现在已经大范围地得到应用。超大型的曲面建筑金属屋面，特别是双曲面造型的建筑金属屋面系统，越来越多地应用在国内外大型建筑中（图1~图4）。

图1　长沙梅溪湖文化中心效果图

图2　济南奥林匹克体育中心

近年来，由于建筑幕墙和金属屋面的设计方法和技术手段有了不断提高，BIM和计算机三维设计软件的应用，已经完全可以满足异形金属屋面的造型设计需要。那么，如何更好地实现建筑创意，如何在将建筑的语言表达得更加透彻的同时还能保证屋面的各项物理指标和使用性能，已经是许多幕墙公司和幕墙设计师必须面临的问题。

图 3　贵州铜仁凤凰机场航站楼照片

图 4　贵州铜仁凤凰机场金属屋面施工现场

本文所提及的金属屋面是指由铝镁锰薄板或铝板、钢板等金属板材压制成形的金属屋面系统。屋面系统中主要包括主体支撑钢结构、连接机构、檩条、底层硬防水镀锌钢板、防潮隔气层、隔声层、保温层、金属屋面板和外装饰板。

这里的金属屋面系统，主要是指建筑物金属屋面的整体系统，其中包括屋面系统、排水系统、屋脊、山墙、檐口、屋面板接口、封头、防雷接闪器、清洗水接头、不锈钢连接环、融雪融冰装置、落水及虹吸装置，还包括屋面面层的装饰板、附着物等。

在这里重点介绍，排水系统中的排水天沟的设计和虹吸排水的使用。

2　金属屋面排水天沟

2.1　排水天沟的定义、作用及功能

天沟指建筑物屋面两胯间的下凹部分，在建筑屋面汇集屋面雨水的沟槽。天沟排水是指利用天沟将雨水排至屋面以外。屋面排水分有组织排水和无组织排水（自由排水）两种。有组织排水一般是把雨水集到天沟内再由雨水管排下，集聚雨水的沟被称为天沟，天沟分内天沟和外天沟，内天沟是指在外墙以内的天沟，一般有女儿墙；外天沟是挑出外墙的天沟，一般没有女儿墙。

金属屋面不锈钢天沟，是指在建筑物顶部采用金属板作为防水屋面时，在金属屋面的下凹部位，起到收集雨水作用并能通过排水管系统有组织地将雨水排出的凹型沟槽。一般采用不锈钢板制作成 U 形或矩形的排水系统，称为不锈钢排水天沟（图 5、图 6、图 7）。

图 5　不锈钢大沟槽安装现场

图 6　金属屋面山墙处天沟

图 7　金属屋面檐口天沟

2.2 天沟的构造形式与设计方案

不锈钢天沟的作用是收集雨水,并能通过排水管系统有组织地迅速将雨水排出。

设计天沟槽时,除要充分考虑其自身排水、引水的功能外,还要考虑到排水天沟是整个屋面系统的一个组成部分。其功能要完整。特别是在保温、隔热、隔声及装饰性能上要根据不同的项目进行专门的设计。一般要求在天沟槽的室内侧设置填充保温棉,在可视部分包饰装饰面层。在天沟槽的室外侧涂防水油膏加防水卷材,这样有利于减少噪声,提高天沟槽的防腐能力和使用寿命。

在相关的国家标准和规范中对金属屋面排水天沟的设计已有明确规定,排水天沟槽的设计应该考虑以下五方面内容:

(1) 排水天沟采用防腐性能好的金属材料,不锈钢板的厚度不应小于 2.5mm。

(2) 防水系统采用两道以上的防水构造。防水系统应具备吸收温度变化等所产生的位移的能力(图8、图9)。

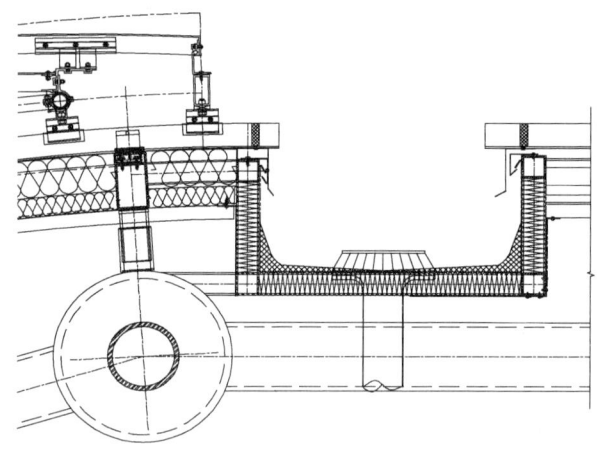

图 8 不锈钢天沟槽的横剖面节点

图 9 加工成形的不锈钢天沟

(3) 排水天沟的截面尺寸应根据排水量计算确定,并在长度方向上考虑设置伸缩缝,天沟连续长度不宜大于 30m。

(4) 对于汇水面积大于 5000m² 的屋面,应设置不少于 2 组独立的屋面排水系统,并应采用虹吸式屋面雨水排水系统。

(5) 天沟底板的排水坡度应大于 1%。在天沟内侧设置柔性防水层,最好不低于在两侧立板的一半位置(1/2)处和底板的全部加一道柔性防水层。

2.2.1 排水天沟溢流口的设计

在《虹吸式屋面雨水排水系统技术规程》(CECS 183:2005) 中是这样定义的:

溢流口 (overflow):当降雨量超过系统设计排水能力时,用来溢水的孔口或装置。

溢流系统 (overflowsystem):排除超过设计重现期雨量的雨水系统。溢流系统可以是重力系统或虹吸系统,溢流系统不得与其他系统合用。

在排水天沟内,如果出现非常情况,如排水口不畅、水量过大等,为保证天沟能够将水排出,比较好的办法是在天沟内设置溢流口。当天沟的水位到达一定的高度时,水通过溢流口溢出,并能将水有组织地排入落水管内,或直接将水排到室外。

我们在生活中最常见的溢流口就是家庭中使用的洗手水池。基本上在每个水池上沿边部都留有一个小口,这就是水池的溢流口。当水在水池内的高度到达溢流口边缘时,水将通过此溢流口流入下水管道,不使过多的水发生外溢,从而提高用水的安全性。

屋面排水天沟在工作状态时其环境更为复杂,很有可能由于异物堵塞使落水口的排水量减少或失去排水的功能。或由于非常情况,出现水量过大无法及时排出而造成水从天沟的边缘溢出,进入屋面的保温层而出现屋面漏水现象,更严重的时候可能由于水的重量引起屋顶支撑结构的安全问题。

溢流口的形式可以根据工程项目的特点而定,可采用在天沟侧面立板或端部立板面上开口的作法;也可以采用台式溢流口的设计(图10、图11)。

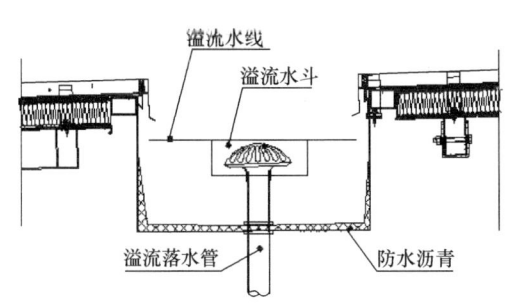

图10 不锈钢天沟台式溢流口节点　　图11 在天沟侧面立板设置的溢流口节点

在设计溢流口时,也应进行溢流口的布置分析,用计算和分析方法确定溢流口的尺寸大小和位置、数量是否满足在极限状态下的需求。溢流口的尺寸计算在《虹吸式屋面雨水排水系统技术规程》中已给出了计算公式和计算方法。

由于项目的不同,特别是异形曲面项目,每一段天沟的设置都会有所不同,所以应在深化设计时对每一段天沟的布置、每一个落水口和溢流口的设置采用分析计算来确定。

2.2.2　不锈钢天沟槽应与其支撑结构之间能够相对位移

在不锈钢天沟施工时,不得将不锈钢天沟的板边缘直接锚固(焊)在天沟的支撑结构上(图12)。因为天沟与其支撑结构一般在工作状态时不是在一个温度场内,在温度变化时会出现较大的温度差,使得在天沟槽的纵向方向,天沟与支撑结构之间出现较大的相对变形。如使其固定限制,那么其变形将在此部位出现很大的温度应力,使之出现破坏。

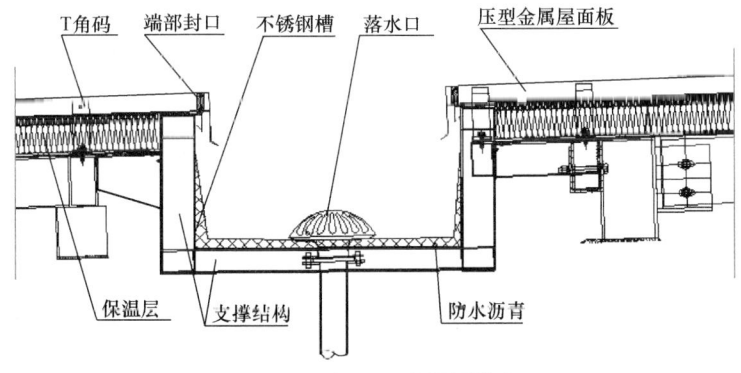

图12　不锈钢天沟断面节点

同时，由于不锈钢天沟的材质为不锈钢板，奥氏体型不锈钢在20℃至300℃时的线膨胀系数为$17.5×10^{-5}/℃$；而支撑结构为碳钢材料，其在20℃至300℃时的线膨胀系数约为$11.3×10^{-5}/℃$至$13×10^{-5}/℃$。奥氏体型不锈钢与碳钢相比，最大的线膨胀系数比碳钢大40%，并随着温度的升高，线膨胀系数的数值也相应地提高。因此，出现温度变化时，即使天沟与其支撑结构的温度一致，也会由于材质的不同出现很大的应力而产生温度变形。所以在天沟和支撑结构设计时，应充分考虑到其有相对位移的特点，使其在工作时能保持良好的工作状态。

2.2.3 大坡度的排水天沟应设置阻水挡板、水平落水斗

屋面布置大坡度天沟时，应考虑到排水天沟在使用时的有效性和可靠性。应设置好不锈钢天沟的支承系统，使其安全稳固。在大坡度的天沟内设置雨水斗时，应充分考虑到雨水的流速，并根据其斜度来确定是否增设阻水板（图13）。

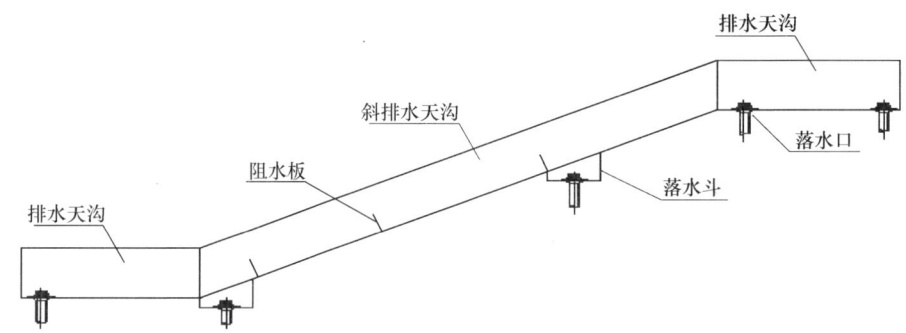

图13 大坡度天沟阻水板布置简图

当斜度大于15%时，在不锈钢排水天沟内宜考虑设置阻水板装置来降低雨水在斜形天沟内的水流速度，斜度越大阻水板的数量应越多。阻水板除了能有效地控制水的流速外，还能有效地阻止异物进入排水口。

阻水板的形式可以为筛孔式、桥式、板式等。阻水板的高度一般可为天沟侧立板高度的1/2至1/3（图14）。

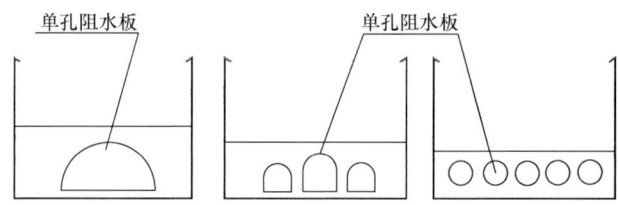

图14 天沟阻水挡板形状简图

斜型天沟内的雨水斗应设置集水槽，将雨水集中在集水槽中排出，集水槽的底部应水平设置，不得将雨水斗倾斜安装在斜型天沟的底部。纵向倾斜的天沟集水槽应设置在斜型天沟的下半部位，并在集水槽的下短边边缘设置阻水板（图13）。

2.2.4 斜屋面的横向天沟底板应水平设置

在曲面建筑屋面设置天沟时，应充分考虑排水天沟在使用时的有效性，不得使不锈钢天沟断面的下底板倾斜设置（图15），这会严重影响天沟设计容量的有效性，使天沟的排水性

能大打折扣，同时还会由于积水造成天沟内污浊。

在实际工程中，天沟断面底板倾斜设置大部分是因为结构面与屋面的距离太小，没有考虑到设置天沟的位置，应重新确定结构与屋面板的关系。在设计时必须将不锈钢天沟断面的下底板水平设置，这样才能使天沟起到有效的排水作用（图16）。

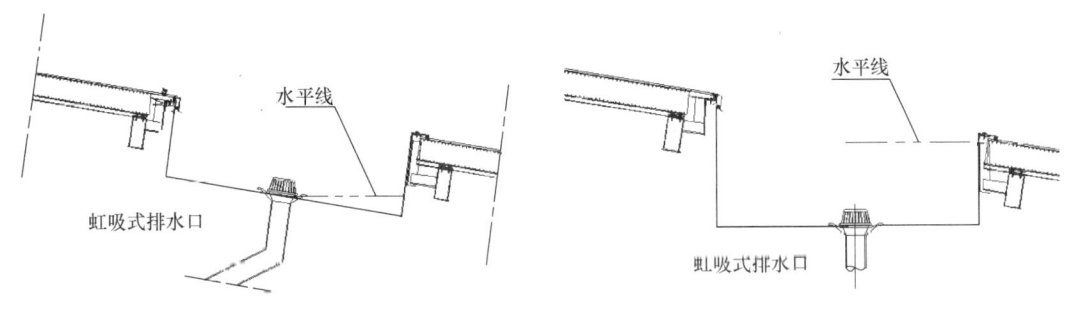

图15　天沟阻水挡板形状简图　　　　　　　图16　天沟阻水挡板形状简图

2.2.5　排水天沟端头和长度方向接头的设计

排水天沟的截面尺寸应根据排水计算确定，并在长度方向上考虑设置伸缩缝。由于天沟纵向长度方向存在温度变形的影响，所以长度不宜过长。按照国家标准的规定，天沟连续长度不宜大于30m。这是一个参考尺寸，可根据实际情况对特定的项目提出要求。连续长度尺寸的确定主要是考虑天沟在工作状态时，由于环境温度的变化引起的天沟纵向长度尺寸变形是否在可控范围内。在计算时，温度变化值（温差）应考虑在100℃以上的变化。天沟端头和接头形式也应根据每个实际工程情况和要求进行设计。

2.2.6　排水天沟的清理和防治积尘、积沙的设计

大部分屋面的天沟和檐沟都是裸露在外的，室外的粉尘、风沙和风中的夹杂物随着雨水或自重会进入天沟内。特别是在风沙大的地区，这个问题显得十分严重，就连有盖板的天沟都会被积沙、积尘侵入，如不能及时清理，积沙会将全部排水口封住，特别是对虹式排水口的功能破坏非常严重（图17、图18、图19）。

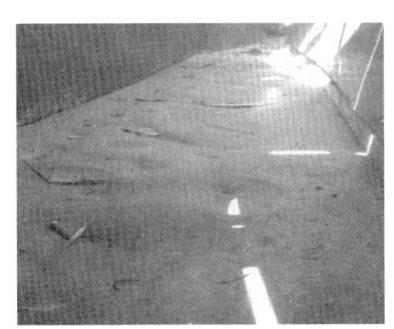

图17　天沟内已积沙

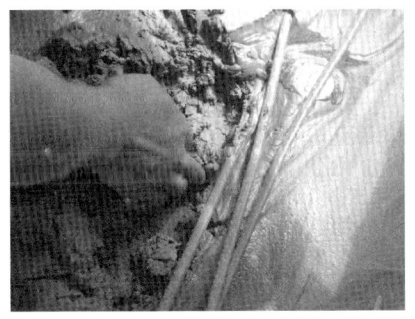　　

图18　天沟内伴热线和落水口的积沙　　　图19　天沟虹吸落水口处积沙

解决这个问题的最好办法是及时清理积沙、积尘。在实践中，清理积沙的方法很多，除

了常规的人工打扫清理外，还可以用高压水枪冲洗清除积沙的办法等。

这里重点介绍一种非常实用的清理积沙的办法：在天沟底部，落水口的边部设置集沙池（图20）。

集沙池的作用是能够将积在天沟内的沙子和异物通过雨水流带入集沙池内，在便于清争天沟内的积沙同时可以阻止积沙快速侵入落水系统，给清理争得时间。

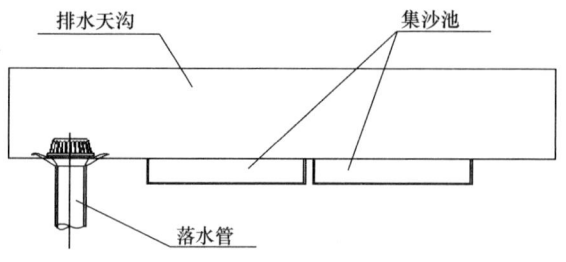

图20 天沟内设置集沙池的构造简图

在积沙池内可设置一个活动槽，将活动槽移出就可将积沙清除。

2.3 金属屋面汇水区域的划分及汇水量的分析、计算

在金属屋面排水天沟的设计中，汇水区域和汇水量的确定直接影响到不锈钢天沟系统和落水系统的布置与构造设计，是保证屋面功能设计中的关键参数。汇水量的分析，主要内容是将指定天沟在单位时间内所能收集到的最大雨水总量的分析。这就需要对这段天沟所对应的能接收雨水的全部金属屋面面积进行分析计算。一般的平面和斜面屋面的计算分析比较简单，按以下方法就可以得出结果。但对于复杂的异型金属屋面，要根据其屋面板排版图对相应区域进行汇水量分析。下面是落水口分担雨水量、排水量以及落水管管径的计算，这是在天沟设计中最重要的分析计算。

（1）每一个落水口所分担的雨水量的计算（图21）

屋面长度：L（m）；

屋面宽度：B（m）；

集水面积：$A_r = B \times L$（m²）； (1)

雨水量：$Q_r = A_r \times I \times 10^{-3}/3600$（m³/s）； (2)

降雨强度：I（mm/h）；

考虑屋面蓄积能力的系数，一般在1.0～2.0之间。

平屋面（坡度<2.5%）1.0，斜屋面（坡度>2.5%）1.5～2.0。

（2）天沟排水量的计算（天沟断面核算）（图22）

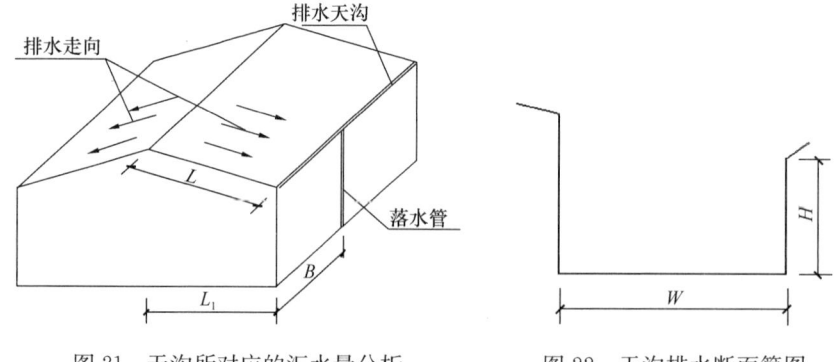

图21 天沟所对应的汇水量分析　　图22 天沟排水断面简图

天沟排水量计算采用曼宁公式计算：

$$Q_g = A_g \times V_g = A_g \times R^{2/3} \times S^{1/2}/N \tag{3}$$

$$A_g = W \times HW \quad (4)$$
$$R = A_g/(W + 2HW) \quad (5)$$

式中 V_g——天沟排水速度（m/s）；
  N——sus 或彩色板磨擦系数＝0.0125；
  S——天沟泄水坡度 1/100；
  W——天沟宽度（m）；
  H——天沟深度（m）；
  HW——设计最大水深（m）（通常取 0.8H）。

当 $Q_g > Q_r$，排水槽的截面满足要求。

（3）落水管管径计算

$$Q_d = m \times A_d \times (2gHW)1/2 \ (m^3/s) \quad (6)$$

式中 m——落水管支数＝1 支；
  d——落水管外径（m）；
  A_d——落水口面积（m²）；
  g——重力加速度＝9.8m/s；
  HW——天沟最大水深（m）；

当 $Q_d > Q_r$，使用落水管的管径大小满足要求。

2.4 虹吸式屋面雨水排水系统的设计

在《虹吸式屋面雨水排水系统技术规程》（CECS 183:2005）中规定，虹吸式屋面雨水排水系统的定义：按虹吸满管压力流原理设计，管道内雨水的流速压力等可有效控制和平衡的屋面雨水排水系统。一般由虹吸式雨水斗（图23～图24）、管材（连接管、悬吊管、立管、排出管）、管件、固定件组成。

图23 虹吸式雨水斗

图24 虹吸式雨水斗分解图

当雨水、雪水按照我们的要求汇入天沟内就进入了有组织的排水过程。一般情况下，从天沟内向外排水的方案有两种，一是通过水的重力和天沟的排水坡度使雨水汇聚到落水斗处，通过排水管道有组织地排出。这种方法简单易维护，在建筑上大量使用。二是虹吸排水系统技术。

虹吸（syphonage）是利用液面高度差的作用力现象，将液体充满一根倒 U 形的管状结构内后，将开口高的一端置于装满液体的容器中，容器内的液体会持续通过虹吸管从开口于更低的位置流出（图 25）。

虹吸的实质是因为重力和分子间黏聚力而产生。装置中管内最高点液体在重力作用下往低位管口处移动，在 U 形管内部产生负压，导致高位管口的液体被吸进最高点，从而使液体源源不断地流入低位置容器。

虹吸式排水系统的基本原理是，当天沟积水深度达到设计深度时，掺气比值迅速下降为零，雨斗内水流形成负压或压力流（满管压力流），泻流量迅速增大，从而形成饱和排水状态。其技术特点在于虹吸式雨水斗设计，水进入立管的流态被雨水斗调整，消除了由于过水断面缩小而形成的旋涡，从而避免了空气进入排水系统，使系统内管道呈满流状态。

利用了建筑物高度赋予的势能，在雨水的连续流转过程中形成虹吸作用（图 26、图 27），导致水流速度迅速增大，实现大流量排水过程。

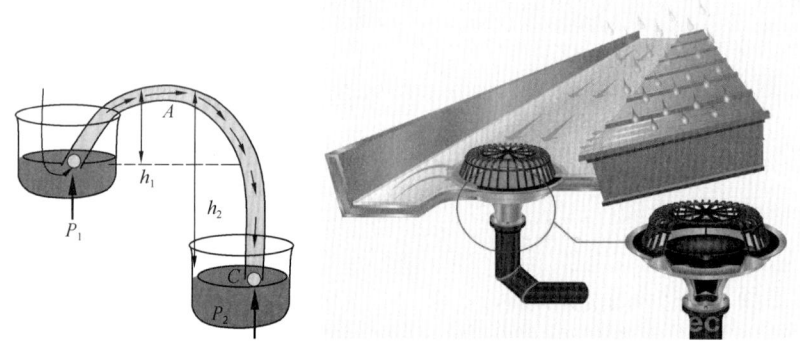

图 25　虹吸原理图　　　　图 26　天沟排水效果

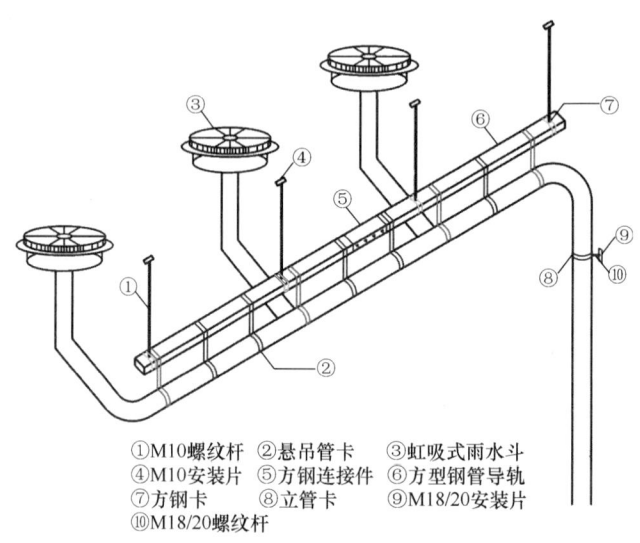

①M10 螺纹杆　②悬吊管卡　③虹吸式雨水斗
④M10 安装片　⑤方钢连接件　⑥方型钢管导轨
⑦方钢卡　⑧立管卡　⑨M18/20 安装片
⑩M18/20 螺纹杆

图 27　天沟虹吸式排水系统改造

特别强调的是，在天沟虹吸式排水系统设计时，一定要考虑到固定在天沟上的虹吸式雨水斗会在不锈钢天沟有温差变形时随着天沟槽移动，如果连接在吸式雨水斗上的落水管不能适应其位移，将会出现断裂的现象，造成排水功能失效。

2.5 在寒冷地区屋面除雪融冰系统的设计及排水应该考虑的问题

金属屋面在寒冷地区的冬季，常会出现积雪的现象，严重影响了金属屋面的使用安全。为解决这个问题，可在不锈钢排水天沟内布设天沟融雪系统。

在天沟内的融雪系统一般采用恒定功率电伴热带作为融雪的手段。基本方法是将设计计算后选定的伴热带铺设在不锈钢天沟内。

天沟融雪方案在确定时，应根据工程所在地的冬季气候条件和环境通过计算选用伴热带，确定伴热带在天沟内的铺设方案；以某个实际工程为例，为保证除冰和融雪的速度和效果，选用了伴热带标称功率为35W/m，天沟内铺设方式采用1：6呈S形铺设（图28），天沟槽除冰融雪功率为210W/m（图29），落水斗附近加密铺设。

融雪系统设计依据《地面辐射供暖技术规程》（JGJ 142—2004），散热量计算如下：

单位地面面积所需散热量（Q_x）按公式（7）计算：

$$T_{pj} = T_n + 9.82 \times (Q_x/100)0.969 \tag{7}$$

式中 T_{pj}——地表面温度（℃），地表面温度按照融雪要求在1℃左右，即 $T_{pj}=1$℃；

T_n——环境计算温度（℃）。在融冰项目中为最低室外环境温度，即 $T_n = -31$℃（鄂尔多斯室外最低气温-31℃）；

Q_x——单位地面面积所需散热量（W/m²），即

$$1 = -31 + 9.82 \times (Q_x/100)0.969$$

$$(Q_x/100)0.969 = 32 \div 9.82 = 3.26$$

通过以上公式得知：$Q_x \approx 348$W/m²

根据计算结果，每延米平均功率$348 \times 0.6 = 209$W，使用35W/m发热电缆，实际按每延米6.5m发热电缆（含折弯曲线）铺设。考虑实际使用和控制系统操作方便以及现场电源等情况，该建筑屋面天沟设多个控制点，每个控制点设1个控制箱进行分区控制。

天沟内伴热带的铺设方式根据实际工程的要求，可采用呈S形的铺设方案，也可以采用平行铺设的方法（图28～图30）。要加大融雪速度也可选用大功率伴热带或在天沟的立板及屋面板檐口增设融雪装置。

图28 呈S形铺设的电伴热带

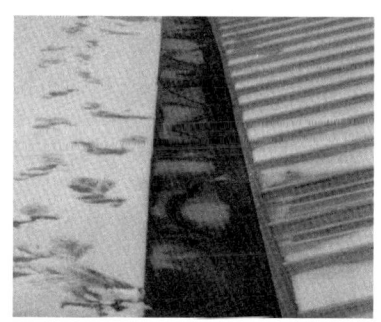

图29 S形电伴热带的融雪效果

图30 平行铺设的电伴热带

2.6 屋面与不锈钢天沟的隔声设计

雨滴撞击屋面和天沟的不锈钢板引起振动,将有两种声音传向室内,一种是振动辐射出的空气声,另一种是通过结构传递的固体声。如果屋面的构造具有良好的空气声隔绝能力及良好的撞击声隔绝能力,可降低雨噪声。

增加屋面质量是解决雨噪声最有效的途径,但是对于金属屋面等轻质屋面的可行性不大,因此只能通过改变屋面的结构做法来降低雨噪声对室内的影响。一般来说,分层越多,层与层之间的界面越多,效果越好。雨噪声属于在结构中传递的弹性波,声波通过界面时会因反射而降低继续行进的声能,因此界面有利于降低声能。

采用岩棉、离心玻璃棉等吸声材料做层间填充,可提高隔声层的空气声隔声性能。同时,这些吸声材料还具有提高保温性能的效果。有些材料,如聚苯、聚氨酯等,虽具有保温特性,但不具有吸声性能,对于雨噪声的隔绝效果甚微。

根据以往试验室测试数据及工程经验,在某项目中所采用的金属幕墙综合隔声量约为30dB。为了增加屋面隔声量,在轻质屋面板内,采用纸面石膏板、玻璃纤维增强混凝土板(GRC板)作隔声层,可起到较好的隔声效果。隔声层一方面起到分层的作用,一方面也增加了部分重量,从两方面提高了隔声效果。增加GRC板材后,幕墙综合隔声量能够增加10dB左右,达到40dB。

屋盖上下层板材由龙骨(或其他刚性支撑件)固定时,受声一侧板的振动会通过龙骨传到另一侧板,这种像桥一样传递声能的现象被称为声桥。声桥越多、接触面积越大、刚性连接越强,声桥现象越严重,隔声效果越差。在板材和龙骨之间加弹性垫,如弹性金属条或弹性材料垫对轻质屋盖隔声有一定的改善量,最多可以提高5dB以上。上述这些方法都能够有效地解决屋面和不锈钢天沟的雨噪声隔声问题。

3 结语

近年来,超大型的曲面建筑金属屋面,特别是双曲面造型的金属屋面系统,越来越多地应用在国内外大型建筑中。我们应该看到,这些异型屋面在给建筑增彩的同时也带来了诸多烦恼。其中,反应最强烈、出现问题最多的是渗水、漏水现象,这可以说是大型金属屋面质量上的顽症。究其原因是多方面的,但排水系统设计不到位,特别是对排水天沟的设计没有充分分析在天沟工作状态时的适应、协调情况,造成不锈钢排水天沟的使用功能失效,而造成屋面漏水的严重后果是其中重要的因素。

本文中有些内容和介绍的设计方案,如溢流口的形式、阻水挡板和落水斗的设置、集沙池的构造等,是笔者多年参与屋面、天沟设计和实践得到的一点经验总结,如果能给金属屋面系统设计师们提供一些有益的启发,笔者深感欣慰。

参考文献
[1] 王德勤. 鄂尔多斯博物馆的双曲面金属屋面设计[J]. 幕墙设计,2010(3).
[2] 采光顶与金属屋面技术规程:JGJ 255—2012[S].
[3] 王德勤,王琦. 临沂大剧院螺旋状异形金属屋面设计体会[J]. 中国建筑金属结构,2015(2).
[4] 王德勤. 鲁台经贸中心异型屋面设计[J]. 中国建筑防水,2012(7).
[5] 朱相栋. 金属屋面雨噪声隔声技术指标. 清华大学:建筑环境检测中心,2010.

作者简介

王德勤(Wang Deqin)，男，1958年4月出生，教授级高级工程师，北京德宏幕墙工程技术科研中心主任；清华大学建筑玻璃与金属结构研究所，清华大学研究生导师；中国建筑装饰协会专家；中国建筑金属结构协会专家组成员；中国钢结构协会空间结构分会索结构专业委员会委员；北京市评标专家。

重庆江北国际机场新建T2A航站楼预应力单索幕墙设计

刘长龙

江苏省装饰幕墙工程有限公司　江苏南京　210009

摘　要　本文介绍了重庆江北国际机场新建T2A航站楼预应力单索幕墙结构设计,从方案设计到施工图阶段,分析了其四面围护预应力单索幕墙这一新的幕墙支撑结构体系。

关键词　预应力单索幕墙；单索结构；结构计算

Abstract　The pretension single-layer cable curtain wall system of Chongqing jiangbei international airport is presented in this article. From the phase of scheme design to the phase of blueprint design, it's very important to analysis the curtain wall support structural performance.

Keywords　single-layer cable curtain wall；single-layer cable truss；structure test

1　工程概况

1.1　整体工程概况

重庆江北国际机场新建T2A航站楼及交通换乘中心位于重庆江北国际机场内,在现有T2B航站楼南侧,建筑面积约84000m²,层数为三层半(其中主楼设有8000m²的地下室),在新老航站楼主楼之间设联廊,该联廊一层、二层为综合交通换乘中心,三层为新老航站楼主楼之间的连接廊,联廊层数为三层,建筑面积为9000m²;整个建筑基础为独立柱基础(部分为人工挖孔柱基础),结构上除屋盖为大型钢结构屋盖外,其余均为钢筋混凝土框架结构(图1)。

图1　新建T2A航站楼及交通换乘中心鸟瞰效果

新建T2A航站楼主楼部分建筑平面为90m×180m长方形，地下一层，地上两层，局部夹层三层，建筑标高7.500m以下为混凝土框架结构，建筑标高7.500m以上为大跨度空间钢结构，建筑最高点约30.7m。屋面钢结构采用四角支撑钢柱，每36m均匀布置；两侧山墙部分屋面钢结构采用单钢管支撑钢柱，沿建筑轴线每9m均匀布置。正立面（陆侧部分）的外墙檐口呈波浪形，最低点为24.175m，最高点为28.874m；背立面（空侧部分）的外墙檐口也呈波浪形，最低点为20.411m，最高点为26.852m；两侧山墙顶端为一光滑曲线，最低点为23.072m，最高点为30.608m（图2）。

图2 新建T2A航站楼立面效果

1.2 幕墙工程概况

重庆江北国际机场新建T2A航站楼及交通换乘中心幕墙工程包括主楼、连廊、指廊、交通换乘中心及登机桥固定端的所有建筑外装饰幕墙工程，其中以不锈钢点驳接平面单拉索玻璃幕墙、铝合金玻璃幕墙、铝板及蜂窝铝板幕墙和石材幕墙为主，其他幕墙类型为辅，幕墙总面积约5.0万m²。航站楼幕墙系统主要由铝合金窗、全玻璃幕墙、单索点式玻璃幕墙、铝板幕墙、铝合金金属百叶、石材幕墙等组成。其中，航站楼建筑标高7.500m以上陆侧、空侧及两侧山墙大面积采用单索点式玻璃幕墙，幕墙面积约8500m²（图3）。航站楼单索幕墙由北京江河幕墙股份有限公司负责施工，江苏合发集团有限责任公司为施工图设计和施工阶段的顾问单位。

图3 航站楼陆侧室内外效果

2 设计荷载取值

2.1 一般自然条件

（1）气温：常年绝对最高气温为45℃，常年绝对最低气温为-2.8℃；最热月的相对温度平均值为35℃。

(2) 平均年降水量：1210.9mm。暴雨量：最大降雨量220.0mm，持续时间为24h。

(3) 最大风速：1989—1999年2min平均最大风速为25m/s，出现时间为1991年6月24日18：55。

(4) 建筑耐火等级：Ⅰ级。

(5) 场地类别：Ⅱ类。

2.2 设计荷载条件

(1) 屋面活载：0.3kN/m²。

(2) 屋面检修荷载：0.60kN/m²。

(3) 基本风压：0.40kN/m²（$n=50$）。

(4) 悬挂荷载：主楼0.3kN/m²；指廊0.8kN/m²；连廊0.8kN/m²。

(5) 屋面系统荷载：檩条、面板、保温材料自重为0.45kN/m²。

2.3 屋面、墙体保温设计四季参数

2.3.1 室外设计参数

(1) 夏季空调干球温度为36.5℃，夏季空调湿球温度为27.3℃，夏季通风温度为33.0℃，冬季空调干球温度为2.0℃，空调相对湿度为82%。

(2) 冬季通风温度为7℃，夏季室外风速为1.4m/s，冬季室外风速为1.2m/s。

(3) 设计地震分组：第一组，按7度采取抗震措施，根据《建筑工程抗震设防分类标准》(GB 50223—2008)，为重点设防类建筑，应按高于本地区抗震设防烈度一度的要求加强其抗震措施。

时程分析所用地震加速度时程曲线的最大值取18cm/s²（Gal），标准反应谱法（水平地震影响系数最大值α_{max}）取0.04。

2.3.2 室内设计参数

(1) 出港大厅

① 夏季温度为24～26℃，冬季温度为20～22℃。

② 夏季相对湿度为50%～70%，冬季相对湿度为≥35%。

(2) 到港大厅

① 夏季温度为24～26℃，冬季温度为20～22℃。

② 夏季相对湿度为50%～70%，冬季相对湿度为≥35%。

2.4 特别说明

(1) 钢结构：相对挠度$L/250$（L=跨度）。

(2) 绝对挠度：20mm（$L \leqslant 4500$mm），30mm（$L > 4500$mm）。

(3) 铝型材：相对挠度$L/180$（L=跨度）。

(4) 绝对挠度：20mm（$L \leqslant 4500$mm），30mm（$L > 4500$mm）。

(5) 在自重标准值的作用下，水平受力构件在单块面板两端跨距内的最大挠度不应超过该面板两端跨距的1/500，且不应超过3mm。

(6) 预应力拉索幕墙系统使用阶段温差按最低-15℃，最高50℃执行，挠度按照1/50L控制。

(7) 双层玻璃其挠曲允许值不得超过15mm或其平面正常方向净跨的1/175，值小者

为先。

3 航站楼单索幕墙方案设计

依据建筑设计和建筑效果的要求，为使新建 T2A 航站楼和老航站楼 T2B 在建筑形态上相互协调和统一，新建 T2A 航站楼在外立面上大面积地采用了单拉索点式玻璃幕墙系统。依据建筑模数和主体钢结构布置的原则，玻璃分格尺寸为 3000mm×2000mm，玻璃基本配置为 12mm+12A+10mm+1.90PVB+10mm 钢化夹胶中空 Low-E 玻璃。

3.1 结构支撑体系设计

由于航站楼陆侧、空侧及山墙两侧幕墙立面较长，必须在中间设置钢结构支撑结构；由于屋面钢结构整体刚度较柔，不能承受任何竖向荷载，所以必须在支撑钢结构顶部设置支撑结构来承担竖向拉索的拉力和幕墙自重。航站楼陆侧结构支撑体系布置如图 4 所示，山墙侧结构支撑体系布置如图 5 所示。

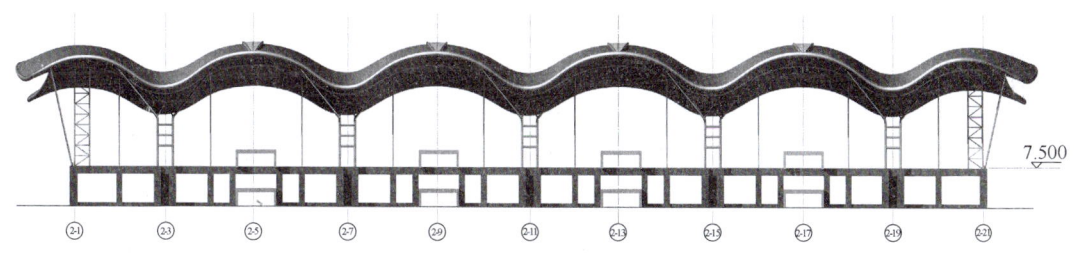

图 4 航站楼陆侧结构支撑体系布置

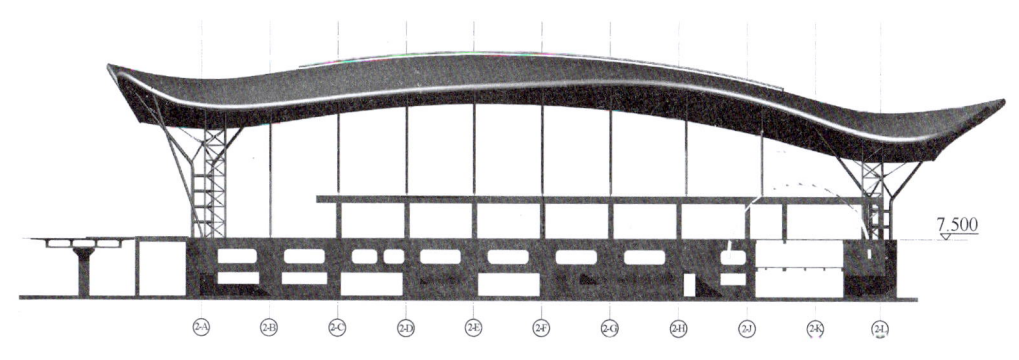

图 5 航站楼山墙侧结构支撑体系布置

航站楼陆侧、空侧幕墙抗风柱沿主体四角支撑钢结构左右每 9m 各设置一个，幕墙抗风柱间距 18m，山墙侧幕墙抗风柱在主体钢屋盖斜向撑杆后布置，幕墙抗风柱间距 9m，在山墙与陆侧、空侧拐角处设置三角形空间钢构架，来承担水平拉索的拉力。在幕墙抗风柱和三角形空间钢构架顶部设置箱型钢梁，承担竖向拉索的拉力和幕墙自重（图 6）。

3.2 单拉索索网体系设计

在航站楼陆侧、空侧及山墙两侧，沿玻璃面板竖向分格缝处后设置竖向拉索，一端与顶部箱型钢梁连接，一端与底部混凝土梁连接，考虑施工方便的原则，将竖向拉索的张拉端设置在底部；沿玻璃面板水平分格缝处后设置水平拉索，竖向拉索的直径有 $\phi 36mm$、$\phi 24mm$ 两种规格，水平拉索配置有 $\phi 24mm$、$\phi 28mm$、$\phi 32mm$ 三种规格。考虑到拉索弹性伸长和其

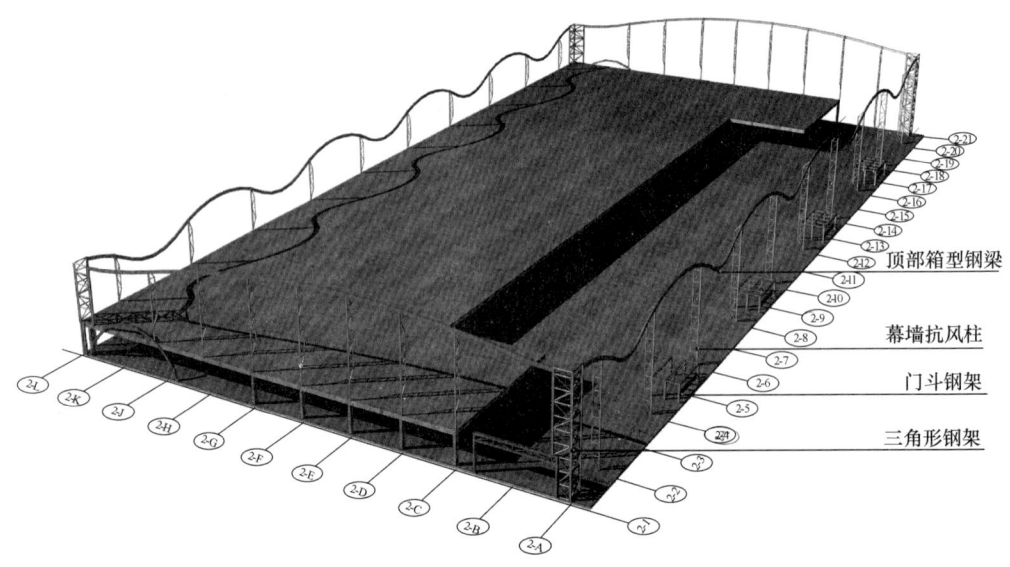

图 6 航站楼钢结构支撑体系三维布置

他施工因素,陆侧、空侧水平拉索分成四段,山墙两侧水平拉索分成两段,张拉端顶真布置(图 7)。在水平拉索与主体四角支撑钢结构横腹杆及竖向拉索与主体四角支撑钢结构斜拉杆干涉处,需要进行特殊构造设计,设计应遵循等强设计的原则。

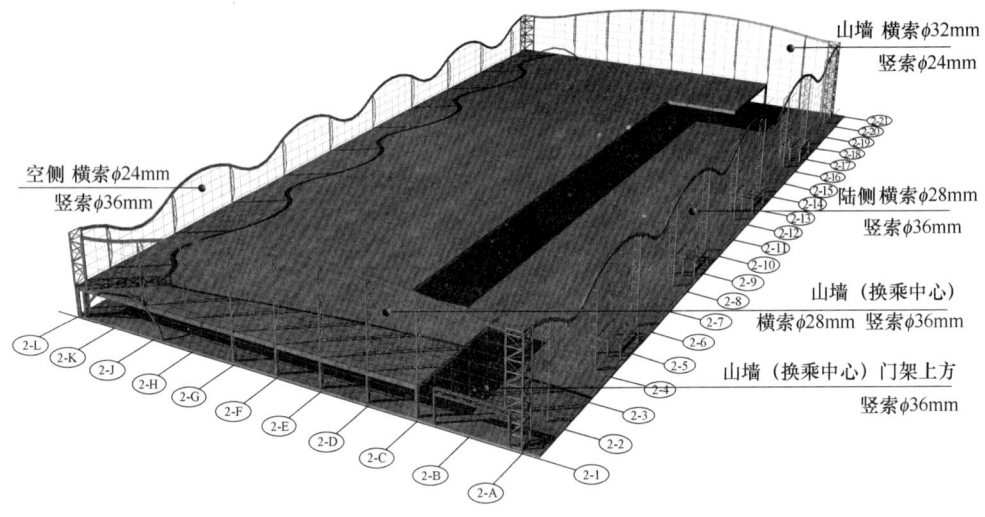

图 7 航站楼钢结构及索网支撑体系三维布置

3.3 幕墙结构传力途径

水平荷载由玻璃面板通过驳接爪件传递给竖向及水平不锈钢拉索,水平不锈钢拉索承受的水平荷载由幕墙抗风柱传递给抗风柱顶部箱型钢梁及底部混凝土梁;竖向拉索承受的水平荷载一部分传递给底部混凝土梁,一部分由竖索顶部箱型钢梁通过其两侧幕墙抗风柱传递给底部混凝土梁。幕墙自重由竖向拉索通过顶部箱型钢梁和幕墙抗风柱传递给混凝土梁。

3.4 细部节点设计

3.4.1 幕墙钢结构适应主体结构变形设计

屋面钢结构仅对幕墙抗风柱作垂直于玻璃面向的水平约束，幕墙抗风柱在重力方向和平行于玻璃面的水平向约束均为放松，屋面钢结构在重力方向（Z向）的变形位移量为：陆侧−40～+40mm，空侧−25～+25mm，山墙侧−50～+65mm。抗风柱顶部铰接连杆设计可承受的竖向位移为±80mm，满足屋面变形及钢结构自身变形的位移吸收要求（图8）。铰接连杆采用螺纹套管连接，端部由锁紧螺母锁紧，可以实现抗风柱在垂直于玻璃面方向上±30mm的误差调节。

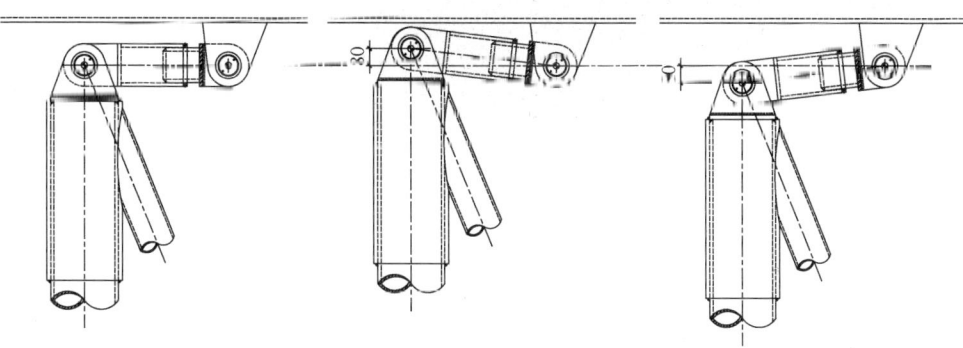

图8 抗风柱顶部铰接连杆重力方向位移吸收示意

抗风柱底部及顶部耳板连接位置设置专业加工的转动轴承构件，可以实现抗风柱平面内水平方向的转动变形，变形量±7°（图9）。

3.4.2 水平与竖向拉索标准节点设计

新建T2A航站楼主楼单层索网玻璃幕墙水平与竖向拉索标准节点，采用了驳接爪连接的构造措施（图10），驳接爪根部开凹槽，竖向及水平不锈钢拉索采用2根φ18mm不锈钢螺栓通过不锈钢压块将其与驳接爪相连，利用竖向拉索与内压块及驳接爪间的摩擦力来承担

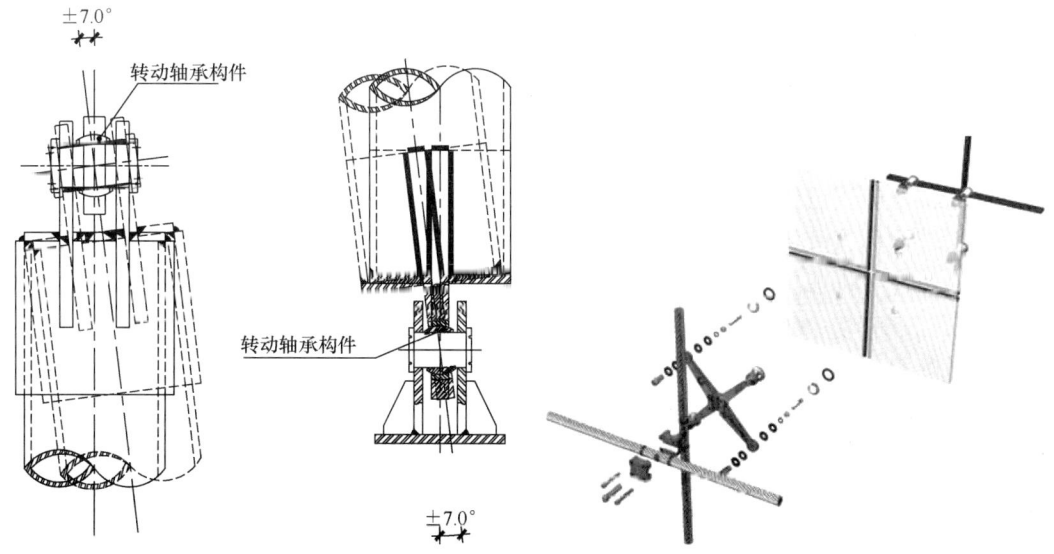

图9 抗风柱平面内水平方向调节变形构造　　图10 单索幕墙标准节点构造示意

幕墙玻璃及不锈钢拉索、爪具等结构件的自重。

玻璃面板通过不锈钢驳接头与不锈钢驳接爪连接固定，不锈钢驳接爪通过不锈钢压块与横竖不锈钢拉索连接固定。为满足抗震变形、温度变形等要求，并实现玻璃面板收拉的受力状态，不锈钢驳接爪开孔形式为上排两个孔位为大圆孔，以放松玻璃面板平面内变形位移，下排两个孔位为横向长圆孔，以承受玻璃的自重，并放松平面内水平向的玻璃变形位移。

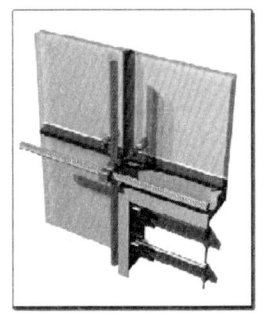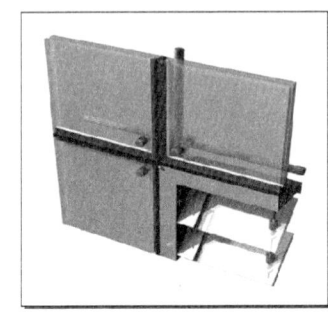

图 11 玻璃百叶内、外视节点效果

3.4.3 航站楼山墙位置玻璃百叶节点设计

航站楼两侧山墙立面局部玻璃分格处，为满足室内设备用房等空间通风要求，需设置百叶窗。考虑百叶窗与立面单索玻璃幕墙装饰效果的协调统一，设计采用玻璃百叶窗，百叶片采用 10mm＋1.52PVB＋10mm 钢化夹胶透明玻璃，百叶片长 3000mm，宽 200mm，间距 150mm（图 11）。

为满足其在自重荷载及风荷载作用下的结构安全性能，在玻璃百叶的中部位置采用不锈钢拉索将百叶片吊挂在铝合金百叶框上，铝合金百叶框的表面采用灰白色氟碳喷涂处理，百叶片的外表面与大面玻璃面齐平，以满足幕墙立面外饰效果的要求。

玻璃百叶通过不锈钢夹板与铝合金框连接，玻璃百叶整体单元安装完毕后，与单索幕墙不锈钢点爪通过 4 个 M12 的不锈钢装饰螺栓固定。

3.4.4 航站楼山墙及空侧立面通风开启扇节点设计

航站楼两侧山墙及空侧立面位置设置了 38 樘电动开启窗以供航站楼室内通风使用，开启窗采用上悬外开的形式，电动装置采用推杆式电动开窗器（图 12）。

为保证开启扇与固定玻璃外立面效果的统一，开启窗玻璃不设铝合金窗框，而设计采用大小片玻璃相互咬合的形式，开启窗的气密性能可通过隐藏在玻璃间的三元乙丙密封胶条实现。

开启窗上边与点玻驳接爪连接采用专用的不锈钢抓点转轴五金配件，并且将此转轴件置于室内侧，以避免传统的外置挂轴外露室外影响立面效果的情况发生。电动开启装置采用全封闭式内螺纹驱动结构，具有更好的封闭性，特别适合在粉尘风沙等空气颗粒

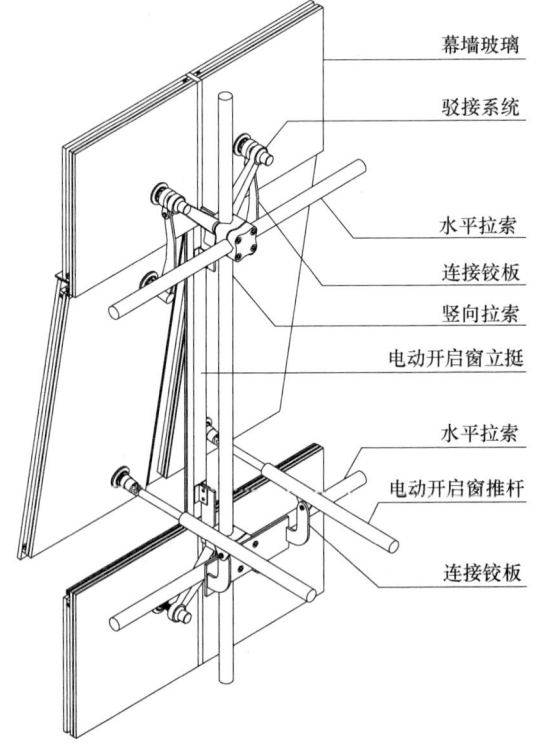

图 12 单索幕墙电动开启构造示意

污染较大的环境中使用。

3.4.5 水平拉索与钢横管干涉解决方案

航站楼陆侧与空侧水平拉索与主体钢结构四角支撑钢柱横腹杆存在干涉现象,干涉的处理采用环形钢转接件,转接件采用Q345钢(图13)。转接件在设计时应该考虑拉索的变形、拉索在施工张拉时的伸长量,在水平拉索施工张拉时,对此转接件在充分进行理论计算的基础上还应该进行结构的拉伸试验,确保整个结构体系的安全。

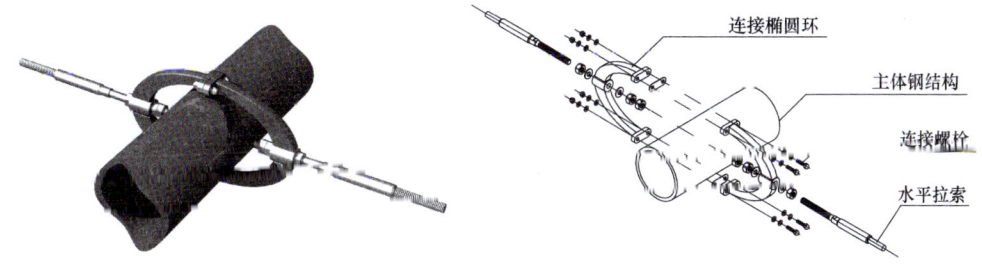

图13 水平拉索与钢横管干涉处构造示意

3.4.6 竖向拉索与主体钢结构干涉解决方案

航站楼陆侧与空侧竖向拉索与主体钢结构轴四角支撑钢柱连杆存在干涉,因为此处竖索在荷载作用下的正常变形量达到200mm左右,而此处玻璃面距钢结构节点外侧边缘线的距离只有125mm左右,采用钢套管及转接件将竖索与钢结构节点连接,此处钢节点对竖索仅仅约束垂直于玻璃平面方向的水平位移,拉索轴向位移放松,对建筑立面整体分格造型没有影响(图14)。

4 航站楼单索幕墙结构计算分析

4.1 荷载分项及组合系数

荷载分项系数:永久荷载1.2,风荷载1.4,地震作用1.3,拉索预拉力1.0,温度荷载1.2。

荷载组合系数:永久荷载1.0,风荷载1.0,地震作用0.6/0.2,拉索预拉力1.0,温度荷载0.6/0.2。

4.2 计算工况

风荷载在幕墙结构的计算中起主要控制作用,故以此为基础进行荷载工况的组合,D代表恒载(整体结构自重)标准值;SD代表不含玻璃面板的结构自重标准值;W代表风荷载标准值;$T(+)$代表升温50℃;$T(-)$代表降温15℃;P代表预应力作用;E代表地震作用。

图14 竖向拉索与主体钢结构干涉处理示意

正常使用极限状态计算:

(1) $1.0 \times P + 1.0 \times D + 1.0 \times SD + 1.0 \times W + 0.6 \times E$。

(2) $1.0 \times P + 1.0 \times D + 1.0 \times SD + 1.0 \times W + 0.6 \times T(+)$。

承载能力极限状态计算:

(1) $1.0 \times P + 1.2 \times D + 1.2 \times SD + 1.4 \times W + 0.6 \times 1.3 \times E$。

(2) $1.0 \times P + 1.2 \times D + 1.2 \times SD + 1.4 \times E + 0.6 \times 1.3 \times T(-)$。

4.3 有限元计算模型的建立

4.3.1 拉索参数

拉索材料：拉索材质为 316 不锈钢，弹性模量 $1.4 \times 10^5 \text{MPa}$，泊松比为 0.3。

拉索截面及破断力：采用公称直径为 24mm、28mm、32mm、36mm 拉索，其相应的破断力分别为 363.55kN、484.0kN、628.98kN、821.53kN。

拉索的线膨胀系数：1.2×10^{-5}（1/℃）。

索端为铰接。

4.3.2 玻璃参数

玻璃配置为：12mm（Low-E）+12A+10mm+2.28PVB+10mm 中空钢化夹胶玻璃，重力密度为 25.6kN/mm^3。

玻璃弹性模量为 $0.72 \times 10^5 \text{MPa}$，泊松比为 0.2。

玻璃的线膨胀系数：1.0×10^{-5}（1/℃）。

4.3.3 钢材参数

本工程所用钢材主要采用 Q235B 牌号钢材，部分钢材根据设计需要采用 Q345B 牌号钢材。

钢材机械性能 Q235B（$d \leq 16$）：

（1）抗拉抗压和抗弯强度 $f = 215 \text{N/mm}^2$。

（2）抗剪强度 $f_v = 125 \text{N/mm}^2$。

（3）延伸率 $\delta \geq 26\%$。

钢材机械性能（$d \leq 16$）：

（1）抗拉抗压和抗弯强度 $f = 310 \text{N/mm}^2$。

（2）抗剪强度 $fv = 180 \text{N/mm}^2$。

（3）延伸率 $\delta \geq 26\%$。

4.3.4 荷载计算

（1）恒载（整体结构自重）

在 ANSYS11.0 模型中，拉索及钢结构的自重由程序自动计算，玻璃面板自重按点荷载进行施加，具体计算如下所示：

玻璃采用 12mm（Low-E）+12A+10mm+2.28PVB+10mm 中空钢化夹胶玻璃，每平方米自重的标准值为 $25.6 \times 0.032 = 0.8192 \text{kN/m}^2$（竖向），考虑附属结构的自重，取 0.85kN/m^2（竖向）。

（2）地震作用

地震作用按点荷载进行施加，幕墙自重约 0.85kN/m^2，抗震等级 6 度，水平地震影响系数最大值为 0.04，标准值 $E_Y = 5 \times 0.04 \times 0.85 = 0.17 \text{kN/m}^2$（垂直玻璃板面），$E_Z = 5 \times 0.04 \times 0.85 = 0.17 \text{kN/m}^2$（平行玻璃板面）。

（3）风荷载

风荷载的取值以《建筑结构荷载规范》（GB 50009—2001）（2006 年版）、《玻璃幕墙工程技术规范》（JGJ 102—2003）、风洞试验报告三者中较严格者控制。根据荷载规范基本风压 W_0 取为 0.40kN/m^2，根据结构物表面的风压基本上是以风吸力为主，在设计时，考虑对结构不利的工况，适当取内部风压体型系数为 -0.2，正压区 $\mu_{sl} = 1.3$，负压区对墙面 $\mu_{sl} =$

−1.0，对墙角边 $\mu_{sl}=-1.8$，考虑到封闭结构内表面的影响，实际取对墙面 $\mu_{sl}=-1.2$，对墙角边 $\mu_{sl}=-2.0$。

（4）温度荷载

拉索幕墙结构温度作用按降温−15℃，升温+50℃考虑，程序设定参考温度为0℃。

（5）预应力作用

拉索的预应力作用以施加初应变的方式在模型中实现。

（6）钢筋混凝土层间位移作用

钢筋混凝土层间位移对拉索的作用以施加应变的方式在模型中实现。

4.3.5 计算模型图

整体计算模型示意如图15所示。

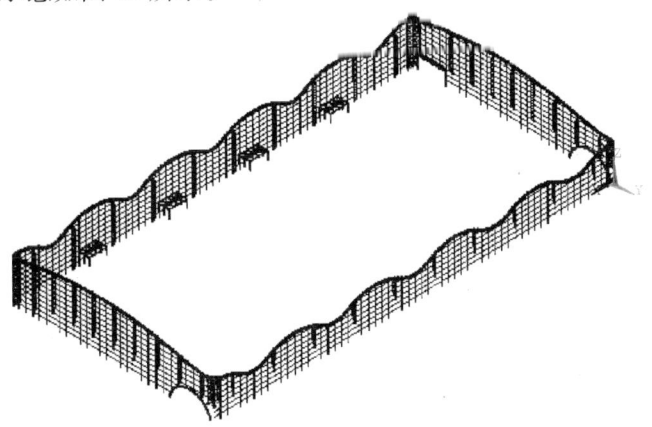

图15 整体计算模型示意

4.4 计算结果

4.4.1 幕墙支撑钢结构计算结果

幕墙支撑钢结构计算结果见表1。

表1 幕墙支撑钢结构计算结果

构件名称	部位	断面及规格（mm）		材质	应力值（MPa）
箱型钢梁	幕墙顶部	350×650×20×25		Q345B	284.683
幕墙抗风柱	陆侧	主管	φ351×16	Q345B	287.048
		次管	φ180×10	Q235B	162.717
		腹管	φ120×6	Q235B	166.992
幕墙抗风柱	空侧	主管	φ325×16	Q345B	284.972
		次管	φ152×8	Q235B	167.201
		腹管	φ89×6	Q235B	118.388
幕墙抗风柱	山墙两侧	主管	φ299×16	Q235B	197.752
		次管	φ152×8	Q235B	149.466
		腹管	φ89×6	Q235B	163.650
拱形箱型钢梁	与连廊接口	300×300×16×16		Q345B	264.541

4.4.2 幕墙索网体系计算结果

幕墙索网体系计算结果见表2。

表2 幕墙索网体系计算结果

位置	陆侧立面		空侧立面		山墙侧立面			
规格(mm)					2-A~2-L轴		2-A~2-L轴以外	
	竖索ϕ36	横索ϕ28	竖索ϕ36	横索ϕ24	竖索ϕ24	横索ϕ32	竖索ϕ24	横索ϕ36
最大索力(kN)	375.377	212.134	407.633	153.944	148.432	277.639	143.906	275.902
最大应力(MPa)	490.362	457.462	532.498	537.740	518.484	459.022	502.677	360.416

海口美兰国际机场航站楼幕墙工程技术介绍

陈国新　花定兴

深圳市三鑫科技发展有限公司　广东深圳　518057

摘　要　本文介绍了海口美兰国际机场航站楼幕墙工程的大跨度装饰型铝合金立柱的特点，对新型多向可转动连接机构及幕墙结构进行了受力分析。

关键词　大跨度；连接机构

1　引言

海口美兰国际机场二期扩建工程新建旅客航站楼，建设规模为地上4层（局部5层），地下1层，总建筑面积约为30万 m^2，建筑高度为33.74m。该工程由航站楼中心区主楼、西南指廊、西北指廊、东南指廊、东北指廊五部分组成。航站楼东西向总宽度为750m，南北向总进深约为405m，主楼进深为196.75m，幕墙面积大约为11万 m^2（图1）。

图1　项目整体效果

本项目幕墙工程主要包括以下几个系统：

（1）A系统为主立面大装饰条玻璃幕墙系统；A1子系统为陆侧入口玻璃幕墙；A2子系统为空侧玻璃幕墙。

（2）B系统为内庭拉索玻璃幕墙系统。

（3）C系统为中央商业街、指廊高侧幕墙系统；C1子系统为中央商业街高侧玻璃幕墙。

（4）D系统为采光带玻璃幕墙系统；D1子系统为中央商业街玻璃采光带。

（5）E系统为首层外幕墙系统；E1子系统为VIP出入口及外幕墙（中心区陆侧）；E2子系统为中心区远机位出发及到达玻璃幕墙（不含VIP出发及到达部分）。

（6）F系统为出入口门套及雨棚幕墙系统；F1子系统为陆侧三层连桥门斗及玻璃雨棚、首层地下服务车道出入口雨棚；F2子系统为陆侧中心区首层铝板门斗；F3子系统为首层陆侧和空侧VIP雨棚；F4子系统为中心区登机口门套；F5子系统为陆侧中心区二层入口玻璃厅幕墙。

（7）G系统为幕墙和采光顶内遮阳系统；G3子系统为中央商业街采光顶固定水平内遮阳。

幕墙工程的要求为：

（1）基本风压：0.75kN/m²（50年一遇）。

（2）地面粗糙度类别：B类。

（3）抗震设防烈度：7度（0.15g，基于该工程设有减震措施降低一度设计）。

（4）风荷载以风洞试验报告及规范计算最不利情况取值；幕墙设计使用年限为25年，幕墙结构设计使用年限为50年。

2 A系统主立面大装饰条玻璃幕墙系统介绍

机场航站楼幕墙具有如下特点：通透性强；无楼层，竖向跨度大；有遮阳、通风、排烟等功能要求。毫无疑问，海口美兰机场更加注重幕墙的简洁、通透性，着重强调竖向效果，与其他大型机场航站楼不同的是，该工程未设置大横梁装饰条，而采用了外突出大铝合金立柱玻璃幕墙系统，由大铝合金立柱承担主要的玻璃幕墙风荷载，立柱与大间距（9~11m）的钢横梁连接，保证了航站楼整个玻璃幕墙外立面的新颖、简洁、通透，同时实现了玻璃幕墙系统结构、装饰、遮阳的一体化（图2）。

图2 主立面竖向大装饰条玻璃幕墙系统效果

大装饰条铝合金立柱宽度为150mm,高度为500mm,其中位于室外玻璃面之外的铝合金立柱高度为415mm,室内只有65mm的铝合金扣盖,最大限度地节省了室内空间,也较好地提升了室内的视觉效果。从室外看,间距约1800mm、突出玻璃面415mm的大装饰条形成了一个直纹曲面的立面,实现了建筑的几何逻辑。由于大装饰条兼作主要的结构构件,而且由于采用了无横梁设计,面板固定在左右两侧立柱之上,面板的受力方式为对边简支板,本项目无横梁大装饰条铝合金立柱的设计也较大地降低了工程成本(图3)。

本项目玻璃幕墙采用竖明横隐构造形式,竖向大装饰条铝合金立柱作为幕墙竖向受力构件承担幕墙玻璃的水平荷载以及竖向荷载,本系统玻璃水平宽度约为1800mm,高度为3000mm,主要玻璃配置为12mm(双银Low-E)+18A+12mm钢化中空超白Low-E玻璃,为保证安全性,旅客可接触到的玻璃为12mm(双银Low-E)+12A+8mm+1.52SGP+8mm钢化中空夹胶超白Low-E玻璃,铝合金装饰条最大长度为11m,固定在水平钢梁上,上下两根铝合金装饰条采用长1000mm的铝合金芯套连接。玻璃幕墙水平采用无横梁设计,玻璃与玻璃水平连接位置只需要在室内外打密封胶即可,胶缝宽度为20mm,玻璃与立柱之间打硅酮结构密封胶,这种构造体系由于玻璃的嵌固作用使玻璃与立柱之间形成良好的抗侧能力(图4),便于严格地控制侧向变形,通过动态风压试验证明,模拟15级台风(46.2~50.9m/s),相当于侧向施加的风压为1.57kPa,侧向位移几乎为0(图4)。

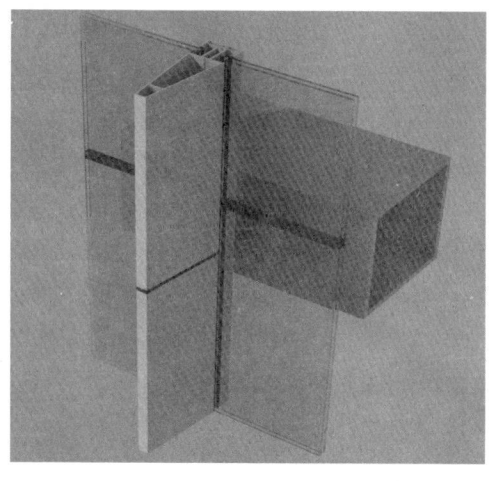 

图3 主立面大装饰条玻璃幕墙三维图　　图4 动态风压测试侧向位移效果

根据结构荷载规范计算及风洞试验报告,该工程建筑幕墙抗风压变形性能取大值为4级,但实际做试验按风压值3.822kPa检测的幕墙系统的抗风压性能,完全满足试验要求。

A系统大立面铝合金装饰条立柱作为主受力构件,与幕墙水平钢横梁采用26mm厚钢板连接,预先将两块竖向钢板现场放线定位焊接在水平幕墙横钢梁上,将单片竖向钢板与预先焊于水平钢横梁的双钢板定位焊接,再将此钢板与铝合金装饰条立柱上端通过不锈钢螺栓组连接,上下立柱之间采用1000mm铝合金插芯紧密连接,上端立柱的底部与钢板连接开圆孔,下端立柱顶部与钢板连接开长圆孔,实现幕墙伸缩变形的同时满足坐立式立柱的受力形式(图5)。

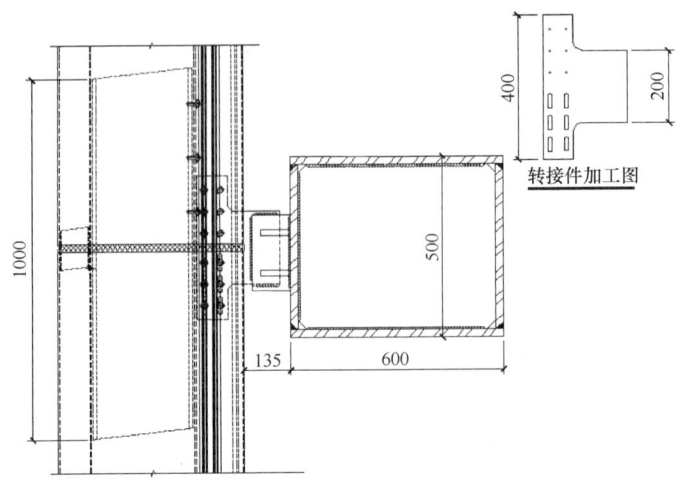

图 5 立柱与钢结构横梁连接

3 A 系统传力路径及钢柱连接机构设计介绍

幕墙玻璃面板为双边固定简支板，所受到的水平荷载传递到大装饰条铝合金立柱，所产生的竖向重力荷载通过角码也传递给大装饰条铝合金立柱，立柱将荷载通过连接钢板传递给水平幕墙钢横梁，再传递给大钢柱，大钢柱间距18m，玻璃幕墙传力途径：①水平荷载—玻璃面板—竖向装饰立柱—连接钢板—水平幕墙钢横梁—大钢立柱—顶、底部主体结构。②竖向荷载—玻璃面板—竖向装饰立柱—连接钢板—水平幕墙钢横梁—大钢立柱—底部主体结构。

大装饰条铝合金立柱大部分位于室外，突出玻璃面约415mm，大装饰条铝合金立柱也会传递侧向风荷载给横向及竖向钢结构柱，再加上侧向地震作用，钢结构柱受到的各种荷载需要传递到主体结构，底部为主体混凝土结构，钢柱底部用销轴及耳板连接（图6）。

航站楼上部屋顶为网架结构，由于网架结构在周边存在竖向位移，玻璃幕墙也有沿侧向的水平位移，因此，玻璃幕墙为了有效地将风荷载传递给屋顶主体结构，幕墙钢柱顶部就需要设计一种能适应以上两种位移能力又可以传递水平风荷载的连接机构（图7）。

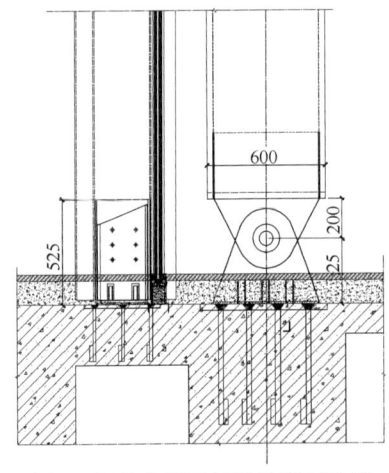

图 6 钢柱底部用销轴及耳板连接

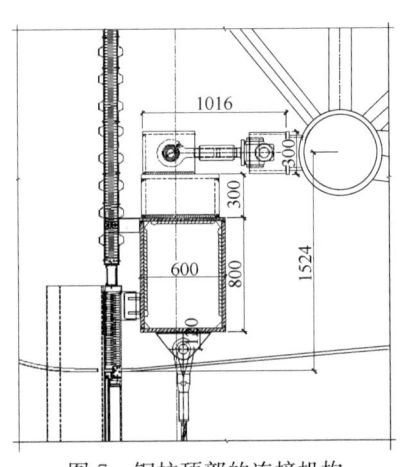

图 7 钢柱顶部的连接机构

整体幕墙结构系统上下处于混凝土结构与屋顶钢网架之间，刚性较大的混凝土结构与屋顶钢网架平面外体系之间会存在上下变形不一致的问题，幕墙钢结构与屋顶钢网架结构不在同一高度，受到的水平风荷载会对网架产生较大的弯矩，屋顶钢网架能抵抗的弯矩能力有限，对水平轴向方向受力较好，设计时将水平连杆位于网架节点中心连线。这种连接结构能适应上下变形且只传递水平轴向力给屋顶网架结构。在侧向风荷载和侧向地震力作用时，幕墙结构与屋顶网架结构又有相对上下位移且左右方向变形不一致的问题，这种连接结构就要有一定的左右方向转动且传力的能力，这就是多向可转动型鼓型机构的由来（图8）。

多向可转动型鼓型机构能上下转动一定的距离，左右转动一定的距离，传递给屋顶钢网架的只有水平轴向力，不承受幕墙竖向荷载，重力释放最后传给混凝土楼板。为了减少网架连接支座的局部应力，设计了两个对应的斜向连接支座，用以分散支座反力。

多向可转动型鼓型机构的设计经过试验的检测，完全满足受力要求，通过100T液压试验机检测，当模拟荷载作用时，试件几乎完好无损（图9）。

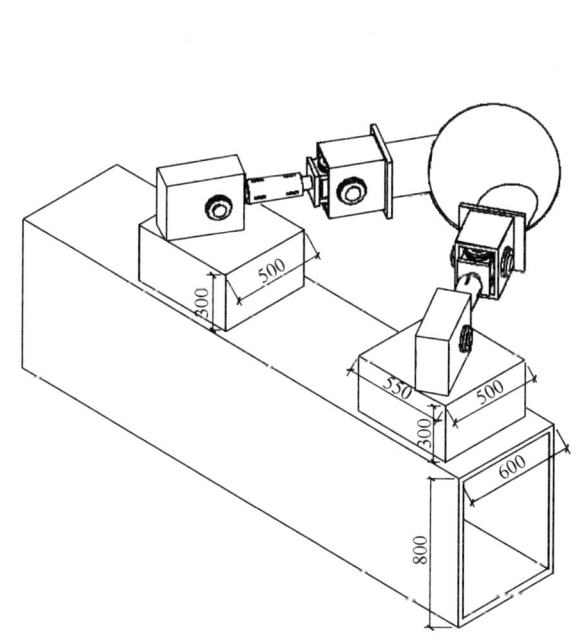 

图8 多向可转动型鼓型机构连接节点图　　图9 多向可转动型鼓型机构试验图

4 BIM技术在项目中的运用

本项目设计采用了大量的BIM技术：①建立三维模型，将整个机场的设计思路及效果展示在所有人的面前；②碰撞问题的协调检查，幕墙的构件与钢结构单元的布置、与给排水的管线等的交叉问题的解决；③采光顶幕墙整体排水的设计，排水路径的表达；④A系统等幕墙玻璃及构件的下单统计；为整个工程的设计及实施提供了巨大的支持（图10、图11、图12）。

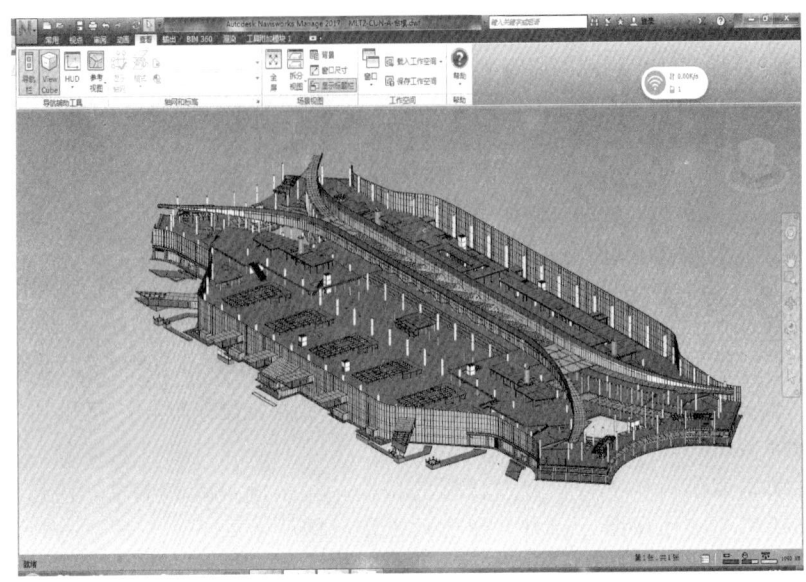

图 10　主立面大装饰条玻璃幕墙系统 BIM 模型效果

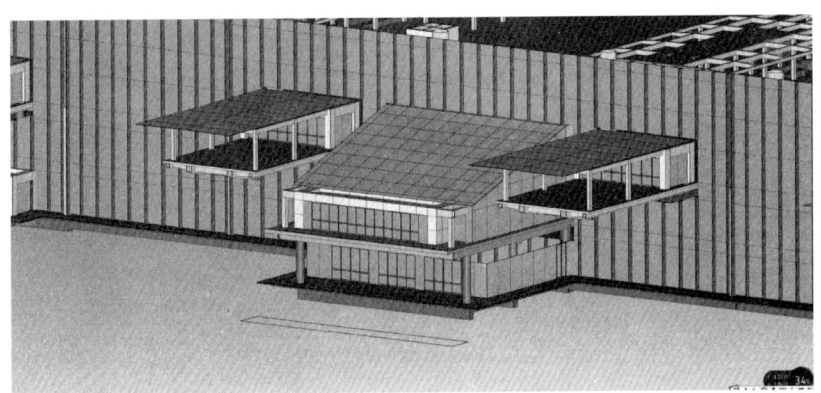

图 11　A 系统立面 BIM 模型局部效果

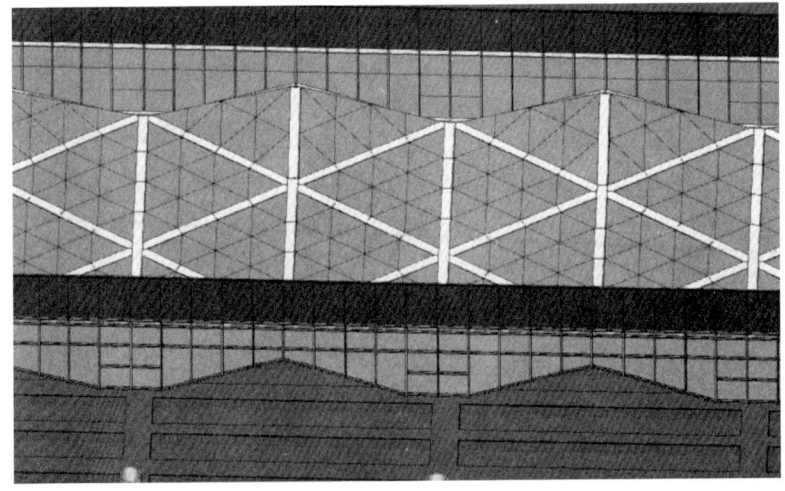

图 12　采光顶及高侧立面 BIM 模型局部效果

5 结语

大型机场航站楼建筑幕墙设计具有结构跨度大、平面空间造型复杂等诸多特点,海口美兰机场的设计包括通过设计的创新,幕墙各个主次结构杆件及其连接件的认真分析,幕墙结构与主体结构的传力分析及其连接构造,既要把幕墙结构的荷载安全可靠地传给主体结构,又要适应主体网架结构的各种位移,将大跨度结构与幕墙技术完美结合,为装饰形大立柱无横梁系统再添浓厚一笔,为机场航站楼幕墙工程的复杂结构传力体系提供新的思路。

参考文献

[1] 花定兴. 大型机场航站楼建筑幕墙设计关键要点分析/钢结构建筑工业化与新技术应用[M]. 北京:中国建筑出版社,2016.

中国西部国际博览城交通大厅 18m×58m 大跨空间玻璃幕墙系统设计解析

殷兵利　董　彪　杨洪智

中国建筑西南设计研究院有限公司　四川成都　610041

摘　要　公共建筑的大跨空间往往需要建筑幕墙具有更高的通透性，本文以中国西部国际博览城 18m×58m 大跨空间玻璃幕墙设计为例，对幕墙支撑钢结构设计、计算方法、设计重难点、幕墙构造设计等方面进行阐述。

关键词　大跨空间；通透；钢结构；幕墙构造

Abstract　In long-span space of public buildings, curtain walls are often required to have higher permeability. Taking the design of 18m×58 meters long-span space glass curtain wall in Western China International Expo City as an example, this paper expounds the design and calculation method and design difficulties of curtain wall supporting steel structure, and curtain wall construction design, etc.

Keywords　long-span space; permeability; steel structure; curtain wall construction

1　引言

大跨空间的幕墙结构多见于大型博览建筑及交通、文化、体育类建筑等，也常见于一些高层建筑的入口门厅或中庭。幕墙大跨空间的结构体系多以钢结构为主，且常常直接暴露于人的视觉范围内，因此在满足结构安全的前提下，结构体系也需满足建筑的美感。在此类建筑设计中，幕墙设计扮演着非常重要的角色。幕墙结构选型、构造设计更是重中之重。它们对整个建筑表皮的效果起着关键性的控制作用。本文以典型的大跨空间幕墙——"中国西部国际博览城"交通大厅 18m×58m 玻璃幕墙系统设计为例，对此类大跨空间玻璃幕墙设计的结构选型、计算方法、设计要点、幕墙构造进行阐述，分析如何在保证结构安全的前提下，实现大跨空间玻璃幕墙的通透性。

2　工程概况

中国西部国际博览城位于成都市天府新区核心区，总建筑面积约为 57 万 m^2，其中，幕墙面积约为 19 万 m^2，是目前我国中西部地区最大的博览建筑。交通大厅靠主广场一侧的大跨空间玻璃幕墙系统为本项目幕墙设计重难点之一，空间竖向跨度最大 58m，横向主体结构柱距约为 18m，建筑效果要求尽量通透，为建筑内外空间的"对话"创造有利条件（图 1、图 2）。

图1 交通大厅大跨空间玻璃幕墙整体外视效果图

图2 交通大厅大跨空间玻璃幕墙竖剖效果图

3 幕墙系统解析

3.1 幕墙支撑钢结构设计

幕墙结构利用主体结构"梅花柱"的侧向刚度，选择"水平钢桁架＋竖向吊杆"体系。钢桁架水平跨度约为18m，竖向间距为6m；幕墙水平荷载由水平钢桁架承担并传递给两侧的主体结构柱（梅花柱），幕墙体系不设置竖向抗风柱；幕墙自重由前端吊杆承担，后端设置平衡吊杆（图3～图7）。

本项目幕墙支撑钢结构设计有以下四个技术难点：

（1）由于主体屋顶钢网架在此部位悬挑较大，钢网架在屋面荷载作用下会产生上下摆动位移，给竖向拉杆造成不利影响（甚至被拉断），常规幕墙构造无法适应屋面的震颤效应。因此，需要在屋面网架与竖向拉杆的连接处设置弹簧（图8），以缓冲和补偿竖向拉杆的内力，保证幕墙结构体系的安全。

（2）弹簧固定于屋面网架内。由于屋面网架为弱边界，受载后会产生一定的竖向位移，因此，弹簧的根端应再次设置弹簧支座模拟屋面网架的刚度。2组弹簧串联进行两次迭代，给计算分析工作带来不小的挑战。

（3）水平桁架侧向刚度较弱，前后端拉杆应根据计算需要，设置一定的预张力，以保证结构体系的稳定。拉杆预张力和弹簧刚度应进行反复试算，保证在各种工况下，拉杆不致受压失稳。

（4）由于预应力拉杆的边界相对较弱，在施工过程中有预应力损失，因此应进行施工过程模拟分析。

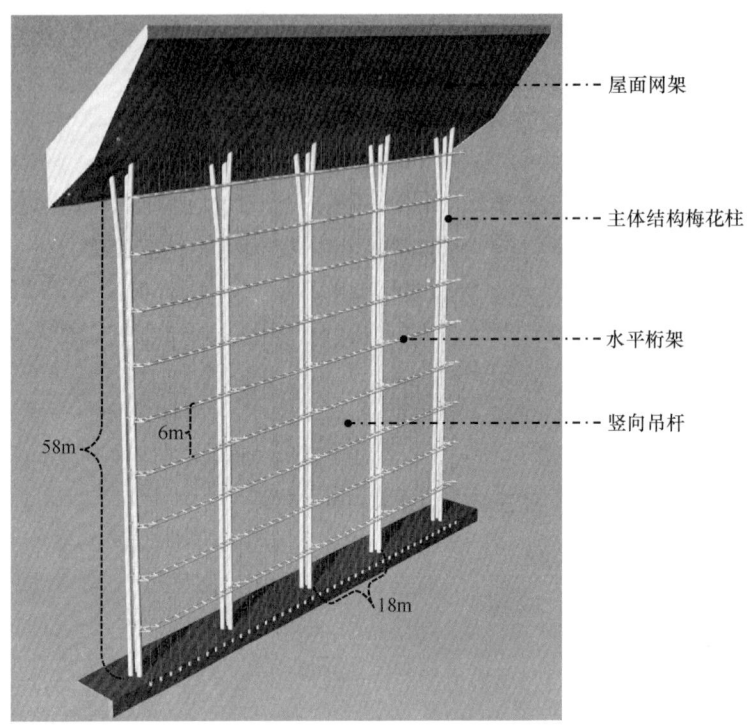

图 3 交通大厅大跨空间玻璃幕墙支撑结构三维示意图 1

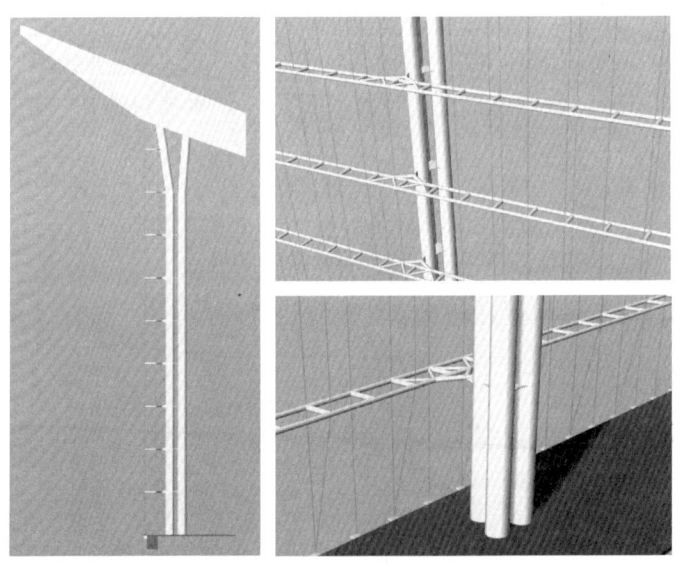

图 4 交通大厅大跨空间玻璃幕墙支撑结构三维示意图 2

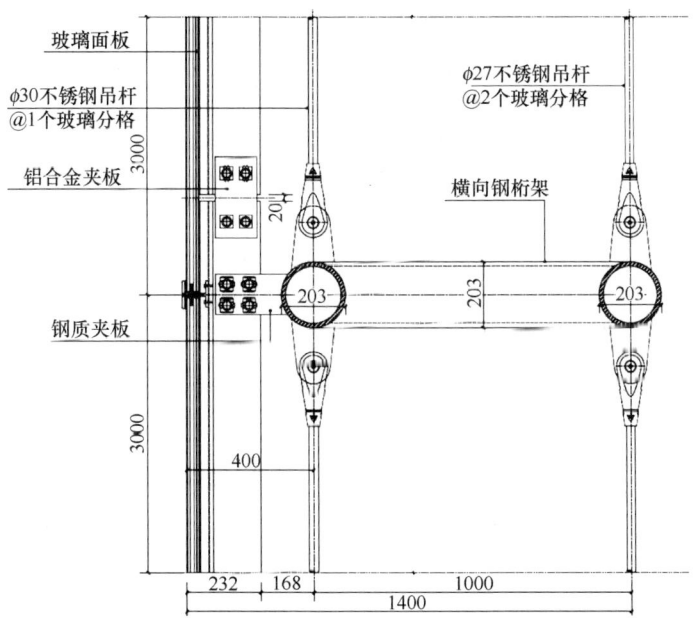

图 5 玻璃幕墙支撑结构竖剖节点图（mm）

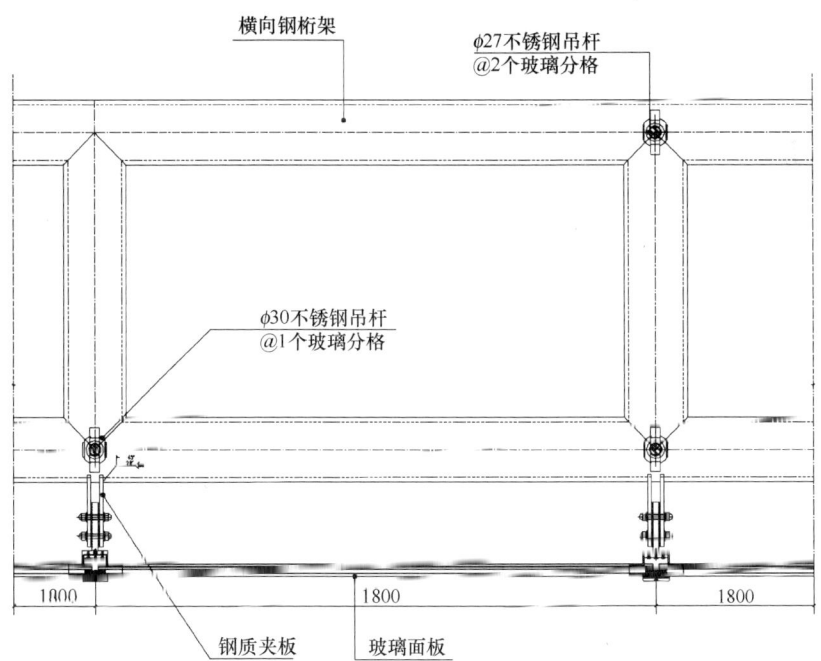

图 6 玻璃幕墙支撑结构横剖节点图（mm）

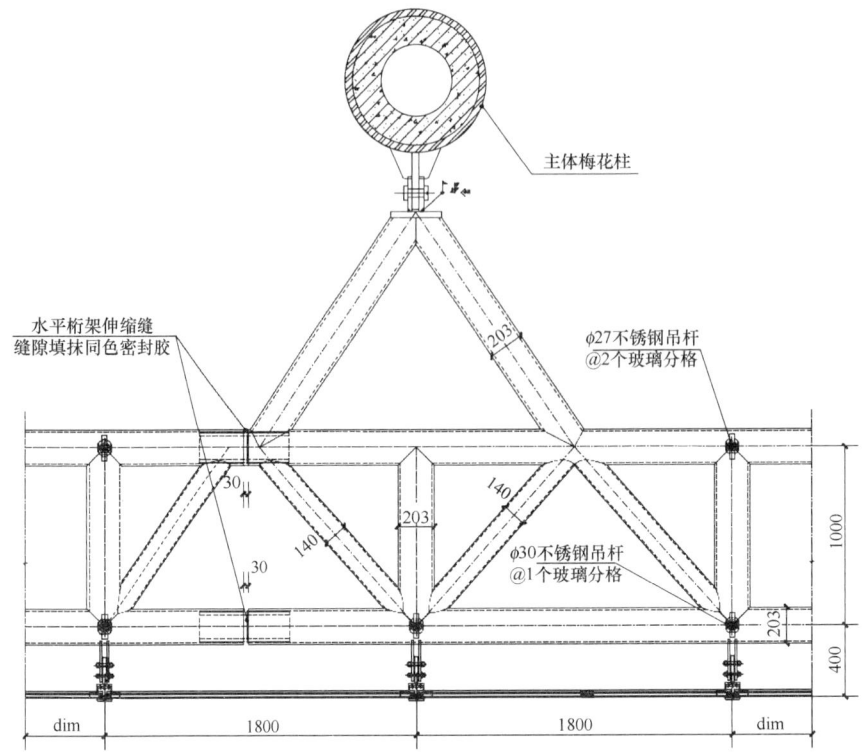

图 7 玻璃幕墙支撑结构与土建柱连接横剖节点图（mm）

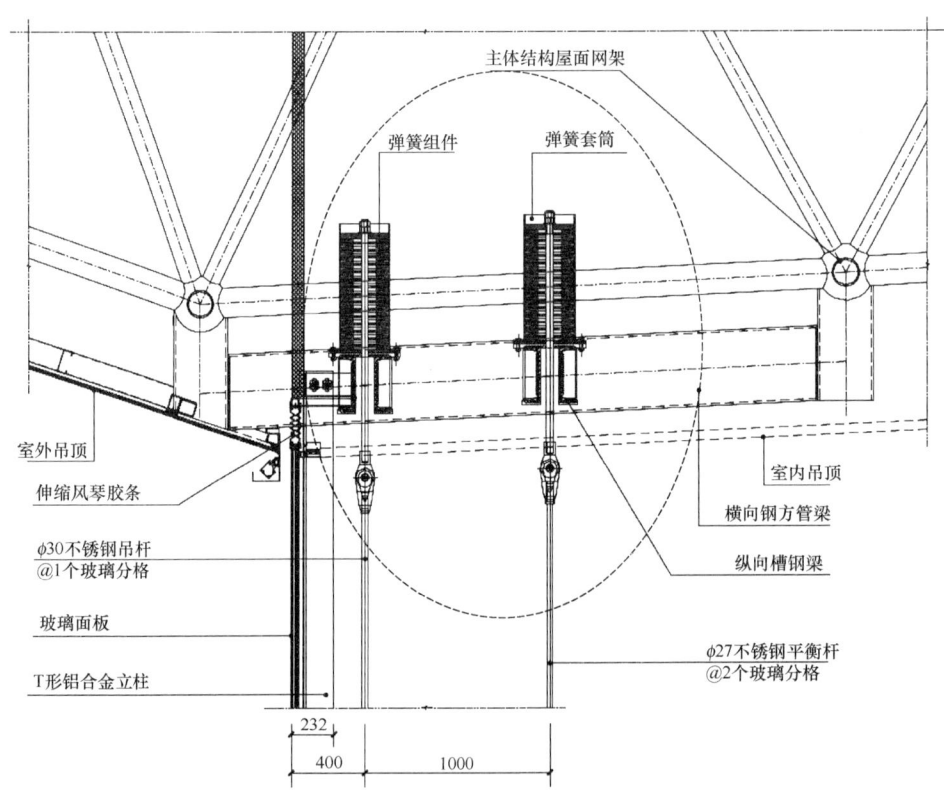

图 8 玻璃幕墙支撑结构顶部弹簧构造节点图（mm）

3.2 幕墙构造节点设计

玻璃面板采用超白中空钢化夹胶三银 Low-E 玻璃，面板分格 1.8m（宽）×3m（高），板块采用竖向 T 形铝合金立柱、无横梁的固定方式；水平荷载由竖向 T 形铝合金立柱承担，玻璃面板的自重荷载由设置在 T 形立柱位置的高强度铝合金托板承担。玻璃面板横向无龙骨，为避免全隐框构造仅依靠硅酮结构胶受力问题，本项目在玻璃"十字缝"位置设置 85mm×85mm 的不锈钢夹板作为二次安全富余度考虑，充分保证了幕墙体系的安全性及通透性（图9~图11）。

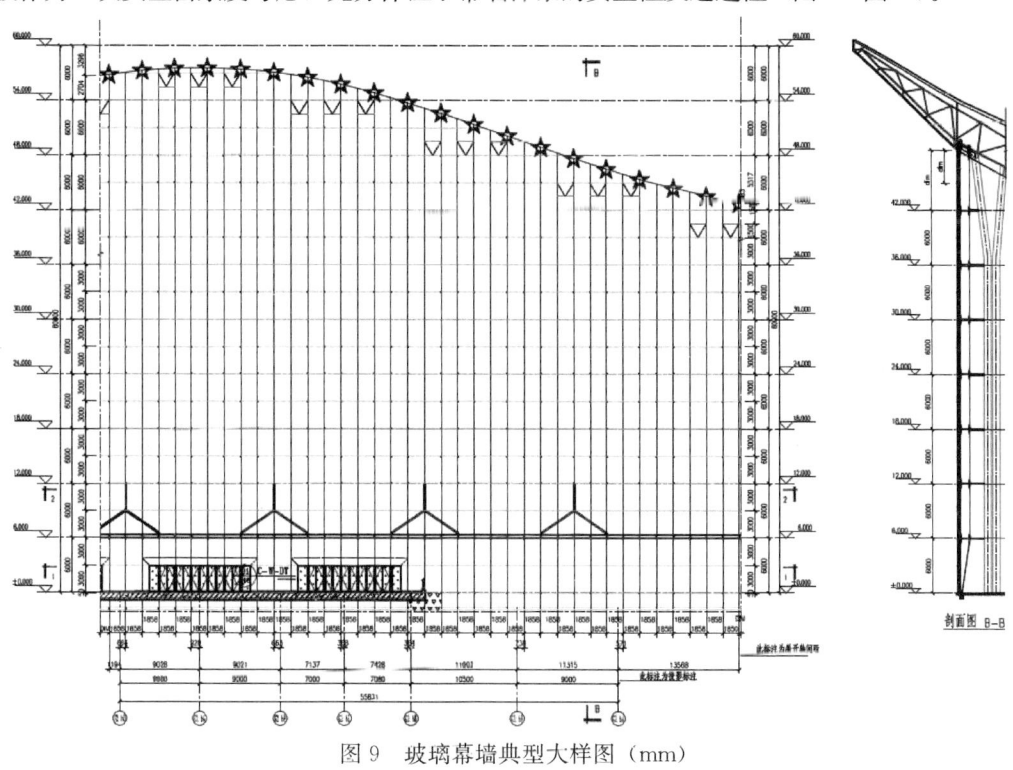

图 9　玻璃幕墙典型大样图（mm）

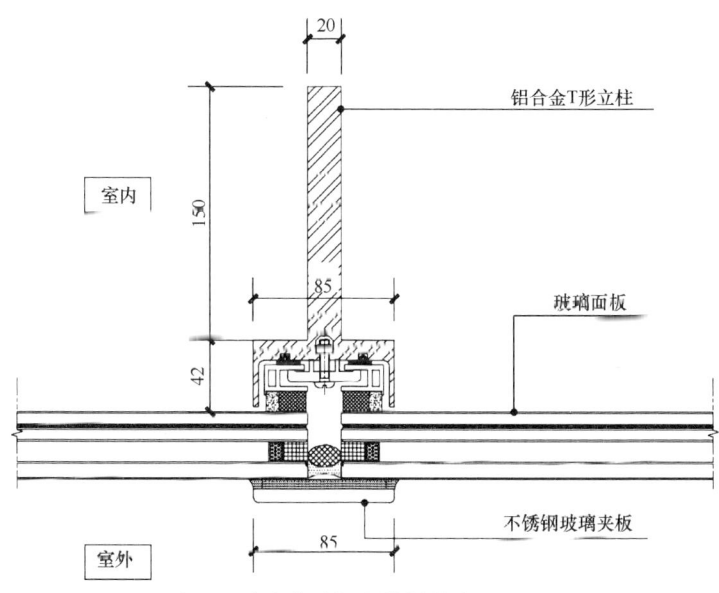

图 10　玻璃幕墙标准横剖节点图（mm）

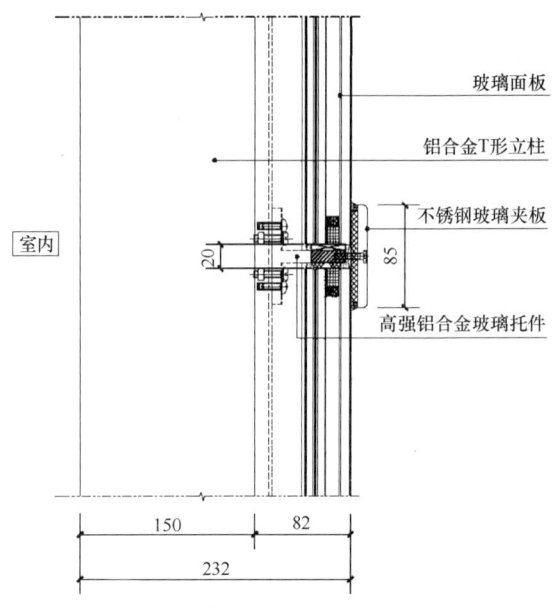

图 11 玻璃幕墙标准竖剖节点图（mm）

4 幕墙荷载计算及组合

幕墙主要考虑以下荷载工况及组合：恒载、风荷载、温度作用、地震作用、荷载组合。

4.1 恒载

恒荷载包括幕墙结构体系及玻璃及其附属构件的自重，玻璃采用10mm+12A+（8mm+1.52PVB+8mm）中空夹胶钢化玻璃。由于玻璃自重构成的面荷载标准值约为 0.67kN/m²，考虑到其他附属构件，玻璃幕墙自重面荷载标准值取 0.847kN/m²（钢结构自重由软件自动加载）。

4.2 风荷载

风荷载标准值 $W_k=\beta_{gz}\mu_{s1}\mu_z W_0$。该结构所处地区地面粗糙度类别为 B 类，基本风压 $W_0=0.3$kN/m²，阵风系数、风荷载局部体型系数、风压高度变化系数按照《建筑结构荷载规范》（GB 50009—2012）取值。

4.3 温度作用

温度作用分别按照升温30℃、降温30℃考虑（注：拉索张拉时环境温度按15℃考虑）。

4.4 地震作用

所处地区抗震设防烈度7度，设计基本加速度取 0.10g，设计地震分组为第三组。依据《建筑抗震设计规范》（GB 50011—2010）计算，考虑水平地震荷载作用，水平地震为非控制可变荷载。

4.5 荷载组合

（1）承载能力极限状态

工况1：1.2×预+1.35×恒+1.4×0.6×风(+)+1.4×0.6×温(−)+1.3×0.5×地震(+)。
工况2：1.2×预+1.35×恒+1.4×0.6×风(−)+1.4×0.6×温(−)+1.3×0.5×地震(−)。
工况3：1.2×预+1.2×恒+1.4×风(+)+1.4×0.6×温(−)+1.3×0.5×地震(+)。
工况4：1.2×预+1.2×恒+1.4×风(−)+1.4×0.6×温(−)+1.3×0.5×地震(−)。
工况5：1.2×预+1.2×恒+1.4×温(−)+1.4×0.6×风(+)+1.3×0.5×地震(+)。

工况6：1.2×预+1.2×恒+1.4×温(一)+1.4×0.6×风(一)+1.3×0.5×地震(一)。
工况7：1.2×预+1.2×恒+1.4 风(+)+1.4×0.6×温(+)+1.3×0.5×地震(+)。
工况8：1.2×预+1.2×恒+1.4 风(一)+1.4×0.6×温(一)+1.3×0.5×地震(一)。
工况9：1.2×预+1.2×恒+1.4 温(+)+1.4×0.6×风(+)+1.3×0.5×地震(+)。
工况10：1.2×预+1.2×恒+1.4 温(+)+1.4×0.6×风(一)+1.3×0.5×地震(一)。

(2) 正常使用极限状态。

位移工况1：1.0×预+1.0×恒。
位移工况2：1.0×预+1.0×恒+1.0×风(+)+0.6×温(+)+0.5×地震(+)。
位移工况3：1.0×预+1.0×恒+1.0×风(一)+0.6×温(一)+0.5×地震(一)。
位移工况4：1.0×预+1.0×恒+1.0×温(+)+0.6×风(+)+0.5×地震(+)。
位移工况5：1.0×预+1.0×恒+1.0×温(+)+0.6×风(一)+0.5×地震(一)。

注：预指预应力，恒为恒载，风(+)指正风压所产生的风荷载作用，温(一)指降温对结构的作用，其余类推。

此外，在预应力作用下，分别建立了恒载、正风压、负风压、升温及降温等独立的荷载工况（均为荷载标准值）；并分别考虑了承载能力极限状态下各种荷载组合的包络组合，以及正常使用极限状态下各种荷载组合的包络组合。任何工况组合下，均不得使预应力拉杆的内力为零或者受压而退出工作，进而使水平钢桁架失稳。另外，竖向拉杆的顶端支座应充分考虑对屋顶钢结构变形位移的模拟。

5 结构计算分析

5.1 结构承载力验算

经计算分析，钢结构应力计算结果如图12、图13所示。

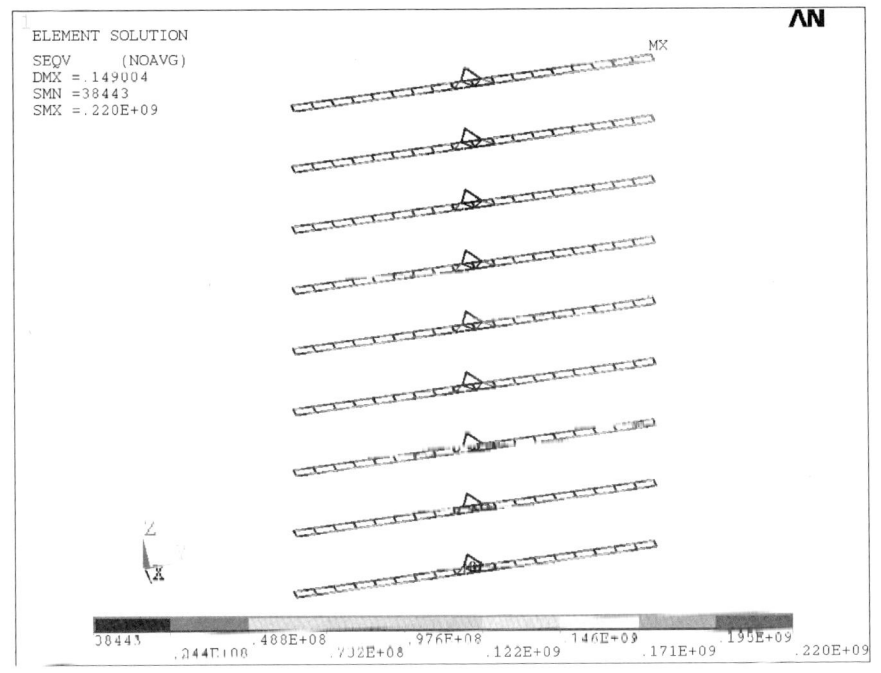

图12 水平钢桁架应力云图

构件类型	最大应力值(MPa)	允许值(MPa)	控制工况编号	结论
水平桁架	220	310	承载力工况 9	承载力满足

图 13 水平钢桁架承载力计算结果汇总

不锈钢吊杆最小轴力计算结果如图 14～图 17 所示。

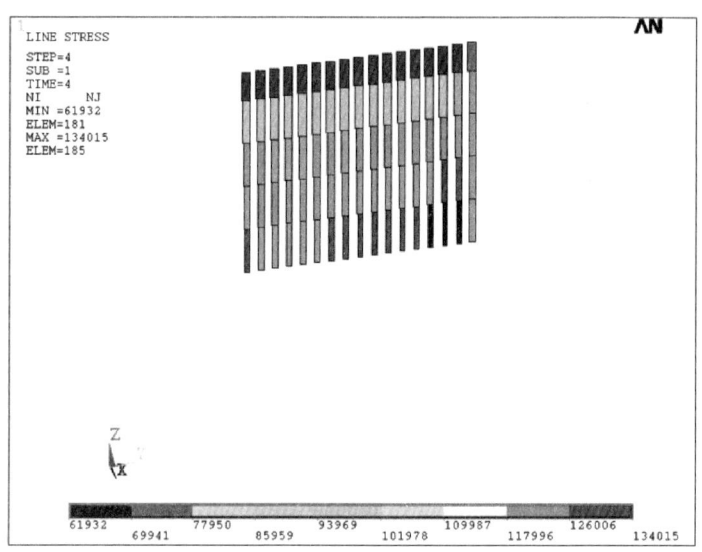

图 14 φ36mm 承重吊杆（高区）最小轴力图

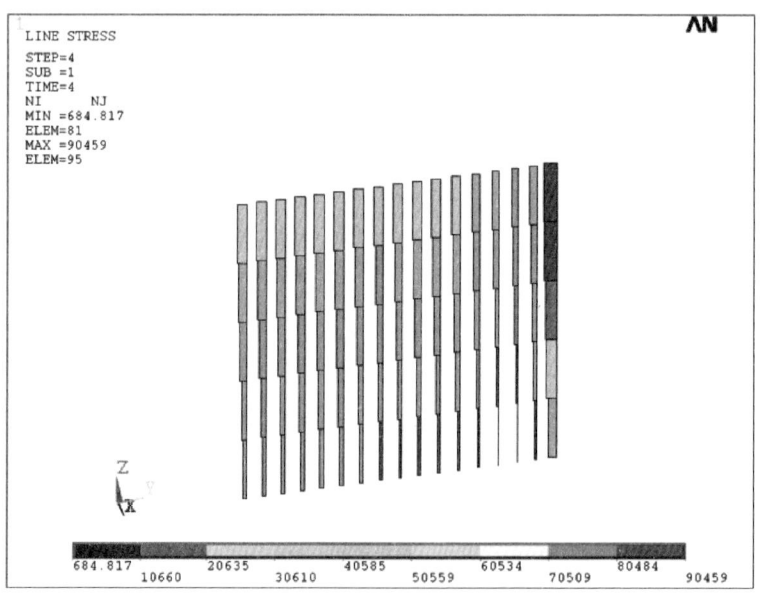

图 15 φ30 承重吊杆（低区）最小轴力图

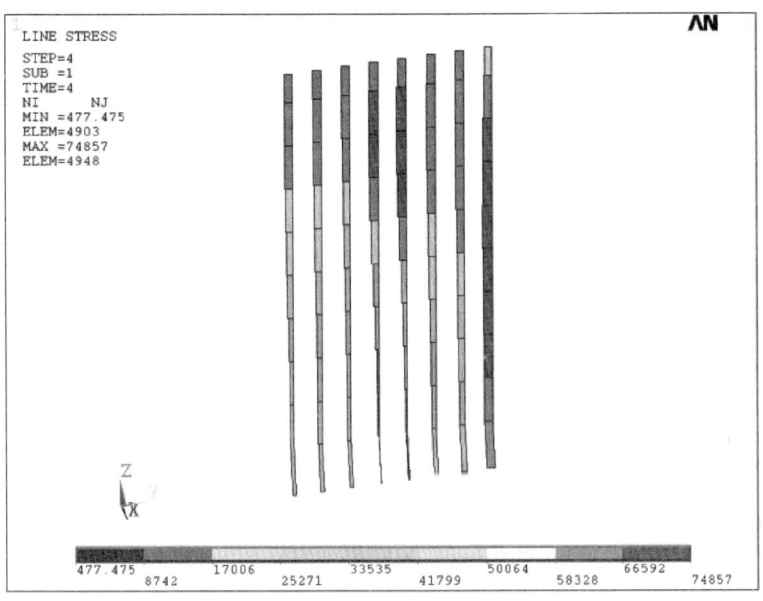

图 16 ϕ27mm 平衡吊杆最小轴力图

构件类型	预张力(kN)	最小轴力值(kN)	控制工况编号	允许值(kN)	结论
ϕ36mm	156	61.9	承载力工况9	>0	未受压失稳,满足结构稳定性要求
ϕ30mm	156	0.68	承载力工况9	>0	未受压失稳,满足结构稳定性要求
ϕ27mm	81	0.48	承载力工况10	>0	未受压失稳,满足结构稳定性要求

图 17 吊杆最小轴力值汇总

不锈钢吊杆最大轴力计算结果如图 18~图 21 所示。

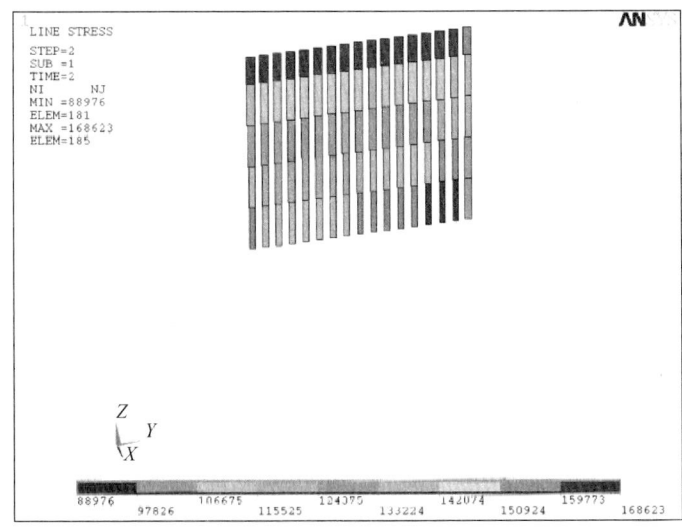

图 18 ϕ36mm 承重吊杆(高区)最大轴力图

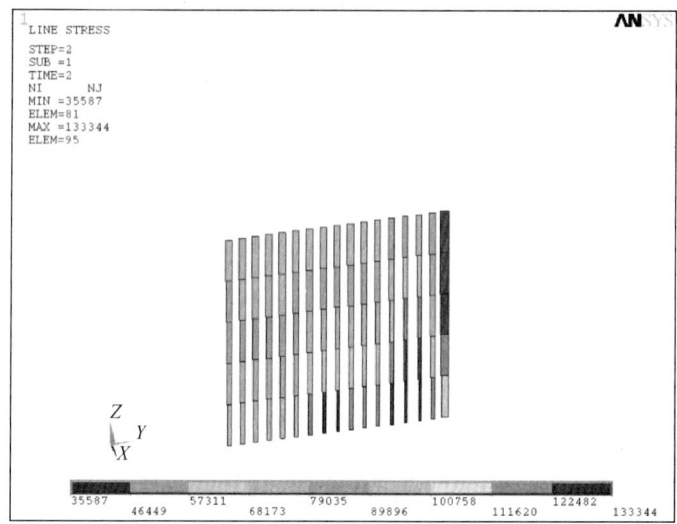

图 19　ϕ30mm 承重吊杆（低区）最大轴力图

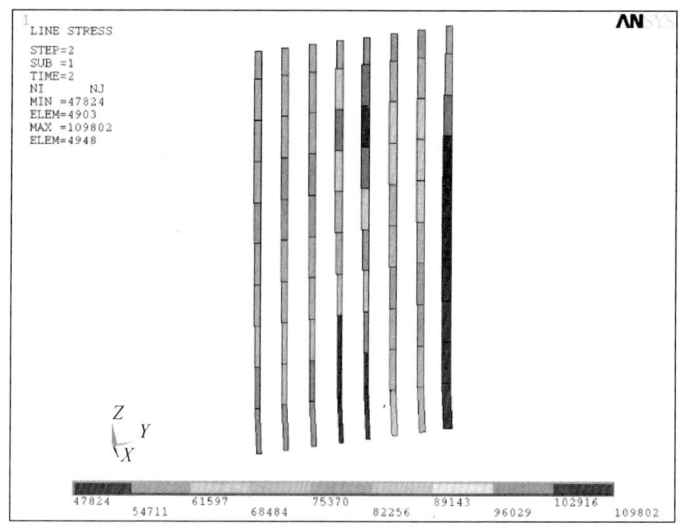

图 20　ϕ27mm 平衡吊杆最大轴力图

构件类型	预张力(kN)	最大轴力值(kN)	控制工况编号	允许值(kN)	结论
ϕ36mm	156	168.6	承载力工况6	300	满足要求
ϕ30mm	156	133.3	承载力工况6	206	满足要求
ϕ27mm	81	109.8	承载力工况5	169	满足要求

图 21　吊杆最大轴力值汇总

不锈钢吊杆施工模拟分析，计算结果如图 22～图 25 所示。

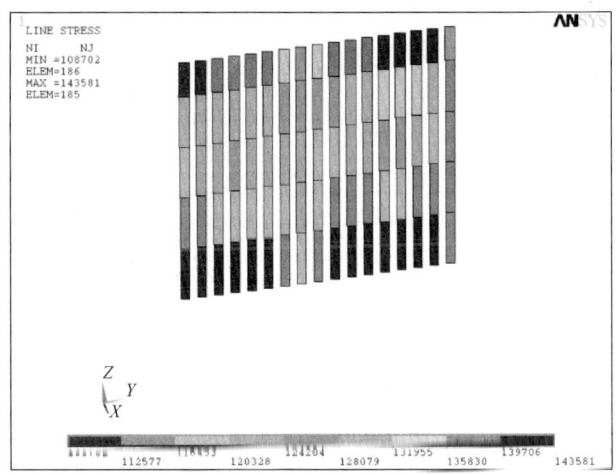

图 22　φ36mm 承重吊杆张拉完成后的最大轴力图

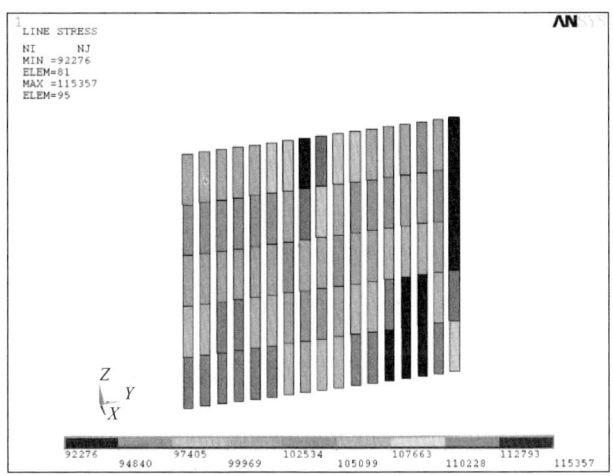

图 23　φ30mm 承重吊杆张拉完成后的最大轴力图

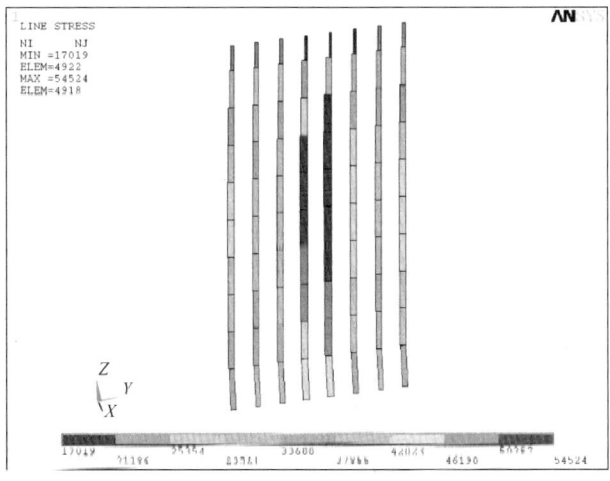

图 24　φ27mm 平衡吊杆张拉完成后的最大轴力图

构件类型	预张力(kN)	张拉完成后（未安装玻璃）最大轴力值(kN)	结论
φ36mm	156	143.6	上端吊杆的弱边界，导致了吊杆预张力的损失，佐证了施工模拟分析的重要性和必要性
φ30mm	156	115.4	上端吊杆的弱边界，导致了吊杆预张力的损失，佐证了施工模拟分析的重要性和必要性
φ27mm	81	54.5	上端吊杆的弱边界，导致了吊杆预张力的损失，佐证了施工模拟分析的重要性和必要性

图 25　吊杆张拉完成后最大轴力值汇总

5.2　结构刚度验算

经计算分析，钢结构最大位移计算结果如图 26、图 27 所示。

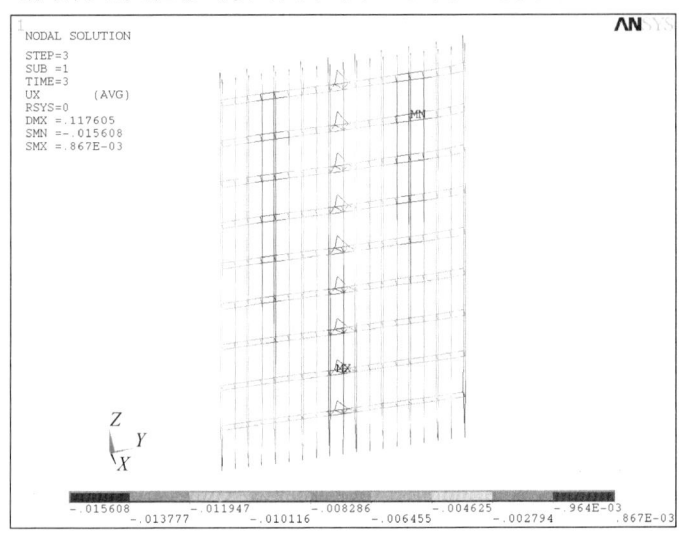

图 26　钢结构最大位移图

构件类型	最大位移值(mm)	挠跨比	控制工况编号	结论
水平桁架	15.6	1/1150	位移工况2	满足要求

图 27　钢结构最大位移结果汇总

6　项目竣工实景展示

项目竣工实景如图 28～图 34 所示。

图 28　玻璃幕墙实景1

二、设计与施工

图 29　玻璃幕墙实景 2

图 30　玻璃幕墙实景 3

图 31　玻璃幕墙实景 4

图 32　玻璃幕墙实景 5

图 33　玻璃幕墙实景 6

图 34　玻璃幕墙实景 7

7 结语

中国西部国际博览城交通大厅大跨空间玻璃幕墙工程，充分实现了大跨空间幕墙的通透性，项目于 2016 年 7 月投入使用，达到了预期的建筑效果。对于此类幕墙工程的钢结构设计、幕墙构造设计均应立足项目本身，综合考虑建筑效果、主体结构条件、工程造价、社会影响力等因素，确定幕墙结构形式和构造。同时，幕墙设计工作尽早介入，加强和建筑、结构等专业的协作。幕墙表皮是实现"建筑之美"的关键要素，各设计专业应团队协作、合理分析，坚持大胆创新与扎实工作相结合的工作态度，是实现精品幕墙工程设计的关键。本工程大跨空间玻璃幕墙的成功实现，正是这种设计方法与工作态度的体现。

参考文献

[1] 中国建筑科学研究院．建筑结构荷载规范：GB 50009—2012[S]．北京：中国建筑工业出版社，2012．
[2] 中华人民共和国住房和城乡建设部．钢结构设计标准：GB 50017—2017[S]．北京：中国建筑工业出版社，2017．
[3] 中国建筑科学研究院．索结构技术规程：JGJ 257—2012[S]．北京：中国建筑工业出版社，2012．

作者简介

殷兵利（Yin Bingli），男，1982 年 2 月生，高级工程师，研究方向：幕墙工程，中国建筑西南设计研究院有限公司建筑幕墙设计所副总工程师，四川省成都市高新区天府大道北段 866 号；邮编：610041；联系电话：18183299919；邮箱：43275693@qq.com。

双支座铝合金立柱计算分析方法对比

黄庆文[1]　熊志强[2]

1　金刚幕墙集团有限公司　广东广州　510000
2　广州歌德幕墙设计咨询公司　广东广州　510650

摘　要　为了解框架幕墙双支座立柱模型简化计算的可靠性,作者考虑立柱侧壁与支座螺栓和套芯的作用影响,进行了型材立柱、支座螺栓和立柱套芯结构的有限元模拟分析,取得更为接近真实的结果。以实际案例分析,将惯用理论计算和有限元分析结果对比,找出应力和变形差异,发现双支立柱的真实作用机理。研究表明,实际的支座螺栓和插芯连接都为半刚性或接近全刚性,理论简化为铰接偏于保守。结论将为幕墙设计提供参考。

关键词　幕墙立柱;双支座;接触;有限元

Abstract　Inorder to reveal the reliability of the simple calculation of dual span mullion model in stick curtain wall, with the consideration of the interaction between the mullion wall and support bolts, and so with alum sleeve, a FEA simulation was applied by solid modelling of the mullion profile, support bolts and mullion sleeve to achieve further more accurate results. Through out a true project analysis, make a comparation between traditional theory and FEA study, to obtain the stress and deflection difference and discover the real mechanics of dual span mullion. Research prove that actually the support bolt and sleeve connection should be of a full or half fixed joint. A simple hinge joint instead would be too conservative. The conclution may provide a guide and data support to facade proposal.

Keywords　facade mullion; dual support; contact; FEA

在幕墙立柱设计当中,《上海市建筑幕墙工程技术规程》(DGJ 08—56—2012)第12.5.1条表明,"应根据立柱的实际受力和支承条件,分别按单跨梁、双跨梁或多跨梁计算由自重、风荷载和地震作用产生的弯矩、扭矩和剪力,并按其支承条件计算轴向力",即幕墙立柱设计是由主体结构、地理环境和自身构造决定的。在大跨度层高(≥4500mm)、大载荷情况下,立柱上端常采用双支座形式,分为长短两跨以满足结构要求,计算模型是按照双跨梁搭建。此模型对真实构造的简化处理,主要集中在顶部和中部的支座螺栓和底部立柱插接套芯部分。双跨梁将复杂的梁与支座面接触关系简化成单纯铰接作用。目前,贵州大学土木学院对双跨梁支座约束机理有一些初步结果,特别是对于立柱-插芯之间的连接构造对计算模型的影响问题做了分析探讨,得出立柱-插芯连接处属于半刚性或接近全刚性的结论。但目前对双支座螺栓的固定连接还未有明确的研究结果,也就无法了解该部位的真实作用状态和机理,及其对整理立柱响应的贡献。为此文中进行了这方面研究的拓展和补充。

《铝合金结构设计规范》(GB 50429—2007)第4.2.4条指出,"框架结构内力分析可采用一阶弹性分析"。在考虑对比不同算法之前,有必要明确理论和有限元方法的前提假设。简而言之,理论计算涉及材料力学基本假设,即平截面(几何线性)、胡克定律(材料线性)和边界不变性(边界线性),整体刚度保持不变;此次有限元分析是按线性、弹性的(几何与材料线性)和支座接触(边界非线性)来模拟,整体刚度将由于接触关系而变化。

1 双跨梁理论模型

作为对立柱双跨梁横向作用效应的比较,风荷载和地震作用比自重更具有问题相关性。因此,纵向的立柱及附属构件的自重荷载,作为理论分析暂不考虑。同时为了研究的针对性,模型对比均不考虑立柱构件的局部和整体稳定计算。

1.1 总体信息

某工程位于广州市(7度设防,设计地震基本加速度0.10g),地面粗糙度C类,建筑高60m,层间高度为4.5m,结构梁高650mm,框架式幕墙,8mm+12A+8mm中空玻璃分格($B \times H$) 1.0m×1.5m,预埋件侧埋,立柱采用双支座,受结构梁高度限制,立柱短跨为500mm,长跨4000mm,如图1所示。

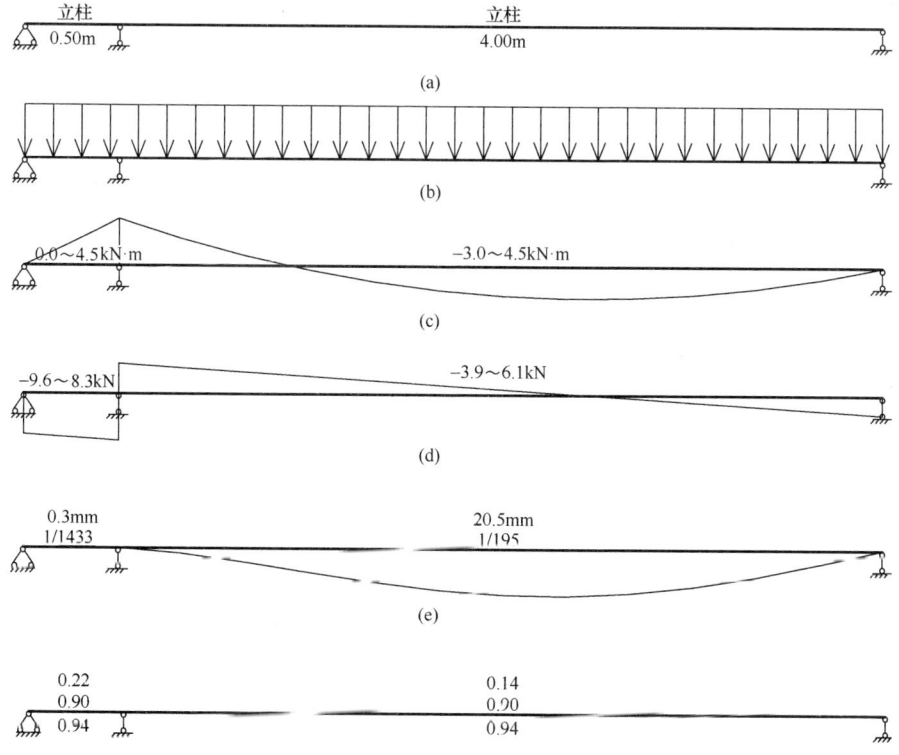

图中数值自上而下分别表示: 最大剪应力与设计强度比值
最大正应力与设计强度比值
最大稳定应力与设计比值

(f)

图1 某工程案例立柱双跨梁理论计算

(a) 双支座立柱模型;(b) 荷载分布;(c) 立柱弯矩(荷载设计组合2.51kN/m);(d) 立柱剪力(荷载设计组合2.51kN/m);(e) 立柱挠度(荷载标准组合18kN/m);(f) 立柱强度验算比

基本风压：0.5kPa；

风荷载标准值：W_k=1.7kPa（墙角区）；

玻璃幕墙构件自重：g=0.5kPa；

地震作用：q_{EH}=5×0.08×0.5=0.2kPa；

荷载标准值：w=1.7＋0.5×0.2＝1.8kPa；

荷载设计值：W=1.4×1×1.7＋1.3×0.5×0.2=2.51kPa；

幕墙立柱跨度：L=4.5m，短跨 L_1=0.5m，长跨 L_2=4m，短跨比 b=1/9；

立柱材性：铝合金型材 6063-T6，E=70000MPa；

立柱截面：惯性矩 I=1992814m^4，抵抗矩 W=31533mm^3，净距 S=1992800mm^3。

1.2 单元验算

1.2.1 内力范围、最大挠度

（1）内力范围：弯矩设计值 －3.02～4.47 kN·m，剪力设计值 －3.90～6.14kN。

（2）最大挠度：最大挠度 20.5mm，最大挠跨比 1/195。挠度允许值据《铝合金结构设计规范》（GB 50429—2007）表 4.4.1 按 1/180 取值。

1.2.2 强度应力

最大剪应力 $\tau = V_{max} \times S/I/t_w$

$\qquad\qquad$ =6.14×19277/1992800/5.0×1000

$\qquad\qquad$ =11.9MPa$\leqslant f_v$＝85MPa 满足！

上边缘最大正应力 $\sigma_上 = M_{max}/\gamma_上/W_上$

$\qquad\qquad$ =4.47/1.05/31533×10^6

$\qquad\qquad$ =135.0MPa$\leqslant f$=150 MPa 满足！

下边缘最大正应力 $\sigma_下 = M_{max}/\gamma_下/W_下$

$\qquad\qquad$ =4.47/1.05/31533×10^6

$\qquad\qquad$ =135.0MPa$\leqslant f$=150MPa 满足！

连续梁验算结论：满足！

1.2.3 稳定应力

整体稳定系数 ϕ_b＝ 1.00

最大压应力 $\sigma = M_{max}/\phi_b/W$

$\qquad\qquad$ =4.47/1.00/31533×10^6

$\qquad\qquad$ =141.8MPa$\leqslant f$＝150MPa 满足！

该跨验算结论：满足！

2 简支梁理论模型

从图 1（e）双跨梁长短跨挠度对比发现，其挠度响应主要都表现在长跨段，短跨在双支座约束下挠度基本可以忽略。因此作为补充对比模型Ⅰ，拟取长跨段作为分析对象按简支梁进行理论计算（图 2）。

鉴于此模型仅作为对比项，强度应力不作具体验算。

2.1 内力范围、最大挠度

（1）内力范围：弯矩设计值 －5.02～0.00 kN·m，剪力设计值 －5.02～5.02kN。

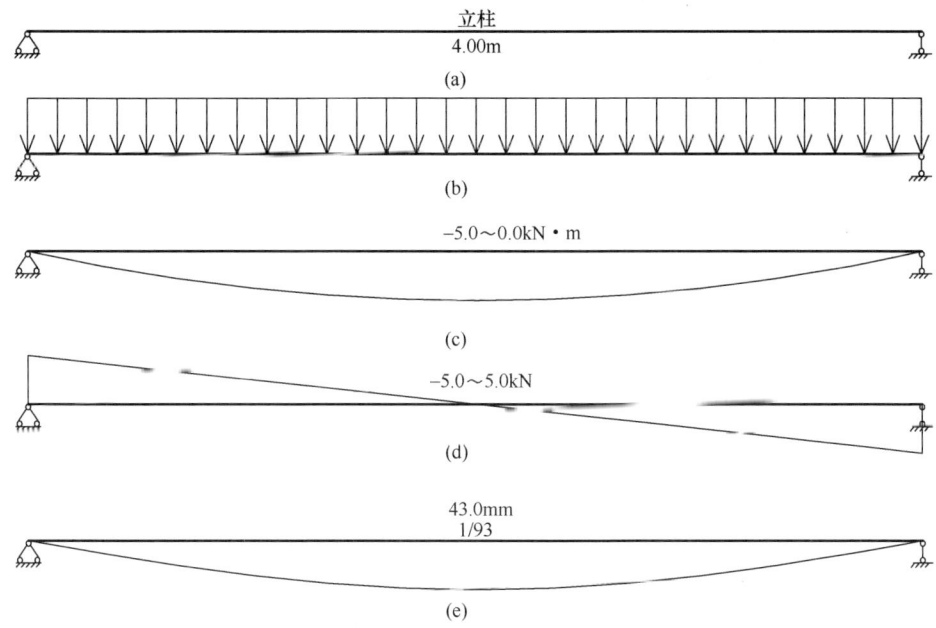

图 2 简支梁 I 理论计算
(a) 长跨段简支梁理论模型；(b) 荷载分布；(c) 立柱弯矩（荷载设计组合 2.51kN/m）；(d) 立柱剪力（荷载设计组合 2.51kN/m）；(e) 立柱挠度（荷载标准组合 1.8kN/m）

(2) 最大挠度：最大挠度 43.01mm，最大挠跨比 1/93。

2.2 强度应力

最大剪应力 $\tau = V_{max} \times S/I/t_w$
$= 5.02 \times 19277/1992800/5.0 \times 1000$
$= 9.7\text{MPa}$

上边缘最大正应力 $\sigma_{上} = M_{max}/\gamma_{上}/W_{上}$
$= 5.02/1.05/31533 \times 10^6$
$= 151.6\text{MPa}$

下边缘最大正应力 $\sigma_{下} = M_{max}/\gamma_{下}/W_{下}$
$= 5.02/1.05/31533 \times 10^6$
$= 151.6\text{MPa}$

2.3 稳定应力

整体稳定系数 $\phi_b = 1.00$；
最大压应力 $\sigma = M_{max}/\phi_b/W$
$= 5.02/1.00/31533 \times 10^6$
$= 159.1\text{MPa}$

3 一端固支一端简支理论模型

作为补充对比模型Ⅱ，取长跨段作为分析对象，将短跨缩减为固接端进行理论计算（图3）。

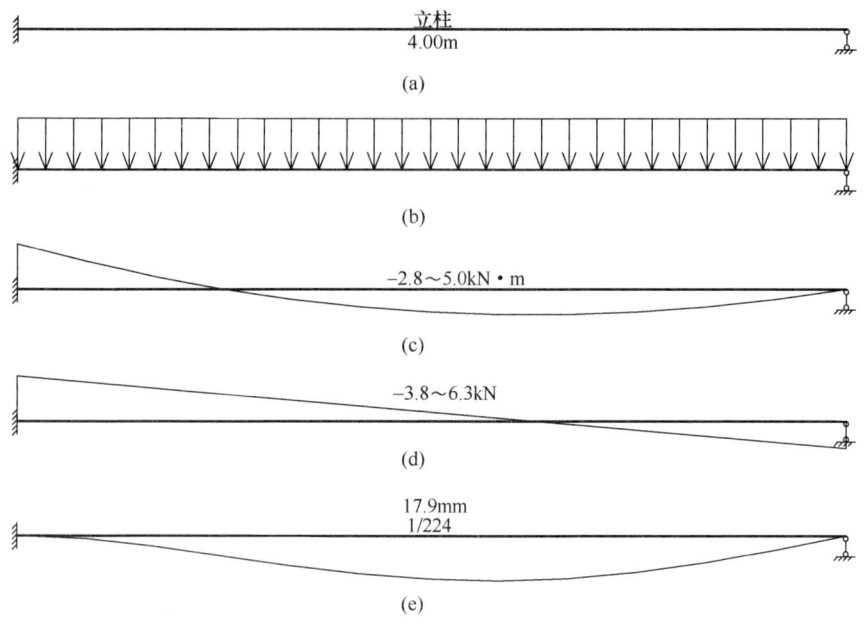

图 3　双跨梁长跨段一端固支一端简支Ⅱ理论计算

（a）长跨段理论模型；（b）荷载分布；（c）立柱弯矩（荷载设计组合 2.51kN/m）；（d）立柱剪力（荷载设计组合 2.51kN/m）；（e）立柱挠度（荷载标准组合 1.8kN/m）

鉴于此模型仅作为对比项，强度应力不作具体验算。

3.1　内力范围、最大挠度

（1）内力范围：弯矩设计值 $-2.79\sim5.02$ kN·m，剪力设计值 $-3.76\sim6.27$ kN。

（2）最大挠度：最大挠度 17.89mm，最大挠跨比 1/224。

3.2　强度应力

最大剪应力 $\tau = V_{max} \times S/I/t_w$

$\quad\quad\quad\quad = 6.27 \times 19277/1992800/5.0 \times 1000$

$\quad\quad\quad\quad = 12.1$ MPa

上边缘最大正应力 $\sigma_{上} = M_{max}/\gamma_{上}/W_{上}$

$\quad\quad\quad\quad = 5.02/1.05/31533 \times 10^6$

$\quad\quad\quad\quad = 151.6$ MPa

下边缘最大正应力 $\sigma_{下} = M_{max}/\gamma_{下}/W_{下}$

$\quad\quad\quad\quad = 5.02/1.05/31533 \times 10^6$

$\quad\quad\quad\quad = 151.6$ MPa

3.3　稳定应力

整体稳定系数 $\phi_b = 1.00$；

最大压应力 $\sigma = M_{max}/\phi_b/W$

$\quad\quad\quad\quad = 5.02/1.00/31533 \times 10^6$

$\quad\quad\quad\quad = 159.1$ MPa

4 有限元模型

4.1 仿真分析

结构有限元分析软件采用 solidThinking Inspire，拥有 Altair 先进的 OptiStruct 优化求解器，在一个友好易用的软件环境中提供仿真和驱动设计的创新工具。根据给定的设计空间、材料属性以及受力需求，Inspire 可以自动进行自适应网格划分和计算，简化了单元划分和边界设置，减少整个分析流程的时间。

根据该幕墙工程立柱支座节点，如图 4 所示，其特征是，支座采用了 2×M12 不锈钢 A4-70 螺栓由双角钢夹持同立柱连接，底部采用的 250mm 长铝型材套芯将上下立柱插接；螺栓间距 40mm，带 30mm×4mm 钢垫片，角钢和立柱中支座处开长圆孔。为反映上述典型构造，研究必须建立在构件实体及其配合关系上。因此，如图 5 所示，有限元模型按照设计构造尺寸定义了型材、支座螺栓、圆孔、长孔和角钢垫片，在套芯处同样设置了螺栓支座以作固定；考虑研究目标是螺栓和套芯与立柱的约束关系，在此将垫片与角钢作为整体，重点处理螺杆与立柱孔壁的承压接触以及套芯肋线与立柱内壁挤压接触设置。

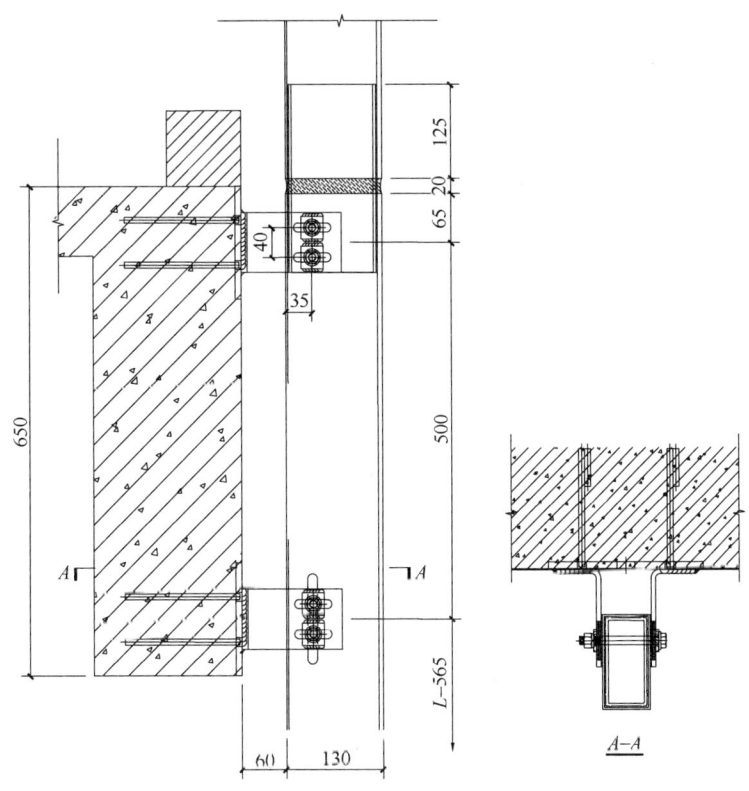

图 4 双跨梁立柱支座节点（mm）

经过等效加载，将计算横向线荷载标准值转换为有限元立柱表面荷载，获得图 6、图 7 所示的变形和应力结果。可知，跨中最大位移为 14.3mm，中支座附近立柱上下边缘最大拉、压应力标准值 90.6MPa、−86.7MPa，设计值为 126.3MPa、−120.8MPa。较小于理论模型的最大挠度 20.5mm（差异 25.9%），最大中支座应力±141.8MPa（差异 14.8%）；

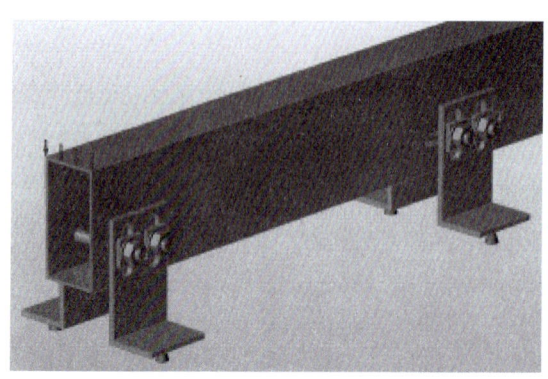 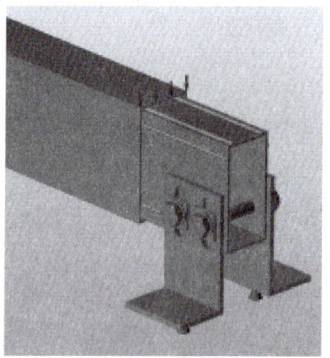

图 5　支座螺栓与底部套芯

图 6　最大挠度 14.29mm

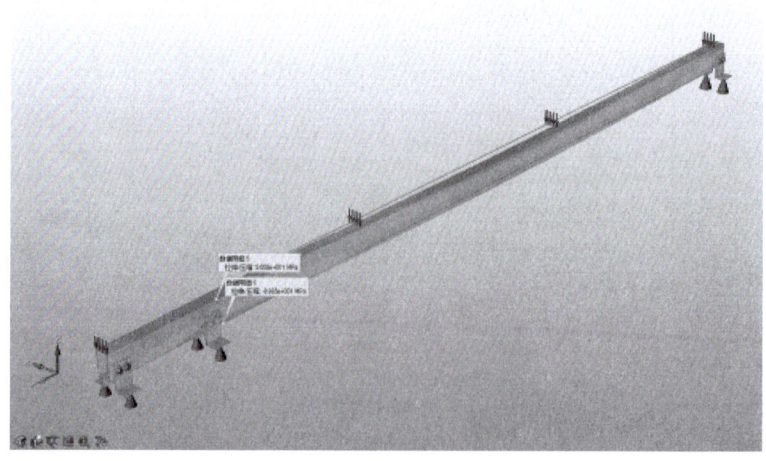

图 7　最大拉、压应力标准值 90.6MPa、−86.7MPa

有限元分析整体呈现出比双跨简支梁更好的刚度。局部来看，从图 8 中发现同一支座的两颗螺栓处在不同的拉压区域，呈现一对力偶的形态，抵抗中支座最大弯曲内力，造成该长圆孔

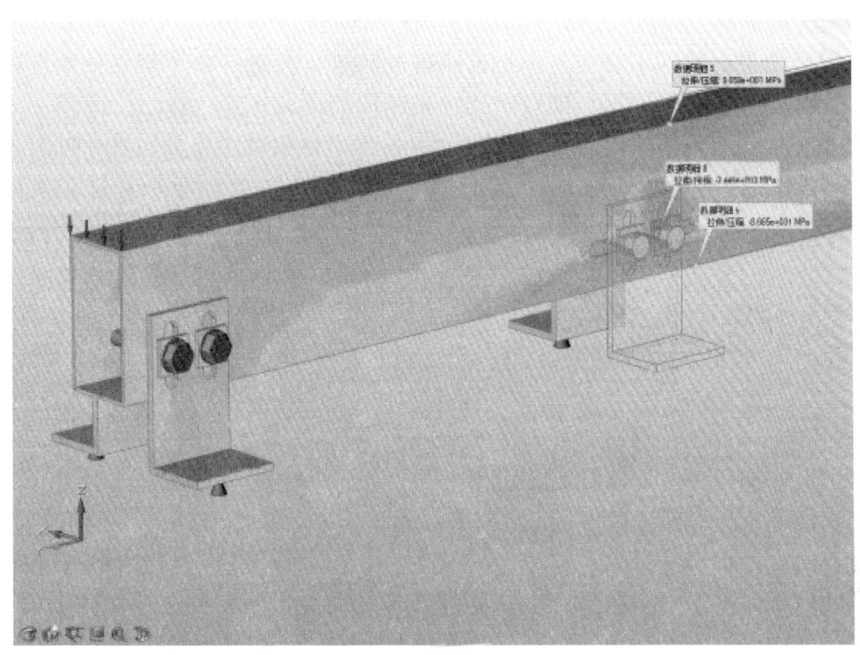

图 8 支座螺栓应力区域分布

局部螺栓接触应力达到最大的 244.6MPa，超过了立柱型材 6063-T6 的屈服强度 150MPa；同样，支座套芯的应力从图 9 可以观察到其顶面应力分布呈现出前后明显的拉压分区，表明套芯在约束着立柱的相对转动，并且最大应力达到 220MPa，也出现了局部的屈服。

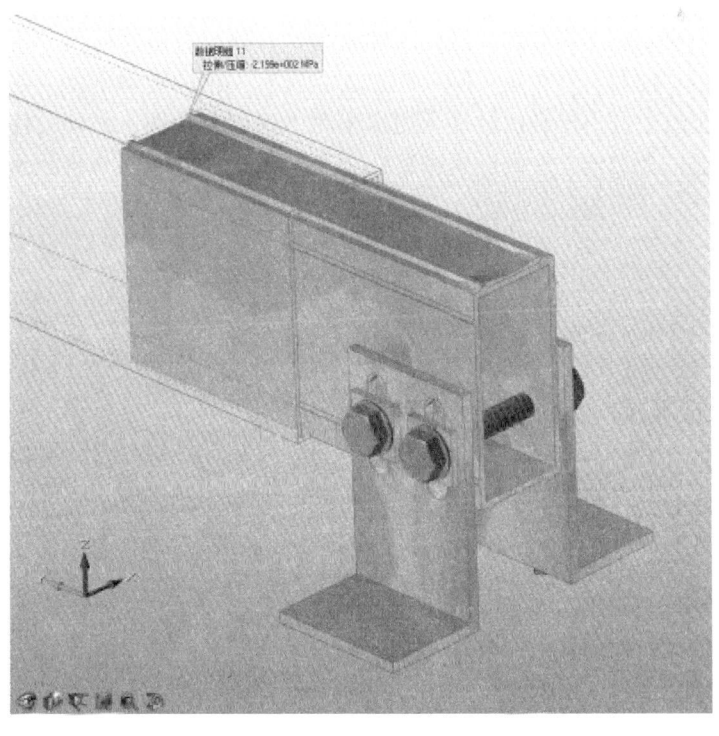

图 9 套芯应力区域分布

4.2 结果对比

通过有限元结果，验证了真实支座抗弯刚度的特性，为进一步了解立柱双支座转动刚度的大小，此处再以分析所得数据，即双跨梁、长跨段简支梁模型（Ⅰ）、长跨段一端固支一端简支梁模型（Ⅱ）和双跨梁有限元模型来分别与双跨梁模型对比界定，具体见表1。

表1 双跨梁计算分析结果对比

模型	挠度（mm）	位置	挠度比值	应力（MPa）	位置	应力比值
双跨梁	20.5	长跨	0.0%	141.8	中支座	0.0%
模型Ⅰ	43	长跨	109.8%	159.1	长跨跨中	12.2%
模型Ⅱ	17.9	长跨	−12.7%	159.1	中支座	12.2%
有限元	14.3	长跨	−30.2%	126.3	中支座	−10.9%

结果显示，按惯用理论计算比有限元分析更为保守（挠度和应力）。以支座铰接模型Ⅰ的计算结果，挠度相比双跨梁误差大101%，显然是由于短跨对长跨约束的贡献，将梁抗弯刚度提高了一倍；取模型Ⅱ计算，变形差异为12.7%，应力误差在12.2%，介于双跨梁和有限元之间，但更趋近于双跨梁的理论结果，说明了固定端的约束要比短跨稍微更强一些；而实际双螺栓支座是带有一定转动刚度的，若考虑长圆孔对螺栓的转动约束，短跨支座可接近完全刚接的约束极限；再通过模型Ⅱ和有限元比较，发现套芯也有很强的转动刚度，甚至接近于半固端。因此，通过有限元模拟和对比分析，解释了双跨梁真实的约束边界，为工程设计师提供了理论参考。

5 结论

针对幕墙中的双支座立柱形态，进行了惯常理论计算与有限元模拟分析，对比了挠度和应力，结果差异相对较大，原因是实际双螺栓支座具有一定的转动刚度，在立柱连接点形成抵抗力偶，而不像铰接点一样自由转动，使得短跨支座趋于固端；另外立柱插芯连接方式具有很强的转动刚性，套芯与立柱内壁紧密挤压，抵抗撬动，能限制一定的立柱变形，近似于半固接点。

参考文献

[1] 上海市建筑幕墙工程技术规程：DGJ 08—56—2012[S].
[2] 李绍朗,肖建春,封建波,王泽曦,杜玉涛,吴夏燕. 幕墙立柱连接处的接触力学分析[J]. 贵州大学学报(自然科学版),2016,33(01):117-121.
[3] 铝合金结构设计规范：GB 50429—2007[S].

作者简介

黄庆文（Huang Qingwen），建筑结构设计教授级高工，中国建筑金属结构协会铝门窗幕墙委员会专家，中国建筑装饰协会专家，中国建筑装饰协会幕墙工程分会专家，全国幕墙门窗标准化技术委员会委员；工作单位：金刚幕墙集团有限公司。

熊志强（Xiong Zhiqiang），结构工程师；工作单位：广州市歌德幕墙设计公司。

某沿海城市超高层建筑幕墙开启扇掉落原因分析及整改方案

刘家良　姜　仁　韩智勇

中国建筑科学研究院有限公司　北京　100013

摘　要　本文针对某沿海城市两座超高层写字楼多次出现的幕墙开启扇掉落原因进行分析并深入探讨，确定为安全隐患后提出整改方案，为业主排除隐患。同时此文内容也可作为超高层建筑幕墙开启扇的典型设计案例，希望能为广大幕墙设计爱好者提供素材和帮助。

关键词　超高层建筑；幕墙开启扇；掉落；原因分析；整改方案

Abstract　In this paper, the causes of curtain wall opening fan dropping in two super high-rise office buildings in a coastal city are analyzed and discussed in depth. After determining that the curtain wall is a potential safety hazard, the rectification plan is put forward to eliminate the potential hazard for the owners. At the same time, this article can also be used as a typical design case of curtain wall opening fan in super high-rise buildings, hoping to provide materials and help for curtain wall design enthusiasts.

Keywords　super high-rise building; curtain wall opening fan; falling; reason analysis; renovation scheme

1　引言

玻璃幕墙因其通透明亮、立面美观的视觉效果越来越受广大建筑师的青睐，尤其在我国的公共建筑中应用十分广泛。公共建筑因其通风量和消防安全的特殊需求，玻璃幕墙上需要设置一定数量的开启扇。不论是构件式幕墙还是单元式幕墙，开启扇形式多为上悬式开启。上悬式开启主要有三种实现方式：第一种是摩擦铰链式，即通过四连杆或五连杆的铰链作为开启扇承重构件，配以限位撑挡实现上悬式开启；第二种被称为挂钩式，采用挂钩铝型材作为开启扇承重构件，再配合限位块和撑挡共同实现上悬式开启；第三种被称为销轴式，利用不少于两个销轴和限位撑挡实现上悬式开启。虽然销轴式较其他两种开启扇有较高的安全性，但销轴式因其二次更换较困难，现有工程采用此种方式的较少。

但无论以上哪种方式的开启，都出现过开启扇脱落这样涉及的安全的事件。据统计，出现此问题的建筑大都是高层或超高层建筑，且多位于风压较大的城市。针对此类问题，2016年中国建筑装饰协会幕墙工程委员会制定的《关于淘汰建筑幕墙落后产品和技术的指导意见》中限制了开启的扇面积："开启扇尺寸不宜超过 $1.5m^2$，严禁超过 $2.0m^2$"。行业标准《玻璃幕墙工程技术规范》（JGJ 102—2003）也限制了开启要求："开启扇的开启角度不宜大于 30°，开启距离不宜大于 300mm"。上海等地方标准规范还制定了更为严格的条文内容和推荐性加固措施，以防此类事件发生。但在实际工程中，幕墙设计师似乎并未引起注意，此类问题依然存在。本文结合实际工程案例，对开启扇掉落的根本原因进行深入分析，并提出解决方案，供广大幕墙设计师借鉴。

2 项目背景介绍

该建筑位于我国北方某沿海城市，由两座高约 190m 的写字楼和三层裙楼组成。所在区域为人流密集的商业街，距海边直线距离约 1.3km。幕墙形式主要为竖明横隐的中空玻璃幕墙，总计建筑面积约 10.3 万 m^2，幕墙开启扇为挂钩式，共计约 2930 樘。

幕墙在使用过程中接连出现多次开启扇掉落情况，开启扇从 90m 高以上的高空坠落在周边街道和住宅区内，铝合金扇框断裂，钢化玻璃散落在周围（图 1 和图 2），原洞口暂用木板临时封堵。虽未造成人员伤亡，但已经属于严重的安全事故。业主针对这一问题立即联系我单位，并提供事故影像资料、竣工图纸和损坏的窗扇实体，委托我单位调查原因并尽快排除安全隐患。我单位接到业主委托，立即成立工作组并第一时间抵达现场，查看发现，几樘开启扇均为组角部位断裂、撑挡失效，为典型的开启扇脱落问题。我工作人员现场采集密封胶、结构胶和铝合金型材样本送国检中心检测，并分析图纸和相关资料，反复验算结构受力，最终查明原因并为业主提供了可行的解决方案。

图 1　组角部位断裂　　　　图 2　坠落在住宅区的开启扇

3 幕墙开启扇隐患原因分析

3.1 地面粗糙度分类有误，风荷载计算值偏小

《建筑结构荷载规范》（GB 50009—2012）规定："对于平坦或稍有起伏的地形，风压高度变化系数应根据地面粗糙度类别按表 8.2.1 确定。地面粗糙度可分为 A、B、C、D 四类；

A类指近海海面和海岛、海岸、湖岸及沙漠地区；B类指田野、乡村、丛林、丘陵以及房屋比较稀疏的乡镇；C类指有密集建筑群的城市市区；D类指有密集建筑群且房屋较高的城市市区"。该工程距海边直线距离约1.3km，属典型的A类地形。但查阅施工单位出具的结构计算书，将本工程定义为B类地形，计算风荷载的所有参数均以B类地形取值，导致计算的风荷载值偏小。

3.2 开启部位面积过大，构件局部受力过大

统计5樘掉落窗扇的尺寸和面积，具体见表1。

表1 掉落窗扇的尺寸、面积统计

编号	掉落高度（m）	窗扇尺寸（m）	窗扇面积（m²）
1	91	1.420×1.650	2.34
2	165	1.250×1.650	2.06
3	132	1.440×1.750	2.52
4	177	1.425×1.650	2.35
5	144	1.390×1.800	2.50

以表1中编号4的开启扇为例，对其负风压作用下的工况进行计算。

幕墙属于薄壁外围护构件，垂直于建筑物表面上的风荷载标准值，应按公式（1）计算：

$$w_k = \beta_{gz}\mu_{s1}\mu_z w_0 \tag{1}$$

式中 w_k——垂直作用在幕墙表面上的风荷载标准值（kN/m²）；

β_{gz}——高度Z处的阵风系数，$\beta_{gz} = 1 + 0.6 \times (177/10)^{-0.12} = 1.425$；

w_0——基本风压，$w_0 = 0.55$kN/m²；

μ_z——风压高度变化系数，$\mu_z = 1.284 \times (177/10)^{0.24} = 2.559$；

μ_{s1}——局部风压体型系数，对于开启状态的窗扇，属于突出构件，$\mu_{s1} = -2.0$。

$w_k = \beta_{gz}\mu_{s1}\mu_z w_0 = 1.425 \times 2.559 \times (-2.0) \times 0.55 = -4.011$kN/m²

W_k 为风荷载设计值：

$$W_k = 1.4|w_k| = 1.4 \times 4.011 = 5.615\text{kPa}$$

另计算重力荷载设计值：

$$G = \gamma_G \times g = 1.0 \times 0.857 = 0.857\text{kN}$$

图3为编号4的开启扇在开启状态的受力简图。最终计算出单个撑挡的拉力设计值 $F = 5352$N，远超出行业标准规定的"开启方向不大于1000N力、关闭方向不大于600N力"的使用范围。在风荷载正、负压交替作用下，固定撑挡的螺钉与型材连接失效被拔出，窗扇失去撑挡的保护，最终在相对薄弱的边框端部破坏（图4），窗扇掉落。

3.3 恶劣天气时对开启扇使用和管理不当

经验表明，对于竖直的建筑幕墙，风荷载是主要的作用。因为建筑幕墙自重较轻，即使按最大地震作用系数考虑，也远小于风荷载作用。因此，对幕墙构件本身而言，抗风设计是主要的考虑因素。我单位查询开启扇掉落当天的天气情况，最高瞬时风力已经达到10级，且掉落的窗扇当时都是处于开启状态。根据伯努利方程可以推算出理想状态下（气压为1013hPa，温度为15℃，空气密度 $r = 0.01225$kN/m³，重力加速度 $g = 9.8$m/s²）10级风的风压。

图 3　开启状态负风压工况图　　　　　图 4　边框撕裂破坏

根据伯努利方程（2），风的动压为：
$$w_p = 0.5 \times \rho \times v^2 \tag{2}$$
式中　w_p——风压（kN/m^2）；
　　　ρ——空气密度（kg/m^3）；
　　　v——风速（m/s）。

根据空气密度和重度的关系，动压转换为公式（3）：
$$w_p = 0.5 \times r \times v^2 / g \tag{3}$$
其中，
$$r = \rho \times g \tag{4}$$
标准状态风的动压为：
$$w_p = v^2 / 1600 \tag{5}$$
10 级风最大风速为 28.5m/s，代入式（5）：
$$w_p = 28.5^2 / 1600 = 0.508 kPa$$
计算风荷载标准值：
$$w_k = \beta_{gz} \mu_{sl} \mu_z w_p = 1.425 \times 2.559 \times (-2.0) \times 0.508 = -3.705 kN/m^2$$
窗扇重力荷载标准值：
$$g = 0.857 kN$$

计算 10 级风力作用下单个撑挡受到的拉力最大值 $F = 3545N$，也超出了行业标准规定的"开启方向不大于 1000N 力、关闭方向不大于 600N 力"的使用范围。从而更加验证了窗扇的破坏原因。

《玻璃幕墙工程技术规范》(JGJ 102—2003)对幕墙开启扇的使用有明确规定："幕墙工程竣工验收时，承包商应向业主提供《幕墙使用维护说明书》。雨天或 4 级以上风力的天气情况下不宜使用开启部位，6 级以上风力时，应全部关闭开启部位"。业主和物业单位应密切关注当地天气预报，遇恶劣天气提前告知，关闭并锁紧开启扇。

4 整改方案

鉴于该建筑的幕墙开启扇存在重大安全隐患，并且已经严重影响业主的正常使用，建议对开启扇进行全部整改。我单位推荐了四种方案供业主选择，最终业主方选取其中一种并已开始实施。

4.1 方案简介

(1) 保持原有窗洞口尺寸不变，拆除现有开启扇及配套窗框，增加一道横梁将原有开启部分均分成上下两部分，上半部分改为固定扇，下半部分改成可开启部分，将可开启部分的面积控制在 1.5m² 以内（图 5）。

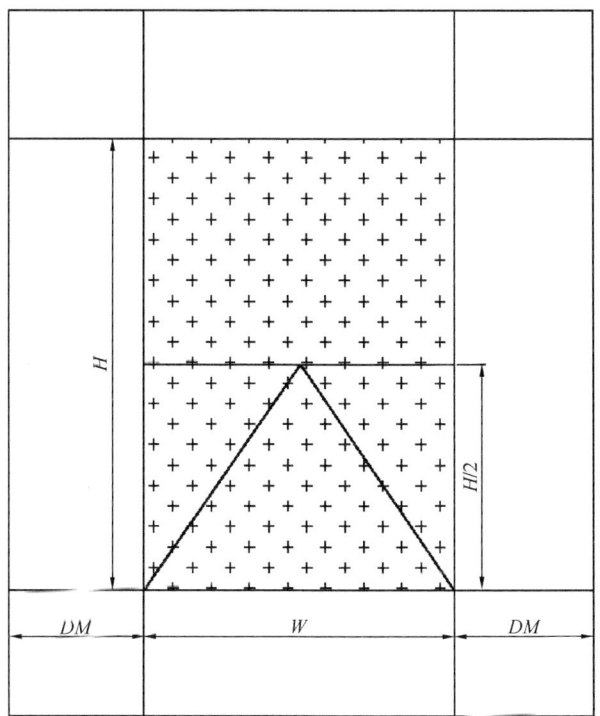

图 5 窗扇整改方案

(2) 玻璃需按改变分格后的实际尺寸重新定制。
(3) 新增横梁、窗边框、扇框等型材可以采用原模具生产。
(4) 新加工的窗扇组角部位需要加强；使用加强角码、注组角胶、机制螺钉固定等。
(5) 所有五金件和紧固件材质均选用优质不锈钢材料。
(6) 使用四点固定式撑挡（定制），锁具采用六点锁系统。

4.2 方案描述

减小了开启扇面积，降低了风荷载作用的影响，增加了安全系数，而且大部分铝型材仍可用原模具，节省了开模费用和时间。但此方案更改了原设计分格，外立面视觉效果与现状会有较大差异。

5 结语

随着近些年我国建筑领域超高层建筑的不断涌现，以及各类幕墙形式、材料的更新，常规的幕墙设计已经略显落后。尤其近几年，幕墙发生一系列安全事故，一度导致建筑幕墙成为"公共安全问题"的焦点，受到国务院和住建部的关注。2006 年，住建部组织全国 10 个城市进行幕墙安全性普查，存在安全隐患的比例超过 9.34%。2012 年，住建部又发出幕墙安全性排查的通知，掀起全国范围内幕墙安全普查活动，政府或将出台更严厉、更具体的幕墙安全监管政策。2015 年 3 月，应国务院领导要求，经广泛征求意见，住建部安监总局联合发出"关于进一步加强玻璃幕墙安全防护工作的通知"（建标〔2015〕38 号），对幕墙应用范围做出具体的规定，同时对幕墙的安全性提出更高要求。这就要求我们广大幕墙设计者与时俱进，不断革新自己的设计理念。

本文中的原幕墙开启扇设计可作为失败的典型案例，希望设计者们引以为戒，避免出现此类问题，否则后果不堪设想。此外，文中提到的整改方案可作为此类幕墙的设计范例，旨在提高开启扇的安全性、可靠性。

参考文献

[1] 玻璃幕墙工程技术规范：JGJ 102—2003[S].北京：中国建筑工业出版社，2003.
[2] 建筑结构荷载规范：GB 50009—2012[S].北京：中国建筑工业出版社，2012.
[3] 建筑门窗五金件 撑挡：JG/T 128—2007[S].北京：中国标准出版社，2007.

作者简介

刘家良（Liu Jialiang），男，1983 年 8 月生，工程师，研究方向：建筑幕墙设计；工作单位：中国建筑科学研究院有限公司（China Academy of Building Research）；地址：北京市朝阳区北三环东路 30 号；邮编：100013；联系电话：15940516885；E-mail：15940516885@163.com。

中关村壹号空中连廊吊顶的吊装施工方法

杨加喜

北京西飞世纪门窗幕墙工程有限责任公司　北京　102600

摘　要　本文介绍了一种空中连廊吊顶的整体吊装方法。
关键词　空中连廊；吊顶；吊装

现代多数建筑物的塔楼与塔楼之间均由空中连廊相连接，空中连廊楼板以下一般设置吊顶幕墙，吊顶幕墙采用主次龙骨安装、保温岩棉填充、铝单板饰面固定等设计，由于连廊吊顶作业面面积比较大且全部悬空，材料垂直及水平运输难度大，安装作业平台的设置成为影响工期、质量和成本的主要因素。传统的作业平台一般采用满堂脚手架或轨道式吊船，满堂脚手架需从地面架设到悬空的吊顶下部，但受到架设高度和荷载的限制。轨道式吊船需要在空中连廊楼板以下悬挂导轨，再把特制的与连廊等宽度的吊船挂在导轨上，以便形成水平移动作业平台。悬挂导轨以及把吊船挂在导轨上需要复杂的起吊设备和严密的安全保护措施，此法费时费力，安全防护难度大，受限条件多，增加了施工成本。

本文主要论述一种整体吊装吊顶幕墙的施工方法。

1　工程概况

中关村壹号连廊位于 D1、D3 楼之间，连廊底部吊顶距地面高度 45.6m，宽度 13.54m，长度 33.6m，连廊吊顶外立面为铝板幕墙。建筑立面如图 1 所示。

图 1　建筑立面

2 本工程解决方案

针对上述施工难点,我们采用了将吊顶幕墙在工厂加工成单元板块,运输到现场,通过电动卷扬机的钢丝绳穿过空中连廊楼板直接吊起吊顶幕墙板块,就位于空中连廊楼板下部预设位置,并固定在吊顶幕墙位置,按水平分段将成组板块逐一起吊就位直至完成全部吊顶幕墙的施工。省却了满堂脚手架或轨道式吊船的传统施工工艺,有效地简化了吊顶幕墙安装作业,不受空中连廊高度的限制,极大地提高了施工经济效益、进度和质量。

3 本工程实施方案

3.1 连廊吊顶的设计

由于我们采用了起吊钢丝绳通过吊孔穿过廊桥楼板将单元板块吊升就位于廊桥底部,属于隔着楼板盲吊,因此,连廊吊顶幕墙的设计舍弃了构件式骨架、铝单板饰面固定、保温岩棉填充等传统的构件式幕墙吊顶设计,而是从吊装的角度出发,将整体的吊顶在平面上分成单元板块,每个板块按顺序起吊到位后在高空连廊底部逐块对接,直到完成吊顶整体造型。这就要求我们:单元板块的设计不仅要考虑其安装到位后的强度,而且要考虑吊装中板块的刚性和变形,即变形应控制在弹性范围之内,合理地确定4个吊点的位置。采取的措施:为增加板块刚度,每个板块在展向使用钢索预先拉接,安装到位后再拆除拉接钢索。

3.2 板块结构形式与要素

将铝板吊顶幕墙平面分成12个单元板块。单元板块采用80mm×60mm×4mm热镀锌矩形管。用焊接连接组成框架结构并将吊顶装饰面板固定在框架上,形成单元板块。板块宽度为2.8m,长度为13.44m。框架上焊接80mm×60mm×4mm热镀锌矩形管作为吊杆,吊杆位置与廊桥钢结构预装点相协调,该吊杆在吊装到位后直接同钢结构进行焊接。

3.3 单元板块的加工制作

为了保证加工质量,板块均在工厂内组装完成,每个板块的尺寸为13440mm×2800mm,主龙骨采用80mm×60mm×4mm热镀锌钢管,次龙骨采用50mm×50mm×5mm热镀锌钢管。具体尺寸如图2所示。

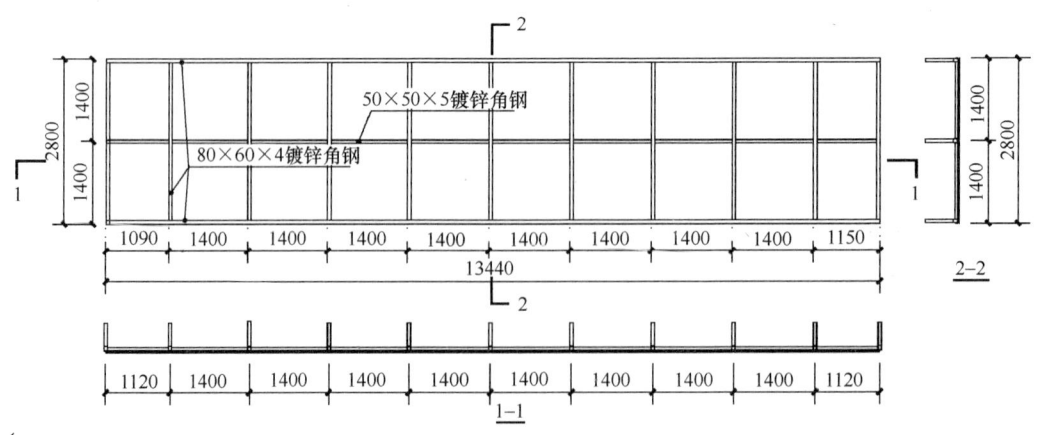

图2 单元板块的具体尺寸(mm)

3.4 单元板块组装

单元板块在组装时，设有安装型架，以利于运输和起吊。板块质量为2422kg（除板块质量外，还须含有吊挂件、架子板和施工人员等附加重量）。

吊装及施工方案：在板块上设4个吊装点，吊装点根据吊装板块质量平均分布位置进行布置，吊装点使用80mm×60mm×4热镀锌管焊接在板块骨架上。

3.5 提升设备的选择

单元板块提升使用4台起吊重量1.5t的电动卷扬机（型号JM1.5T）作为提升设备，每个单元板块质量2422kg，4台卷扬机起重负荷合计6000kg，吊装负荷率为40.3%，满足要求。每个板块设4个吊点（图3）。提升吊点布置根据板块的稳定性和空中连廊楼板钢丝绳穿过孔位置协调后确定。

图3 单元板块（为增加板块刚度，使用钢索预先拉接）

4 施工程序

4.1 测量放线

测量放线定位是本工程施工的重点和关键工序。首先，对连廊钢结构尺寸及吊点位置复核，按设计图纸将吊点钢丝绳穿过孔位置尺寸放样到连廊楼板上表面，并将孔位按单元板块编号；其次依据施工现场空间大小、穿过孔与卷扬机钢丝绳的走向确定卷扬机安装方位，原则是4根钢丝绳能顺利通过各自的穿过孔，在空间上又不能互相干扰。这需要计算机模拟与现场实际协调相结合，最终确定放线尺寸。

4.2 吊点布置

按设计图纸将吊点钢丝绳穿过孔位置尺寸放样到连廊楼板上表面，并将孔位按单元板块编号，如图4所示。

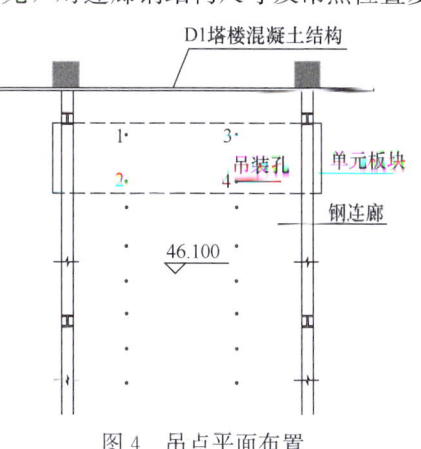

图4 吊点平面布置

4.3 卷扬机与钢丝绳走向布置

按照下列因素确定钢丝绳走向：

（1）施工现场条件。吊顶上部楼板平面为矩形，可在其上布置吊孔和导向滑轮和滑轮架。与连廊相接的混凝土平台具备放置4台卷扬机的空间及承重条件。

（2）卷扬机安装方位。根据吊孔与卷扬机钢丝绳的走向确定卷扬机安装方位，由于每个单元板块有4个吊点，有4根钢丝绳通过各自的吊孔。这需要在卷扬机和吊孔间设置导向滑轮，第一组导向滑轮要保持钢丝绳与卷扬机卷筒轴心线垂直，能按顺序整齐排列在卷筒上。第二组导向滑轮要使钢丝绳由水平方向转到垂直起吊方向并按吊孔定位。随着每个单元板块的起吊完成，移动第二组导向滑轮到新的吊孔位置。为保证4根钢丝绳能顺利通过各自的吊孔，在空间上又不能互相干扰，采用了各个滑轮之间设置不同的高度差。针对上述技术要求，我们用计算机模拟与现场实际协调相结合，最终确定了卷扬机位置、滑轮空间位置，并设计了特殊支架的转向滑轮，如图5～图9所示。

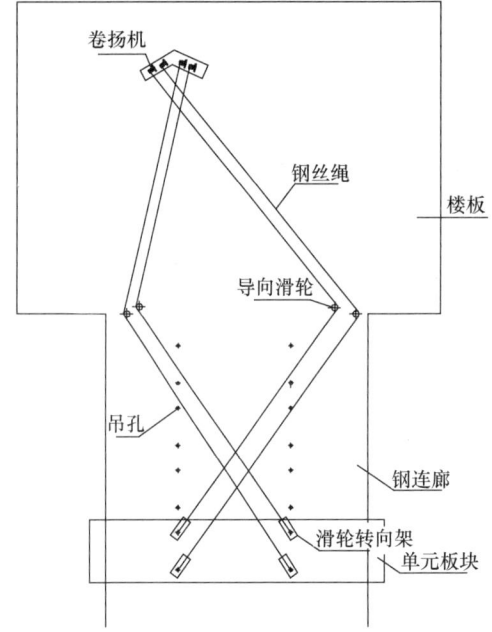

图5 卷扬机和滑轮、钢丝绳平面布置

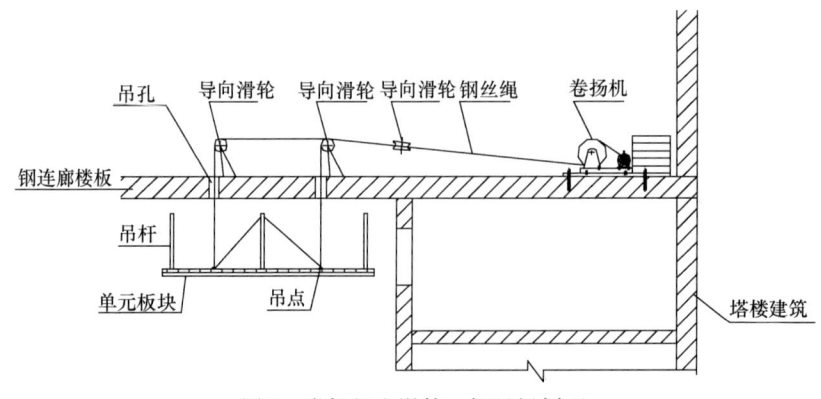

图6 卷扬机和滑轮、钢丝绳剖面

二、设计与施工

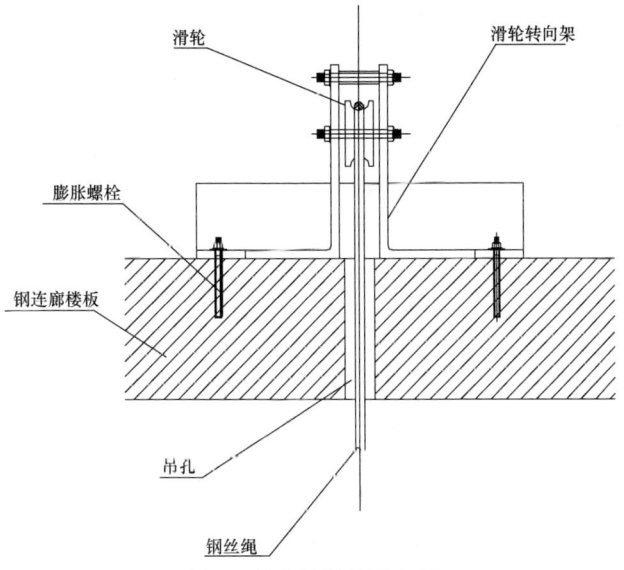

图7 吊孔处滑轮转向架

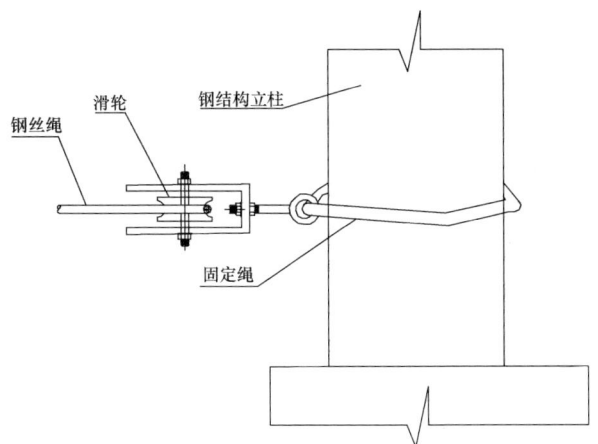

图8 导向滑轮可以在一定范围内变换滑轮角度

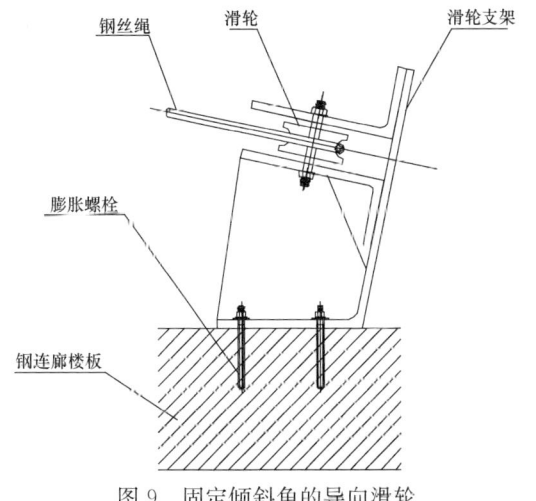

图9 固定倾斜角的导向滑轮

4.4 板块垂直提升和固定

1) 影响垂直提升的几个因素：

（1）高空风对垂直提升的影响。

（2）4 台卷扬机同步操作对提升的影响。

（3）由于连廊吊顶下方局部裙楼建筑，板块组装位置与连廊吊顶错位 3m，需要先斜提升到连廊正下方，再垂直起吊（图 10、图 11）。

图 10　起吊

图 11　斜提升到连廊正下方

2) 针对上述几个影响提升的因素，采取了以下措施：

第一条措施：设置了 4 条缆风拉结绳，以便控制高空风对垂直提升板块方向的干扰，避免碰撞到建筑幕墙并有利于起始斜提升的准确到位。

第二个措施：4 台卷扬机既有分别控制又有联动同步控制，以便应对斜提升及最后板块精确对接和就位。

第三个措施：由于钢丝绳通过楼板盲吊板块，有必要在连廊两侧设置电动吊篮，板块吊升过程中，辅助人员可乘吊篮随行监控吊升过程并与卷扬机操作人员协调联系（图 12、图 13、图 14）。

图 12　辅助人员乘电动吊篮随行监控

图 13　板块精确对接和定位，辅助人员从吊篮进入铺设架子板的板块上部空间，实施固定作业

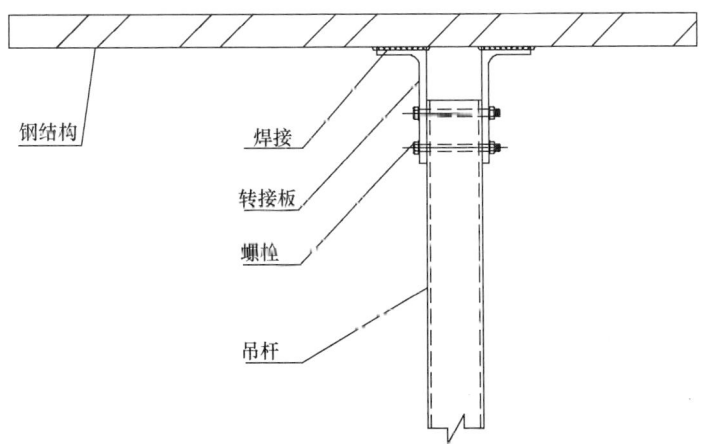

图 14　将预装在固定吊杆上的转接板精确调整后，焊接在连廊钢结构上

由于连廊吊顶下方局部有裙楼建筑，板块组装位置与连廊吊顶错位 3m，需要先斜提升到连廊正下方，此过程关键为斜提升到裙楼上方，4 条缆风拉结绳需要同步放松和收紧，吊装钢丝绳协调配合。在完成斜提升后，再摆到连廊正下方的垂直提升位置。

4.5 质量控制

由于是单元板块组成的整体吊顶，各板块的精确定位对于主体钢结构焊接、各板块对缝的平整度、整体水平度影响极大。板块地面组装、连廊吊顶翻样到地板测量放线、吊装固定调整等各关键工序的质量必须严格控制执行，才能保证施工的高质量。

5 结语

由于高空廊桥建筑吊顶首次采用板块吊装施工，施工工序多，吊装协调复杂，既有卷扬机吊装又有吊篮辅助，面临经验少、技术难点多的状况，因此，我们结合实际，做好卷扬机吊装施工方案和卷扬机吊装施工应急预案，并在实际施工中认真贯彻安全第一原则。严格按 ISO 9001 质量保证体系的要求制定质量保证措施及吊装方案和应急预案施工，控制和防止了各类伤亡事故发生，确保了施工安全。严格遵守国家和北京市政府关于施工安全、工地治安、劳动保护及环境保护等方面的具体规定和技术标准，在不增加成本的前提下，既节省了工期，又保质、保量地奉献了一个优质工程。

本工艺已获得国家发明专利，发明专利号为 ZL201610341776.9。

板块装配式金属屋面双层防水构造技术的应用
——贵州铜仁凤凰机场

王德勤

北京德宏幕墙工程技术科研中心　北京　100062

摘　要　本文所介绍的是一种新型复合式装配板块，适用于金属屋面、铝板幕墙。其特点是，整体板块即有内、外装饰性，又有高性能的防水、保温、隔气、隔声、防潮等各项金属板幕墙和金属屋面所需要的物理性能指标。板块在工厂加工制作便于对板块的加工质量和精度的控制。文字内容中重点介绍了板块之间的关键节点技术，"错位式两道防水构造"彻底解决了由于板块变形所引起的防水问题，并用实际例子进行了解析。

关键词　复合式装配金属板块；错位式两道防水构造；金属屋面；铝板幕墙

1　引言

当今的建筑造型已经呈现多元化的发展方向，建筑设计已不满足于中规中矩的建筑形式，许多大型和超大型的极富视觉冲击力的建筑越来越多地呈现在我们面前。建筑的屋顶、屋面部分也都利用外饰层作为建筑设计思想的载体，展示着建筑艺术的魅力。异形金属屋面系统以往也只是作为建筑造型中的个别单体，现在已经得到大范围的应用。超大型的曲面建筑金属屋面，特别是双曲面造型的建筑金属屋面系统，越来越多地应用在国内外大型建筑中（图1、图2）。

图1　贵州铜仁凤凰机场航站楼的玻璃与金属板块侧立面

近年来，由于建筑幕墙和金属屋面的设计方法和技术手段有了不断提高，BIM和计算机三维设计软件的应用，已经完全可以满足异形金属屋面的造型设计需要。

图 2　贵州铜仁凤凰机场航站楼照片

如何更好地实现建筑创意，如何将建筑的语言表达得更加透彻的同时，还能保证屋面的各项物理指标和使用性能，已经是许多幕墙公司和幕墙设计师们必须面临的问题。

本文所提及的金属屋面、铝板幕墙的金属板块，是指由外饰面层为 3mm 厚铝单板，表面采用氟碳喷涂，内装饰层采用 2mm 厚穿孔铝单板，表面采用粉末喷涂。内外层之间夹有防水透气膜、保温棉、无纺布等，由铝合金龙骨支承并连接内外层铝板，使其形成即有内、外装饰性，又有防水、保温、隔气、隔声、防潮等各项金属板幕墙和金属屋面所需要的物理性能指标，易于装配的金属板块系统（图 3、图 4）。

图 3　航站楼侧面幕墙铝板与玻璃板块照片

图 4　顶部铝板与玻璃板块照片

这种板块的最大特点是，板块全部在工厂加工制作，便于对板块的加工质量和精度的控制。在工地现场只进行板块的装配式吊装。板块装配到位后，在完成建筑立面和屋面的使用功能的同时，能一次性完成外饰效果和内装饰效果。不用再对室内、室外进行面层装饰就能投入使用，能节省大量的装饰费用和施工工期。

2　板块装配式金属屋面板的设计

以贵州铜仁凤凰机场航站楼的设计为例，介绍其设计方案及其性能的实现。

贵州铜仁凤凰机场航站楼是一项改扩建工程，在设计施工过程中机场要正常地运行，这对项目的设计与施工提出了很高的要求。其结构形式为框架结构、钢结构体系，屋面部分的支撑结构为球形网架系统。当地的基本风压值为 $0.3 kN/m^2$，基本雪压值为 $0.3 kN/m^2$，均为50年的重现期。

整个建筑的外立面和屋面均采用了玻璃和铝板相间，有机地将玻璃板块和铝板板块拼接成错落有致、波澜起伏的造型。特别是在建筑的中段，建筑师利用了天地大扭转的手法，将立面扭转180°（图5、图6）展现出今天与昔日翻天覆地的变化，特别是在建筑的中部，其外墙从正立面翻转90°变成了屋面，又从屋面翻转90°变成了背立面，给人以凤凰涅槃的震撼。

图5 外墙从正立面翻转90°变成了屋面　　　图6 外侧面铝板和玻璃波澜起伏的造型

由于建筑效果的要求，使得该项目在中段造型部位金属幕墙与金属屋面、玻璃幕墙与玻璃采光顶之间已无明显的界限。在设计中，为了能很好地实现扭转的效果和渐变的光线折射面，在每块平板玻璃之间采取了多角度错缝的做法来实现玻璃板块之间的扭转，金属屋面板块之间基本上采用了齐缝的做法，在个别位置采取了大错缝的手法来展现翻转的力度（图7、图8）

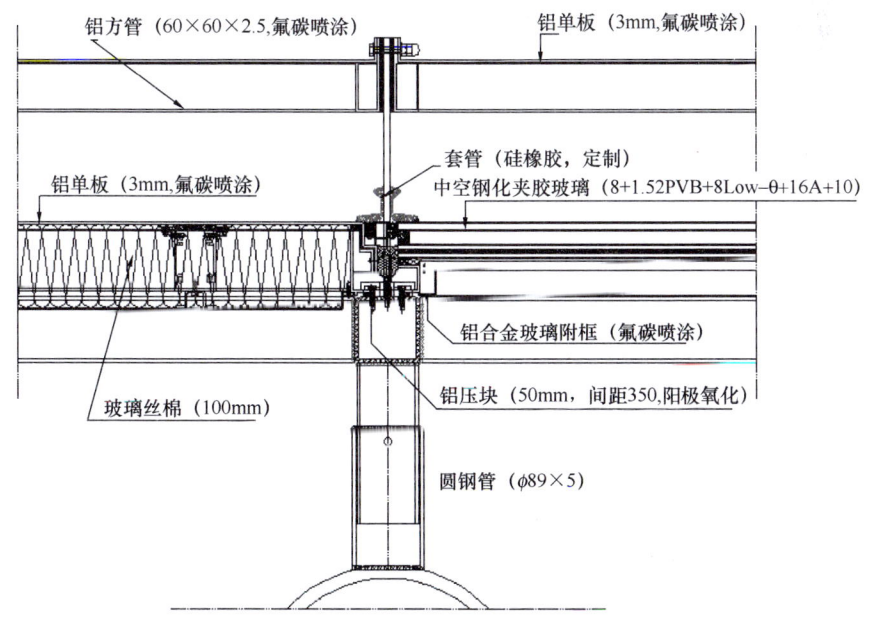

图7 玻璃板块与金属板块的连接节点（mm）

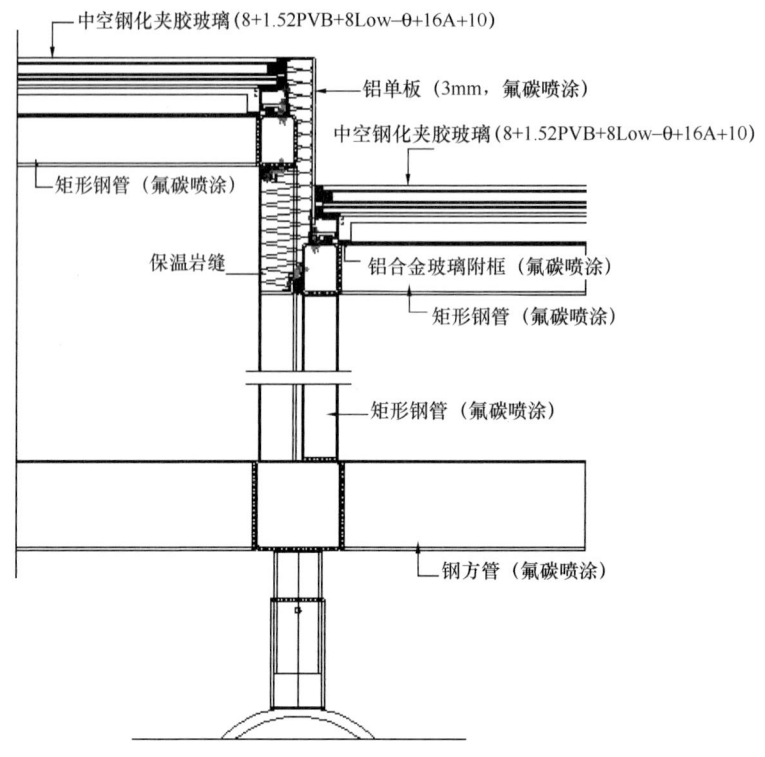

图8 多角度大错缝的做法节点图（mm）

2.1 内、外装饰性与建筑物理性能的有机结合

建筑的装饰面层是一个能够有效地展示建筑设计思想的载体，装饰面的本身对于建筑物的各项物理性能没有直接的要求，面层与功能层可以是各自独立的两套系统，也可以是相互有机结合的一个整体。只要能在保证建筑物各项物理性能的基础上实现建筑的装饰效果就视为可行。

贵州铜仁凤凰机场航站楼的外立面和屋面，就是采用了内、外装饰面层与建筑面功能层有机地结合为一个整体的做法，在解决了建筑各项物理性能的同时也实现了建筑师对内、外装饰面效果的要求（图9、图10）。在节省了工程造价的同时，大大降低了异形建筑幕墙和屋面在现场安装的施工难度，有效地缩短了现场安装的周期，取得了很好的经济效益和社会效益。

图9 机场航站楼玻璃双曲立面效果照片

图10 机场航站楼内饰面效果照片

2.2 结构、连接系统与装饰面板之间的构造

该项目的主体结构、支承龙骨、面板、连接系统、装饰面层之间的关系是:主体结构是钢结构体系;异形金属屋面和采光顶部分的支撑结构为球形网架系统;屋面体系利用网架系统的各个球形节点作为支撑点,支承龙骨通过可调节的节点支座,按照设计定位尺寸固定安装;有保温、隔热等性能的装配式金属板块系统是通过固定在龙骨上的多个连接件进行连接固定的。

装配式金属板块,是指由3mm厚铝单板作为外饰面层,表面采用氟碳喷涂,内装饰层采用2mm厚穿孔铝单板,表面采用粉末喷涂。内、外层之间夹有防水透气膜、保温棉、无纺布等,由铝合金龙骨支承并连接内外层铝板,使其形成即有内、外装饰性,又有防水、保温、隔气、隔声、防潮等各项金属板幕墙和金属屋面所需要的物理性能指标。金属板块内装饰效果如图11、图12所示。

图11 贵州铜仁凤凰机场航站楼效果图

图12 贵州铜仁凤凰机场航站楼效果图

2.3 双层防水构造沟设计方案

为了确保板块之间的缝隙(胶缝)能在各种工况的状态下实时保证其在设计时要求的气密、水密等各项物理性能,要对支承体系和装配式金属板块进行相对位移的分析以及结构与结构之间的温度变形情况的分析。

主体结构支承的球形网架结构与屋面的支撑龙骨均为钢结构材料,并在一个温度场内。所以,在温度荷载的作用下其相对变形量很小,可视为不产生相对位移量。

板块与结构之间是在两个不同的温度场内,又是不同的结构体系、不同线膨胀系数的材料,其相互之间会出现多种情况下的位移。在节点设计时要充分考虑到节点在有连接固定作用的同时,还要能够适应其相互之间在三维方向上的变形位移量。

板块与板块之间由于是分别固定在各自的支承龙骨上,每个板块自身在外部条件的作用下会出现尺寸上的变化,最终将会反映在板块之间缝隙的尺寸变化。

2.3.1 以实际工程为例,对面板材料的温度变形进行分析

贵州铜仁机场项目的金属屋面板块分割尺寸较大,不考虑其他因素,只考虑温度变化对其影响进行分析计算。

对受阳光直射的外层铝合金屋面板,取100℃为最大温度差;标准板块尺寸为2000mm×3000mm;最大菱形板块的对角线尺寸为4100mm×2000mm;按照《铝及铝合金轧制板材》(GB/T 3880)取热膨胀系数(表1)

表1 常用建筑材料的热膨胀系数（单位×10^{-6}/℃）

分类	材 质	热膨胀系数
金属	铝	23.8
	不锈钢 18Cr-8Ni	17.3
	钢	11.7
	铜	16.7
玻璃	玻璃板	9.9
水泥制品 石　材 其　他	混凝土	6.8～12.7
	ALC板	6.7～8.0
	大理石	5～6
	花岗石	8.3
塑料	FRP（玻璃纤维增强塑料）	20～34
	聚酯树脂	36～50
	硬质氯乙烯树脂	50～180

计算：工程项目在贵州，属夏热冬冷地区。铝板长度取值为3000mm。假设屋面铝板外表面最大温度差为100℃，则室外铝板：

$\Delta L_{外} = \Delta T \times \alpha \times L$
$= 100℃ \times 2.38 \times 10^{-5} \times 3000$
$= 7.14mm$

假设屋面室内、室外铝板尺寸参数相同；由于室内侧铝板与室外侧铝板之间增加保温层，按保温能效计算得知内侧表面最高温度为30℃，冬季室内不采暖，室内最低温度为2℃，则室内铝板最大温差为28℃，则：

$\Delta L_{内} = \Delta T \times \alpha \times L$
$= 28 \times 2.38 \times 10^{-5} \times 3000$
$= 1.99mm$

故室内、室外铝板最大变形差 ΔL 为：

$\Delta L = \Delta L_{外} - \Delta L_{内}$
$= 7.14 - 1.99$
$= 5.15mm$

这也就是说，在一块板块内，由于温度变化所引起的外层板和内层板的最大尺寸变形差为5.15mm，板块的尺寸越大变形差也就越大。这就要求在板块的构造设计时要充分考虑到这方面的影响。要在内、外板块连接部位有允许其平面内变形的构造，这才能保证屋面系统在工作状态时保证其各项物理性能。

2.3.2 双层防水构造沟节点设计方案

从以上的计算中可以看出，在金属屋面板块受到温度变化的影响时，在板块与板块之间的接缝处会出现较大的尺寸变化。通常在接缝处采用硅酮密封胶来保证气密、水密性能的实现。如果按照常规的铝板幕墙的构造形式已经无法满足接缝处密封的要求。为了能很好地适应其尺寸变化，在采用了大变位硅酮密封胶的同时，在外层板块接缝处采用双胶缝来增大其变位能力（图13、图14）。

图 13　机场航站楼双道胶缝的施工现场照片

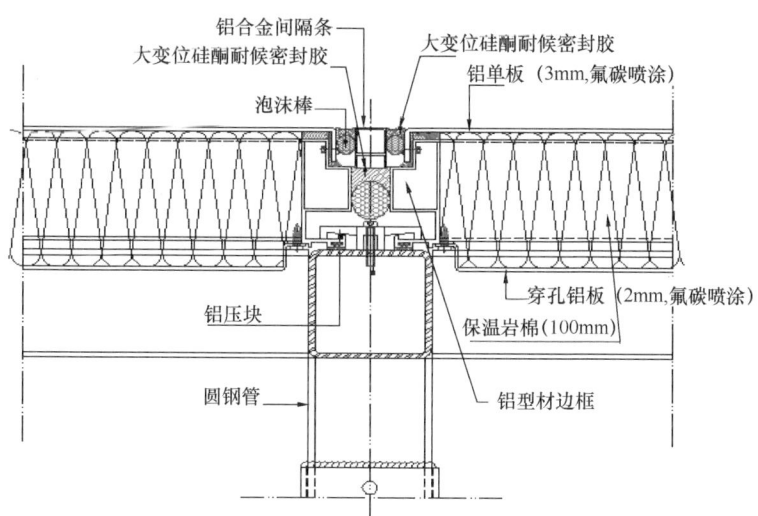

图 14　采用了大变位硅酮密封胶的双道胶缝节点图

在保证其防水性能方面，设计了"错位式两道防水构造"，也就是在安装过程中，当板块定位好之后在板块厚度方向的中部先打一道防水密封胶，并在进行闭水试验合格后再打外层的双胶缝（图 15、图 16），彻底解决由于板块变形所引起的防水问题。

图 15　对两道密封胶缝的现场施工控制

图 16　在现场对胶缝进行闭水试验检测

3 金属屋面排水天沟

金属屋面不锈钢天沟，是指在建筑物顶部采用金属板作为防水屋面时，在金属屋面的下凹部位，起到收集雨水并能通过排水管系统有组织地将雨水排出的凹型沟槽。一般采用不锈钢板制作成"U"形或矩形的排水系统，叫不锈钢排水天沟（图17、图18）。

图17 不锈钢天沟槽安装现场

图18 金属屋面檐口天沟

不锈钢天沟的作用是收集雨水，并能通过排水管系统有组织地迅速将雨水排出。

设计天沟槽时，在充分考虑其自身的排水、引水的功能外，还要考虑到排水天沟是整个屋面系统的一个组成部分。其功能要完整。特别是在保温、隔热、隔声及装饰性能上，要根据不同的项目进行专门的设计。一般要求在天沟槽的室内侧设置填充保温棉，在可视部分包饰装饰面层。在天沟槽的室外侧涂防水油膏加防水卷材，这样有利于减少噪声，提高天沟槽的防腐能力和使用寿命。

3.1 排水天沟槽在设计时应该考虑的内容

3.1.1 国家标准和规范的相关规定

在相关的国家标准和规范中对金属屋面排水天沟的设计已有明确规定，排水天沟槽的设计应该考虑以下各方面的内容：

（1）排水天沟采用防腐性能好的金属材料，不锈钢板的厚度不应小于2.5mm。

（2）防水系统采用两道以上的防水构造。防水系统应具备吸收温度变化等所产生的位移的能力。

（3）排水天沟的截面尺寸应根据排水计算确定，并在长度方向上应考虑设置伸缩缝，天沟连续长度不宜大于30m。

（4）在对于汇水面积大于5000m^2的屋面，应设置不少于2组独立的屋面排水系统，并应采用虹吸式屋面雨水排水系统。

（5）天沟底板的排水坡度应大于1‰。在天沟内侧设置柔性防水层，最好不低于在两侧立板的一半位置（1/2）处和底板的全部加一道柔性防水层。

3.1.2 不锈钢天沟槽应与其支撑结构之间能够相对位移

在不锈钢天沟施工时，不得将不锈钢天沟的板边缘直接锚固（焊）在天沟的支撑结构上

（图19）。因为天沟与天沟的支撑结构一般在工作状态时不是在一个温度场内，在温度变化时会出现较大的温度差，在天沟槽的纵向方向，天沟与支撑结构之间出现较大的相对变形。如使其固定限制，其变形将在此部位出现很大的温度应力，使之出现破坏。

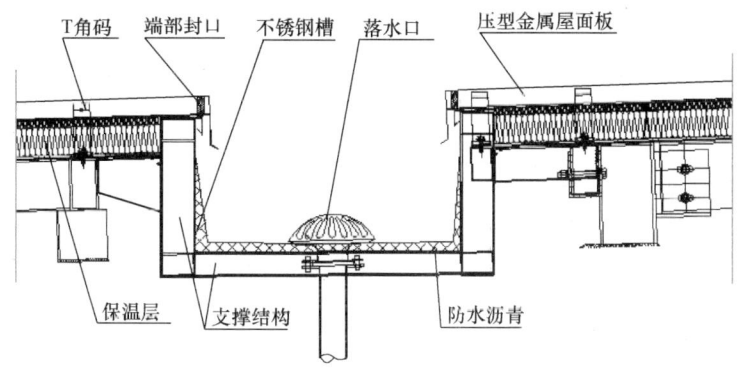

图19 不锈钢天沟断面节点图

同时，由于不锈钢天沟的材质为不锈钢板，奥氏体型不锈钢在20℃～300℃时的线膨胀系数为$17.5×10^{-6}/℃$；而支撑结构为碳钢材料，其在20℃～300℃时的线膨胀系数约为$11.3×10^{-6}/℃$至$13×10^{-6}/℃$。奥氏体型不锈钢与碳钢相比，最大的线膨胀系数比碳钢大40%，并随着温度的升高，线膨胀系数的数值也相应地提高。因此，出现温度变化时，即使天沟与其支撑结构的温度一致，也会由于材质的不同出现很大的应力而产生温度变形。所以在天沟和支撑结构设计时，应充分考虑到其有相对位移的特点，保证使其在工作时能保持良好的工作状态。

3.1.3 大坡度的排水天沟应设置阻水挡板、水平落水斗

屋面布置大坡度天沟时，应考虑到排水天沟在使用时的有效性和可靠性。应设置好不锈钢天沟的支承系统，使其安全稳固。在大坡度的天沟内设置落水斗时，应充分考虑到落水的流速，根据其斜度来确定是否要增设阻水板（图20）。

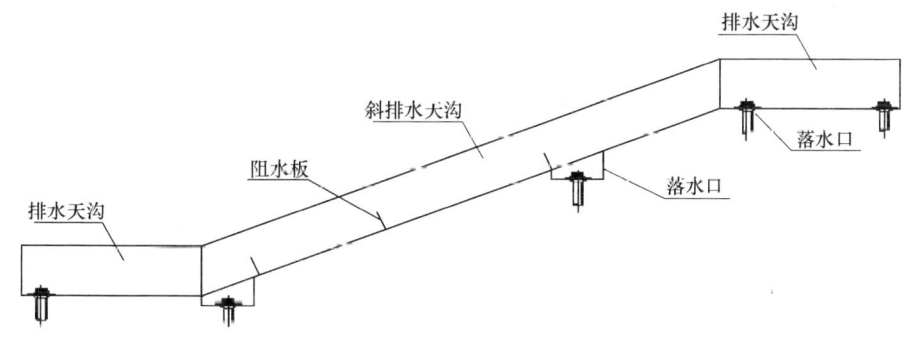

图20 大坡度天沟阻水挡板布置简图

在斜度大于15%时，在不锈钢排水天沟内宜考虑设置阻水板装置，来降低雨水在斜形天沟内的水流速，斜度越大阻水板的数量应越多。阻水板除了能有效地控制水的流速外，还能有效地阻止异物进入排水口。

阻水板的形式可以为筛孔式、桥式、板式等。阻水板的高度一般可在天沟侧立板高度的

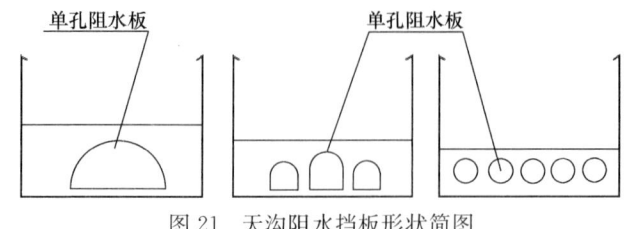

图 21 天沟阻水挡板形状简图

1/2 至 1/3（图 21）。

斜型天沟内的落水斗应设置集水槽，将雨水集中在集水槽中排出，集水槽的底部应水平设置，不得将落水斗倾斜安装在斜型天沟的底部。纵向倾斜的天沟集水槽应设置在斜型天沟的下半部位，并在集水槽的下短边边缘设置阻水板。

3.1.4 斜屋面的横向天沟底板应水平设置

在曲面建筑屋面设置天沟时，应充分考虑到排水天沟在使用时的有效性，不得使不锈钢天沟断面的下底板倾斜设置（图 22），这会严重影响天沟设计容量的有效性，使天沟的排水性能大打折扣，同时还会由于积水造成天沟内污浊。

在实际工程中，天沟断面底板倾斜设置大部分是由于结构面与屋面的距离太小，没有考虑到设置天沟的位置。应重新确定结构与屋面板的关系。在设计时，必须将不锈钢天沟断面的下底板水平设置，这样才能使天沟起到有效的排水作用（图 23）。

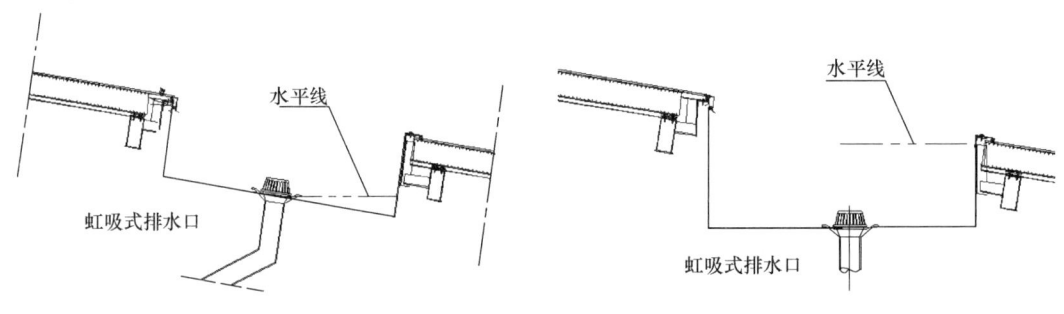

图 22 曲面屋面天沟阻水挡板形状简图　　图 23 天沟阻水挡板形状简图

3.1.5 排水天沟端头和长度方向接头的设计

排水天沟的截面尺寸应根据排水计算确定，并在长度方向上应考虑设置伸缩缝。由于天沟纵向长度方向存在温度变形的影响，所以长度不宜过长。按照国家标准的规定，天沟连续长度不宜大于 30m。这是一个参考尺寸，可根据实际情况对特定的项目提出要求。连续长度尺寸的确定主要是考虑天沟在工作状态时，由于环境温度的变化引起的天沟纵向长度尺寸变形是否在可控范围内。在计算时温度变化值（温差）应考虑在 100℃ 以上的变化。天沟端头和接头形式也应根据每个实际工程情况和要求进行设计。

3.2 屋面与不锈钢天沟的隔声设计

雨滴撞击屋面和天沟的不锈钢板引起振动，将有两种声音传向室内，一种是振动辐射出的空气声，另一种是通过结构传递的固体声。如果屋面的构造具有良好的空气声隔绝能力及良好的撞击声隔绝能力，可降低雨噪声。

增加屋面质量是解决雨噪声最为有效的途径，但是对于金属屋面等轻质屋面的可行性不大，因此只能通过改变屋面的结构做法来降低雨噪声对室内的影响。一般来说，分层越多，层与层之间的界面越多，效果越好。雨噪声属于在结构中传递的弹性波，声波通过界面时会因反射而降低继续行进的声能，因此界面有利于降低声能。

采用岩棉、离心玻璃棉等吸声材料做层间填充，可提高隔声层的空气声隔声性能。同时，这些吸声材料还具有提高保温性能的效果。有些材料，如聚苯、聚氨酯等，虽具有保温特性，但不具有吸声性能，对于雨噪声的隔绝效果甚微。

根据以往实验室测试数据及工程经验，在某项目中所采用的金属幕墙综合隔声量约为30dB。为了增加屋面隔声量，在轻质屋面板内，采用纸面石膏板、GRC板作隔声层，可起到较好的隔声效果。隔声层一方面起到分层的作用，另一方面也增加了部分重量，从两方面提高了隔声量。通过增加GRC板材后，围护幕墙综合隔声量能够增加10dB左右，达到40dB。

屋盖上、下层板材由龙骨（或其他刚性支撑件）固定时，受声一侧板的振动会通过龙骨传到另一侧板，这种像桥一样传递声能的现象被称为声桥。声桥越多，接触面积越大，刚性连接越强，声桥现象越严重，隔声效果越差。在板材和龙骨之间加弹性垫，如弹性金属条或弹性材料垫对轻质屋盖隔声有一定的改善量，最多可以提高5dB以上。上述这些办法都能够有效地解决屋面金属板块和不锈钢天沟的雨噪声隔声问题。

4 结语

近年来，超大型的曲面建筑金属屋面，特别是双曲面造型的金属屋面系统，越来越多地应用在国内外大型建筑中。我们应该看到，这些异型屋面在给建筑增彩的同时也给人们带来了诸多的烦恼。其中反映最强烈、出现问题最多的是渗水、漏水现象，这可以说是大型金属屋面质量上的顽症。究其原因是多方面的：板块之间的缝隙（胶缝），是否能在各种工况的状态下实时保证其在设计时要求的气密、水密等各项物理性能，是保证项目整体性能的一个非常重要的因素；再则就是排水系统设计得不到位，特别是对排水天沟的设计没有充分分析在工作状态时的适应、协调情况，造成不锈钢排水天沟的使用功能失效，而造成屋面漏水的严重后果。这些因素很值得我们研究总结。

本文中有些内容和介绍的设计方案是本人在设计和实践中的一点经验总结，如果能给金属屋面系统设计师们提供一些有益的启发则深感欣慰。

参考文献

[1] 王德勤. 不锈钢排水天沟的设计[J]. 建筑幕墙, 2017(2).
[2] 采光顶与金属屋面技术规程: JGJ 255—2012[S].
[3] 王德勤, 王琦. 临沂大剧院螺旋状异形金属屋面设计体会[J]. 中国建筑金属结构, 2015(2).
[4] 王德勤. 鲁台经贸中心异型屋面设计[J]. 中国建筑防水, 2012(7).
[5] 朱相栋. 金属屋面雨噪声隔声技术指标[R]. 清华大学建筑环境检测中心, 2010.

作者简介

王德勤（Wang Deqin），男，1958年4月出生，教授级高级工程师，北京德宏幕墙技术科研中心主任；研究生导师；中国建筑装饰协会专家组成员；中国建筑金属结构协会专家组成员；中国钢协空间结构分会索结构专业专家；全国标准化技术委员会专家；十八项国家专利发明人。

几种常用金属屋面系统应用的对比与浅析

杨 涛 张 洋 张立坤

北京德沅门窗幕墙工程有限公司 北京 100144

摘 要 在文化日趋多元化、经济日趋一体化的今天，当代的建筑形态也不可避免地受到其影响。特别是近十几年，随着我国各地经济的飞速发展，我国的建筑也受到各种地域文化、各种理念、思潮的影响，相继建设了各种各样的非传统建筑。同时，各种新的材料、新技术、新体系也通过借鉴或者创新在各种建筑上进行了应用。其中，金属屋面系统无疑是被广泛借鉴和采用的建筑体系之一。本文主要是针对几种常用的金属屋面系统的应用进行对比和分析。

关键词 金属屋面；分类构造；适用性；对比应用

1 引言

金属屋面系统是指采用金属板材作为屋盖材料，结合结构支撑、防水、保温等功能层为一体的屋盖形式。根据《采光顶与金属屋面技术规程》（JGJ 255—2012）定义：金属屋面是由金属面板与支撑体系组成，不分担主体结构所受作用且与水平方向夹角小于75°的建筑围护结构。其主要的面材材质有钢板、铝板、铝合金板以及铜板、不锈钢板等。

金属屋面的基本特点可以概括如下：

（1）功能性强。

在建筑功能性要求的前提下，能够较好地实现排水、保温隔热、透气、隔声等要求。

（2）结构轻巧简洁。

与混凝土屋面体系相比，金属屋面系统具有构造层薄、支撑结构轻巧、跨度大，并能够适应复杂的建筑造型。

（3）施工灵活、安装周期短。

在施工中，金属屋面系统基本能够达到全装配式安装方法，绝大部分工作都能够在工厂或现场的加工车间完成。现场施工受季节及天气影响较小。相对于传统屋盖，安装效率极高，能够较大地缩短安装周期。

（4）经济性较好。

在与传统屋盖对比时，在大跨度及复杂屋面形式上，具有明显的经济性。

2 金属屋面板分类及其基本构造

目前，工程中通常根据金属屋面板的固定方式，将各种金属屋面进行了区别和分类。工程中常用的几种基本做法如下：

2.1 穿钉式金属屋面系统

此种屋面系统应用较早也相对普遍。本系统屋面板材靠螺钉固定在支撑龙骨上，连接螺钉直接穿透屋面板。为了防止穿透点渗漏，连接螺钉一般配有特制的压紧垫片和防水垫圈，也有用带胶垫的封闭型抽芯铆钉固定的做法。基本节点构造图如图1所示。

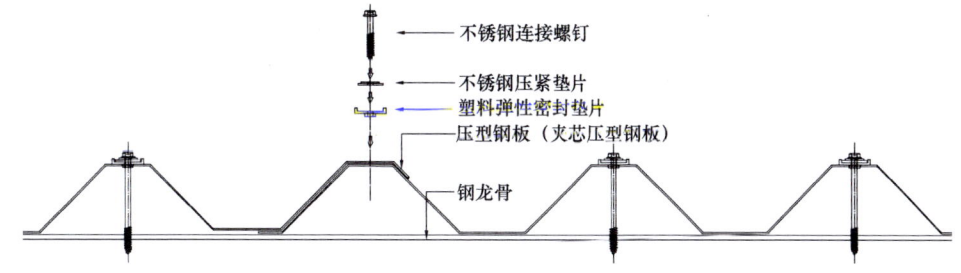

图1 穿钉式金属屋面的基本节点构造

2.2 暗扣式金属屋面系统

此种屋面系统最早出现在澳洲，所以也叫澳式暗扣板。特定的板型配有对应的安装支架。安装时，首先将安装支架固定于支撑龙骨或基材上，屋面板与屋面板、屋面板与支架采用暗扣卡接固定。基本节点构造图如图2所示。

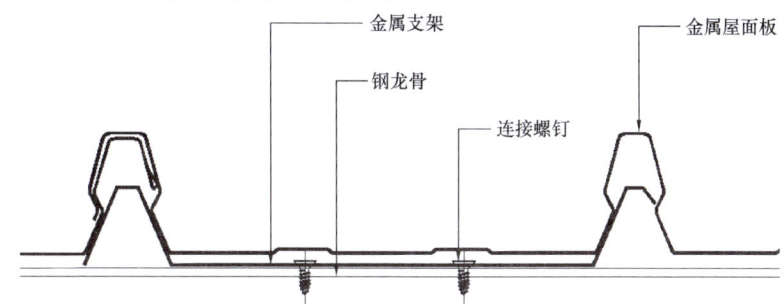

图2 暗扣式金属屋面的基本节点构造

2.3 直立咬合边金属屋面系统

此种屋面系统通常也称为矮立边直立锁边金属屋面系统，本文为了区分，称之为直立咬合边金属屋面系统。其按咬合程度分为单锁边和双锁边两种形式。屋面板采用机械加工成型。安装时，首先将专用扣件固定在支撑龙骨上，相邻屋面板及连接扣件相互咬合，然后通过机械或手工的方式进行锁死、定型、固定。基本构造及节点如图3、图4所示。

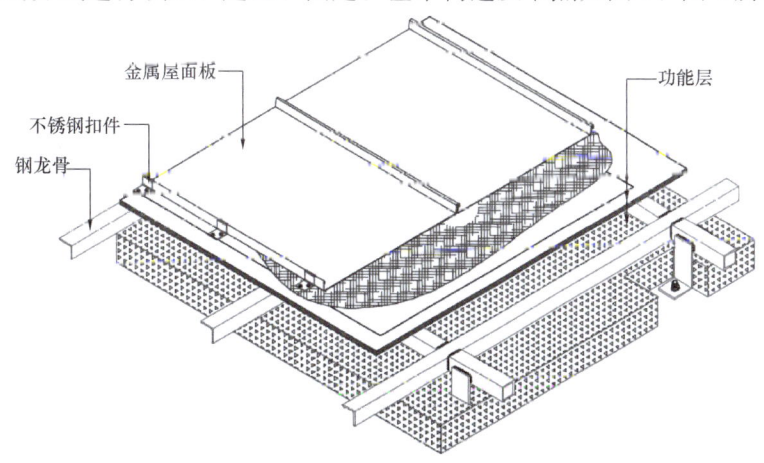

图3 直立咬合边金属屋面的基本构造

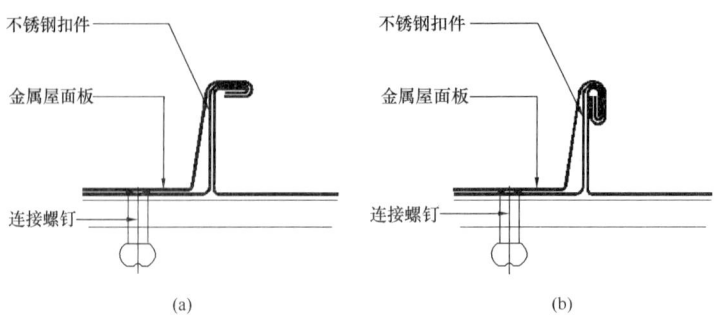

图 4 直立咬合边金属屋面的节点构造图
(a) 单锁边连接方式；(b) 双锁边连接方式

2.4 直立锁边金属屋面系统

此种屋面系统通常被称为高立边直立锁边金属屋面系统，也叫直立锁缝 LOK 板。金属面板通过机械辊压形成双边行成公母扣。安装时，首先将专用铝合金 T 型码与支撑龙骨连接。然后将屋面板及 T 型码相互咬合，最后通过机械或手工的方式进行锁紧、定型。基本节点及构造如图 5、图 6 所示。

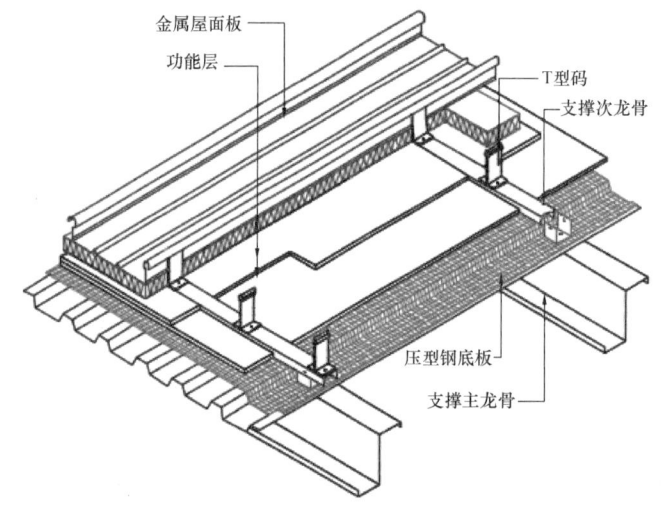

图 5 直立锁边金属屋面的基本构造

2.5 平锁扣板金属屋面系统

此种金属板块一般通过机械冲压或手工裁剪成型。安装时，首先将专用锁扣件固定在基材上，然后板块的四周通过折边与锁扣件相互咬合成型固定。基本构造节点如图 7 所示。

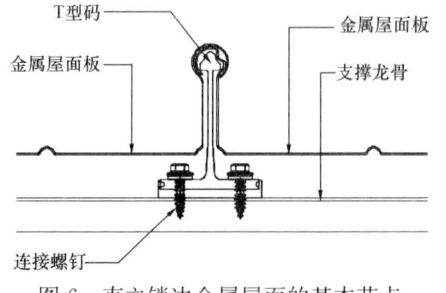

图 6 直立锁边金属屋面的基本节点

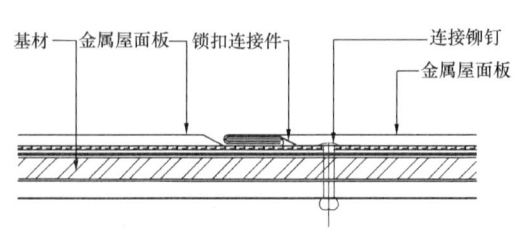

图 7 平锁扣板金属屋面系统基本节点

3 各种金属屋面系统的对比分析

3.1 主要材料对比分析

各种金属屋面系统主要材料见表1。

表1 各种金属屋面系统主要材料

屋面形式	面板常用材料	代表板型或板厚	主要保温材料	主要配件
穿钉式金属屋面系统	压型彩钢板、夹芯彩钢板	型号：820、850；厚度 规范规定宜：0.6～1.2mm；市面常用：0.4～0.6mm	玻璃丝绵、岩棉、夹芯板芯材主要为聚氨酯、酚醛	金属挡水板、泡沫堵头
暗扣式金属屋面系统	镀锌、镀铝锌钢板，母材强度必须达到G550	型号：406、760；厚度 规范规定宜：0.6～1.2mm；市面常用：0.5～0.6mm	玻璃丝绵、岩棉	金属支架、金属挡水板、泡沫堵头
直立咬合边金属屋面系统	镀锌、镀铝锌钢板、钛锌板、铝合金板、铜板	铝合金板0.9mm，其余材质0.7mm、0.8mm，多采用0.7mm	玻璃丝绵、岩棉	不锈钢扣件
直立锁边金属屋面系统	镀锌、镀铝锌钢板、钛锌板、铝镁锰合金板（喷涂、本色、锤纹）	多采用：0.9mm、1.0mm	玻璃丝绵、岩棉	T形码、泡沫堵头、屋脊山墙专用件
平锁扣板金属屋面系统	钛锌板、铜板、不锈钢钢板	厚度：0.7mm、0.8mm	玻璃丝绵、岩棉	锁扣连接件

通过上述表格结合工程经验：

（1）主要金属屋面系统面材均采用金属薄板，受机械加工影响及材料物理性能制约，厚度大多在1.0mm以下，所以在进行面材选择时，材料本身的防腐性能就成为首先的考虑指标。

（2）屋面的保温材料除了要求保温性能外，必须考虑材料的防火性能。所以当前屋面的主要保温材料是岩棉、玻璃丝绵，同时一些新型保温材料也逐渐被应用，比如发泡玻璃等。

（3）主要的配件种类和数量区别不大，相对来说，矮立边直立锁边屋面所需配件较少。

3.2 板型对比分析

各种金属屋面板主要规格参数见表2。

表2 各种金属屋面板主要规格参数

屋面形式	肋高	屋面板规格	使用板长	屋面板型
穿钉式金属屋面系统	常用肋高多在70mm以内	通常宽度：600～1270mm	工厂加工，一般不超过6m	直线型
暗扣式金属屋面系统	常用肋高多在70mm以内	通常宽度：600～1100mm	工厂加工，一般不超过10m	直线型

续表

屋面形式	肋高	屋面板规格	使用板长	屋面板型
直立咬合边金属屋面系统	肋高多为25mm、35mm	标准板：430mm、530mm；异型板：100~600mm	现场加工，一般不超过15m	直线型、扇板、弧板、扇弧板
直立锁边金属屋面系统	肋高多为65mm	标准板：400mm；异型板：100~500mm	现场加工，一般不超过25m	直线型、扇板、弧板、扇弧板
平锁扣板金属屋面系统	平板	通常板宽：100~525mm	工厂加工，最大板长不大于3m	多为矩型、菱型或特殊四边型

通过上述表格结合工程经验：

金属屋面面材都是采用卷材原材加工，理论上，面板长度可以无限长。但是受到运输条件、节点构造、安装工艺、气候条件等因素影响，实际工程中最大板长并不一致。不可否认的是，板接缝越多，屋面系统产生渗漏的风险越大。而板型越多，其适应性就越强（图8）。

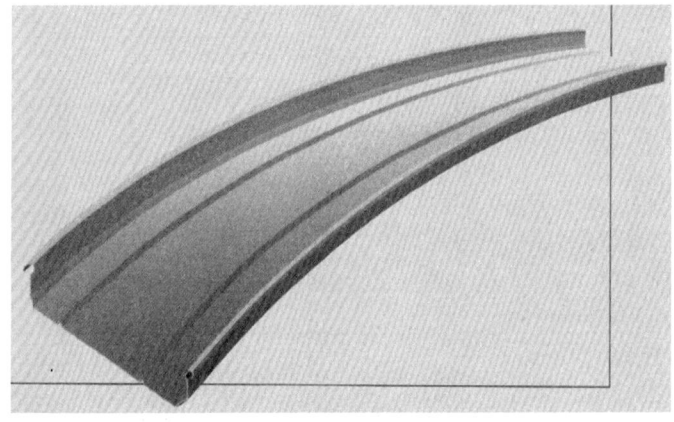

图8 弯弧直立锁边屋面板材

3.3 功能性对比分析

各种金属屋面系统基本功能性对比见表3。

表3 各种金属屋面系统基本功能性对比

屋面形式	防雨性能	抗风揭性能	温度变形性能	安装性能
穿钉式金属屋面系统	钉孔处容易渗漏	强	无，热胀冷缩时易造成自攻钉晃动	非常方便
暗扣式金属屋面系统	非常好	良好	完美的热胀冷缩补偿功能	方便
直立咬合边金属屋面系统	非常好	非常强	良好，适应移动距离约50mm	较方便
直立锁边金属屋面系统	非常好	强	完美的热胀冷缩补偿功能	较方便
平锁扣板金属屋面系统	开放式，需要设独立防水层	一般	具有一定的热胀冷缩补偿功能	较繁琐

通过上述表格结合工程经验：

（1）对于防雨性能：暗扣式、矮立边、高立边金属屋面均具有很好的防雨性能，其系统本身具有接近100%的防雨性。工程中的渗漏多出现在屋脊、山墙、檐口等地方的做法不当或屋面板损坏。

（2）对于抗风掀性能除了本身系统设计性能外，高立边直立锁边屋面系统受人为因素影响较大。相对于其他几种屋面形式，其咬合定型到位的检查相对困难，特别是在采用人工锁紧的时候，建议采用防风夹等保护机构。

（3）暗扣式、矮立边、高立边金属屋面均有良好的热胀冷缩性能，就是说这几种屋面单块板材能够适应跨度更大的屋面。但必须注意的是，在连接角片及T型码的生产时，应该将其边缘倒角，避免在往复温度变形时，形成剃刀效应，破坏屋面板。

（4）对于安装性能来说，几种屋面系统在其功能层一致的情况下，区别不大。其中锁扣式金属屋面系统，需要有内层防水及板块相对较小，安装相对繁琐一些。

3.4 适应性对比分析

适应性主要是表述各种金属屋面系统对于建筑外形、外观、特殊部位及双层屋面的应用性能。表4主要结合上述屋面板的基本性能和屋面系统的基本性能对各种屋面系统的适应性进行对比。

双层金属屋面定义：根据《采光顶与金属屋面技术规程》（JGJ 255—2012）定义：在金属屋面外侧附有装饰层的金属屋面系统。

表4 各种屋面系统的适应性对比

屋面形式	适合建筑简述	适应屋面坡度	双层屋面案例
穿钉式金属屋面系统	常用于屋面比较短、使用时间不长的建筑。例如：雨棚、临时建筑	>3%	无
暗扣式金属屋面系统	用途广泛，常用于造型单一、要求不非常高的大跨度屋面。例如：单坡或双坡的展厅、车间、厂房等	>3%	少
直立咬合边金属屋面系统	用途非常广泛，一般直接做装饰面使用，能够适应各种屋面形式。例如：普通屋顶、复杂的城市小品、厂房、大型体育场馆等	>3%	非常少
直立锁边金属屋面系统	用途非常广泛，可直接做装饰面使用，也可以做扩展双层屋面形式。可外挂金属板、石材等各种面材。适用于大跨度金属屋面。例如：大型体育场馆、展馆、博物馆、剧院等	>3%	非常多
平锁扣板金属屋面系统	用途较广泛，作为装饰面使用，多用于面积较小的屋面装饰层。例如：别墅屋顶、居住建筑屋顶、小型展馆、美术馆等屋顶	建议>15%	无

通过上述表格结合工程经验：

以上各种屋面系统的适用侧重点各不相同，其中穿钉式金属屋面系统技术相对落后，美观程度较低，但由于其特有的经济性，仍被广泛使用。直立锁边金属屋面系统、直立咬合边金属屋面系统适应性较强，应用也最为广泛。当然，各种屋面系统的细节也对其适应性有一定影响，比如檐口的做法，直立咬合边金属屋面系统采用的流线型自咬合方式，不需要相关配件，美观性较其他几种屋面形式好得多。

4 各种金属屋面系统的选择的建议

结合上述分析，在选择适用于建筑的金属屋面系统时，不仅要在考虑设计年限、当地气候条件、系统的使用性能，同时也与建筑本身造型及外观效果要求相适应。其实，在现实工程中，金属屋面系统的外观往往占据主导地位。因此，在施工单位进行屋面方案建议或者方案设计时，首先需要了解建筑师或业主对于建筑外观的具体要求，其后再考虑建筑具体的使用性能。

一般情况下，对外观要求不高的建筑体可以选择穿钉或暗扣式金属屋面，但穿钉式最好用在临时建筑或对防水要求不高的建筑上，以便后期进行维修及更换不会影响正常的使用。而对于外观要求较高、面积或跨度较大、使用年限较长的公共建筑最好选择直立锁边或咬合边金属屋面体系。其中，如果建筑屋面外观需要呈现不同材质时，比如：石材、各种造型的金属板、彩釉玻璃等，即需要双层屋面形式时，应优先考虑直立锁边金属屋面系统。而将金属屋面板直接作为面层使用或者体量较小形态复杂，而且对外观要求又比较高的时候，优先选用直立咬合边金属屋面体系。而平锁扣屋面系统的应用一般由建筑师或业主直接提出要求，但须注意的是，其必须依附于内层的防水体系，且使用面积不宜太大，板块自身的规格也相对较小。

典型工程示例如图 9～图 14 所示。

图 9　原色铝镁锰直立锁边屋面作为外饰面：南京奥体游泳馆

二、设计与施工

(a) （b）

图 10 铜板直立锁扣板屋面作为外饰面

（a）荷兰 Museum in Arnheim；（b）荷兰 Mezz Poppodium in Breda

图 11 直立锁边金属屋面＋钛板双层屋面：
中国国家大剧院

图 12 直立锁边金属屋面＋石材双层屋面：
中央美术学院展览馆

图 13 铜板平锁扣金属屋：
意大利 Chiesa in Laivez

图 14 原色锤纹平锁扣金属屋面：
民生美术馆

5 结语

2016 年，国务院办公厅发布了《关于大力发展装配式建筑的指导意见》，国内建筑形态必然会出现变化。同时，伴随着国内市场对于绿色建筑、低能耗建筑的青睐，金属屋面系统以其优越的使用性能、良好安装性能、适应相关政策与市场的契机,必然在未来的建筑市场上大有作为。

参考文献

[1] 建筑幕墙:GB/T 21086—2007[S].
[2] 采光顶与金属屋面技术规程:JGJ 255—2012[S].
[3] 金属与石材幕墙技术规范:JGJ 133—2001[S].

常州大剧院倾斜式竖向单拉索点支式幕墙设计与施工

刘长龙[1]　洪　源[2]　晁晓刚[2]

1　江苏省装饰幕墙工程有限公司　江苏南京　210009
2　南京环达装饰工程有限公司　江苏南京　211300

摘　要　本文介绍了常州大剧院单层单向拉索幕墙的结构设计，分析了倾斜式单索结构的受力特点，采用了非线性有限元计算方法，分析了幕墙结构体系与主体结构的关系，并提出了合理的构造措施。

关键词　幕墙结构；单索结构；单索幕墙

1　引言

常州大剧院工程位于江苏省常州市新北区黄山路、城北干道交叉口西北角，东侧隔黄山路与市体育中心、会展中心相望，西侧与市博物馆和规划展示馆遥相呼应，北侧是广场大道，与市民广场融为一体，包括1500座左右的大剧场、423座的多功能小剧场、4个大小不同的电影厅，总用地面积约为5.244公顷，总建筑面积约4.30万m^2，地下1层，地上4层，框架结构，建筑总高度34.800m（图1）。整个建筑外观造型独特，由于是绿色玻璃幕墙加上动感的设计，远远望去，如同一个流淌着的音符。

图1　建成后的常州大剧院工程

2　幕墙专业工程概况

常州大剧院建筑幕墙面积约为43000m^2，按幕墙形式分主要为陶土板幕墙系统、倾斜式不锈钢单向索承玻璃幕墙系统、隐框玻璃采光穹顶幕墙系统、全玻幕墙系统、钛合金蜂窝铝板幕墙系统、肋点式玻璃幕墙系统、隐框窗玻璃幕墙系统、椭圆形单层铝板屋面幕墙系统、蜂窝铝板挑檐幕墙系统、点式玻璃雨蓬系统等（图2）。

常州大剧院建筑幕墙工程按建筑部位分为立面玻璃幕墙、金属屋面两部分。立面幕墙在

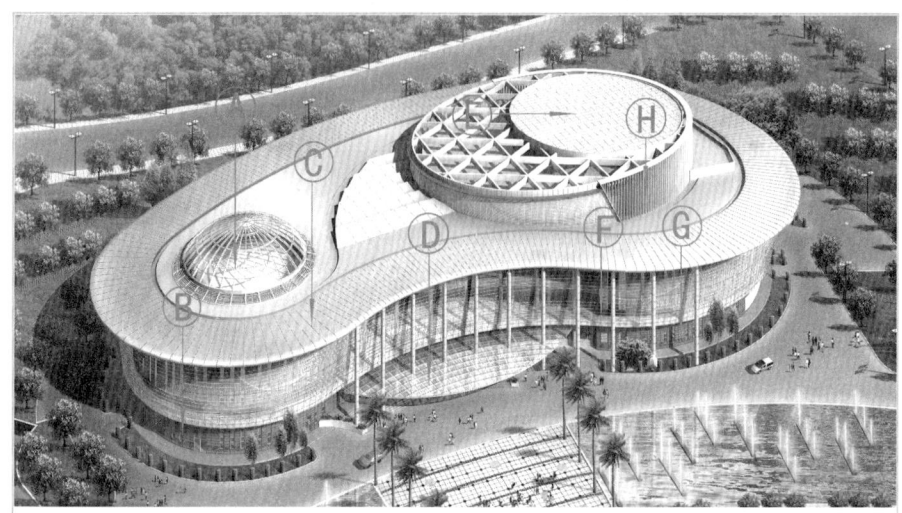

A—小剧场穹顶玻璃顶幕墙系统；
B—外墙窗洞明框玻璃幕墙系统；
C—屋面挑檐及钛合金幕墙蜂窝铝板系统；
D—玻璃雨棚幕墙系统；
E—椭圆形屋面铝单板装饰系统；
F—立面外层单索玻璃幕墙系统；
G—外墙陶土板幕墙系统；
H—外立面铝百叶及椭圆型屋面装饰铝百叶系统

图2 常州大剧院幕墙形式示意图

二层以上为内外两层，内外层幕墙间距约为2300mm（底部）和3750mm（顶部）。外层幕墙主要为倾斜式不锈钢单向（竖向）索承玻璃幕墙，菱形夹具形式，玻璃缝间开敞式构造，幕墙面积约为7300m²，内层幕墙主要为陶土板幕墙及隐框玻璃窗幕墙和超长吊挂全玻璃幕墙形式；屋面主要包括球形隐框玻璃采光穹顶幕墙、钛合金蜂窝铝板及铝单板金属屋面、铝合金金属装饰格栅等。

3 不锈钢单向拉索幕墙设计

常州大剧院建筑总平面由四段不同半径的圆弧组成，在圆心点固定的基础上，不同建筑标高的半径有所不同（图3），随建筑标高的增加，其半径也随之增加。由于建筑立面造型及建筑艺术效果表现的需要，外围护采用了单层单向（竖向）不锈钢拉索幕墙，建筑造型决定了其外倾斜式的构造特点。

3.1 总体设计

单层索网玻璃幕墙位于大剧院建筑标高5.3m以上，建筑标高19.300m以下，与地面夹角为83°，幕墙高度为14m，竖向共有5块玻璃分格，水平向在每个箱型断面钢柱间共有6块玻璃分格。玻璃最大分格尺寸为2821mm×1453mm，配置为10mm+1.52PVB+10mm钢化夹胶玻璃；拉索直径φ22.5mm，采用1mm×61mm不锈钢绞线，仅在玻璃竖向分格缝处设置，不设置水平受力索。因为建筑表现形式需要，在从下至上第2、第4块玻璃上各设置5根φ10mm水平五线谱装饰性拉索，悬挂动感音符标识，不参与结构作用。单层索网幕墙面板玻璃顶部及底部与混凝土结构梁之间设置铝合金格栅通风装置，作为内、外层幕墙的进风口和出风口。

二、设计与施工

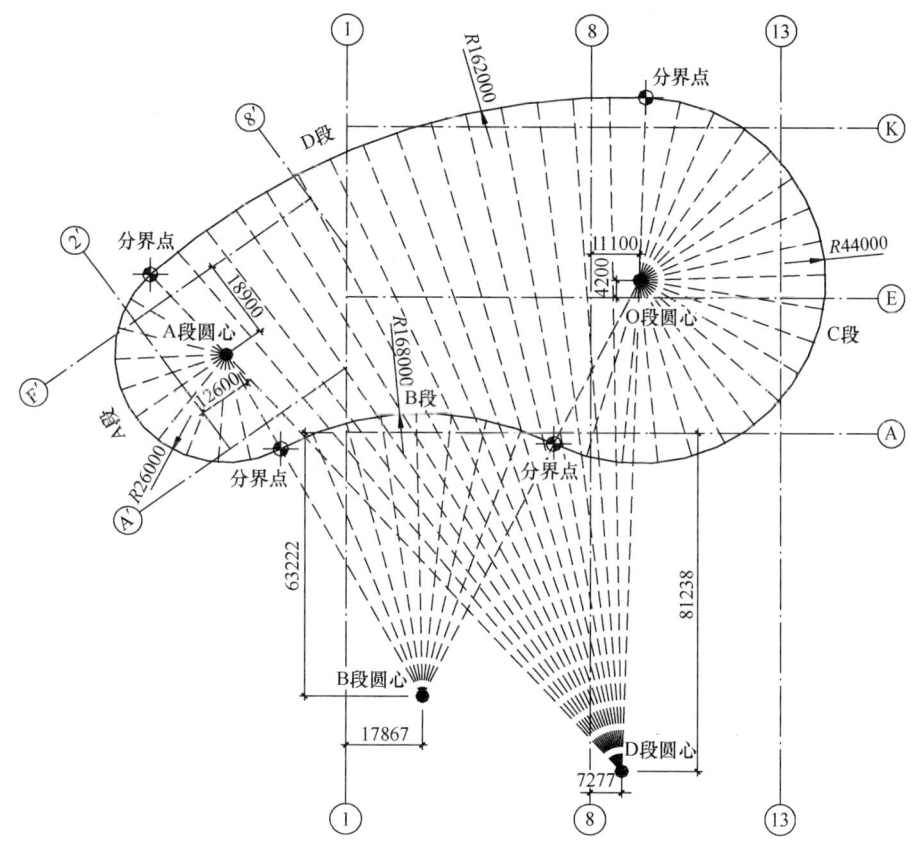

图3 单索幕墙底部建筑平面示意图

3.2 设计及计算参数的取值

基本风压：$W_0=0.40kN/m^2$（江苏常州地区，50年一遇）。

地面粗糙度：B类。

地震基本烈度为7度，近震考虑。

玻璃配置为钢化夹胶玻璃，10mm+1.52PVB+10mm，密度为25.6kN/m³，弹性模量 $E=0.72\times10^5 N/mm^2$。

拉索采用φ22.5mm不锈钢拉索，规格1mm×61mm，弹性模量 $E=1.3\times10^5 N/mm^2$，破断强度为340.66kN（单根不锈钢丝最小破断力 $F_y=1320MPa$）。

温差：单拉索幕墙结构设计温差-20～60℃；单拉索幕墙玻璃表面设计温差-20～60℃。

3.3 材料选用

玻璃：采用钢化夹胶玻璃，昆山台玻集团公司产品。

铝单板：3mm厚氟碳喷涂铝单板，铝合金材质3003H24，采用江苏合发集团"高格"牌产品。

玻璃胶：透明，杭州之江公司"金鼠牌"中性密封胶。

点式幕墙配件：所有不锈钢拉索、菱形夹具、驳接系统等材质为SUS316，深圳坚朗公司产品。

169

3.4 整体结构体系设计

由于主体土建结构承受不了单索的拉力,在整个主体土建结构周围采用了箱型断面的框格式钢结构,框格式结构与主体土建结构的连接采用铰接,使其能将水平荷载传递给主体土建结构,自身重量由主体土建结构承担。竖向单拉索顶部、底部直接作用在框格式结构上、下箱型断面的钢梁上,拉索拉力由框格式结构自身承担,不传递给主体结构(图4)。

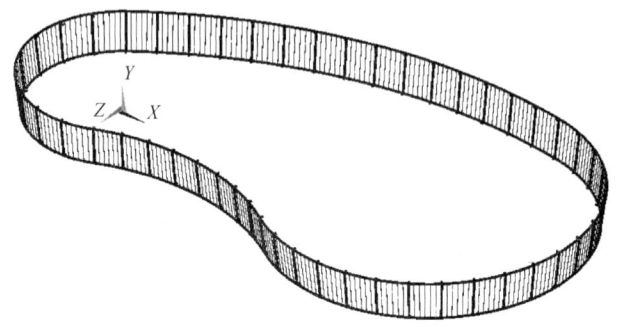

图4 单拉索幕墙结构支撑体系布置图

框格式钢结构均采用箱型断面,顶部、底部箱型钢梁断面尺寸为450mm×400mm×22mm×14mm,立柱箱型断面尺寸为400mm×300mm×10mm。框格式钢结构在顶部、底部箱型钢梁与立柱连接位置处采用铰接板与混凝土连接,立柱间设置5条竖向ϕ22.5mm不锈钢拉索,水平方不设受力索(图5)。

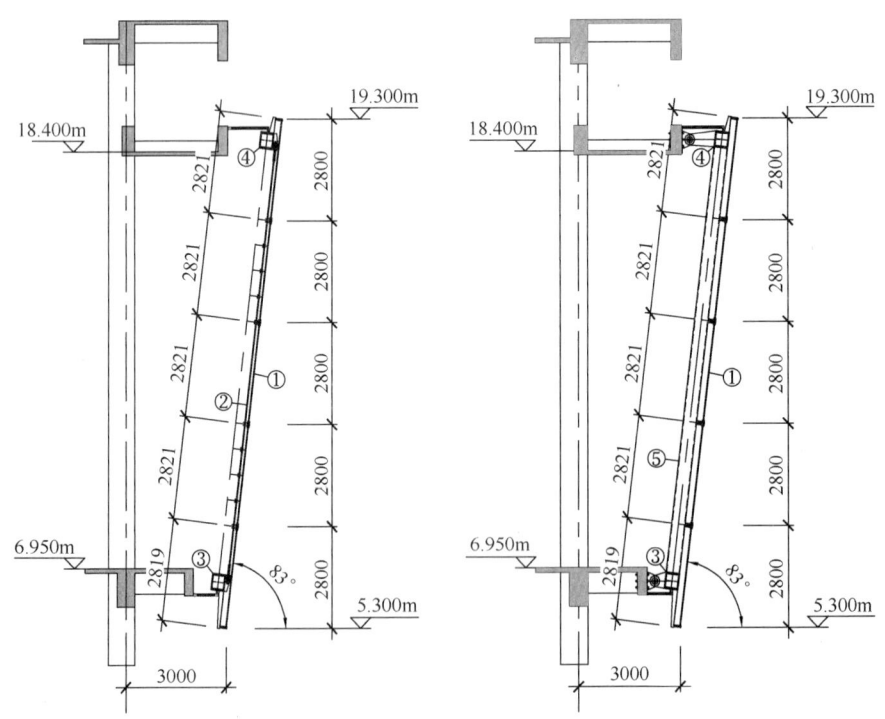

图5 幕墙结构支撑体系剖视图(mm)
①—幕墙玻璃;②—不锈钢拉索;③—底部箱梁;④—顶部箱梁;⑤—箱型立柱

为保证幕墙玻璃的安全，应控制单索结构体系的变形。变形过大会对幕墙玻璃造成不利影响；反之，单索变形控制过严，索的拉力也随之增大，对单索边界支撑条件的刚度要求就越高。单层索网本身不变形时，不能抵抗法向荷载，只有产生变形后才有法向承载力，因而索网的挠度和结构受力密切相关。随着荷载的增加，结构的位移在增加，随之结构承载力也在增加。因而在相同荷载增量下，结构的位移增量随之减小，相应索的伸长量减小和索拉力增加的减少。为达到理想的设计效果，以 $L/45$ 挠度限值来进行设计。为增加单层索网结构体系安全储备，竖向拉索采用 $\phi22.5mm$ 不锈钢绞线。

水平荷载由玻璃面板及不锈钢菱形夹具通过竖向不锈钢拉索传给顶部及底部 450mm×400mm×22mm×14mm 箱型钢梁，最后传递给顶部及底部混凝土梁；幕墙自重由竖向拉索通过顶部箱型钢梁和钢立柱传递给混凝土梁；竖向拉索的预张力及在荷载作用下产生的拉力由其周边框格式钢结构自身承担，不传递给主体结构。

3.5 节点构造设计

3.5.1 标准节点构造设计

竖向单层索网玻璃幕墙标准节点，采用了不锈钢菱形夹具连接的构造措施（图6），菱形夹具根部开凹槽，竖向不锈钢拉索采用 2 根 M10×40mm 不锈钢螺栓将其与菱形夹具不锈钢压块相连。利用不锈钢拉索与压块间的摩擦力来承担幕墙玻璃的自重（图6）。

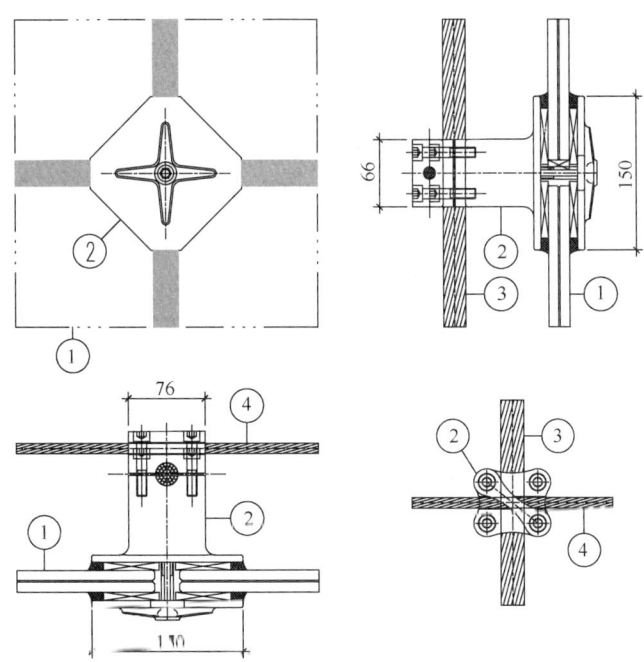

图 6 竖向单层索网玻璃幕墙标准节点
① 幕墙玻璃；②—不锈钢菱形夹具；③—不锈钢竖向拉索；④—不锈钢水平装饰拉索

在施工中，采用内六角扭矩扳手将 2 根 M10×40mm 不锈钢螺栓拧紧，扭矩扳手的扭矩值的设定按公式（1）进行计算：

$$M = k \times d \times p$$

式中 d——螺栓公称直径；

p——螺栓轴力，$p=G/u$；
M——施加在螺母上的扭矩；
k——扭矩系数；
G——玻璃及菱形夹具等自重设计值；
u——不锈钢拉索与不锈钢压块间摩擦系数。

3.5.2 竖向拉索端部节点构造设计

竖向不锈钢拉索顶部及底部节点锚固在顶部及底部箱型钢梁的外侧，为防止竖向单索在承受水平荷载变形时使拉索端部锚固端头螺杆产生弯曲，单拉索端头调节张拉装置采用半球铰机构（图7）。

为承受竖向不锈钢拉索的拉力，在顶部及底部箱型钢梁的外侧设计采用钢板拼焊成"U"形装置，U槽内底部钢板开大圆孔，上部或下部放置半球铰机构带半球型（内凹）的压块，外凸半球型压块中间开螺纹孔，通过拉索锚固端头螺杆与内凹半球型不锈钢压块相吻合。拉索锚固端螺杆通过半球铰机构在"U"槽内底部钢板内沿垂直幕墙玻璃面有±5°的万向旋转自由度，来适应单索幕墙的比较大的柔性变形。为防止半球铰机构在转动时产生金属噪声及保证转动灵活，半球铰机构内安装有1mm厚ETFE垫片（聚四氟乙烯－乙烯共聚物）。

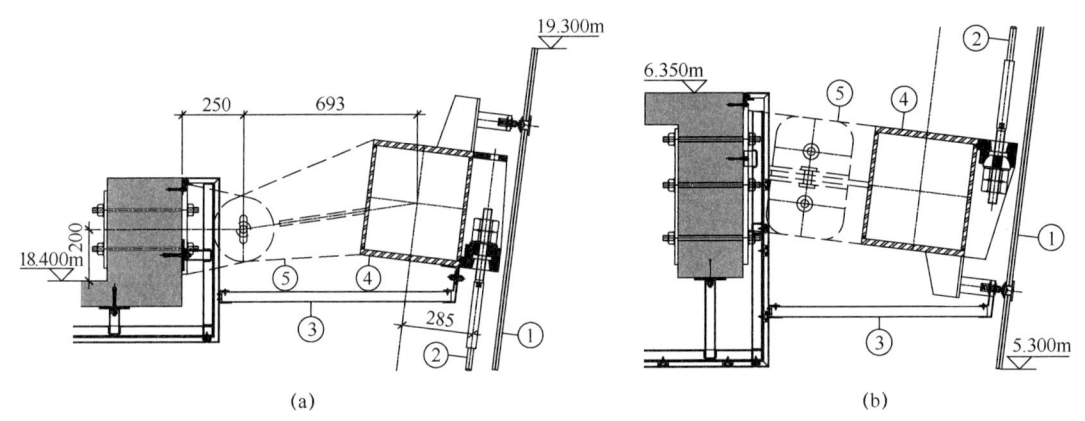

图7 竖向拉索端部节点构造
（a）上部节点构造（mm）；（b）下部节点构造
①—幕墙玻璃；②—不锈钢拉索；③—底部及顶部通风格栅；④—底部及顶部箱梁；⑤—铰接机构

3.5.3 水平五线谱装饰索节点构造设计

从下至上第2、第4块玻璃后竖向不锈钢拉索上设置5根ϕ10mm装饰性水平拉索[图8（a）]，用于悬挂音符标志。顶部、底部ϕ10mm装饰性水平拉索置于不锈钢菱形夹具后，中间三根ϕ10mm装饰性水平拉索采用不锈钢夹具安装在竖向不锈钢拉索上，在平面上分成7段固定安装，装饰水平索两端均采用弹簧套筒支座固定[图8（b）]。

为避免ϕ10mm装饰性水平拉索参与结构作用，水平拉索在施工安装时给予100kg的预张力，拉直即可，采用2根M10不锈钢螺栓通过不锈钢压块将其紧固在竖向拉索上，水平拉索在夹具上的固定孔径采用ϕ12mm，保证装饰水平索可以在孔内水平滑动。另外，为保证水平五线谱装饰索在竖索承受正负风压时不参与受力及不至于失去预拉力弯曲下垂，故水

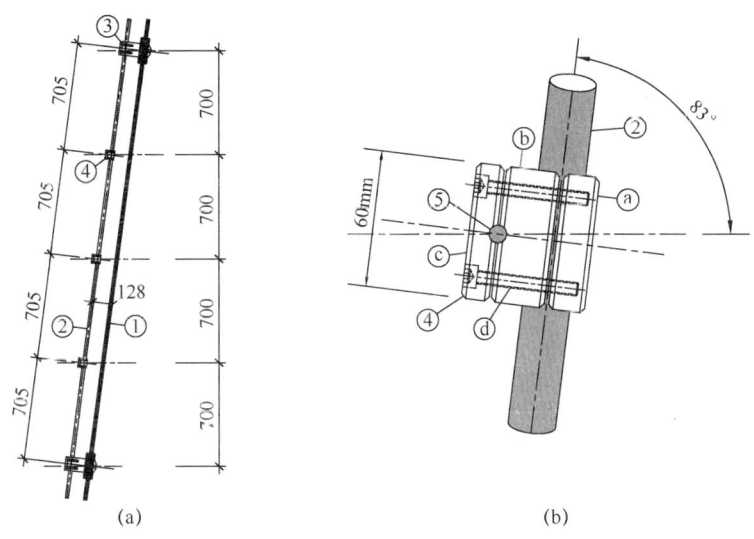

图 8 装饰性水平拉索
(a) 装饰性水平拉索剖视图 (mm); (b) 装饰性水平拉索构造示意图
①—幕墙玻璃;②—不锈钢拉索;③—不锈钢梅花夹具;④—不锈钢装饰夹具;⑤—不锈钢装饰索;
a—不锈钢前压块;b—不锈钢中间压块;c—不锈钢后压块;d—不锈钢螺栓

平 $\phi 10mm$ 五线谱装饰索两端采用弹簧套筒支座固定（图9）。音符标识安装挂接在竖向拉索菱形夹具上，由竖向拉索承担其重量。

图 9 弹簧套筒支座示意图

4 结构计算

在结构计算过程中，采用 ANSYS9.0 对单拉索结构进行空间有限元分析，并对施工状态、正常使用极限状态、承载能力极限状态三种状态进行分析，为施工提供技术参数和指导。

4.1 拉索设计

对于拉索轴心拉压构件：轴心拉力设计值 $N \leqslant Z_B$（拉索承载能力设计值）。

4.2 结构计算的基本理论

（1）本工程结构设计采用承载能力极限状态法和正常使用极限状态法设计。

(2) 玻璃幕墙构件内力应采用弹性方法计算，其截面最大应力设计值不应超过材料强度的设计值：$\sigma < f$。

(3) 荷载和作用效应可按公式（2）进行组合：

$$S = \gamma_G S_{GK} + \gamma_w \psi_w S_{wK} + \gamma_E \psi_E S_{EK} \tag{2}$$

玻璃幕墙结构按各效应组合中的最不利组合进行设计。

4.3 计算工况

根据单索幕墙工程施工工艺以及结构承受载荷要求，需要进行下面几种工况的幕墙结构模型程序计算。

4.3.1 施工状态模拟计算

1.0×拉索预拉力+1.0×自重。

4.3.2 正常使用极限状态计算

(1) 1.0×预拉力+1.0×自重+1.0×风荷载+0.6×地震荷载。

(2) 1.0×预拉力+1.0×自重+1.0×风荷载+0.6×ΔT（+60℃）。

4.3.3 承载能力极限状态计算

(1) 1.0×预拉力+1.2×自重+1.4×风荷载+0.6×1.3×地震荷载。

(2) 1.0×预拉力+1.2×自重+1.4×地震荷载+0.6×1.3×ΔT（-20℃）。

在施工深化设计过程中，负责提供幕墙结构对建筑主体混凝土结构的支座反力，由设计院考虑负责建筑主体结构的安全复核。同时需要注意的是，竖索幕墙拉索位移（变形）由于目前尚无国家标准，本工程参照国内外大量类似工程经验以及相关试验结果，按1/45控制。

需要指出的是，本工程拉索属于斜向单索体系，拉索位移应不考虑幕墙自重产生的位移，而是幕墙成形后外部荷载作用下产生的位移。

4.4 有限元建模

模型计算采用有限元程序 ANSYS9.0，计算模型如图10所示。拉索模型计算基本假设为：

(1) 拉索构件材料完全符合线弹性。

(2) 拉索构件只能承受轴向拉力，不能承受轴向压力。

(3) 拉索构件不能承受任何方向的弯矩。

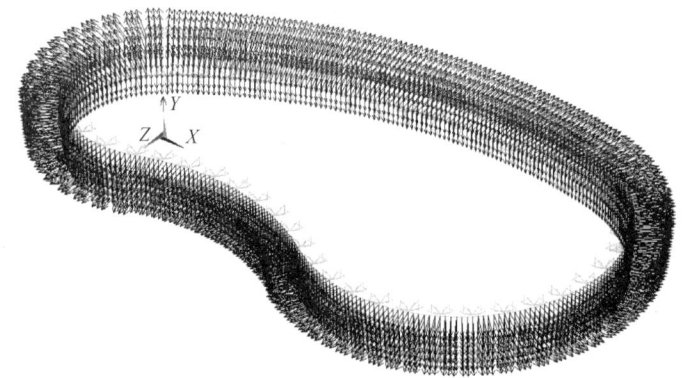

图10 单索幕墙计算模型

4.5 边界条件

结构计算模型下端箱型钢横梁采用三向铰支座与建筑物主体结构连接，上端箱型钢横梁采用竖向平面铰支座与建筑物主体结构连接。幕墙自重经箱型钢立柱传递给标高6.35m处的建筑主体混凝土结构梁。

4.6 荷载施加

计算工况包括幕墙结构承受外荷载作用要求的所有工况，构件本身的自重和地震荷载在有限元模型中为均布荷载，而玻璃自重及地震作用，以及风荷载等效为相应的集中荷载。钢结构自重由程序自动考虑。

4.7 计算结果

4.7.1 施工状态计算结论

（1）幕墙拉索张拉完毕+安装玻璃面板后，主体钢结构箱型横梁构件产生16.6mm的竖向位移。

（2）幕墙拉索张拉完毕+安装玻璃面板后，主体钢结构箱型立柱构件产生26.6mm的竖向位移。

（3）幕墙拉索玻璃完毕后，主体钢结构箱型梁构件产生16.6mm的竖向位移；因此主体钢结构制作安装应采取预起拱，以满足幕墙需要。

（4）分析施工过程结构计算，竖向拉索理论预拉力$T=127.9$kN，张拉完毕后其拉力稍稍减少；竖向拉索在整个张拉过程中的内力变化比较复杂，实际张拉施工时应严格根据计算报告采取合理措施。

4.7.2 正常使用极限状态计算结论

（1）幕墙在最不利荷载作用下，竖向拉索位移$f=274.4$mm$<12450/45=276.7$mm，因此拉索位移满足要求；

（2）幕墙在最不利荷载作用下，箱型钢横梁位移$f=22.4-15.9=6.5$mm$<8532/600=14.2$mm，因此钢横梁位移满足要求。

4.7.3 承载能力极限状态计算结论

（1）幕墙结构在最不利荷载作用下，竖向拉索应力$\sigma=590.4$N/mm$^2<[\sigma]=630.8$N/mm^2，拉索应力满足要求；

（2）幕墙结构在最不利荷载作用下，箱型钢横梁应力$\sigma=159.3$N/mm$^2<[\sigma]=205$N/mm^2，钢横梁应力满足要求。

（3）幕墙结构在最不利荷载作用下，箱型钢立柱应力$\sigma=114.3$N/mm$^2<[\sigma]=215$N/mm^2，钢立柱应力满足要求。

5 不锈钢单向拉索幕墙施工

5.1 施工张拉设备

考虑到ANSYS计算中设定的拉索理论预拉力在钢框架的变形、工况计算中拉索的预拉力会减小，故理论预拉力并不是施工时的有效预拉力，经计算，施工时的有效预拉力为103kN，采用扭矩扳手人工张拉方法很难使单索达到预拉力值，实际施工时采用液压泵+液压千斤顶机械张拉方法。

5.2 施工张拉顺序

在进行拉索张拉前，先将竖向不锈钢拉索安装到位，采用扭矩扳手先将拉索拉直，使拉索的拉力在 10kN 左右，拉索在每个施工张拉步骤中按"先中间，后左右两侧"的顺序进行，即在每个施工张拉步骤中先张拉钢框内中间竖向拉索，中间竖向拉索张拉完毕后，再张拉其左右两侧竖向拉索，依次进行，直到竖向拉索张拉完毕。

5.3 施工张拉步骤

（1）采用带拉力传感器的液压千斤顶进行第一级张拉，第一级张拉到预拉力值的 25%，达到张拉值后测量单索支撑结构的变形情况。

（2）待所有竖向单索第一级张拉完毕后进行第二级张拉，第二级张拉到预拉力值的 50%，达到张拉值后测量单索支撑结构的变形情况及采用索内力测力仪测量拉索的内力。

（3）待所有竖向单索第二级张拉完毕后进行第三级张拉，第三级张拉到预拉力值的 75%，达到张拉值后测量单索支撑结构的变形情况及采用索内力测力仪测量拉索的内力。然后持续 24h 后再进行第二次测量，对达不到预拉力值的拉索进行补偿和调整。

（4）待所有竖向单索第三级张拉完毕后进行第四级张拉，第四级张拉到预拉力值的 105%（5%为超张拉数值，具体超张拉数据，要依靠张拉设备装卸、环境温度、支撑钢结构变形等多种因素来加以判定），达到张拉值后测量单索支撑结构的变形情况及采用索内力测力仪测量拉索的内力。然后持续 72h 后再进行第二次测量，对达不到预拉力值的拉索进行补偿和调整，使每根拉索的预拉力值满足设计要求。

（5）每阶段预拉力张拉值误差控制在±8%。

5.4 施工注意事项

（1）施工时预拉力值的确定要按施工时的气温变化调整预拉力，要按照合拢温度与预拉力值对照表最终确定每一级张拉预拉力值。

（2）张拉设备的拉力传感器及索内力测力仪在使用前应进行标定，保证测量的准确性。

（3）竖向单索张拉完毕且索夹具及驳接爪件安装后应进行沙袋配重试验。将相当于 1.2 倍玻璃重量的沙袋挂在每个节点处，与玻璃的重力线在同一竖向平面内，沙袋的挂放按玻璃安装顺序进行。对索的内力进行测量，并测量节点的位移情况，考察玻璃安装后索的内力变化情况及节点的位移和变形是否在设计允许范围内。在沙袋卸载后考察拉索的复位情况及内力变化，符合设计要求后方可进行玻璃的安装。

双层"集热腔"玻璃幕墙的设计实践

殷兵利　董　彪　杨洪智

中国建筑西南设计研究院有限公司　四川成都　610041

摘　要　双层玻璃幕墙具有优异的保温、隔热、隔声、防雨等功能，但由于幕墙构造复杂、造价高，对建筑项目的造价成本提出了较高的要求。本文结合高寒地区气候特点，因地制宜，利用传统双层玻璃幕墙的保温原理，创新性地采用门窗构造实现了双层"集热腔"，充分改善了冬季高寒地区室内的气温条件，同时较好地控制了工程造价，为此类幕墙工程的设计提供了新的思路。

关键词　双层幕墙；保温蓄热；集热腔；节能；幕墙构造

Abstract　Double glass curtain wall has excellent functions of heat preservation, heat insulation, sound insulation, rain protection and so on. However, because of the complex structure and high cost of curtain wall, higher requirements are put forward for the cost of construction projects. In this paper, according to the climatic characteristics of the alpine area and the local conditions, innovatively using the thermal insulation principle of the traditional double glass curtain wall and structure of windows to construct a double-layer "heat collecting cavity", which fully improves the indoor temperature conditions in the alpine area in winter, while better controlling the cost of construction, provides a new idea for the design of such curtain wall projects.

KEYWORDS　double-skin facade; heat preservation and accumulation; heat collecting cavity; energy conservation; construction of curtain wall

1　引言

　　双层玻璃幕墙具有优异的保温、隔热、隔声、防雨等功能，已在我国多项建筑幕墙工程中成功应用。由于双层幕墙在夏季、冬季和春秋季，对应有隔热、保温和通风换气的功能需要，因此通常在最外层玻璃幕墙上设置通风百叶或电动开启扇，同时在缓冲腔的层间设置较为复杂的进气和出气隔断，幕墙构造复杂、造价较高，通常在一些品质较高或造价充裕的建筑项目中使用。

　　我国地域辽阔，不同地区的气候差异较大。在夏热冬暖地区，太阳辐射时间较长，大气温度较高，外幕墙以遮阳、隔热的功能为主；而在严寒或寒冷地区，冬季漫长，外幕墙则以保温、蓄热的功能为主。因此，从幕墙节能与造价的平衡角度而言，在严寒或寒冷地区且造价控制较为严格的建筑项目，玻璃幕墙应加强保温和蓄热功能，以提高建筑节能，控制工程造价。四川省若尔盖县下热尔村处于高海拔、严寒地区，该村的小学宿舍楼项目建设就是因地制宜地充分利用当地白天充足的阳光照射，在玻璃幕墙设计中应用"集热腔"原理，高效地实现了双层玻璃幕墙的保温、蓄热功能，同时控制了工程造价。

2　工程概况

下热尔村小学位于四川省阿坝藏族自治州若尔盖县，地处青藏高原东北边缘、四川省北部，县城海拔3406m。高海拔的地域特点，赋予了这里美丽的同时，也给这片土地上的人们出了一道难题——高寒。若尔盖县属高原寒温带湿润季风气候，常年无夏，年平均气温1.1℃，低于拉萨7.4℃的年平均气温。每年9月下旬，土地开始冻结，5月中旬完全解冻，冻土最深达72cm，高寒的气候曾使生活在阿西乡下热尔村小学的孩子们苦不堪言。

学校原有的学生宿舍建设于20世纪80年代，为砖木结构。由于校舍建设时间长，年久失修，存在一定的安全隐患，且宿舍内没有安全有效的供暖设施，严寒的冬季，孩子们不仅要盖着厚厚的棉被，还要裹上厚厚的棉衣棉裤方能入睡。即使这样，孩子们还经常在半夜被冻醒，整个冬天饱受冻疮的困扰和折磨（图1、图2）。

图1　校舍旧址

2013年，一对上海爱心夫妇携手中国扶贫基金会，提出运用节能环保的理念，利用高原特有的优势资源——太阳能光照，在不借助其他任何能源的情况下，在造价可控的同时，为孩子们建造一栋全被动式节能宿舍——"暖巢一号"。本项目由中国建筑西南设计研究院有限公司赞助设计，并由院总建筑师钱方担任设计总负责人，旨在为孩子们提供温暖舒适的校舍（图3、图4）。

新建宿舍楼建筑高度13.286m，地上建筑4层。建筑面积1300m²，双层玻璃幕墙面积300m²，共有校舍18间，投入使用后，能够解决全校163名学生的住宿问题。

二、设计与施工

图 2 校舍旧址内部

图 3 新校舍建成照片

图 4 新校舍建成照片

3 双层幕墙系统设计

3.1 幕墙系统架构

本项目位于四川省阿坝州,属于我国寒冷地区。若采用传统的玻璃幕墙进行设计,由于窗墙比过大将直接影响室内建筑节能效果;若采用传统的双层玻璃幕墙,则会由于造价较高不能实现本项目的造价控制。因此,我们决定因地制宜地利用若尔盖地区白天丰富的光照资源,结合双层幕墙构造,采用"集热腔"原理来设计幕墙构造。在本项目的南立面创新性地采用了内层大洞口中空玻璃铝合金断热门窗+外层通高单层玻璃幕墙系统的设计方式。

白天利用内、外两层玻璃幕墙之间的缓冲空腔形成"集热腔",高效地加热空腔内的空气并与室内空气形成交换,提升房间内的气温;夜晚通过窗户内侧加厚型棉毡保温窗帘和聚氨酯喷涂保温墙体进行保温和蓄热,阻挡房间内热量的散失。经过热工理论分析和工程竣工后的实际测试,本项目双层幕墙系统实现了优异的保温蓄热的要求。

具体构造:外层采用单片钢化白玻幕墙系统(门窗构造),内层为土建聚氨酯喷涂保温墙体+铝合金断热门窗系统,控制两层墙体之间距离形成"集热腔"。在白天,阳光透过外层玻璃幕墙加热"集热腔"内的空气,腔体内的温度积聚上升,热空气透过内层门窗系统进入室内;在夜晚室内保温棉毡窗帘关闭,阻止室内热量散失。每间宿舍的室外"集热腔"相互独立、封闭,既提高了腔体内空气的加热效率,又减缓了腔体间空气的对流,降低热量损失(图5~图8)。

在非寒冷季节,为了满足室内自然通风和换气的功能要求,在外层玻璃幕墙立面上设置悬窗开启。开启扇在寒冷季节保持常闭,在非寒冷季节可开启换气。

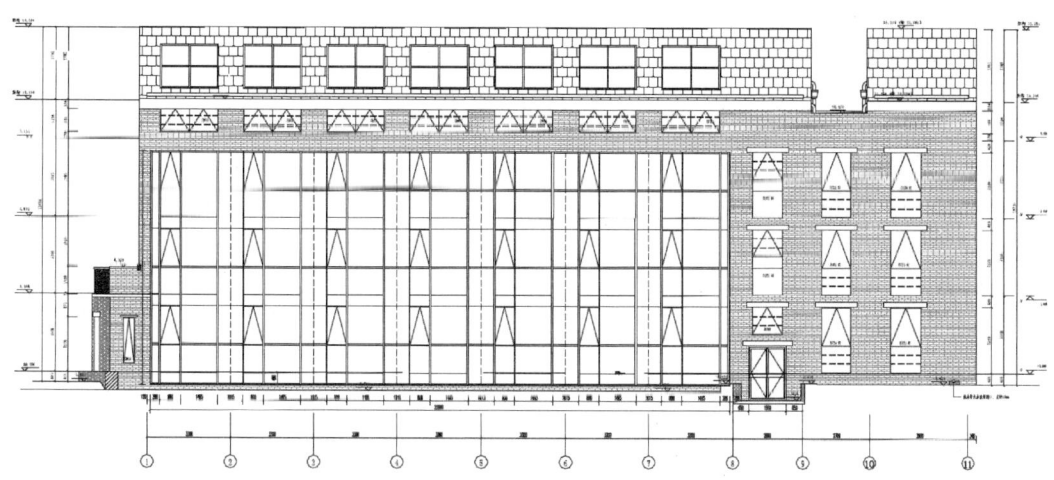

图 5　幕墙典型立面图

图 6　幕墙建成典型立面照片

3.2　幕墙构造节点设计

幕墙构造节点设计图如图 9～图 11 所示。

3.3　幕墙热工性能测试

项目竣工后，我们经过实地测试，校舍房间可成功实现室外－20℃至－10℃的严冬环境中，室内温度不低于12℃。实现了仅依靠双层玻璃幕墙的"保温蓄热"，不借助任何能源就可以保证孩子们顺利渡过高寒地区寒冷的冬天（图12、图13、图14）。

图 7 幕墙建成典型立面照片

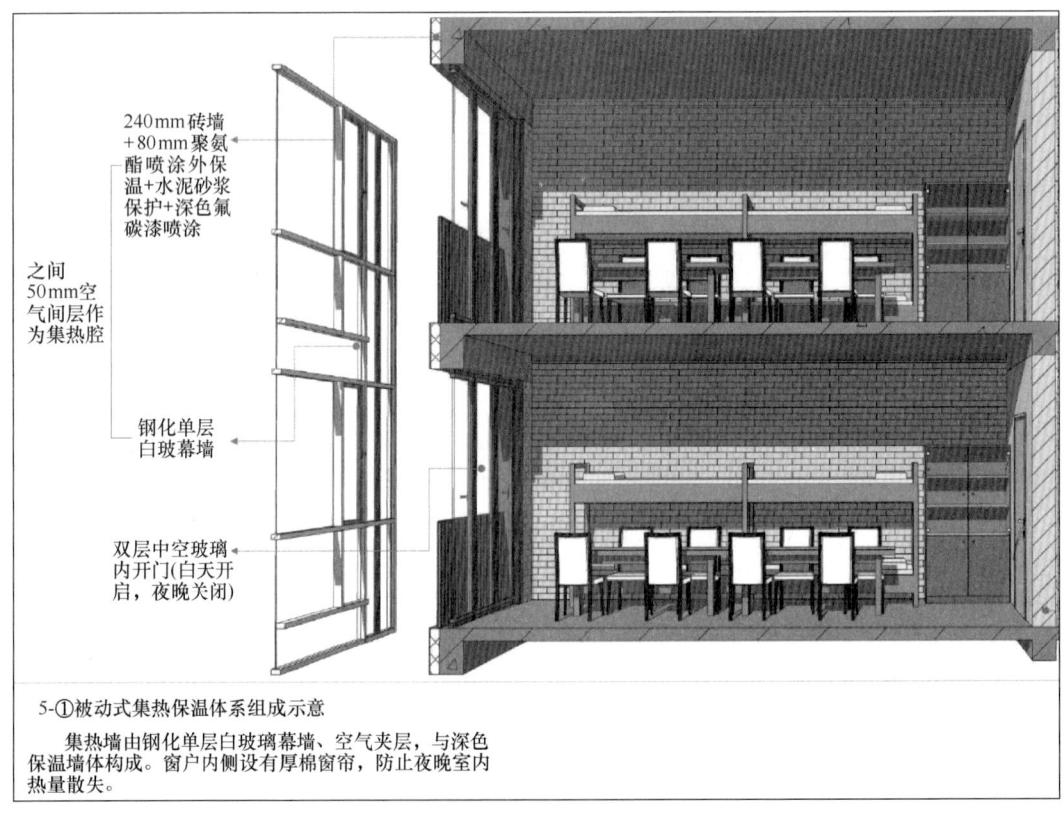

5-①被动式集热保温体系组成示意
集热墙由钢化单层白玻璃幕墙、空气夹层，与深色保温墙体构成。窗户内侧设有厚棉窗帘，防止夜晚室内热量散失。

图 8 双层幕墙系统图解示意

二、设计与施工

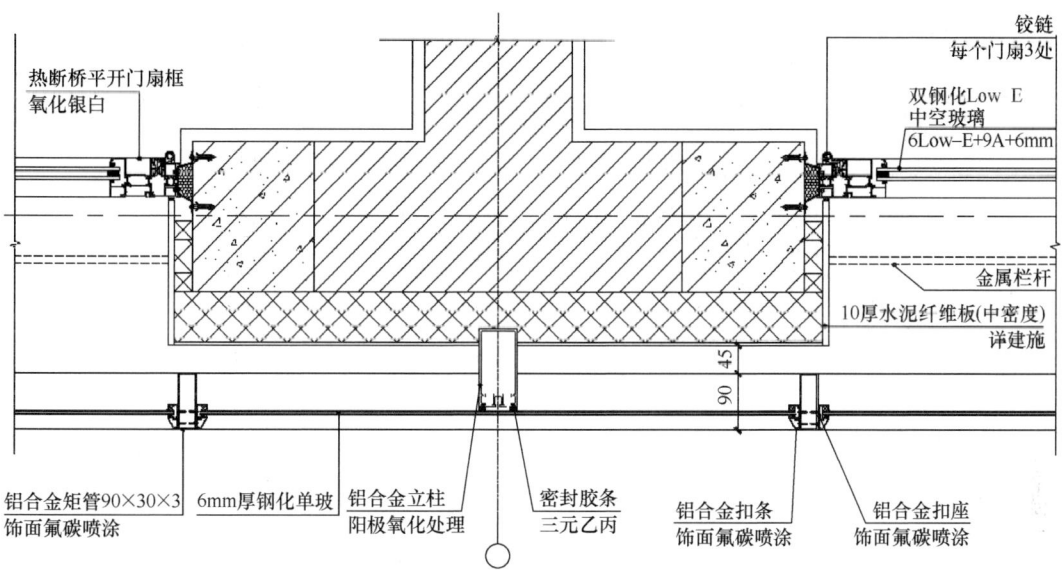

图 9　双层幕墙隔断位置（无开启扇）横剖节点（mm）

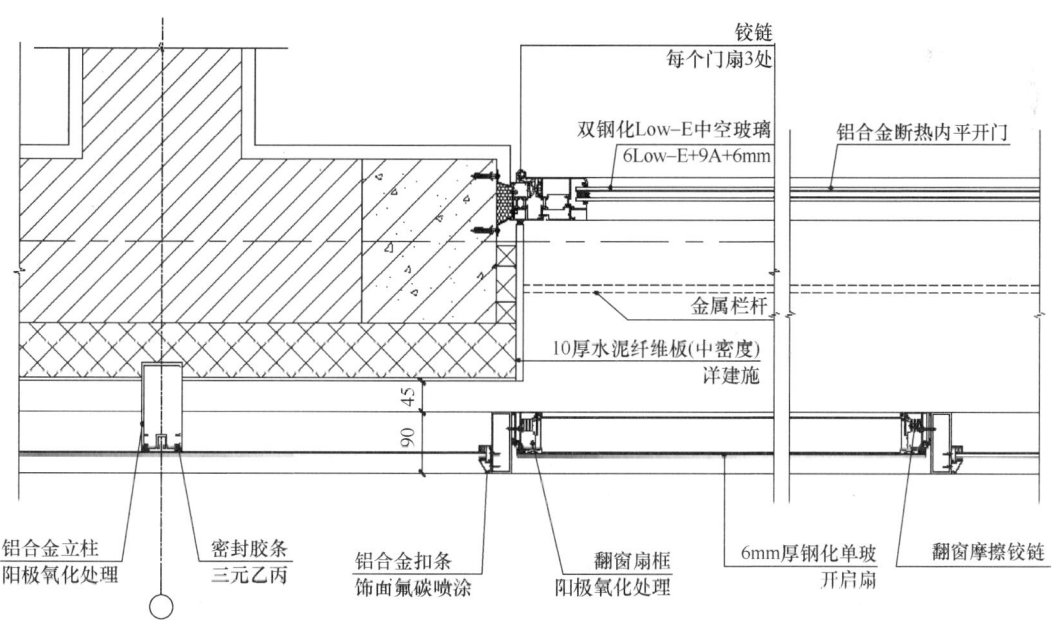

图 10　双层幕墙隔断位置（有开启扇）横剖节点（mm）

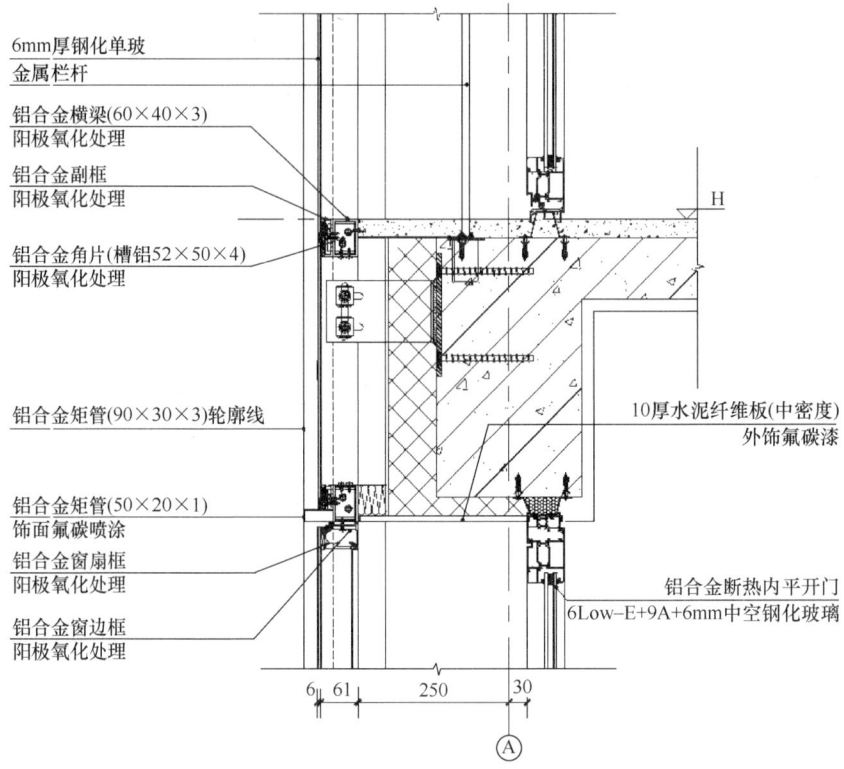

图 11 双层幕墙层间竖剖节点（mm）

图 12 测试房间位置

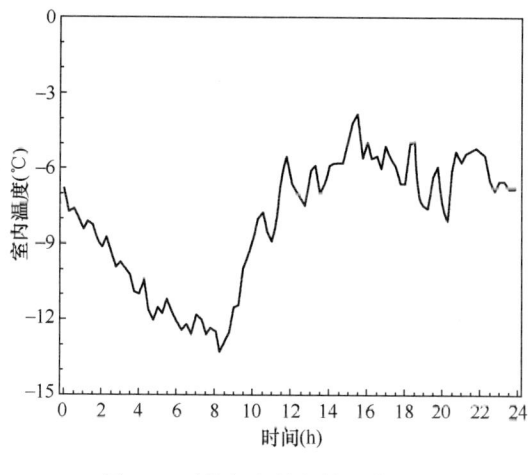
图 13 下热尔小学室外环境温度

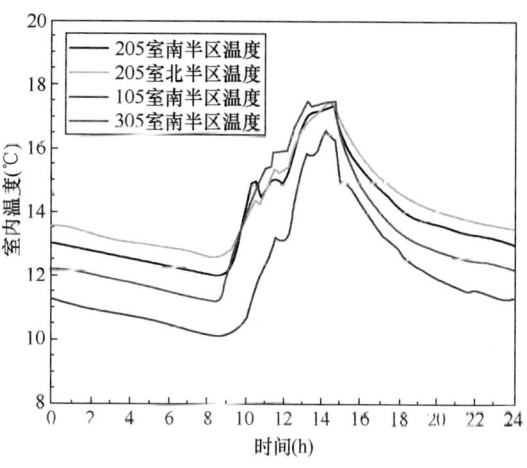
图 14 各宿舍室内温度变化

4 结语

本项目于 2014 年 9 月完成施工图设计工作，在参建各方共同的努力下，克服重重困难于 2016 年 5 月底竣工。项目规模虽然不大，但幕墙设计工作有诸多挑战：尽量控制和节约工程造价，满足建筑节能要求，利用现有铝合金模具进行设计和施工等。通过我们的理论分析和实地测试，使最初确定的双层"集热腔"玻璃幕墙构造经受住了理论和实测的双重考验，结果在一定程度上超乎了我们的想象。这是一段有意义、有温暖的设计经历，看到孩子们开心的笑脸，我们深感欣慰。

参考文献

[1] 中国建筑科学研究院. 民用建筑热工设计规范：GB 50176—2016[S]. 北京：中国建筑工业出版社，2016.
[2] 中国建筑科学研究院. 公共建筑节能设计标准：GB 50189—2015[S]. 北京：中国建筑工业出版社，2015.

作者简介

殷兵利（Yin Bingli），男，1982 年 2 月生，高级工程师，研究方向：幕墙工程，中国建筑西南设计研究院有限公司建筑幕墙设计所副总工程师，四川省成都市高新区天府大道北段 866 号；邮编：610041；联系电话：18183299919；E-mail：43275693@qq.com。

芜湖文化艺术中心异型金属屋面的设计与施工

陆立刚

秦皇岛渤海铝幕墙装饰工程有限公司　上海　200125

摘　要　本文结合芜湖文化艺术中心工程异型金属屋面系统工程实例，分析了异型金属屋面系统的结构与构造设计思路、典型关键节点和相关施工特点，介绍了屋面主体异型空间球网架钢结构设计、内层屋面钢檩条与主体钢结构网架的连接设计、屋面防潮设计、防结露设计、节能设计、隔声吸声设计、内层直立锁边屋面板的设计、外层屋面钢构架设计、开放式构造外层屋面蜂窝铝板设计、屋面排水系统设计、屋面系统的防雷设计、屋面系统上人钢梯和防坠落系镏环的设计等。

关键词　钢结构建筑信息子模型；异型空间球网架钢结构；双层金属屋面系统；直立锁边金属屋面；高强度铝合金T形支座；虹吸式屋面雨水排水系统

Abstract　This paper combined the engineering example of the special metal roof system of Wuhu culture and Art Center project, analysed the structure and structural design ideas of the special metal roof system, typical key details and related construction features. This paper introduced the design of steel structure of the roof main special-shaped space spherical grid, the connection design of inner roof steel purlin and main steel structure grid, the roof dampproof design, the anti-condensation design, the energy-saving design, the sound insulation and sound absorption design, the design of inner standing seam metal roof panel, the design of outer roof steel frame, the design of open type structural outer roof honeycomb aluminum panel, the design of metal roof drainage system, lightning protection design of metal roof system, the design of steel ladders and anti-falling rings on metal roof system, etc.

Keywords　sub building information model for steel structures; steel structure of the special-shaped space spherical grid; double-skin metal roof; standing seam metal roof; high-strength aluminium alloy T-shaped support; siphonic drainage systems of roof

1　引言

芜湖文化艺术中心位于芜湖市黄山西路，紧邻长江沿岸，由文化中心、艺术中心两个单体建筑以及配套商业设施构成，文化中心建筑标高31.6m，艺术中心建筑标高21.5m。文化中心造型如同一枚开启的贝壳，饱满而丰盈，而位于其北面的艺术中心则取形于一枚完整贝壳，体型丰盈剔透、顺势而卧，以贝壳孕育珍珠来寓意芜湖城市依江发展的勃勃生机和璀璨前景，为芜湖市标志性建筑。

芜湖文化艺术中心工程二层及以下为一个结构整体，二层以上为文化中心、艺术中心两个独立的结构单元，设一层地下室。文化中心、艺术中心地上四层，采用全现浇钢筋混凝土框架结构，屋面采用支撑于钢筋混凝土主体结构上的异型空间钢结构。

首层商业房采用框架结构铝合金中空玻璃幕墙（局部采用点式玻璃幕墙）；二层以上采用钢铝组合结构曲面玻璃采光天窗及弧形铝合金遮阳百叶；屋面系统采用双层金属屋面，外层屋面为15mm厚氟碳喷涂铝合金蜂窝板，内层屋面采用0.9mm厚原色锤纹铝合金板直立锁边系统。

芜湖文化中心和艺术中心外形为被垂直曲面切割的球面体，设计与施工难度很大，必须结合工程实际情况，采取适应本工程的异型幕墙和金属屋面结构设计、施工工艺才能控制好建筑造型，实现建筑效果（图1、图2）。

图1 芜湖文化艺术中心效果图　　　　图2 芜湖文化艺术中心施工现场图片

2 芜湖文化中心异型金属屋面的设计

2.1 芜湖文化中心金属屋面系统的构造设计

芜湖文化中心金属屋面系统构造层典型节点如图3、图4所示。

2.2 文化中心屋面主体钢结构设计

文化中心屋面主体钢结构采用支撑于钢筋混凝土主体结构上的异型空间钢结构，其外形非常复杂。本工程采用BIM技术指导异型空间钢结构的设计、测量放线、构件加工及现场安装全过程。利用专用软件进行三维建模，确定异型空间钢结构各定位点和钢构件尺寸，对钢构件进行编码，再按编码部件虚拟装配出异型空间钢结构整体模型，实现虚拟装配和施工模拟，并依此对异型空间钢结构安装施工作业流程予以优化。结合BIM技术制定异型空间钢结构的测量、定位放线和安装控制专项方案，利用全站仪、激光经纬仪、光学水准仪等先进的测量工具，实行异型空间钢结构工程全程测控和安装偏差控制。利用钢结构建筑信息子模型将异型空间钢结构的构件模型尺寸转换为加工尺寸数据，并将数据输入加工设备进行构件加工，然后在工厂按照钢结构建筑信息子模型指导模拟现场实际进行构件预拼装，复核无误后再运到现场安装。文化中心异型空间钢结构网架如图5~图10所示。

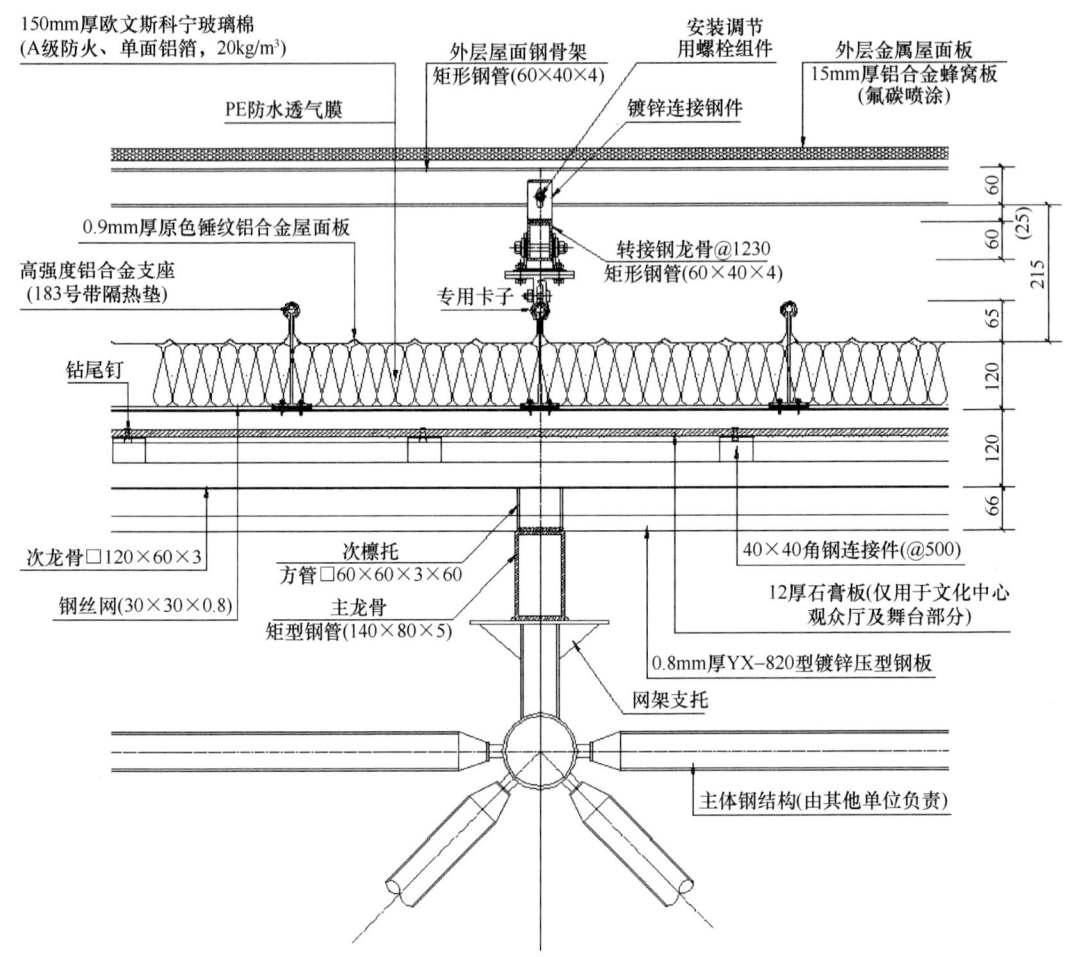

图 3 金属屋面系统构造层典型纵节点（mm）

2.3 文化中心内层屋面檩条与主体钢结构网架的连接设计

根据内层屋面檩条与网壳连接设计需求，网架上弦每个连接球顶部及网架周边连接球底部均设置檩托支座。钢结构网架支托（檩托）的安装精度是确保屋面整体外形尺寸的关键，网架支托采用 Q235B 钢材机械加工制作，在主体钢结构网架安装完成后，利用全站仪对每个网架支托点进行空间位置测量，并利用测得的空间三维数据重新建立三维模型，并与原设计三维模型对照，确定每个网架支托安装的长度尺寸（图 11）。通过调节网架支托旋入网架球体的尺寸，可以吸收由于主体钢结构网架产生的部分偏差。

内层屋面的主龙骨（主檩条）采用 140mm×80mm×5mm 矩形钢管，纵向布置@2800mm，安装在网架支托上。内层屋面的次檩托采用 60mm×60mm×3mm 方钢管，次龙骨（主檩条）采用 120mm×60mm×3mm 矩形钢管，横向布置@1210mm，为确保内层屋面安装后的外形尺寸，在安装次龙骨时必须将结构偏差调节到设计允许偏差范围内（图 12）。

内层屋面的底层防水镀锌钢板采用 0.8mm 厚 YX-820 型镀锌压型钢板，可解决屋面伸缩变形的问题，又为安装人员提供了安全可靠的踏板，应避免施工时损坏底层钢板（图 13、图 14）。

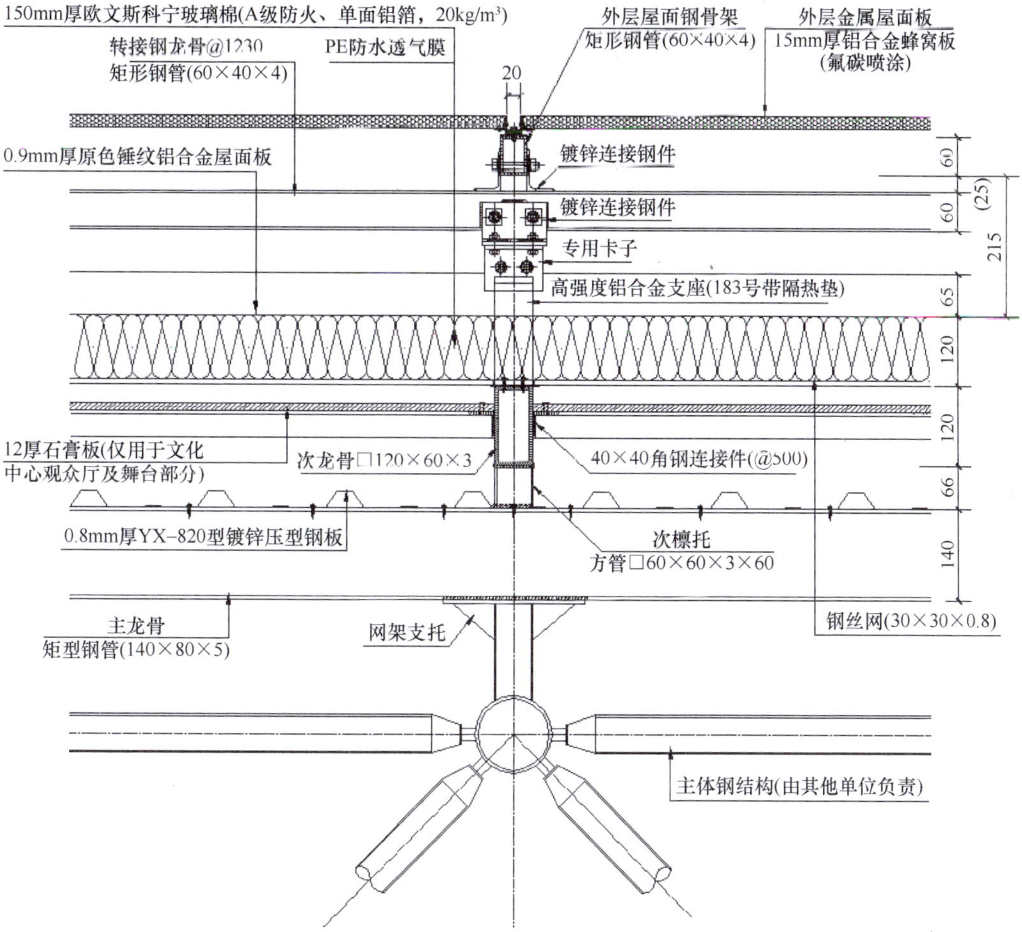

图 4 金属屋面系统构造层典型横节点

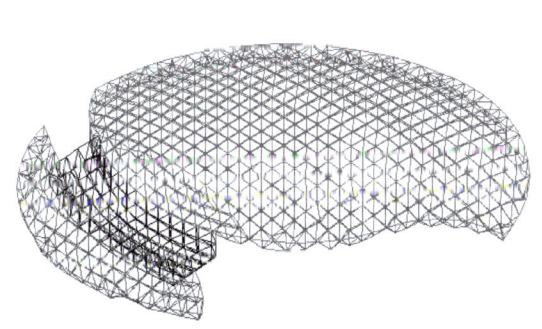

图 5 文化中心异型空间
钢结构网架轴测图

图 6 文化中心异型空间钢结构
网架现场图片

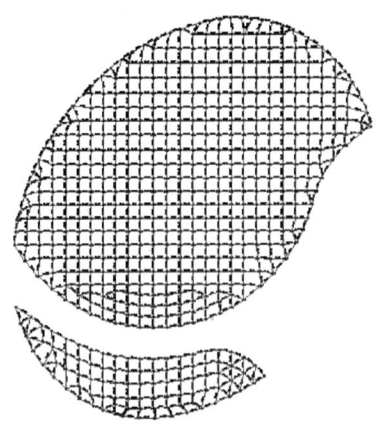
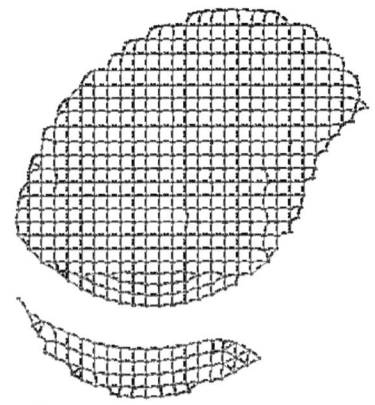

图 7　钢结构网架上弦安装图　　　　图 8　钢结构网架下弦安装图

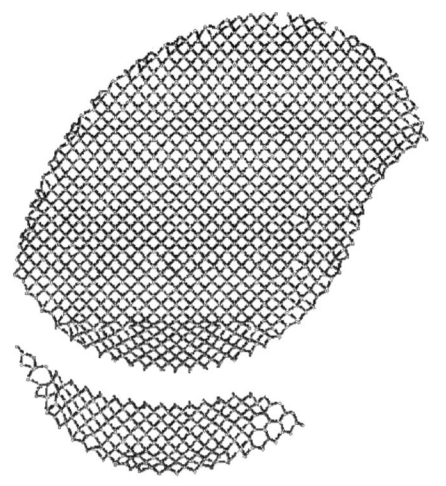
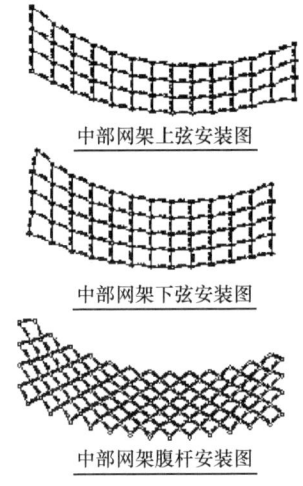

图 9　钢结构网架腹杆安装图　　　　图 10　钢结构中部网架安装图

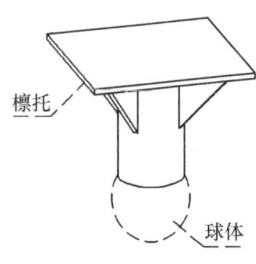

图 11　钢结构网架支托（檩托）图

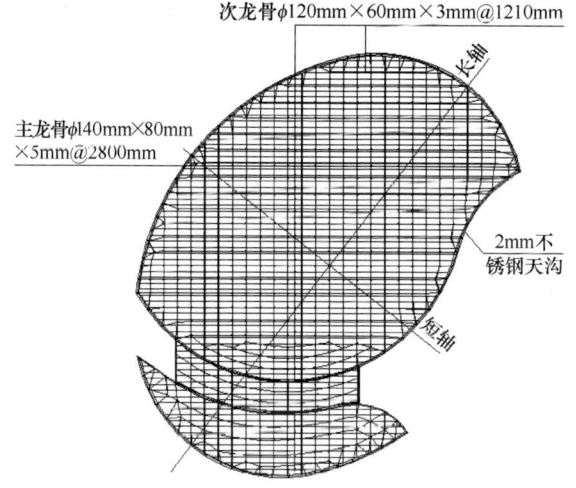 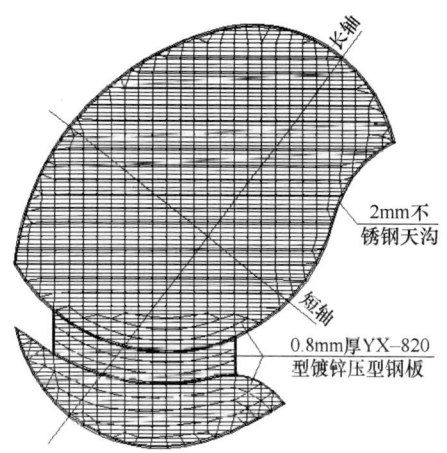

图12 内层屋面主次龙骨布置图　　　　图13 内层屋面底层镀锌钢板布置图

图14 内层屋面底层镀锌钢板现场安装图片

2.4 文化中心屋面防潮、防结露、节能及隔声功能的设计
2.4.1 防潮、防结露设计

本工程在内层屋面次龙骨上铺设一道30mm×30mm×0.8mm镀锌钢丝网，在钢丝网上铺设一层PE防水透汽膜，然后再铺设150mm厚单面铝箔玻璃棉，如图15所示。

PE防水透汽膜由三层构成：PP纺粘无纺布＋PE高分子透气膜＋PP纺粘无纺布。纺粘无纺布的作用主要是增强拉力和静水压及保护中间层（PE高分子透汽膜）。PE防水透汽膜原理：在水汽的状态下，水颗粒非常细小，根据毛细运动的原理，可以顺利渗透到毛细管的另一侧，从而发生透汽现象。当水汽冷凝变成水珠后，颗粒变大，由于水珠表面张力的作用（水分子之间互相"拉扯抗衡"），水分子就不能顺利脱离水珠渗透到另一侧，也就是防止了水的渗透发生，使透汽膜有了防水的功能。

PE防水透汽膜的施工铺设应沿着屋面的顺水方向，搭接长度为10cm，内层屋面的铝合金T型支座穿过防水透汽膜时，在铝合金T型支座与防水透汽膜交接处，用丁基胶带环绕一圈进行密封。此外，防水透气膜不宜长期暴露在紫外线下，应尽快施工完成。

在冬季芜湖地区，金属屋面的室内外温差较大，在内层屋面结构设计中应注意冷桥的处

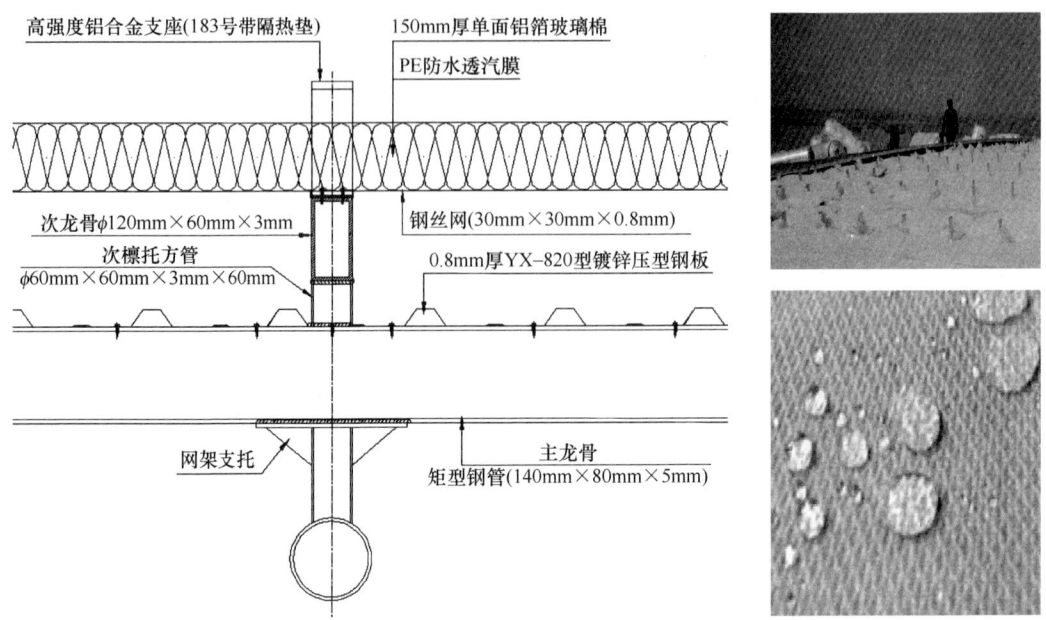

图15 内层屋面防水透汽膜及玻璃棉安装节点（现场安装图片）

理，支撑内层金属屋面板的铝合金 T 型支座采用隔热垫；在玻璃棉底部铺设一层 PE 防水透汽膜，室内的水汽可以有效通过防水透汽膜排出室外，又可防止冷凝水通过 PE 防水透汽膜渗透到室内；外层的金属屋面采用开放式结构，可将内层与外层屋面间的水汽排出至室外，避免金属屋面发生结露现象。

2.4.2 节能设计

本工程保温层采用 150mm 厚欧文斯科宁超细玻璃棉（A 级防火、单面铝箔，体积密度为 $20kg/m^2$，导热系数为 $0.038W/(m·K)$，憎水率＞98%），金属屋面的热工性能满足建筑节能设计要求。

玻璃棉是由高速离心设备将高温熔融玻璃制成无机纤维，再添加入防尘油和特制胶黏剂，通过专用设备制作成棉絮状细纤维，纤维和纤维之间为立体交叉，互相缠绕在一起，呈现出许多细小的间隙，最后固化定型。玻璃棉除具有成形好、体积密度小、导热系数低、保温绝热的特点，还具有如下特点：

（1）抗潮湿性能：经测试，玻璃棉的憎水率＞98%，玻璃棉浸湿经干燥后其保温性能可完全恢复。

（2）防火性能：根据中国国家标准 GB 50016，经检测，欧文斯科宁超细玻璃棉不燃性（A 级）合格。

（3）耐腐蚀性能：玻璃棉是一种无机纤维，化学性能稳定，不会与钢材间发生电化学腐蚀。

（4）隔声性能：玻璃棉可视为多孔材料，隔声吸声性能良好。

（5）环保性能：玻璃棉的纤维平均直径为 $4.0\sim6.0\mu m$，不含渣球，对人体皮肤的刺激性较小。

2.4.3 隔声吸声设计

文化中心金属屋面的空气层隔声性能，主要是通过双层金属屋面板（内设空气层，0.8mm厚底层压型钢板、150mm厚玻璃棉、内层屋面0.9mm厚原色锤纹铝合金板和外层屋面15mm厚铝合金蜂窝板等隔声层）实现的，铝合金蜂窝板和玻璃棉都是很好的隔声吸声材料。经测试，本工程金属屋面的隔声吸声性能达到了设计要求，而且在风雨天气，当雨水敲击金属屋面时不会对室内产生雨噪声影响。

本工程文化艺术中心剧场主要用于歌剧、戏剧等演出，也可用于各种音乐演出、大型会议等，需要满足多用途使用要求。为加强剧场观众厅与主舞台上空的金属屋面的隔声吸声效果，在内层屋面底层压型钢板与保温玻璃棉之间加设了一层12mm厚石膏板。通过声学分析及计算机模拟，剧场总体具备良好的声学条件，有较高的语言清晰度，声场分布均匀。从测试结果看，剧场混响时间与设计值相一致，清晰度指数较高。

2.5 内层屋面板的设计

内层屋面系统最重要也是最基本的功能是防水，本工程底层硬质防水镀锌钢板采用0.8mm厚YX-820型镀锌压型钢板，内层屋面板采用0.9mm厚原色锤纹铝合金板直立锁边结构（图16），通过双层防水方案来确保内层屋面系统的防水功能。

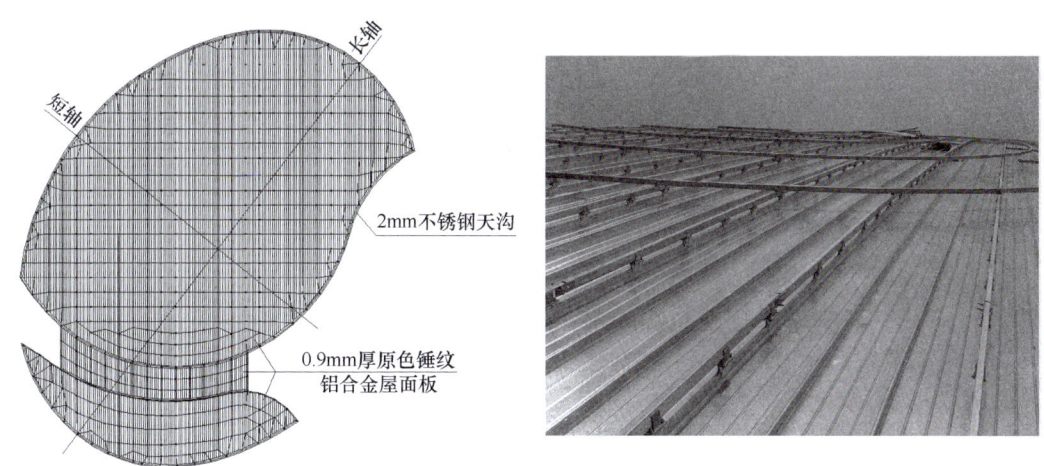

图16 内层屋面板布置图（现场安装图片）

2.5.1 内层屋面板

内层屋面板采用强度高且防腐蚀性能好的0.9mm厚原色锤纹铝镁锰合金板（合金状态为H44，合金成分为AA3004，抗拉强度≥180MPa，屈服强度≥150MPa，金属延伸率≥4%）。

本工程金属屋面为双向弯曲，跨度大，铝镁锰合金板的弹性模量小，适用于双向弯曲屋面。直立锁边屋面板的板肋直立（板肋高度65mm），使得其有效排水截面大于普通板型，更能确保屋面坡度平缓情况的防水功能，在板中间沿纵向间距100mm布置的小圆弧型加强筋，使得直立锁边屋面板具有较强的强度及刚度。

内层直立锁边屋面板采用纵向通长无搭接（文化中心屋面板最大长度78m）、横向（即板宽方向）360°咬合式搭接。本工程将大型可移动加工中心（由数控压板机和弯弧机组成）运抵施工现场，在施工现场完成这种超长的直立锁边铝屋面板的制作加工。针对这种超长的直立锁边铝镁锰合金板，制定专门的吊装方案，制作专用的钢结构吊装桁架，将加工完成的直立锁边铝镁锰合金板捆绑在钢结构吊装桁架的底部，通过现场塔吊将其吊装到屋面的安装位置（图17）。

图17 直立锁边屋面板现场制作与吊装图片

内层直立锁边屋面板的安装固定，首先将铝合金T型支座用高强度不锈钢螺钉固定在次龙骨上，再将内层屋面铝板扣在T型支座梅花头上，最后通过电动锁边缝合专用设备将公边与母边紧密搭接咬合在一起并紧紧扣住T型支座梅花头。屋面板采用直立锁边固定方式，从构造上杜绝了传统采用螺钉穿透固定方法产生的渗漏水隐患（图18、图19）。

图18 直立锁边屋面板现场锁边图片　　图19 直立锁边屋面板公边与母边搭接咬合图

内层直立锁边屋面板还具有防毛细水的构造功能。板肋公边顶部的一道断水凹槽在咬合后形成的空腔扩大了板肋的缝隙，能够防止毛细现象的产生，可避免雨水因毛细作用进入内层屋面，内层直立锁边屋面板构造具有良好的防水功能。

内层直立锁边屋面板的折边和板肋空隙可以吸收由于屋面主体钢结构网架的不均匀沉降和内层金属屋面因热胀冷缩产生的横向变形，横向每块400mm宽的屋面铝板可调节5mm，整体屋面完全可以吸收屋面结构垂直方向和横向的位移变形。直立锁边屋面板是通过咬合固定在T型支座梅花头上，内层屋面板沿纵向可以沿支座自由滑动，使得在纵向内层屋面板有足够的挠度吸收由于屋面主体钢结构网架的沉降和因热胀冷缩产生的竖向变形。

2.5.2 T型支座

T型支座采用183号高强度铝合金支座（带隔热垫），为防止内层屋面板在T型支座上滑动时被支座划伤，将T型支座梅花头的上端设计成圆弧形，T型支座的间距以及连接不锈钢螺钉的数目需根据结构计算确定（图20）。

T型支座底部设计有绝缘隔热垫片，采用具有足够强度及抗老化性能的聚酰氨材料制作，既可以防止铝合金支座与钢檩条间产生电化学腐蚀，又可以有效降低内层金属屋面的噪声和热传导。

在T型支座的隔热垫底部黏附一定厚度的丁基胶带，对T型支座螺钉孔有很好的防水

图 20　带隔热垫高强度铝合金支座（现场安装图片）

密封作用。

2.6　外层屋面板的设计

本工程外层屋面饰面板采用 15mm 厚氟碳喷涂铝合金蜂窝板（外层屋面板布置如图 21 所示），整个外层屋面由扇形板和异形板组合成一枚开启的贝壳造型，屋脊中心环由 8 块半径 1400mm 的弧面扇形板组成，其余每圈环等距增加 2800mm，屋面檐口周圈设置有排水天沟。

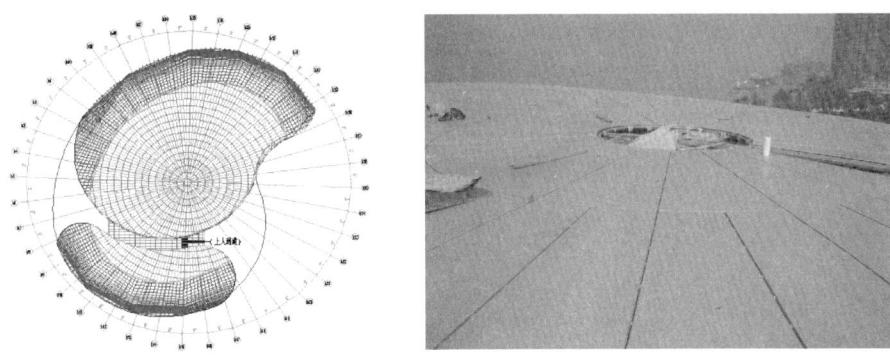

图 21　外层屋面板布置图（屋脊中心外层屋面铝蜂窝板现场安装图片）

2.6.1　外层屋面的转接钢龙骨

外层屋面的转接钢龙骨采用 60mm×40mm×4mm 矩形钢管@1230mm，通过铝合金专用卡子和连接钢件安装固定在内层屋面板的直立板肋上（与 T 型支座位置对应），外层环形钢龙骨采用 60mm×40mm×4mm 矩形钢管弯制，通过连接钢件安装固定在转接钢龙骨上，连接钢件设计成三维空间可调节方式，通过调节保证整个外层屋面的曲面平滑过渡和流畅（图 22）。

图 22　外层屋面钢龙骨现场安装图片

2.6.2 外层屋面的板缝和排水

外层屋面的板缝采用开放式构造，可降低屋面清洗维护的成本，不存在硅酮密封胶老化污染问题，有利于屋面的长期清洁。屋面采用内外兼顾的排水方式，降雨时，大量的雨水沿着屋面坡度顺排到底部屋檐排水沟，由板缝间隙进入到内层屋面的少量雨水，则沿内层直立锁边屋面板顺排到底部屋檐排水沟，不会在内、外层屋面产生积水。雨过天晴，在阳光照射下金属屋面的表面温度会迅速上升，开放式板缝构造有利于内、外层屋面间的空气与外部流动交换，既可将内层的湿热空气迅速排出，又可有效地降低屋面板的表面温度，起到一定的节能环保作用（图23）。

图23 外层屋面铝蜂窝板现场安装图片

2.6.3 屋面排水天沟

屋面排水天沟采用（316级）2mm厚不锈钢板制作，采用虹吸排水系统有组织排水，排水天沟还设置有溢流口，保证遭受特大暴雨时屋面不会发生倒灌积水现象。虹吸式屋面雨水排水系统和溢流口的的总排水能力，按不小于设计重现期50年、降雨历时5min的雨水流量设计。根据屋面汇水面积的设计排水流量计算确定不锈钢排水天沟的过水截面尺寸为450mm宽×280mm高，不锈钢排水天沟设置多组独立分区的排水系统，每隔18m设置一道50mm宽伸缩缝，以吸收因温度变化和结构沉降等产生的位移。每个独立分区的排水系统设置两个虹吸式雨水斗，雨水斗设置在天沟的最低点。在不锈钢排水天沟的两侧和底部填充50mm厚保温玻璃棉，在不锈钢排水天沟槽内侧涂防水油膏并满铺防水卷材，以降低排水天沟雨水噪声。屋面雨水排水系统形成虹吸时因排水管道中的水流流速较大，会发生振动，产生噪声，排水系统采取加密固定点的防振、防噪措施。每年定期进行系统的检查和维护，及时清除金属屋面、排水天沟、溢流口、雨水斗和管道中的树叶、污泥等杂质，确保虹吸式屋面雨水排水系统在暴雨来临时能正常发挥功能（图24～图26）。

2.6.4 金属屋面系统的防雷设计

芜湖文化艺术中心属于特别重要的建筑物，幕墙按第二类防雷建筑物设计。根据国家《建筑防雷设计规范》（GB 50057）第4.1.4条的相关规定，金属板下无易燃物，板厚≥0.5mm时，屋面板可作为接闪器（除第一类防雷建筑物）。本工程外层屋面板采用15mm厚氟碳喷涂铝合金蜂窝板，铝合金蜂窝板的正面和背面铝合金板的厚度均为1mm厚，铝合金蜂窝板屋面可直接作为接闪器，因此，只需在必要位置与屋面主体钢结构网架的防雷体系可靠连接，并确保导电畅通。

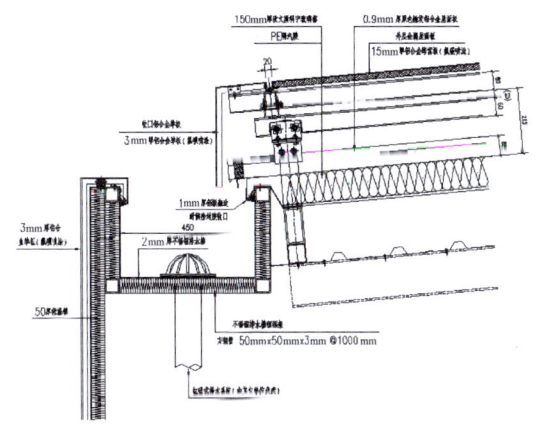 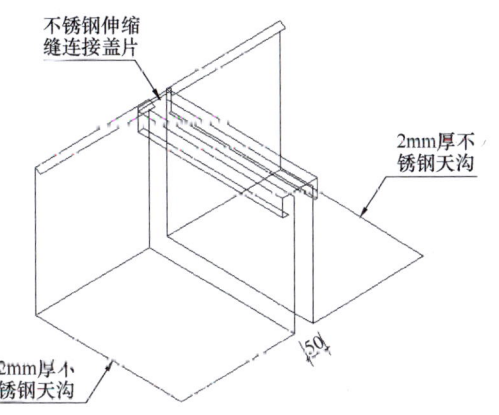

图 24 屋面排水天沟节点　　　　　　图 25 屋面排水天沟伸缩缝节点（mm）

图 26 （不锈钢排水天沟、溢流装置和虹吸排水装置）现场照片

具体防雷做法是将每个单元铝副框一个角下面一段弹性垫更换成铝合金垫片，构成有效的防雷引下导通点，将接触表面的铝板或铝型材去除氧化膜保护层，直立锁边铝合金专用卡子与卡子转接钢件通过防雷组件（接线端子、铜编织带）连接构成有效的防雷引下导通点，内层屋面的防雷做法是采用防雷组件（接线端子、铜编织带）上侧与铝合金T形支座连接，下侧与次钢龙骨连接，构成有效的防雷引下导通点，形成外层金属屋面板→外层屋面钢骨架→内层金属屋面板→铝合金T形支座→钢檩条→屋面主体钢结构的可靠导通电路，屋面每个防雷引下导通点的间距不大于8m（防雷做法如图27、图28所示）。

2.6.5 金属屋面系统上人钢梯和防坠落系镏环设计

为便于金属屋面的维修与清洁维护，文化中心在造型凹沟的隐蔽部位安装有上人钢梯（用钢管制作，表面氟碳喷涂），防坠落系镏环根据屋面的造型设置，间距6m左右，确保屋面清洗人员能够安全清洗整个屋面。防坠落系镏环采用钢板制作（表面氟碳喷涂），穿过外层屋面板的板缝，安装在外层屋面环形钢框架梁上。维修与清洁维护人员经上人钢梯上到屋面，将清洗用的软梯或安全绳索通过卡扣悬挂在防坠落系镏环上，清洁人员在软梯或安全绳索上对屋面进行清洁（图29）。

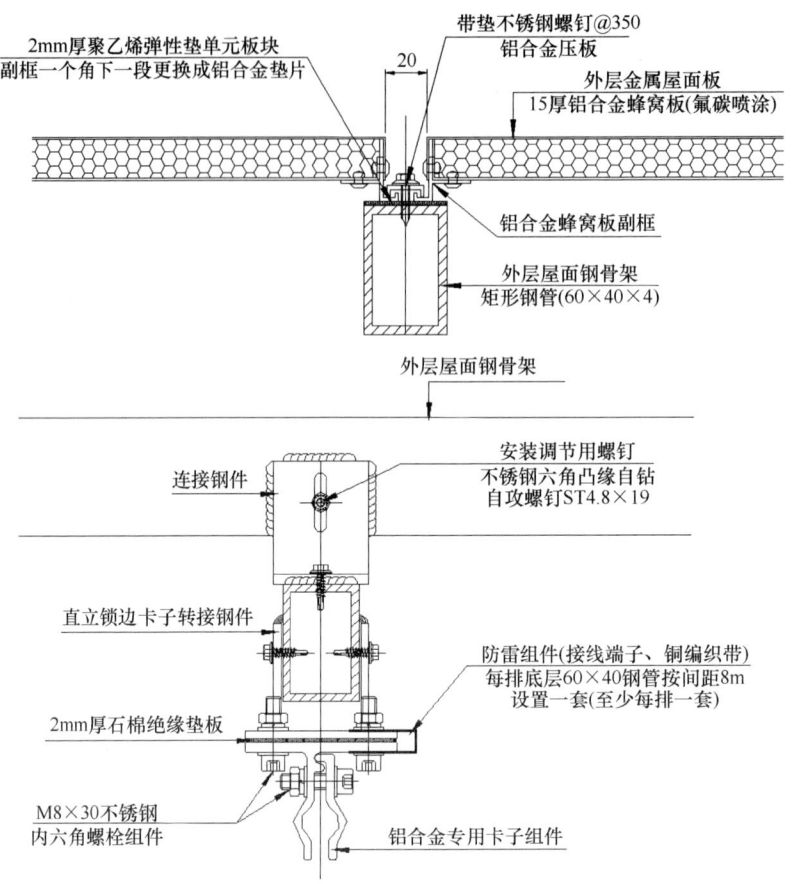

图 27 外层屋面防雷节点（mm）

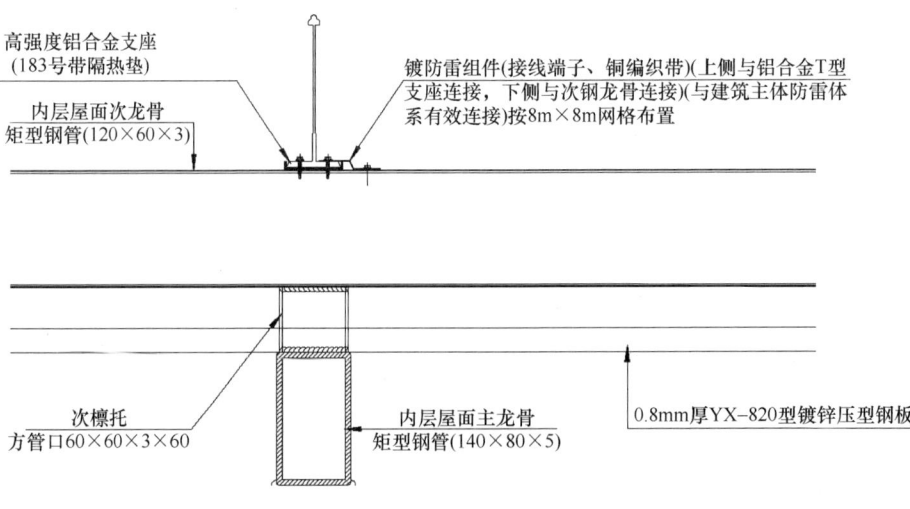

图 28 内层屋面防雷节点（mm）

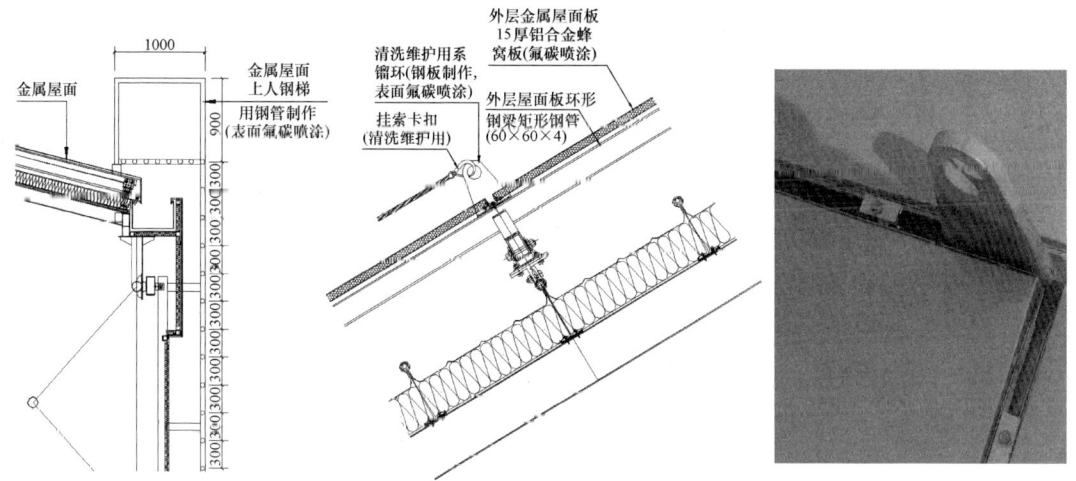

图 29　金属屋面系统上人钢梯和防坠落系镏环设计节点（mm）

3　结语

受篇幅限制，本篇文章仅介绍了芜湖文化中心异型金属屋面系统的结构与构造设计思路、典型关键节点和相关施工特点。芜湖文化艺术中心采用的双层金属屋面系统，跨度大、整体性强、自重轻、强度高、耐腐蚀，结构美观，可抵消屋面钢结构沉降和温度变化产生的结构变形，屋面隔热保温、隔声效果良好，防潮、排水功能良好，安装施工工艺简单，施工周期短，劳动力投入较少，后期使用的清洗维护成本较低。

参考文献
［1］　采光顶与金属屋面技术规程：JGJ 255—2012［S］.
［2］　虹吸式屋面雨水排水系统技术规程：CECS 183—2005［S］.

作者简介
陆立刚（Lu Ligang），男，1964 年 12 月生，高级工程师；研究方向：建筑幕墙设计与施工；工作单位：秦皇岛渤海铝幕墙装饰工程有限公司；地址：上海市浦东新区东方路 3261 号振华企业广场 B612 室；邮编：200125；联系电话：13817325301；E mail：1398180447@qq.com。

多吸盘法在既有玻璃幕墙检测中的应用

刘 盈[1,2] 张仁瑜[1,2]
1 中国建筑科学研究院有限公司 北京 100013
2 国家建筑工程质量监督检验中心 北京 100013

摘 要 近年来,随着既有玻璃幕墙使用年限的增加,安全问题时有发生。其中,中空玻璃外片脱落的问题给既有玻璃幕墙的使用带来较大的安全隐患。此外,因为没有有效的检测方法,该类问题的检测鉴定也存在较大的难度。本文采用多吸盘检测法对既有玻璃幕墙中空玻璃外片粘结质量进行了检测,并对存在脱落风险的玻璃面板进行了识别。

关键词 多吸盘法;既有玻璃幕墙;检测应用

1 引言

据统计,我国玻璃幕墙建设量、保有量均已跃居世界第一。玻璃幕墙因其美观、保温、耐候性好等特性在城市化进程中扮演着越来越重要的角色,广受欢迎。但近几年来,随着既有玻璃幕墙使用年限的增加,既有玻璃幕墙玻璃坠落事故时有发生,给建筑物周边行人、施设带来较大的安全隐患。

自 2005 年,全国"两会"、北京市及上海市的"两会"对建筑幕墙的安全检查和维护正式提案;2006 年,建设部要求专项整治既有建筑幕墙,颁布《既有建筑幕墙安全维护管理办法》等一系列文件起,各级建设主管部门对既有幕墙的检测、维保等工作都高度重视,各地先后出台一系列文件对既有玻璃幕墙加强检测排查和维护保养工作。

但是,从我国现有的标准规范情况来看,大多只对完工验收后的玻璃幕墙给出检查年限间隔的要求,而具体的检测方法明显不足。近年来,既有玻璃幕墙检测鉴定的地方标准先后出台,给出了一些检测方法及手段,这些方法更多的是关注玻璃面板与附框的连接安全性,而对中空玻璃内外片的连接情况检测尚没有有效的方法。

本文采用多吸盘法对某既有玻璃幕墙工程中空玻璃外片粘结质量进行了检测,并对存在脱落风险的玻璃面板进行了识别。

2 工程概况

某既有玻璃幕墙,其中,酒店玻璃幕墙约为 12000.0m²,写字楼玻璃幕墙约为 32467.0m²,2006 年竣工使用至今。

3 既有玻璃幕墙现场检测

3.1 检查数量的确定

中空玻璃黏结质量检查抽样比例大于开启扇总数的 5%,酒店开启扇共 477 扇,实际检查数量31扇，写字楼A、B、C座合计开启扇共1083扇，实际检查数量60扇，开启扇共计检查91扇。

3.2 试验力的确定

试验力依据委托方提供的幕墙设计计算书中标准风荷载的取值$W_k=1.1415\ kN/m^2$参考检测玻璃的面积，经换算确定。

3.3 试验方法及判定

试验力分4级加载，第一级加载试验力的40％作为初始试验力，稳定10min，观察并记录中空玻璃结构胶变化情况或其他异常现象，以后每级加载增量为试验力的20％，每级稳定10min，观察并记录中空玻璃结构胶变化情况或其他异常现象。为便于检测及数据分析，我们将该工程部分玻璃面板取下按照上述试验方法进行试验，检测设备及检测照片如图1所示。

图1 吸盘法检测设备及检测过程照片

4 数据分析

4.1 评价方法的确定

为了建立有效的检测评价方法，我们先对2207号房间的玻璃面板进行了测试，玻璃面板尺寸，加载力值、检测过程中出现的现象均进行了记录，见表 1。此外，在玻璃面板布置了位移测点，主要对中空玻璃结构胶位移量，玻璃面板位移量进行测试，测点分布图如图 2 所示，其中 A～F 测点中空玻璃结构胶位移，1～5 测点玻璃变形。

表 1　2207 号房间玻璃面板测试条件及测试现象统计表

检验编号	31 号	位置	2207 号房间
玻璃尺寸（mm）	1465×740	试验力（N）	1700
加载过程（N）	稳定时间（min）	稳定荷载（N）	检测现象
1 级	680	10	665	玻璃面板完好，中空玻璃结构胶完好，加载力衰减 2.2%
2 级	1020	10	995	玻璃面板完好，中空玻璃结构胶完好，加载力衰减 2.4%
3 级	1360	10	1330	玻璃面板完好，中空玻璃结构胶完好，加载力衰减 2.2%
4 级	1700	—	1500	玻璃面板完好，中空玻璃结构胶局部出现小面积脱粘情况，加载力衰减 11.8%

我们对拉至最大力 1700N 后的中空玻璃结构胶位移量也进行了测试，数据见表 2。可见，拉至最大力时，A、C、D、E、F 各点的位移没有明显变化，但 B 点处的位移较未加载时增大 1.8%。因此可见，虽然在拉至最大力时，已看到中空玻璃结构胶的脱粘，如图 3 所示。但从中空玻璃结构胶的位移量测试数据来看仅有 1.8% 的变化，并没有实验室"H"型试件测试结果那么明显。因此，通过测量位移变化来评判中空玻璃外片失效问题，难度大，准确度低。

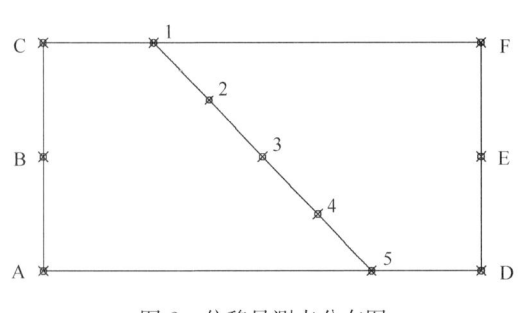

图 2　位移量测点分布图

图 3　中空玻璃结构胶脱粘

二、设计与施工

表2 1700N拉力下中空玻璃结构胶位移测试数据

测点编号	未加载时数值（mm）	加至最大荷载1700N时数值（mm）	破坏稳定后1500N数值（mm）
A	33.38	33.32	33.32
B	33.08	33.68	33.68
C	33.06	33.00	33.00
D	33.29	33.29	33.29
E	33.45	33.45	33.45
F	34.08	34.18	34.18

通过上述试验，我们建立了可操作的评价方法：当分级加载各级稳定阶段力值衰减大于10%，或发生中空玻璃结构胶破坏、中空玻璃结构胶与玻璃脱离、阶段力值达不到试验要求等情况，则判定中空玻璃粘结性能不合格。

4.2 工程现场检测结果

我们采用多吸盘检测方法，对该工程进行了检测，以下简要列出该工程最终的现场检测结果，见表3、表4、表5。该工程抽样检测的玻璃面板，所用中空玻璃结构胶存在脱粘情况，存在外片玻璃脱落风险。

表3 酒店幕墙玻璃检查结果

检验编号	1号	位置	2403号房间
玻璃尺寸（mm）	1100×710	试验力（N）	1200
加载过程（N）	稳定时间（min）	稳定荷载（N）	检查结果
1级	480	10	445	玻璃面板完好，中空玻璃结构胶完好，加载力衰减7.3%
2级	720	10	715	玻璃面板完好，中空玻璃结构胶完好，加载力衰减0.69%
3级	960	10	935	玻璃面板完好，中空玻璃结构胶完好，加载力衰减2.6%
4级	1200	10	1125	玻璃面板完好，中空玻璃结构胶完好，加载力衰减6.2%
检验编号	17号	位置	918号房间
玻璃尺寸（mm）	1100×710	试验力（N）	1200
加载过程（N）	稳定时间（min）	稳定荷载（N）	检查结果
1级	480	10	440	玻璃面板完好，中空玻璃结构胶完好，加载力衰减8.3%
2级	720	10	685	玻璃面板完好，中空玻璃结构胶完好，加载力衰减4.9%
3级	960	10	910	玻璃面板完好，中空玻璃结构胶完好，加载力衰减5.2%
4级	1200	10	1150	玻璃面板完好，中空玻璃结构胶完好，加载力衰减4.2%

表4 写字楼A座幕墙玻璃检查结果

检验编号	2号	位置	2407号房间
加载过程（N）	稳定时间（min）	稳定荷载（N）	检查结果
1级	680	10	650	玻璃面板完好，中空玻璃结构胶完好，加载力衰减4.4%
2级	1020	10	930	玻璃面板完好，中空玻璃结构胶完好，加载力衰减8.8%
3级	1360	10	1340	玻璃面板完好，中空玻璃结构胶完好，加载力衰减1.5%
4级	1700	10	1675	玻璃面板完好，中空玻璃结构胶完好，加载力衰减1.5%
检验编号	7号	位置	1907号房间
玻璃尺寸（mm）	1465×740	试验力（N）	1700
加载过程（N）	稳定时间（min）	稳定荷载（N）	检查结果
1级	680	10	665	玻璃面板完好，中空玻璃结构胶完好，加载力衰减2.2%
2级	1020	10	1000	玻璃面板完好，中空玻璃结构胶完好，加载力衰减2.0%
3级	1360	10	1000	玻璃面板完好，中空玻璃结构胶完好，加载力衰减26.5%。不满足要求
4级	1700	—	—	玻璃面板完好，中空玻璃结构胶局部脱粘，加载力无法加到规定值。不满足要求

表5 写字楼B座幕墙玻璃检查结果

检验编号	40号	位置	2301号房间
玻璃尺寸（mm）	1480×825	试验力（N）	1900
加载过程（N）	稳定时间（min）	稳定荷载（N）	检查结果
1级	760	10	730	玻璃面板完好，中空玻璃结构胶完好，加载力衰减3.9%
2级	1140	10	1100	玻璃面板完好，中空玻璃结构胶完好，加载力衰减3.5%
3级	1520	10	1485	玻璃面板完好，中空玻璃结构胶完好，加载力衰减2.3%
4级	1900	10	1765	玻璃面板完好，中空玻璃结构胶完好，加载力衰减7.1%

续表

检验编号	46 号	位置	2406 号房间
玻璃尺寸（mm）	1400×1285	试验力（N）	2800
加载过程（N）	稳定时间（min）	稳定荷载（N）	检查结果
1 级　　1120	10	1110	玻璃面板完好，中空玻璃结构胶完好，加载力衰减 0.89%
2 级　　1680	10	1655	玻璃面板完好，中空玻璃结构胶完好，加载力衰减 1.5%
3 级　　2240	—	1880	玻璃面板完好，中空玻璃结构胶完好，加载力衰减 16.1%。不满足要求
4 级　　2800	—	—	玻璃面板完好，中空玻璃结构胶局部脱粘，加载力无法加到规定值。不满足要求

5 结语

通过采用多吸盘检测设备，模拟玻璃面板受风荷载的作用力，对测试数据进行分析并建立了可操作的评价方法。通过运用评价方法，对既有玻璃幕墙玻璃面板的测试数据进行评判，找出了存在中空玻璃外片脱落风险的玻璃面板，及时为该工程做出了风险预警，保障了该工程的安全使用。

作者简介

刘盈（Liu Ying），女，副研究员，从事新建及既有建筑幕墙门窗科研及检测鉴定工作。

BIM 技术对异型建筑表皮设计施工带来的变革

胡正平　徐增建

宁波建工建乐工程有限公司　浙江宁波　315200

摘　要　建筑表皮是建筑的外衣，将建筑美学、建筑功能、建筑节能和建筑结构等因素有机地统一起来。幕墙虽然依附于建筑业，但它具有天生的机械工业制造基因，是建筑业中专业交叉最多的分支。幕墙在设计、施工过程中多专业深度交叉，尤其是在异型建筑中，建筑造型奇特，材料种类繁多，板块尺寸各不相同，施工放样，安装定位难度大。BIM 技术的出现使得幕墙施工行业进行一次真正的参数化、信息化革命。通过三维 BIM 模型直观、准确地反映出了各构件之间的相对空间位置关系，便于各专业协调优化；利用曲率分析优化立面形体和分格，以平面玻璃拟合双曲造型，降低了工程造价；并通过构件参数化设计，快速、准确地提取构件加工信息、储运信息、控制点定位信息、安装信息，为构件加工、安装提供了依据，缩短了施工周期，降低了工程成本，取得了较好的效果。

关键词　BIM 技术；幕墙设计施工；参数化信息化

Abstract　Building curtain wall is the outerwear of the building, which integrates the architectural aesthetics, architectural functions, building energy conservation and building structure. Although the curtain wall is attached to the construction industry, it has a natural mechanical industry manufacturing gene and is the most professional branch in the construction industry. In the design and construction process, the curtain wall has many professional depths, especially in the special-shaped buildings. The architectural style is peculiar, the materials are various, the plate sizes are different, the construction is laid out, and the installation and positioning are difficult. The emergence of BIM technology has led to a real parametric and informational revolution in the curtain wall construction industry. The three-dimensional BIM model intuitively and accurately reflects the relative spatial positional relationship between the components, which is convenient for each professional to coordinate and optimize; the curvature analysis is used to optimize the facade shape and the division, and the flat glass is used to fit the hyperbolic shape, which reduces the engineering costs; and through component parameter design, quickly and accurately extract component processing information, storage and transportation information, control point positioning information, installation information, provide a basis for component processing and installation, shorten the construction period, reduce engineering costs, and obtain a good result.

Keywords　BIM technology; curtain wall design and construction; parameterized informationization

二、设计与施工

1 引言

随着经济发展水平的提高,建筑设计方法、设计理念的革新以及施工技术的进步,建筑幕墙从单一化、规整化向多元化、复杂化发展,许多建筑表皮呈现为无规则的异形形态。越来越复杂的异型表皮造型给设计、施工带来了一系列难题,传统的二维软件已无法满足此类工程的设计、材料加工、放线定位和现场安装等要求,需要借助三维参数化模型来实现。BIM 技术的出现促使了二维图纸转变为三维参数化设计的发展,使得设计、施工乃至整个建筑工程施工质量和施工效率有了显著提高,对于整个建筑行业来说是一次真正的参数化、信息化革命。

2 BIM 技术在建筑表皮设计施工过程中的应用

2.1 BIM 技术在异型采光顶设计阶段的运用

在空间异型项目中,传统的二维软件已经无法满足此类项目的设计、加工、定位、安装等要求,通过 BIM 技术的介入,实现三维可视化建模,指导设计出图,并且在设计阶段进行合理优化,有效降低材料加工以及施工难度,缩短施工周期,节约材料以及施工成本。尤其是异型双曲玻璃幕墙,由于玻璃材质本身特性,给加工施工带来很大难度,双曲玻璃板块加工成本高昂,成品率低,加工精度误差大,运输、安装成本高,并且与板块相关的所有铝合金辅材都需要特殊加工。综合上述所有因素,在双曲幕墙设计阶段就需要对幕墙进行合理优化,降低施工难度,节约材料成本,缩短施工周期,提高施工质量。宁波北仑中国港口博物馆 A 穹顶,该穹顶面积 1411m²。包含双曲面板 415 块,796m²;单曲面板 162 块,615m²。对原模型进行翘曲值分析,控制翘曲值范围,通过平面拟合双曲面的方式有效降低加工施工难度,节约材料成本与施工成本(图 1~图 3)。

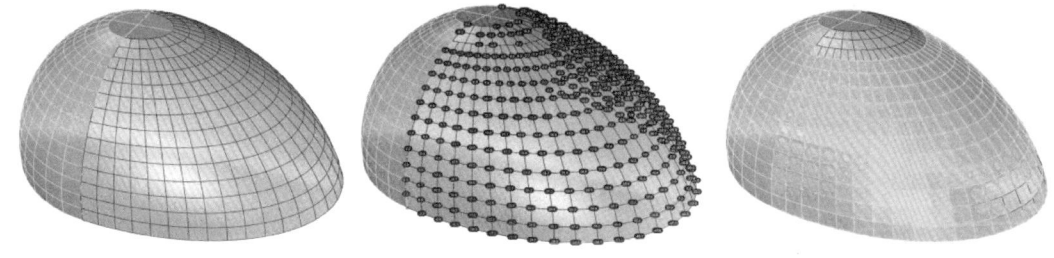

图 1 曲面翘曲分析优化

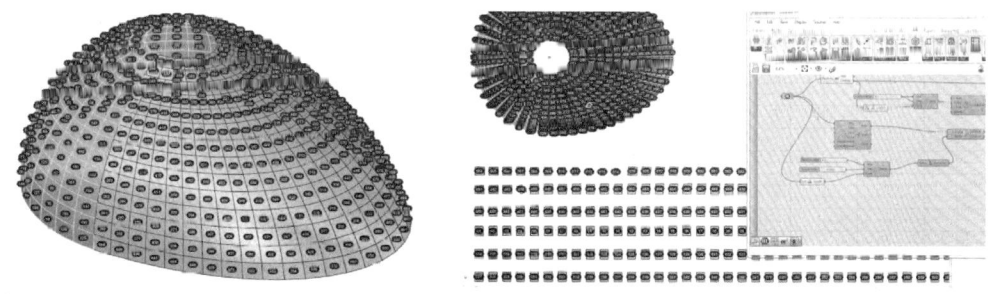

图 2 批量编号以及数据提取

图 3　施工照片

2.2　BIM 技术在建筑幕墙工程施工下料中的运用

空间异型幕墙施工过程中定位复杂，幕墙立面位置以及角度均在不断变化，立柱与主体结构之间连接点种类繁多，没有规律，测量放样和空间定位难度非常大，难以确定安装，需要借助 BIM 三维模型提取安装控制点数据，通过点位数据进行精确定位放样，在后期施工过程中进行精确安装。在异型幕墙工程中材料种类多，加工数据多，并且同种材料包含多种加工数据，这对下料带来了挑战；BIM 技术的介入使得下料简单化、批量化，并且准确率得到很大的提升；通过 BIM 技术进行参数化建模，利用 BIM 模型批量提取构件编号以及加工参数，在安装过程中通过构件编号进行精确安装。通过 BIM 技术指导幕墙工程施工下料，有效降低施工难度，缩短施工周期，节约施工成本。

2.3　BIM 技术在宁波市城市展览馆项目中的应用

该工程地下 1 层，地上 4 层，建筑面积为 23622m²，其中，地上建筑面积为 18687m²，建筑高度为 24m。外立面由双层曲面幕墙组成，内层为曲面明框玻璃幕墙和铝板幕墙，外层为环绕玻璃幕墙，疏密不断变化的异形鳞片状彩釉陶土板幕墙，立面轮廓多角度曲面扭曲变换。工程形体复杂，幕墙总面积为 13315m²。其中玻璃种类有 16 种，共 1679 块，每块玻璃规格尺寸均不相同；异形彩釉陶板规格 7459 种，27883 块，每两块陶板之间通过插芯进行装配组合，形成一个安装单元（图 4～图 9）。

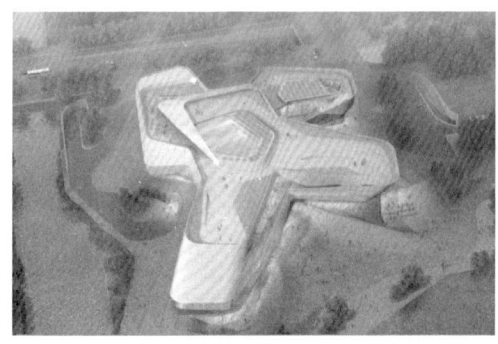

图 4　工程效果图

二、设计与施工

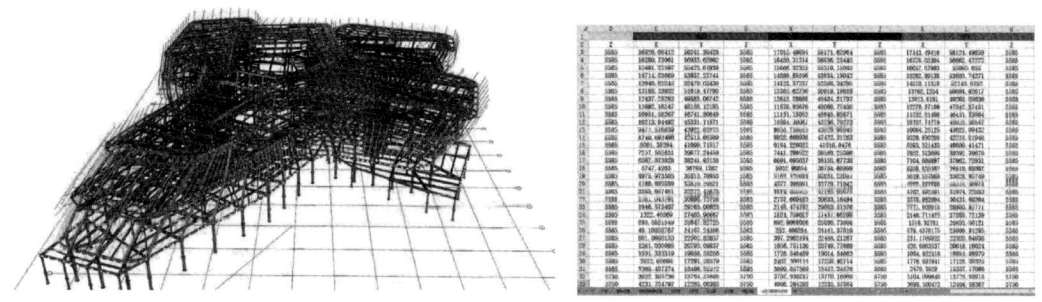

图 5　定位点以及坐标提取

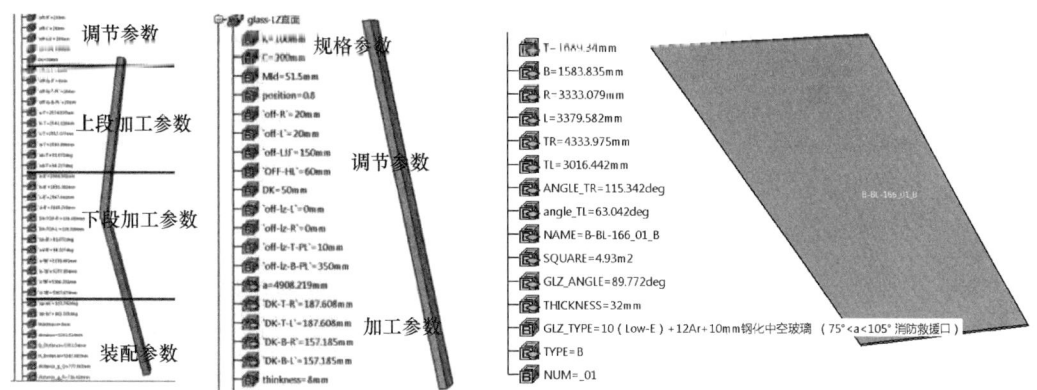

图 6　构件参数化

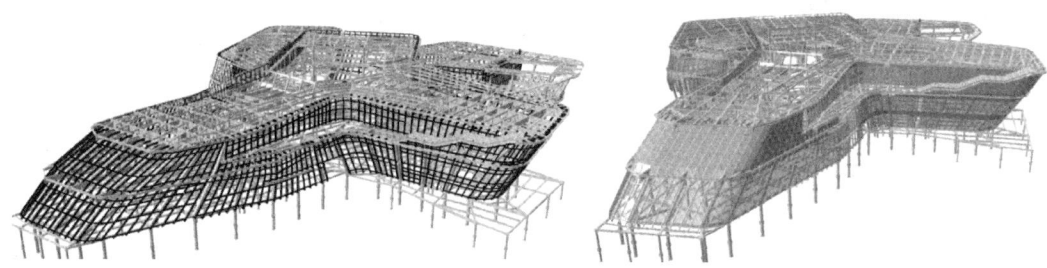

图 7　玻璃幕墙构件参数化建模

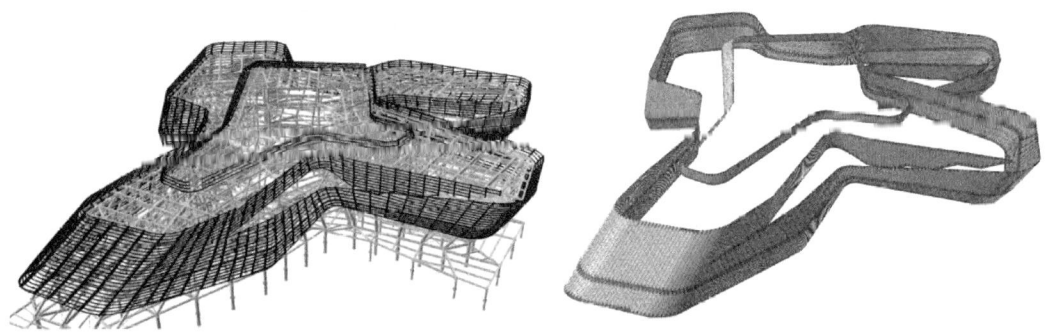

图 8　陶板幕墙构件参数化建模

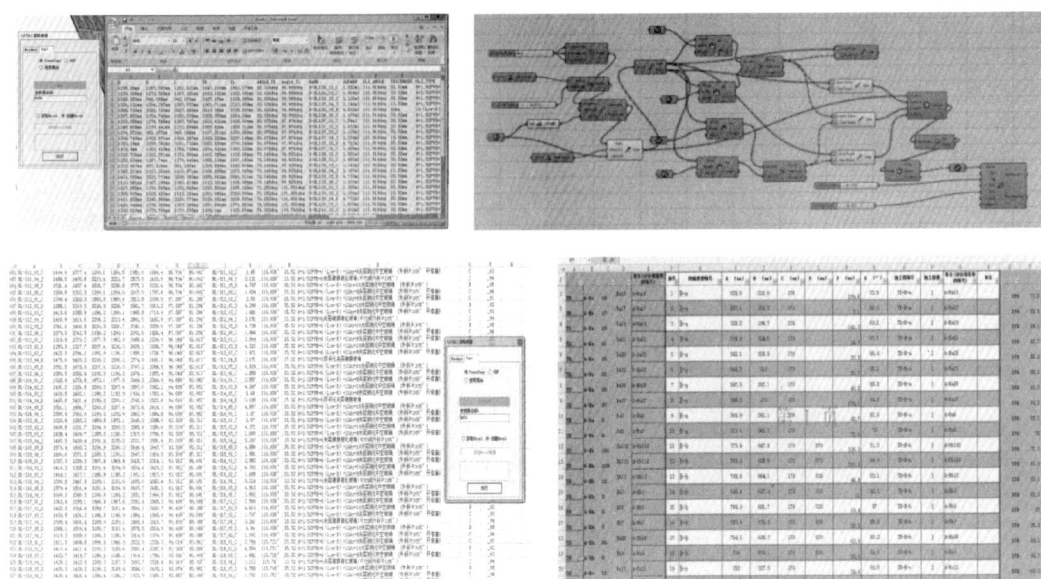

图 9 构件参数提取

异形彩釉陶板规格 7459 种，27883 块。种类多，规格尺寸多，陶板与陶板之间通过铝合金插芯进行规律性装配，插芯通过连接件与横梁进行连接；如果人为手动一个板块一个板块地进行处理，将严重影响施工周期，而且工作量大；通过计算机 VB 编程处理，用计算机语言驱动软件进行 BIM 模型的搭建自动判断陶土板以及插芯的尺寸长度、装配类型、连接位置以及安装定位等参数（图10、图11）。

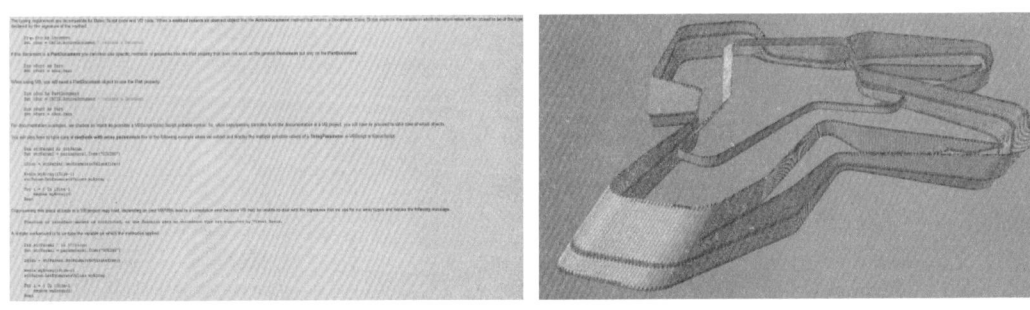

图 10 计算机编程辅助建模

2.4 BIM 技术在异型金属屋面工程中的应用

宁波奥体中心综合馆屋面金属板幕墙工程面积约为 25859m²；屋面幕墙工程由直立锁边屋面子系统与开放式装饰铝单板子系统组成。其中，屋面工程由 12287 块大小不同的多边形组成，曲面造型复杂，定位点多，安装控制点多，有两万多个，板块尺寸各不相同。BIM技术的应用使得多种类、多规格、定位难度大、下料尺寸多的空间异型项目的施工、定位、加工难度大大降低，大大缩短施工周期，有效节约施工成本。通过 BIM 模型提取构件编号信息和加工信息，有效地避免数据丢失和数据错乱，减少从设计到加工各个环节中的材料浪费（图12、图13）。

二、设计与施工

图 11　安装效果图

图 12　效果图

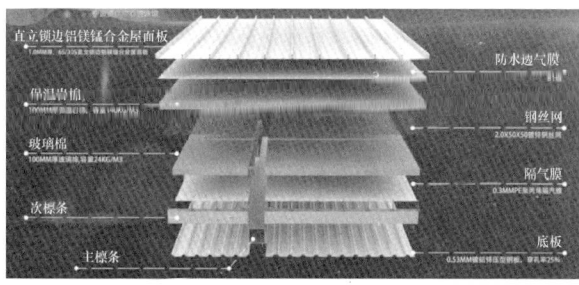

图 13　屋面系统效果图

通过BIM技术按照构造系统对主檩条和次檩条参数化建模，通过BIM模型提取主龙骨关键位置控制点，将控制点转换为空间坐标值，通过全站仪对控制点进行精确放样，保证龙骨安装的准确性，通过BIM模型提取龙骨编号、长度、半径、打孔位置等参数在工厂进行加工，通过定位点在现场进行吊装。通过BIM技术指导加工施工保证了加工、安装准确性，提高了施工效率，有效缩短施工周期，降低施工成本（图14）。

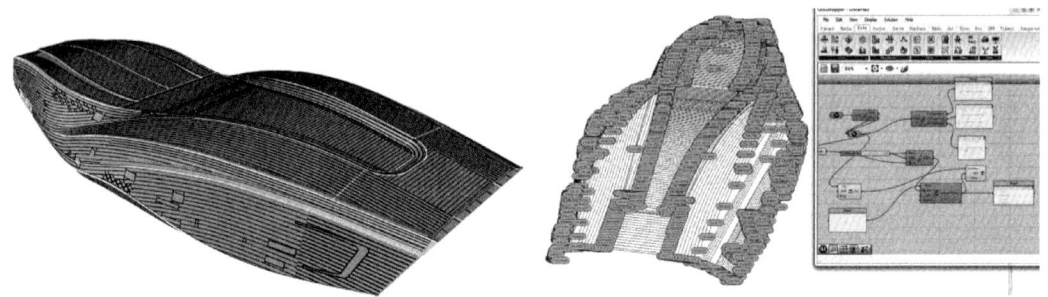

图14　檩条BIM模型以及定位

利用BIM技术对屋面开放式装饰铝单板系统进行参数化建模。基于屋面主次檩条BIM模型搭建装饰铝单板BIM模型；根据幕墙分割线搭建铝板骨模型，搭建铝板BIM模型；对所有构件进行编号提取加工尺寸进行加工，提取控制点定位数据，根据点位进行放样定位，运输到现场后按照编号进行快速安装（图15～图17）。

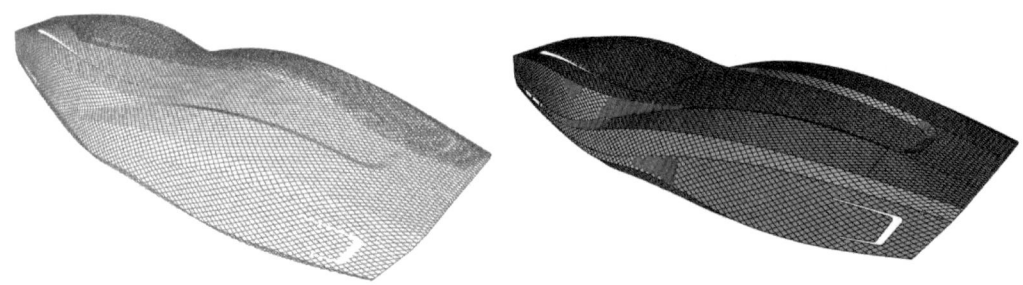

图15　铝板BIM模型

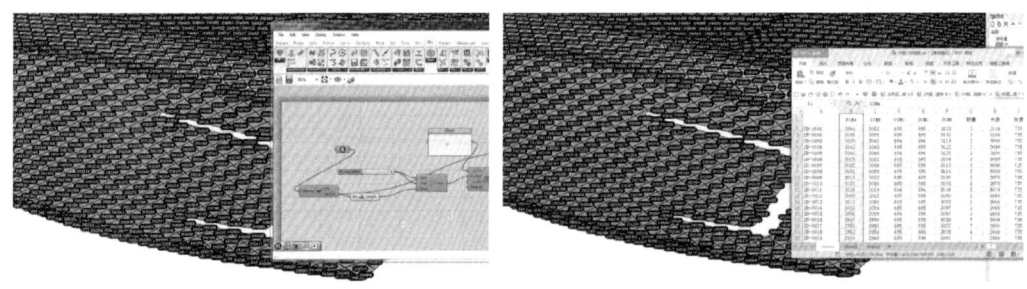

图16　编号以及数据提取

二、设计与施工

图 17 施工效果

2.5 BIM 技术在异型清水混凝土结构设计施工过程中的应用

宁波奥体中心游泳馆跳水池拥有 9 个跳台，其中包括 2 个 1m 跳台，3 个 2.6m 板台，1 个 3m 跳台，1 个 5m 跳台，1 个 7.5m 跳台以及 1 个 10m 跳台。其中，跳台为空间多曲面清水混凝土空腔结构，空间感强，成形要求高，施工难度大（图 18）。

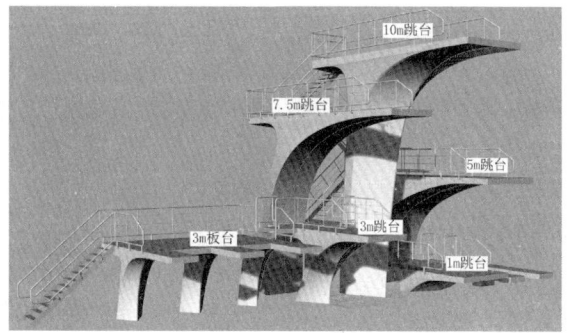

图 18 跳台 BIM 模型

利用 BIM 技术针对设计的空间定位坐标进行三维建模，通过 BIM 模型提取不同标高位置处的横截面，根据横截面与标高制作相应模板支模（图 19～图 23）。

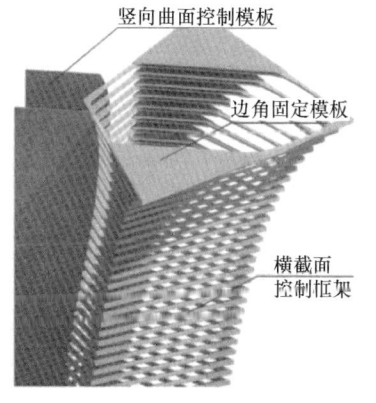
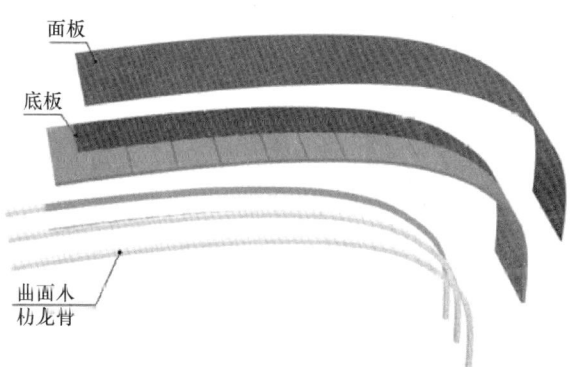

图 19 横截面控制框架

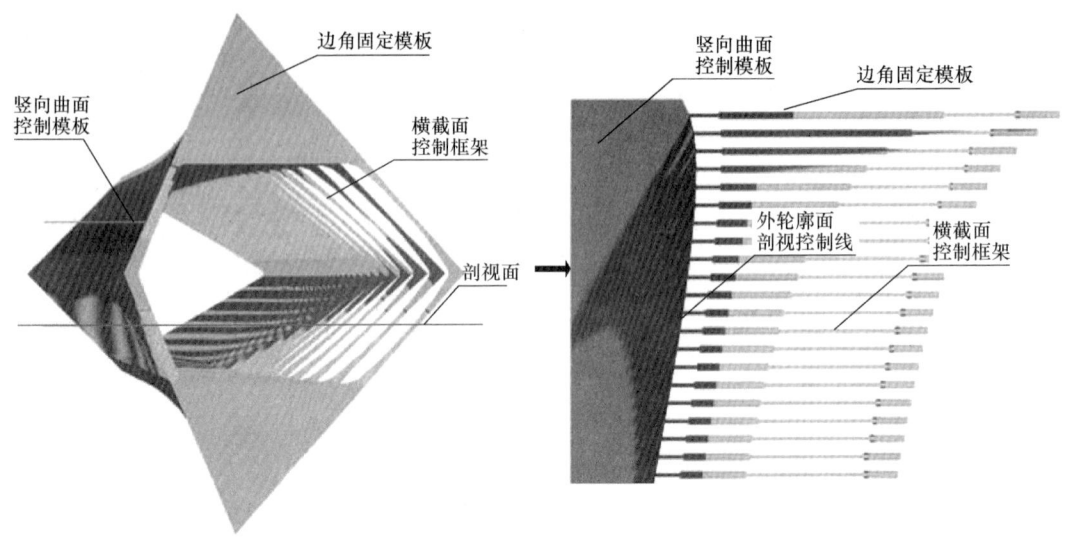

图 20 曲面控制框架

图 21 现场支模

图 22 模板内外效果

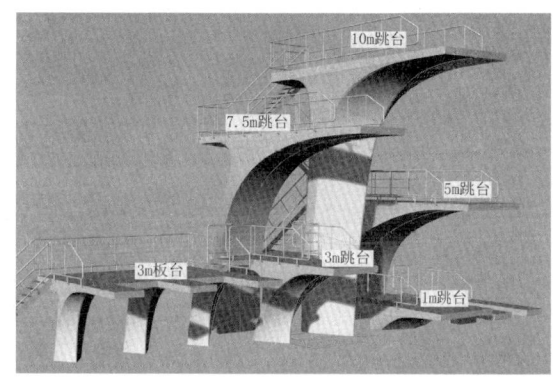

图 23 模型与完工效果对比

3 BIM 技术带来的实际效益

（1）BIM 技术在复杂幕墙工程中，进行合理的分格和形体优化，利用平板拟合双曲面造型，明显降低成本材料成本与施工成本。

（2）BIM 技术在复杂幕墙工程，相比传统方法，减少现场加工量，所有构件均在工厂批量化加工，有效缩短施工工期，提高构件成品率。

（3）BIM 技术在复杂幕墙工程中，通过 BIM 技术指导幕墙工程施工，做到空间定位参数化、信息化、批量化，保证了形体造型，幕墙工程构建参数化误差值控制在 5mm 以内，空间尺寸误差率控制在 3% 以内。

（4）BIM 技术在复杂幕墙施工中，各成品构件运至直接安装，有效节约人工成本。

（5）BIM 技术在复杂幕墙的设计阶段与结构、安装、暖通、景观设计协调，杜绝了不同专业之间的冲突，将可能发生的问题在设计阶段提前解决，基本上消除了施工过程中的设计变更，减少材料浪费。

4 结语

在幕墙行业，我们需要不断探索新的应用模式，将中国强大的机械工业信息技术，通过 BIM 技术引入建筑行业；提高协同效率，减少在幕墙设计、施工过程中的资源浪费；提高幕墙施工质量，缩短施工周期，降低施工成本；在基建的道路上探索出一条低成本、高效率、高质量具有中国特色的光明大道。

参考文献

[1] 王德勤，王琦．关于异型幕墙的概念和分类组合形式的探讨[J]．幕墙设计，2014，2：12-20．
[2] 张旺春．椭球形曲面点式玻璃幕墙施工工艺与质量控制研究[D]．西安：西安建筑科技大学，2011．
[3] 徐增建，许必强，等．宁波·中国港口博物馆双曲玻璃穹顶设计与施工[J]．施工技术，2016，45（6）：7-10．
[4] 徐增建，吴文奎，等．BIM 技术在宁波市城市展览馆幕墙工程中的应用[J]．浙江建筑，2018，35（5）：51-55．

作者简介

胡正平（Hu Zhengping），男，1990年2月生，职称：BIM工程师；研究方向：幕墙BIM应用；工作单位：宁波建工建乐工程有限公司；地址：宁波市镇海区庄市大道同德路28号建乐幕墙；邮编：315200；联系电话：18258724308；E-mail：849111231@qq.com。

铝合金外平开窗保温性能研究

吴莹莹　张益军

山东华建铝业集团有限公司　山东临朐　262619

摘　要　传统铝合金外平开窗因受其型材断面结构、开启方式及五金配件等因素影响，保温性能较内平开窗差。本文通过优化型材断面结构、采用三道密封及更换新型五金配件等方式，对铝合金外平开窗保温性能提高展开研究，并对改进后外平开窗的其他物理性能进行检测。研究证明，经改进后的铝合金外平开窗保温性能得到明显提升，且其他物理性能未受影响。

关键词　外平开窗；节能设计；三道密封；保温性能

Abstract　The thermal insulation performance of traditional aluminium alloy flat window is worse than that of inner flat window because of its profile section structure, opening mode and hardware fittings. In this paper, by optimizing section structure of profiles, adopting three-way seals and replacing new hardware fittings, the improvement of thermal insulation performance of aluminium alloy flat window is studied, and other physical properties of improved flat window are tested. The results show that the thermal insulation performance of the improved aluminium alloy flat window has been significantly improved, and other physical properties have not been affected.

Keywords　outer casement turnover window; energy saving design; three way seal; thermal insulation performance

1　引言

现今，绿色环保、节能减排政策越来越严格，建筑节能也日渐成为极重要的热点，是建筑技术进步的标志，也是保护环境、节能降耗和维护可持续发展的重要组成部分。门窗作为建筑中保温性能最薄弱环节，日渐被重视。而提及建筑节能，人们首先想到的是北方寒冷地区和严寒地区，却往往忽视了长江以南的夏热冬冷地区和夏热冬暖地区，而这些地区没有采暖供暖设施。由于南方地区雨水较多，台风天气时常光顾，所以人们更多关注外窗的水密性能，弱化了外窗热工保温性能的设计。

铝合金外平开窗因其开启方式、装饰性及地域认同度等因素，在我国长江以南地区占有较大比例的市场。但市场现有传统铝合金外平开窗受其型材断面结构、密封方式、五金配件及角码选择等诸多因素影响，其保温性能与铝合金内平开窗、木质、塑钢、铝木等材质门窗等比较，不具备任何优势。

本文尝试通过对某大型型材生产企业的某系列铝合金外平开窗,从优化型材断面结构,优化五金配件选型及更换专用角码等诸多方面展开研究,并对调整后样窗的保温性能进行检测,加以验证,为提升铝合金外平开窗保温性能提供依据。此外,本文对完成优化后的铝合金外平开窗其他方面物理性能等也进行检测,以验证调整方案是否对整窗其他物理性能造成不利影响。同时,相关方面调整,兼顾整窗内外可视面平齐、窗扇开启顺畅等外观、操作等方面因素。希望能对铝合金外平开窗整体性能提升起到指导性作用。

2 现行铝合金外平开窗保温性能差的原因分析

2.1 传统五金配件形成热桥

传统铝合金外平开窗因其五金件槽口一般设计于转接料外侧,执手的拨叉需贯穿窗扇型材的室内外双侧,导致窗扇锁闭结构通过外侧型材传动条、拨叉、执手等形成金属"热桥",此时会因"热桥"发生热传导,导致热量损失,如图1所示。

在合页(铰链)方面,传统铝合金外平开窗一般采用普通外露合页,导致合页通道间隙较大,合页周边三元乙丙胶条连接处不易于完全贴合,易发生空气对流及热传导。而普通外露合页的安装方式,势必决定传统铝合金外平开窗室外侧框扇可视面不平齐,在一定程度上影响美观,如图2所示。

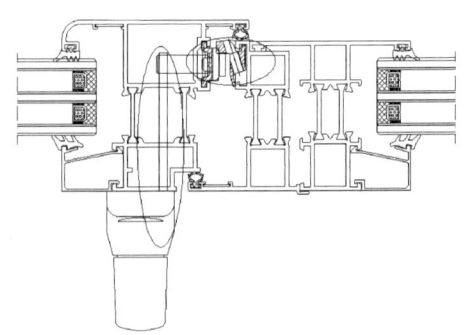 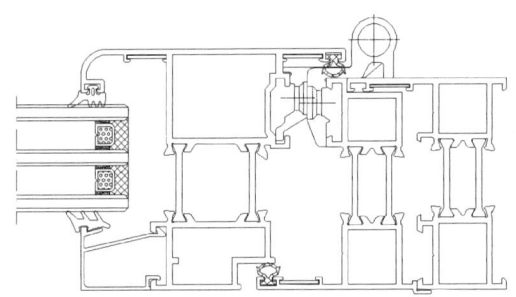

图1 五金件"热桥"示意图　　　　图2 外露合页及外侧可视面示意图

2.2 传统框扇搭接方式为两道密封

传统铝合金外平开窗的框扇搭接方式,因受扇料和转接料五金配件槽口位置影响,致使其无法实现类似于内平开窗的等压胶条设计,一般为一个腔体。这样便会因搭接腔体内空气对流等产生热量损失,如图2所示。

如果牵强地将铝合金外平开窗的等压胶条设计在框料上,那么由于是外平开的开启方式,导致窗扇在关闭时,窗扇的T型条与等压胶条反向搭接。窗扇T型条会从室外侧搭在室内侧的等压胶条上。当窗扇在正风压状态或承受雨水压力时,等压胶条会受到朝向室内侧的作用力,窗扇的T型条与等压胶条搭接作用力越来越松,是与窗扇反方向搭接的一种状态,再加上等压胶条自身性能随时间变化而不断老化,胶条会出现失效状态,进而影响整窗的性能。

2.3 门窗制作加工细节方面

传统铝合金外平开窗在框扇组角及框梃连接处,各类三元乙丙胶条仅仅采用45°角对接,甚至是粗糙的直角对接方式。在窗扇关闭,框扇搭接,三元乙丙胶条受力挤压变形后,在连接处会存在较大缝隙，产生热量损失，如图3所示。

铝合金窗的框、扇组角部位，边框与中梃的插接部位，同样是容易出现热量流失的薄弱环节。而传统的组角角码存在一定程度的设计缺陷，组角并注入组角胶后，不能实现组角处的完全密封。而未被完全封闭的组角缝隙处，同样存在不同程度热量损失，甚至影响整窗的水密性能、气密性能等其他物理性能，如图4所示。

图3 传统三元乙丙胶条连接方式

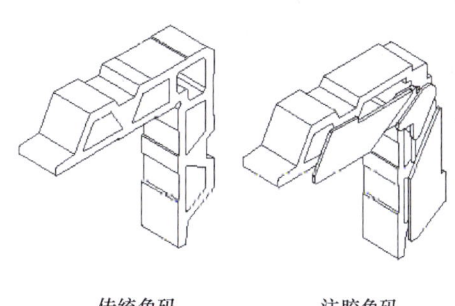

图4 传统角码及注胶角码示意图

3 解决方案及试验验证方法

3.1 优化铝合金型材断面结构，更换五金配件，切断金属"热桥"

鉴于传统铝合金外平开窗受型材断面结构影响，存在金属"热桥"现象，本文通过优化其型材断面结构，将五金功能槽口由转接料室外侧调整设计至室内侧，避免了在执手处形成金属"热桥"的问题。但五金槽口设计在室内的话，外开扇的开启角度会受影响。为保证窗扇有较大的开启空间，避免用合页连接时在合页处胶条断开部分出现透气及渗水的问题，铰接部位设计使用铰链取代外露合页连接，这样既保证了整窗的物理性能，又使得外开窗的开启角度能够有一个合理的范围。另外，优化断面设计，使得铝合金外平开窗室内外侧框扇可视面实现平齐，更加美观，如图5、图6所示。

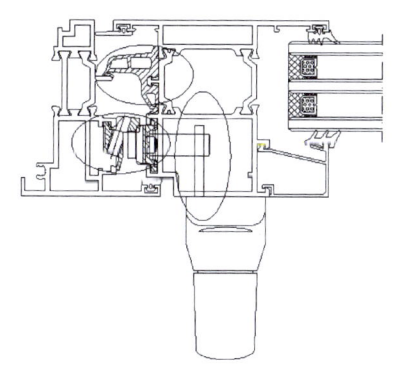

图5 调整后执手及锁点位置示意图

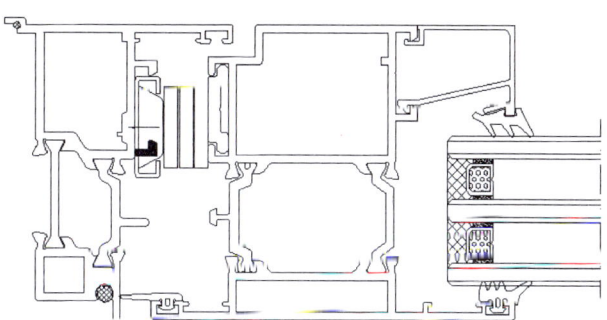

图6 调整后，铰链位置示意图

验证试验选取某大型铝合金建筑型材生产企业的型材产品，一款是传统65mm框厚系列外平开窗型材（采用普通外露合页），另一款是重新设计和更换五金槽口位置、采用铰链连接的65mm框厚新型外平开窗型材，采用完全一致的窗型结构及玻璃配置，分别制作样窗一樘。依据《建筑外门窗保温性能分级及检测方法》(GB/T 8484—2008)规定进行门窗传热系数(K值)检测。

3.2 更换传统框扇搭接方式为三道密封等压设计

鉴于传统铝合金外平开窗的框扇搭接方式多为两道密封,且搭接部位为单腔体结构,存在对流等热量损失,本文尝试将等压胶条设计在扇料上,实现三道密封及等压设计。增加腔体,隔断空气对流,减缓热量损失。同时,窗扇关闭时,窗扇的等压胶条呈现出向室内搭接在窗框的T型条上的一种状态。在同样承受风雨压力时,等压胶条受到室外侧向窗框T型条的作用力,等压胶条与窗框的搭接是越来越紧的。同时提升整窗水密性能、气密性能等物理性能,并解决因胶条老化而引起的搭接缝隙等问题。

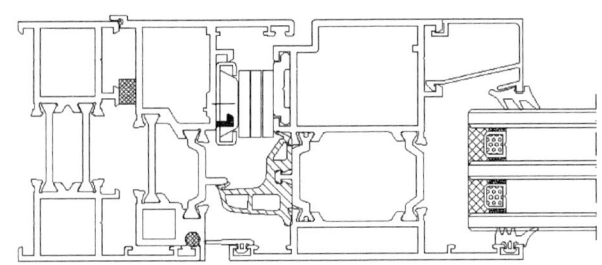

图7 优化型材断面结构,实现三道等压密封窗型搭接示意图

上述调整方案在考虑等压原理提升整窗保温性能的基础上兼顾水密性。中间使用等压胶条,目的是让室外侧与外界大气形成气压平衡,但不赞成完全去掉外侧胶条的做法。这虽然可以实现室外腔体与大气完全等压,但动能水会把等压腔填满而失去原有的效果。本次调整设计了一种与边框似搭非搭的三元乙丙胶条,并且在上侧胶条断开两个小缺口,这样在雨水压力下设计的水密腔会与外界相通,使腔体与外界压力平衡,实现等压原理。常规状态下又能起到密封外侧腔体,减少空气对流,提升保温性能的作用。

验证试验选取某大型铝合金建筑型材生产企业优化结构调整的新型外平开窗型材,按图7所示进行穿条生产,并制作样窗一樘。依据《建筑外门窗保温性能分级及检测方法》(GB/T 8484—2008)规定进行门窗传热系数(K值)检测。

3.3 优化三元乙丙胶条组角方式及组角角码

鉴于传统铝合金外平开窗三元乙丙胶条组角方式为45°角对接,甚至是粗糙的直角对接方式,窗框、扇组角过程选用普通角码等,造成胶条及型材组角处搭接或密封不严密,存在空气对流及热量损失。本文尝试在框、扇四角位置用胶角进行连接密封,并在胶角处打密封胶来密封,如图8所示。并在框、扇型材组角时,设计选用新型注胶角码,如图9所示。该

图8 样窗采用胶角制作工艺密封示意图

图9 注胶角码结构示意图

注胶角码留有组角胶的专用流道,在角码两侧边使用角码导流片,使得组角胶沿导流板设计的流道流淌,使组角胶均匀填充满整个组角空间,组角处彻底胶封。

验证试验选取某大型铝合金建筑型材生产企业所完成调整的新型外平开窗型材(断面结构同3.2节要求),采用胶角密封及注胶角码工艺,制作样窗一樘。依据《建筑外门窗保温性能分级及检测方法》GB/T 8484—2008规定进行门窗传热系数(K值)检测。

所有试验样窗相关信息见表1。

表 1　五金配件优化试验样窗信息　　　　　　　　　　　　　　　单位:mm

样窗编号	外形尺寸	框厚	扇厚	聚酰胺型材高度	五金配件	框扇搭接	角码及胶条连接处
YC001	1470×1470	65	73	24	外露合页	两道密封	常规角码45°连接
YC002	1470×1470	65	65	24	隐藏铰链	两道密封	常规角码45°连接
YC003	1470×1470	65	65	24	隐藏铰链	三道等压	常规角码45°连接
YC004	1470×1470	65	65	24	隐藏铰链	三道等压	注胶角码胶角连接

3.4　试验方法

以上样窗均依据《建筑外门窗保温性能分级及检测方法》(GB/T 8484—2008)规定进行门窗传热系数(K值)检测。所用试验设备为沈阳紫薇机电设备有限公司生产的MW-BD1824型建筑外门窗保温性能检测设备进行检测。设备如图10所示。

图 10　MW-BD1824型建筑外门窗保温性能检测设备

另对试验结束后的所有样窗,依据《建筑外门窗气密、水密、抗风压性能分级及检测方法》(GB/T 7106—2008)进行气密性能、水密性能、抗风压性能单样窗检测。试验设备为沈阳紫薇机电设备有限公司生产的MW-W-3030A型门窗物理性能检测设备,如图11所示。

图 11　MW-W-3030A型门窗物理性能检测设备

4 试验结果

4.1 保温性能试验结果

各样窗依据《建筑外门窗保温性能分级及检测方法》（GB/T 8484—2008）规定进行门窗传热系数（K 值）检测；并观察试验结束，开启温室一侧门后，观察样窗温室一侧各位置结露位置出现的先后顺序。检测结果统计见表 2。

表 2　各样窗传热系数（K 值）检测结果明细　　　单位：$W/(m^2 \cdot K)$

样窗编号	YC001	YC002	YC003	YC004
K 值	2.31	2.32	2.05	1.92
温室侧结露现象	执手、合页、框、扇组角处先出现	框、扇组角处先出现	框、扇组角处先出现	均匀出现

4.2 物理性能试验结果

各样窗依据《建筑外门窗气密、水密、抗风压性能分级及检测方法》（GB/T 7106—2008）进行气密性能、水密性能、抗风压性能单样窗检测。结果统计见表 3。

表 3　各样窗物理性能检测结果明细

样窗编号		YC001	YC002	YC003	YC004
抗风压性能 P_3（kPa）		5.0	5.0	5.0	5.0
气密性能	$q_1 [m^3/(m \cdot h)]$	1.52	1.57	0.52	0.47
	$q_2 [m^3/(m^2 \cdot h)]$	3.55	3.59	0.84	0.77
水密性能 ΔP（Pa）		200	150	450	500

注：因《建筑外门窗气密、水密、抗风压性能分级及检测方法》（GB/T 7106—2008）规定要求每项物理性能相同类型、结构及规格尺寸的试件，应至少检测三樘。而上述试验因受样窗数量影响，为对检测项目结果定级，仅记录单樘试样的检测结果。

5 结果分析

经对比样窗 YC001、YC002 的 K 值，结果显示，优化型材结构，将五金功能槽口由转接料室外侧调整设计至室内侧，切断执手处金属"热桥"，采用隐藏铰链替换外露合页等措施，铝合金外平开窗保温性能并无提升，这应归结为其是两道密封，而室外侧密封胶条为横向密封；检毕开启温室一侧门后，YC002 样窗的合页、执手处未出现结露现象，则说明该处的热传导性能被明显降低。经对比样窗 YC002、YC003、YC004 的 K 值，结果显示，通过优化断面及搭接设计，改用三道密封，使用胶角及注胶角码等工艺，样窗的保温性能被不断提升，而 YC004 样窗检毕后开启温室一侧门，其框、扇组角处不再出现先结露等现象，说明热传导性能被明显降低。

另外，对比 YC001、YC002、YC003、YC004 样窗的物理性能检测结果可知，经上述调整后，样窗的水密性能、气密性能明显提升，而抗风压性能无明显损失。

6 结语

本文通过优化传统铝合金外平开窗型材结构，调整五件锁点位置，应用三道密封等压原理，并采用胶角及注胶角码等先进的三元乙丙胶条密封及组角加工等方式，明显降低了铝合金外平开窗的传热系数，提高了保温性能。同时，工艺改进后，铝合金外平开窗的水密性能、气密性能也有明显提升，抗风压性能无明显损失。铝合金外平开窗的整体性能得到明显提升。

参考文献

[1] 黄圻，等.铝合金门窗设计规范[M].北京：中国建筑工业出版社，2010.
[2] 杨清，孙超.建筑门窗保温性能优化设计[J].门窗，2015(8)：30-31.
[3] 柏珮琼.建筑门窗设计对节能效果的影响探析[J].门窗，2018(1)：24-25.
[4] 黄红军.影响门窗传热系数的重要因素.门窗，2017(10)：11.
[5] 潘学强，周瑜，吕传利，等.高效节能门窗节能性能研究与应用[J].工业建筑，2016.SⅠ.

竖向大线条插接型单元幕墙设计浅析

文 林

深圳市方大建科集团有限公司　广东深圳　518057

摘　要　本文对竖向大线条插接型单元幕墙进行了定义，详细介绍了其大线条的风荷载局部体型系数及体系设计，并以具体计算进行对比分析，总结了各种体系的特点，供广大幕墙工程设计人员参考。

关键词　竖向大线条；插接型单元幕墙；设计；定义；荷载取值；局部体型系数；体系设计；传力路径；对比分析

1　引言

在当代建筑行业，幕墙因其美观、时尚而深受建筑师的青睐（图1），它赋予建筑的最大特点是将建筑美学、建筑功能、建筑节能等因素有机地统一起来，因而受到广泛的使用和推广，幕墙行业也得到了高速的发展。幕墙成就建筑之美。形态成就幕墙之美，线条是幕墙最常见的形态之一，同时也可以通过线条来增强其遮阳功能，建筑师会根据建筑的特色设置

图1　美丽的幕墙

不同类型的横向或竖向装饰线条。然而，幕墙的分类有很多种，根据其安装施工方法分为单元式幕墙和构件式幕墙，随着施工现场人工成本的不断攀升以及人们对幕墙品质的要求越来越高，单元式幕墙的运用越来越多，带有大线条的单元式幕墙比比皆是，需要幕墙工程设计人员对于上述幕墙的设计有一些深入的研究。本文针对竖向大线条插接型单元幕墙的设计体系进行分析和总结，供广大幕墙工程设计人员参考。

2 定义

本文主要介绍的是竖向大线条插接型单元幕墙设计，根据《建筑幕墙术语》（GB/T 34327—2017）第3.3.1.2条以及第3.3.1.2.1条内容，文中所述的竖向大线条插接型单元幕墙定义如下：由面板与支承框架在工厂制成的不小于一个楼层高度的幕墙结构基本单位，直接安装在主体结构上组合而成的框支承建筑幕墙，其单元板块之间以立柱型材相互插接的密封方式完成组合，且竖向带有大装饰线条，大装饰条外挑尺寸在100mm以上，如图2所示。

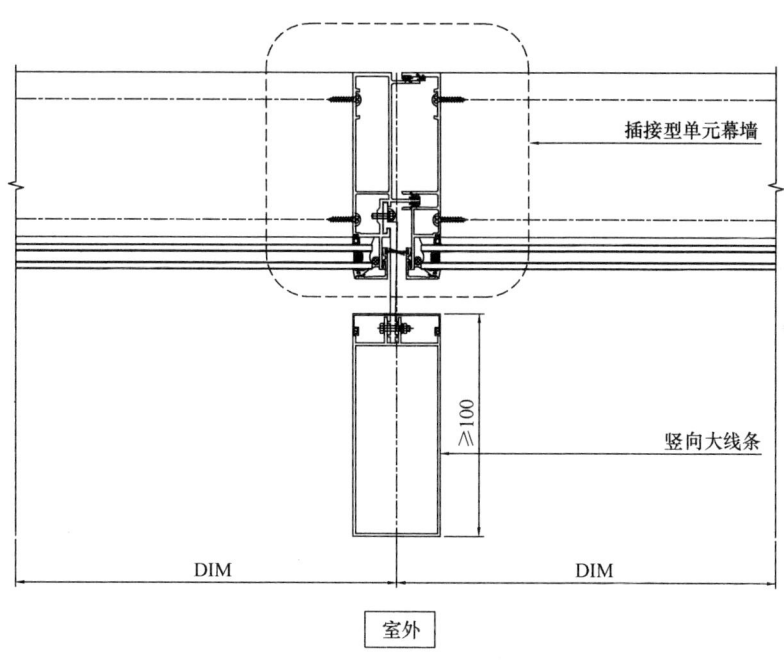

图2 竖向大线条插接型单元幕墙

3 荷载取值

对于竖向大线条插接型单元幕墙而言，其立面幕墙的荷载取值依据《建筑结构荷载规范》（GB 50009—2012）相关内容即可，设计过程中无特殊之处，需要重点关注竖向大线条荷载取值。然而对于竖向大线条本身而言，其风荷载局部体型系数 μ_{sl} 在《建筑结构荷载规范》（GB 50009—2012）中没有十分明确的规定，可参考广东省标准《建筑结构荷载规范》（DBJ 15—101—2014）第7.4.1（5）条：对于高层建筑表面尺寸 a 小于1m的横向或竖向不镂空百叶条，其局部体型系数 $\mu'_{sl}=K\mu_{sl}$，其中，K 为系数，按表1取值，μ_{sl} 为临近区域墙体体型系数。

表 1 系数 K 取值

工况	K	
	边缘区域	大面区域
A	0.8	0.6
B	1.2	1.1
C	1.3	1.4
D	1.5	0.7
E	1.3	0.7

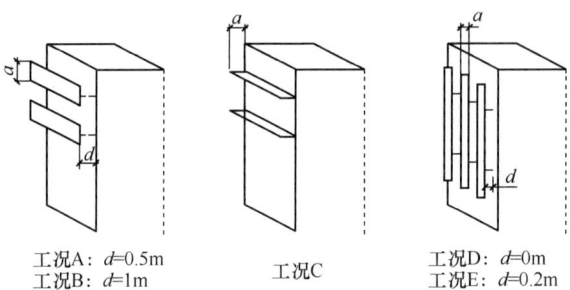

工况A：d=0.5m
工况B：d=1m

工况C

工况D：d=0m
工况E：d=0.2m

4 体系设计

对于竖向大线条插接型单元幕墙而言，幕墙节点本身按传统的单元幕墙设计即可，仅需要关注竖向大线条的侧向风荷载传力体系设计。对于竖向大线条的侧向风荷载传力体系，常规上有三种设计，第一种体系是连续或间隔均匀且密集的连接板设计，第二种顶部和底部各一连接板设计，第三种仅顶部一连接板设计，上述三种体系设计具体实施如下：

4.1 连续或间隔均匀且密集的连接板设计

此体系设计方式通过在竖向大线条上设置连续或间隔均匀且密集的连接板，将大线条固定在单元幕墙竖向龙骨上，从而实现大线条的连接固定。其传力路径比较复杂，大线条的侧向风荷载通过各位置的连接板直接传递至单元幕墙竖向龙骨，进而单元幕墙竖向龙骨各位置均受到大线条的侧向风荷载，其承受的荷载沿单元幕墙竖向龙骨自身向其顶部及底部传递。在单元幕墙竖向龙骨顶部，传统的插接型单元幕墙设置有支座，竖向大线条传递来的侧风荷载直接传递给单元幕墙挂件，由单元幕墙挂件传递给支座，再由支座传递给主体结构。在单元幕墙竖向龙骨底部，传统的插接型单元幕墙连接方式为上下横梁插接，若不采用其他特殊处理，除了摩擦力外没有其他构件能够抵抗竖向大线条传递来的侧风荷载。然而，对于外挑较大的竖向线条，摩擦力无法抵抗大线条传递来的侧风荷载，因此需要在横滑块上构造设计一个凸出构件，此凸出构件作为单元幕墙竖向龙骨底部的插芯，可与单元幕墙竖向龙骨紧密配合并在高度方向搭接一定的深度，且左右不能位移，同时将横滑块一端与下板块的上横梁采用自攻钉连接，而不是简单地插接固定。通过上述构造设计，大线条传递来的侧风荷载在单元幕墙底部由竖向龙骨传递给横滑块，再由横滑块过渡给下板块的上横梁，并直接传递给下板块的竖向龙骨，再由下板块的竖向龙骨传递给单元幕墙挂件，由单元幕墙挂件传递给支座，再由支座传递给主体结构，从而形成稳定的受力体系。其节点构造及传力路径如图 3 所示，单元幕墙竖向龙骨的底部传力构造方式如图 4 所示。

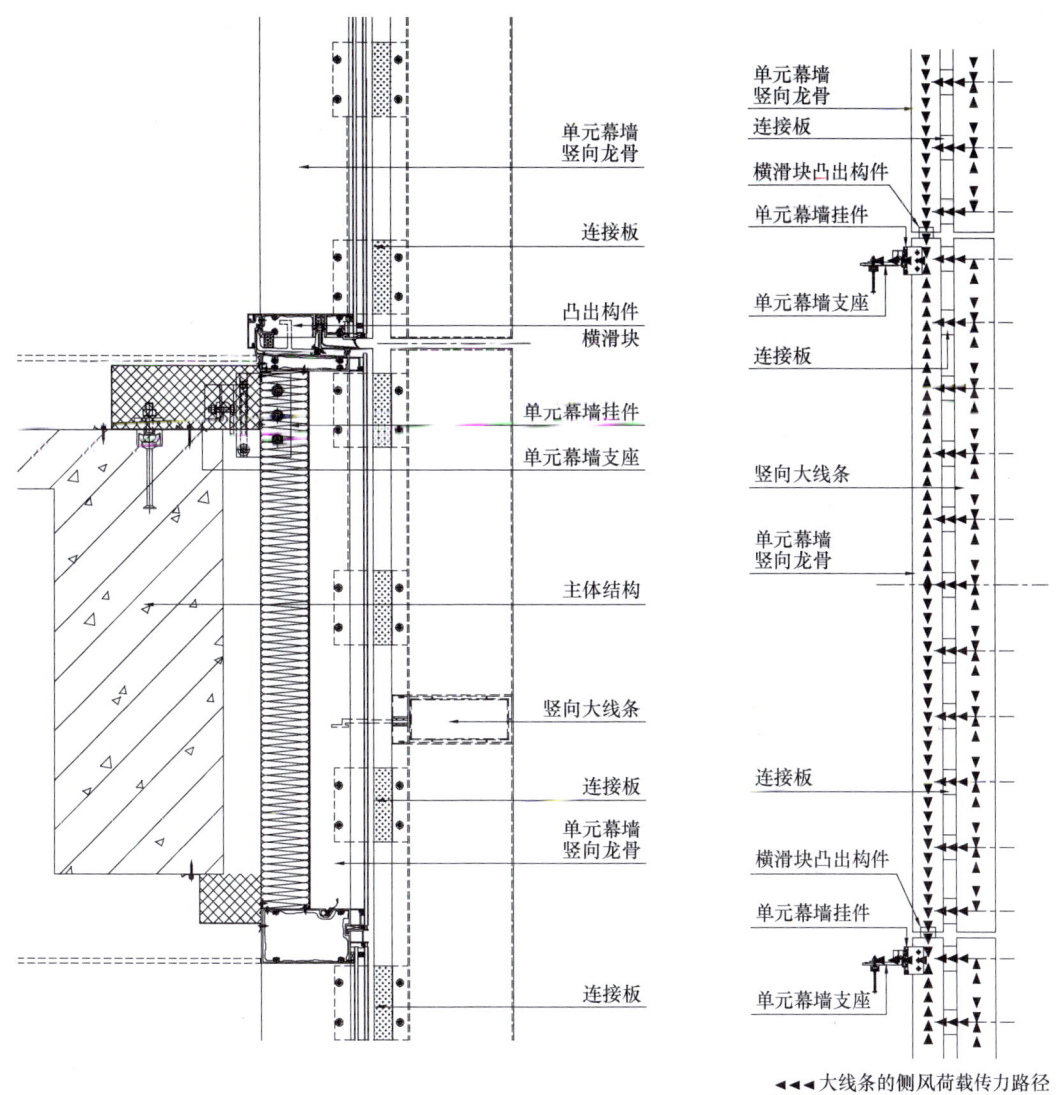

图 3 节点构造及传力路径

采用此体系设计，整个单元幕墙竖向龙骨需全部承担竖向大线条的侧风荷载，其侧风荷载对于单元幕墙竖向龙骨为弱轴方向受力，受力状态不合理，对于竖向龙骨本身影响最大，此外，在单元幕墙竖向龙骨的底部传力构造方式非常复杂。

4.2 顶部和底部各一连接板的设计

此体系设计方式通过在竖向大线条的顶部和底部各设置一个连接板，将大线条固定在单元幕墙竖向龙骨上，从而实现大线条的连接固定。其传力路径比连续或间隔均匀且密集的连接板设计略简单，大线条的侧向风荷载首先向其自身的顶部和底部传递，然后通过大线条顶部和底部的连接板直接传递给单元幕墙竖向龙骨。在单元幕墙竖向龙骨的顶部和底部，其构造方式与连续或间隔均匀且密集的连接板设计一致，后续的传力路径也一致，本文不再赘述。其节点构造及传力路径如图 5 所示，单元幕墙竖向龙骨的底部传力构造方式如图 4 所示。

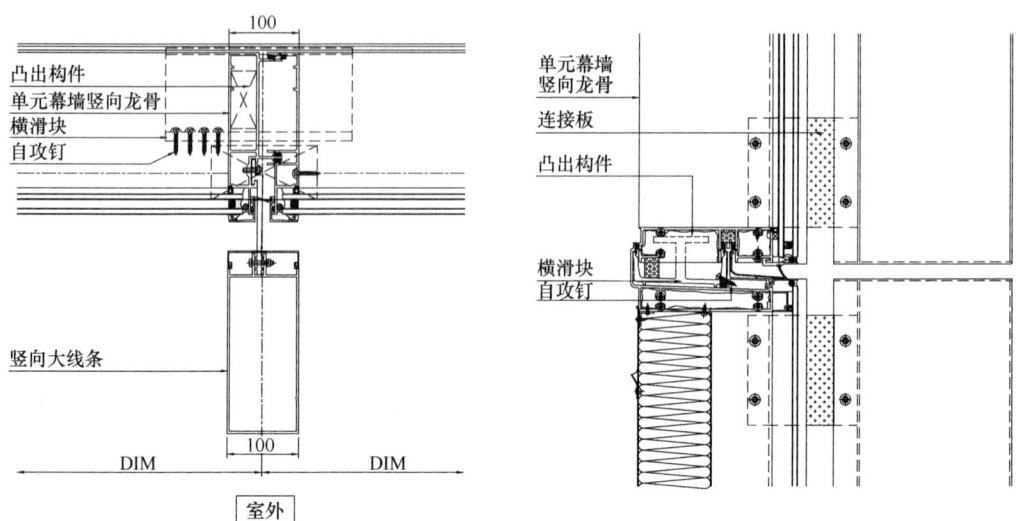

图 4 单元幕墙竖向龙骨的底部传力构造方式（mm）

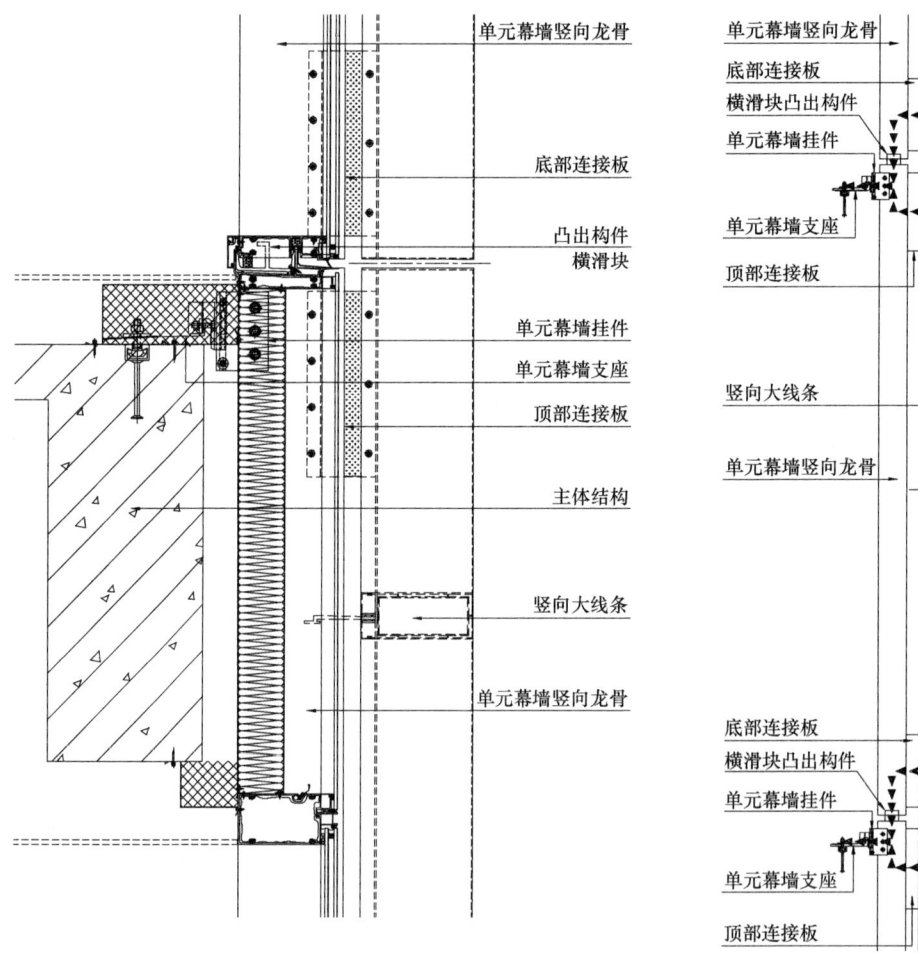

图 5 节点构造及传力路径

采用此体系设计，单元幕墙竖向龙骨仅需在顶部和底部承担竖向大线条的侧风荷载，且主要为传导作用，竖向龙骨本身受影响不大，但其单元幕墙竖向龙骨的底部传力构造方式依然非常复杂。

4.3 仅顶部一连接板的设计

此体系设计方式通过在大线条的顶部设置一个连接板，将竖向大线条固定在单元幕墙竖向龙骨上，同时在大线条底部设置一个铝合金插芯，大线条底部通过铝合金插芯与下一层板块的大线条插接固定，从而实现大线条的连接固定。其传力路径比较简单，竖向大线条的侧向风荷载首先向其自身的顶部和底部传递，顶部由大装饰条的连接板传递至单元幕墙竖向龙骨，再传递给单元幕墙挂件，由单元幕墙挂件传递给支座，再由支座传递给主体结构。底部由大装饰条通过铝合金插芯直接传递给下一层板块的大线条，再由下一层板块的大线条通过连接板传递给下一层板块的单元幕墙竖向龙骨，再传递给下一层板块的单元幕墙挂件，由下一层板块的单元幕墙挂件传递给支座，再由支座传递给主体结构。其节点构造及传力路径如图 6 所示。

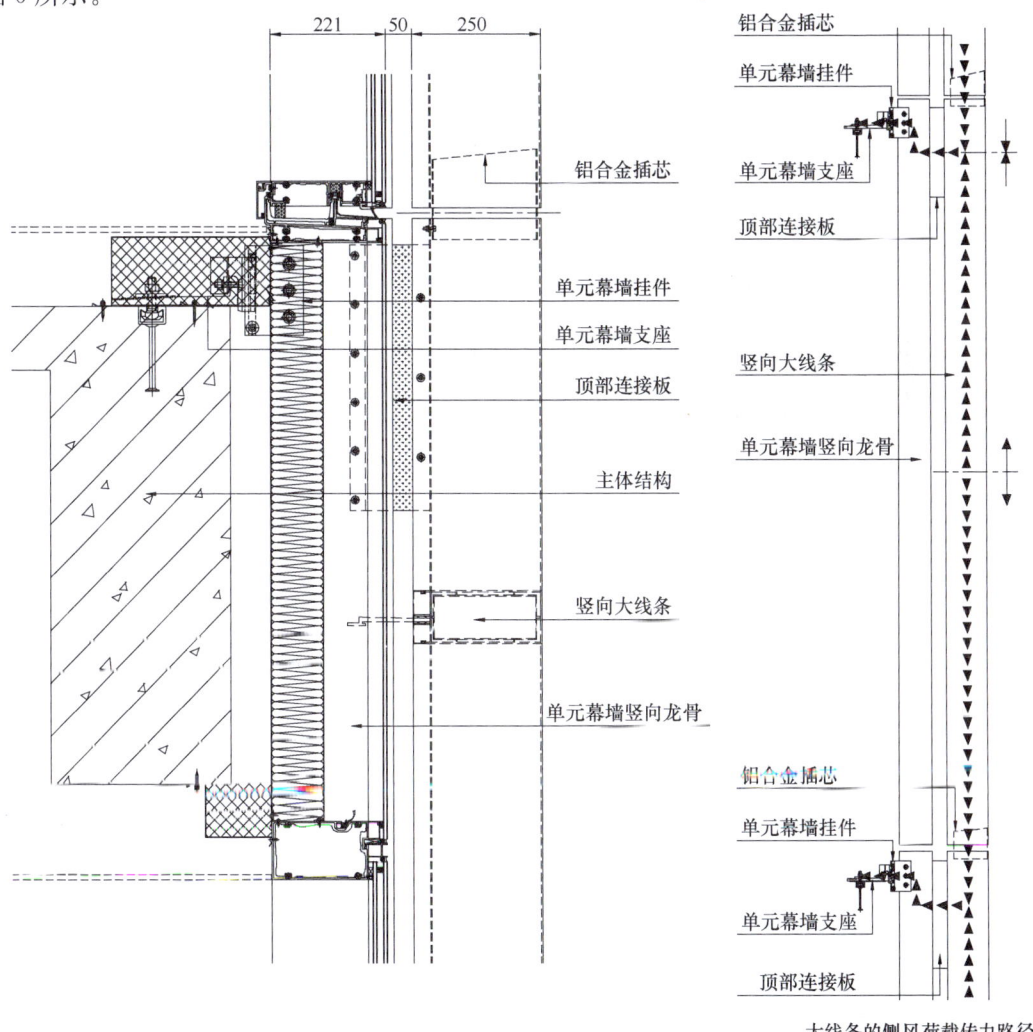

图 6 节点构造及传力路径

采用此体系设计，单元幕墙竖向龙骨仅需在顶部承担大线条的侧风荷载，主要为传导作用，单元幕墙竖向龙骨本身受影响不大，单元板块之间不需要传递竖向大线条的侧风荷载，单元幕墙竖向龙骨的底部不需要特殊处理，按传统单元幕墙的插接方式设计即可。

5 对比分析

现通过计算进行对比分析，取广东珠海市地面粗糙度 C 类地区工程为例，建筑高度 100m 高，幕墙水平分格为 1500mm，层高为 4200mm，根据广东省标准《建筑结构荷载规范》(DBJ 15-101—2014)，立面风荷载标准值 W_{k1} 计算后取值－3.38kN/m²，装饰条风荷载标准值 W_{k2} 计算后取值－4.61kN/m²，此处主要考虑装饰条与立柱间不同的连接方式对立柱受力的影响，在保证装饰条连接件强度满足要求的情况下，分以下三种连接体系进行考虑：

第一种情况：装饰条与立柱间隔均匀且密集的连接板设计，连接板间距 550mm 均布。

第二种情况：装饰条与立柱在顶部和底部各一连接板设计。

第三种情况：装饰条与立柱在仅顶部一连接板设计，装饰条底部插芯连接。

根据实际情况，铝立柱与装饰条整体建模计算，建立三跨模型，取中间跨结果作为幕墙立柱校核的依据。立柱按多跨简支连续梁模型计算，荷载及组合按广东省标准《建筑结构荷载规范》(DBJ 15-101—2014) 设计，各种情况受力模型及 SAP2000 模型施加荷载如图 7 所示。

各种情况内力示意图如图 8 所示。

各种情况杆件应力及挠度对比见表 2。

表 2　三种情况杆件应力及挠度对比

应力单位：MPa 挠度单位：mm	情况①		情况②		情况③	
	立柱	装饰条	立柱	装饰条	立柱	装饰条
杆件正应力1/正向	57	59	109	—	109	—
杆件正应力2/侧向	49	25	32	38	23	40
杆件扭转切应力	15	—	15	—	29	—
杆件组合应力值	109	84	143	38	141	40
杆件正向挠度	8.6	8.5	16.5	—	16.5	—
杆件侧向挠度	19.5	4.9	7.9	7.9	5.3	8.5
杆件组合挠度值	21.3	9.8	18.3	7.9	17.3	8.5

从表 2 可以看出，采用第一种情况设计时，装饰条参与幕墙竖向龙骨整体受力，杆件组合应力值较小，但杆件侧向挠度最大，且为控制作用，杆件组合挠度值也最大。采用第三种情况设计时，其杆件侧向挠度最小，说明幕墙竖向龙骨受大线条的侧风影响最小。

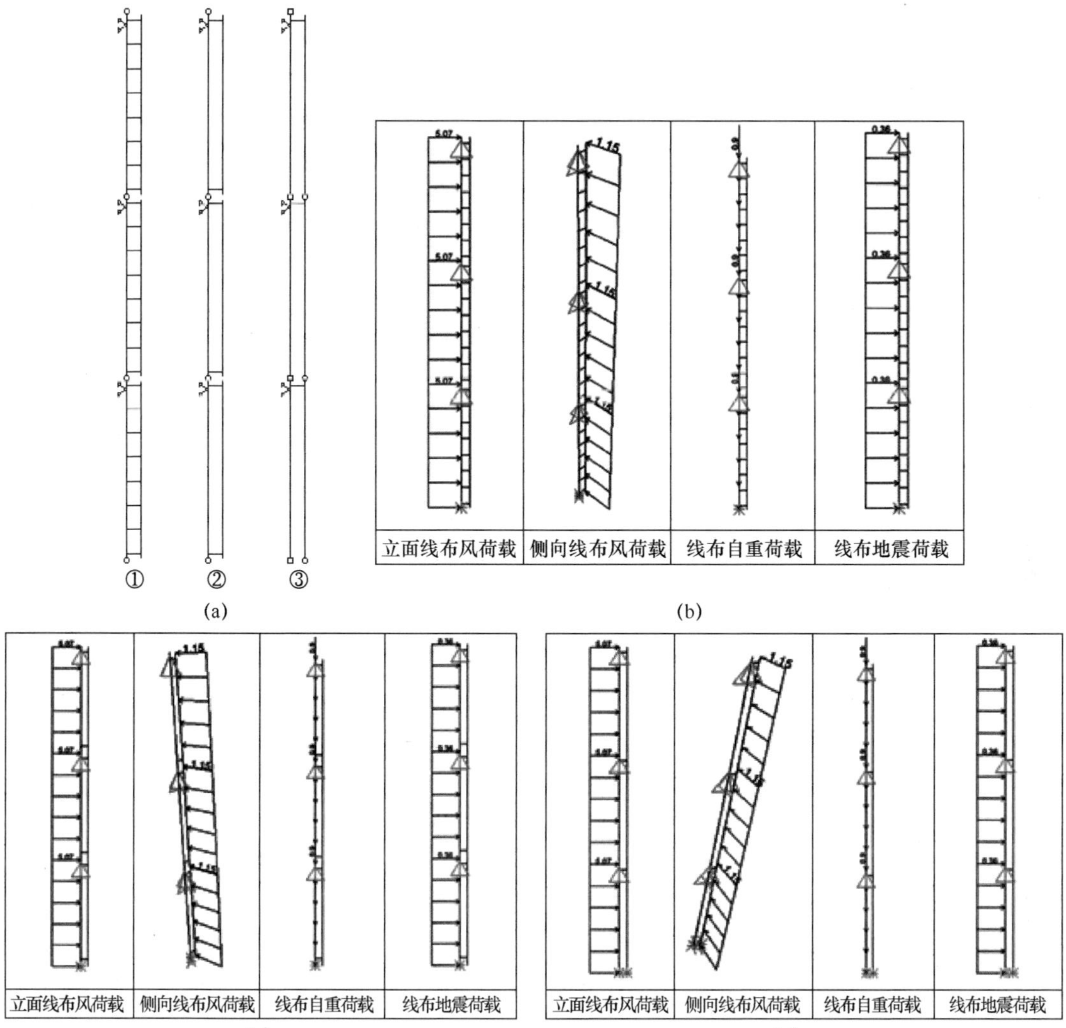

二、设计与施工

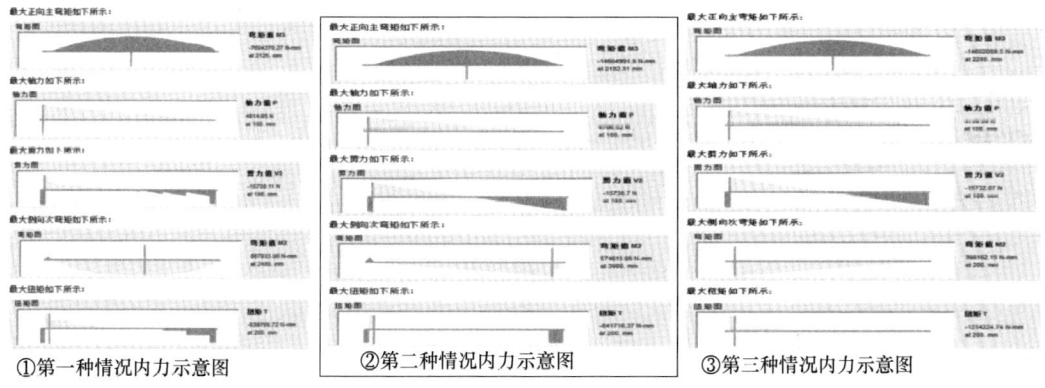

图 7 各种情况受力模型及 SAP2000 模型施加荷载示意图
(a) 各种情况受力模型示意图；(b) 第一种情况施加荷载示意图；
(c) 第二种情况施加荷载示意图；(d) 第三种情况施加荷载示意图

①第一种情况内力示意图　　②第二种情况内力示意图　　③第三种情况内力示意图

图 8 各种情况内力示意图

6 结语

竖向大线条在建筑中被广泛运用，插接型单元幕墙也越来越普及，对于竖向大线条插接型单元幕墙，其体系设计有多种方式，各种体系各有特点。根据上述体系设计及计算对比分析，总结以下几点体会：

(1) 竖向大线条侧向风荷载非常大，仅仅是受风面积小而已，但设计中绝对不容忽视。

(2) 竖向大线条侧向风荷载局部体型系数取值可参考广东省标准《建筑结构荷载规范》(DBJ 15—101—2014) 取用。

(3) 竖向大线条插接型单元幕墙采用连续或间隔均匀且密集的连接板设计、顶部和底部各一连接板设计，需重点考虑单元板块之间的侧向荷载传力构件设计，不能想当然地依靠单元板块之间的摩擦力传递大线条的侧向风荷载。

(4) 竖向大线条插接型单元幕墙采用仅顶部一连接板设计时，其装饰条和幕墙竖向龙骨受力各自相对独立受力，传力路径简单直接，大线条的侧风荷载对于幕墙竖向龙骨影响最小，整个体系设计也比较合理。

参考文献

[1] 建筑幕墙术语：GB/T 34327—2017[S].
[2] 建筑结构荷载规范：DBJ 15—101—2014[S].
[3] 建筑结构荷载规范：GB 50009—2012[S].
[4] 铝合金结构设计规范：GB 50429—2007[S].
[5] 玻璃幕墙工程技术规范：JGJ 102—2003[S].

作者简介

文林（Wen Lin），男，1978 年 8 月生，高级工程师、毕业于西安建筑科技大学；现任深圳市方大建科集团有限公司设计院院长兼副总工程师，从事建筑幕墙设计及管理工作。

框支承建筑幕墙受力构件挠度控制的研究

谭国湘　黄永杭

广州铝质装饰工程有限公司　广东广州　510000

摘　要　抗风压性能是建筑幕墙最基本的物理性能之一，也是最重要的安全性能，其中框支承幕墙是最为常见、存量最多的建筑幕墙。世界上均以受力杆件的挠度值来衡量建筑幕墙抗风压性能高低。世界各国自从形成了建筑幕墙技术标准以来，各国技术标准对建筑幕墙的挠度控制也随着建筑幕墙材料、施工技术的发展而发生了多次变化，我国也不例外。近年，各国的建筑幕墙技术标准都进行了修编，其中的挠度控制指标值基本都进行了调整，使得幕墙技术标准的可操作性大幅提升，进一步促进了建筑幕墙行业的健康发展，特别是对于大跨度的框支承建筑幕墙。

关键词　建筑幕墙；框支承幕墙；受力构件；挠度控制

Abstract　Wind resistance performance, which is a basic performance of curtain wall, is one of the most important safety performance. Frame supported curtain wall is the most common curtain wall. Engineers use the deflection of framing systems to evaluate wind resistance performance of curtain wall. Because of the development of materials and technologies, standard for limiting deflection of framing systems for curtain wall had changed a few times. In recent years, many counties revised their standard building code and changed the limit of deflection of framing systems. These revised standards are benefit to the curtain wall industry.

Keywords　curtain wall; frame supported; supporting member; deflection control

1　引言

按照《建筑幕墙术语》（GB/T 34327—2017）第7.3条，建筑幕墙的抗风压性能是指幕墙可开启部分处于关闭状态时，在风荷载作用下，主要受力构件变形不超过允许值且不发生结构性损坏（如裂缝、面板破损、局部屈服、黏结失效等）及五金件松动和开启功能障碍的能力。可见，受力构件的变形是十分重要的指标。而对于最为常见、存量最多的框支承幕墙，作为受力杆件的立柱和横梁的变形量（挠度）控制就显得非常重要，因此世界各国均以立柱和横梁的挠度值来衡量建筑幕墙抗风压性能高低。对框支承幕墙的受力构件进行挠度控制，是保证结构安全的需要，也是保证幕墙功能性的需要，其意义主要有：

（1）给面板以足够的支撑。

建筑幕墙除了铝板等金属幕墙外，其他诸如玻璃、石材、人造板等大多数幕墙面板都是脆性材料，需要对受力构件进行合理的挠度控制，以保证其有足够的刚度来保证这些脆性面板不会因为支承体系过大的挠度变形而受到破坏。

(2) 幕墙性能和寿命的保障。

在风荷载的作用下，受力构件与面板的变形是不一致的，过大的相对位移可能会超出密封胶的变位适应能力，导致胶缝撕裂，影响幕墙的气密性、水密性，甚至会导致连接件发生腐蚀，乃至影响幕墙的使用寿命。

(3) 舒适的使用环境

建筑幕墙作为隔绝室内人员与恶劣的室外环境的安全屏障，过大的变形会导致受力构件随着风压的波动出现目视可见的振动，即使此时幕墙构造是安全的，也会给室内人员带来不安全的感觉。

2 国内外建筑幕墙及其技术标准的发展历程

20世纪50年代，随着建筑施工技术和建筑材料的发展，玻璃幕墙开始大规模应用于建筑外围护结构，宣布建筑幕墙时代的到来。20世纪70年代末80年代初，玻璃生产工艺和深加工技术的进步使得玻璃幕墙在世界各地得到更加广泛的应用，并开始迈入我国国门出现在广大大人民面前。40年来，我国建筑幕墙行业经历从模仿追随到各领风骚的发展，跨入21世纪，我国已经成为世界建筑幕墙生产和使用第一大国。与此同时技术标准也实现了从无到有、从引进到重新修编。目前，我国的幕墙行业，无论是设计水平、施工能力还是年工程总产值，都处于国际领先水平。我国幕墙行业发展到现在这样一种程度，除了国家经济实力的提高，设计人员、一线施工人员多年来的努力之外，也离不开我国幕墙行业因行业发展而不断完善的标准体系。

回顾我国建筑幕墙施工技术和标准发展史，从建筑幕墙进入我国到1995年，是我国建筑幕墙行业的起步阶段，形成了第一代技术标准——《建筑幕墙》(JG 3035) 和《玻璃幕墙工程技术规范》(JGJ 102)，它们对进入国门以来的建筑幕墙进行归纳总结；从1996年到2008年，幕墙行业飞速发展，萌生了许多新型幕墙，创新了许多幕墙施工技术，期间制定了《金属与石材幕墙工程技术规范》(JGJ 133)，修编了《玻璃幕墙工程技术规范》(JGJ 102)，以及升级版的产品标准《建筑幕墙》(GB/T 20186) 成为第二代技术标准的标志；进入21世纪10年以来，我国的建筑幕墙施工技术得到极大的升华，众多的技术标准也陆续开始修编，随着2016年《人造板材幕墙工程技术规范》(JGJ 336) 的颁布实施，意味着建筑幕墙类第三代技术标准的来临。三代技术标准中，抗风压变形性能作为最主要的物理性能，其核心的控制参数——挠度控制值也发生了相应的变化。以挠度控制值来比较和分析这三代技术标准，能很好地印证国内幕墙施工技术和标准的发展历程。

回顾欧美日经济较发达地区，其建筑幕墙类技术标准也是经历了三代发展，且其在不同时期对框支承幕墙受力构件挠度控制的要求也各有不同。本文将结合美国标准、日本标准、欧洲标准对建筑幕墙框受力构件挠度控制的变化历程与国内标准在三个发展时期下的差异，对国内外规范标准进行横向、纵向分析对比，深入研究建筑幕墙框受力构件的挠度控制理论。

3 第一代技术标准

3.1 欧洲标准解读分析

欧洲是建筑幕墙的发源地，其技术标准的制定也较早，但欧盟成立于1993年，当时欧洲各国还没有统一的幕墙行业标准。本文以英国标准作为欧洲标准的早期版本来进行对比分析。英国标准对建筑幕墙的挠度控制可追溯出两个源头。

一是从门窗以及玻璃装配要求演变而来。英国标准《英国建筑玻璃工业实施标准》（BS 6262—1982）（原CP152）规定：对四边支承玻璃、单片玻璃边缘挠度应该限制在玻璃跨度 $L/125$；中空玻璃边缘挠度应该限制在玻璃跨度 $L/175$。挠度控制曲线如图1所示。

二是从铝合金结构规范的要求演变而来。英国标准《铝合金结构规范》（BS 8118 1991）规定：对建筑幕墙的立柱和横梁，装配单层玻璃时挠度控制值为跨度的 $L/175$；装配双层玻璃时挠度控制值为跨度的 $L/250$。挠度控制曲线如图2所示。

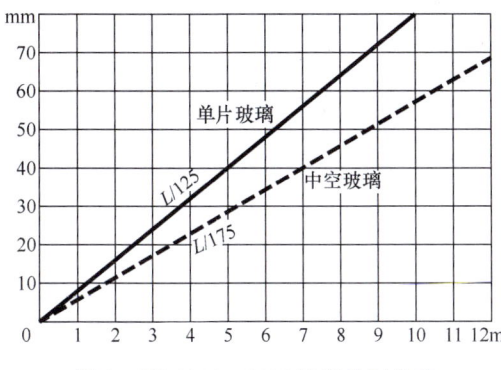
图1 BS 6262—1982 挠度控制曲线

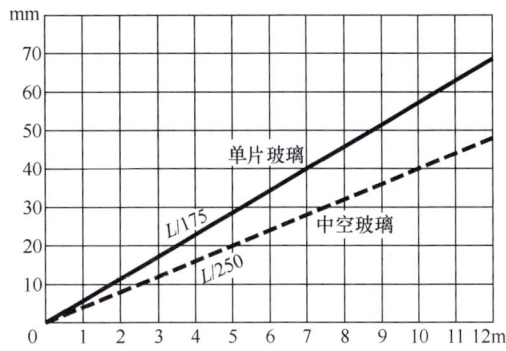
图2 BS 8118—1991 挠度控制曲线

从挠度控制曲线可见，BS8118的挠度控制较BS6262要严格得多。幕墙的跨度毕竟比门窗大，对于立柱横梁出现较大的变形时将会对幕墙产生如何的影响，标准制定者还没有足够的信心和把握，故选择了比较严格的挠度控制值，且挠度限值也没有对大跨度建筑幕墙作深入的考虑。

3.2 日本标准解读分析

第一代日本标准《幕墙工程》（JASS 14—85）规定：建筑幕墙框受力构件的最大允许挠度为 $L/150$，且不得超过20mm。挠度控制曲线如图3所示。

从相对挠度控制的数值来看，日本标准的挠度控制比较宽松，这与日本本土资源短缺所形成的物尽其用的精益思想有一定的关系。从JSSS14给出的"$L/150$"这个相对挠度限制的取值原则："在设计风荷载下，不会引起幕墙构件有害变形或是永久变形，几乎没有修补的必要就可以继续使用"可以看出，日本标准在制定"$L/150$"的相对挠度限制时，是直接以产品的极限试验数据作为依据，

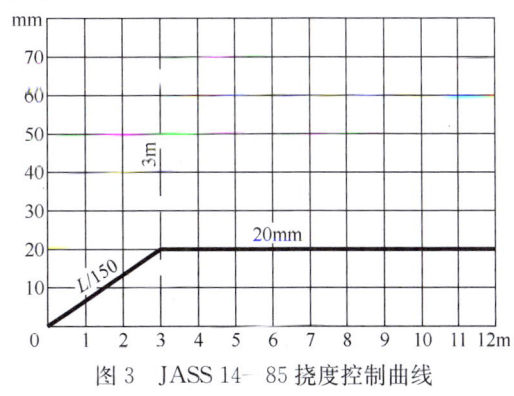
图3 JASS 14—85 挠度控制曲线

而没有进行过多的安全系数考虑。

同时，日本标准认为，虽然 $L/150$ 的相对挠度控制能保证构件上的应力在允许应力以内，也不会在强台风中给室内人员带来因目视到的构件变形而产生不安全感。但是，如果仅实施 $L/150$ 的相对挠度控制，那么当受力构件跨度变大时，其挠度也会变大，而过大的挠曲变形，会导致幕墙构造与窗帘盒等的连接部件产生不合适的现象，所以 JSSS14 在"$L/150$"的相对挠度限制基础上附加了 20mm 的绝对挠度限制。

3.3 美国标准解读分析

第一代美国标准《设计风荷载作用下的建筑幕墙框受力构件最大允许挠度》（AAMA TIR-A11—96）是世界上最早对大跨度幕墙有深入考虑，也是第一个对框支承幕墙受力构件挠曲变形进行分段控制的标准，该标准提出的挠度控制要求为："在设计风荷载下，当建筑外围护构造的龙骨跨距不大于 4115mm 时，其挠度应不大于 $L/175$；当跨度大于 4115mm 且小于 12m 时，设计风荷载下的挠度应不大于 $L/240+6.35$mm 这个更保守的限值"。挠度控制曲线如图 4 所示。

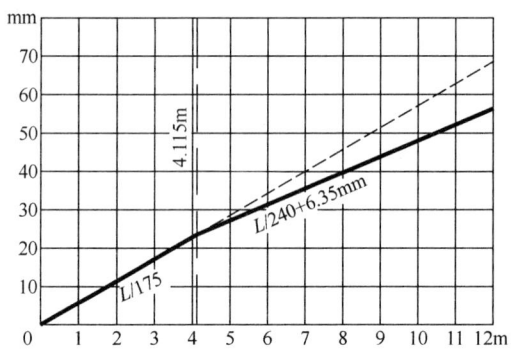

图 4　AAMA TIR-A11—96 挠度控制曲线

美国标准"$L/175$"的相对挠度限制源于玻璃行业对中空玻璃的挠度限制。参考现行的美国和英国的相关标准和建筑规范中涉及玻璃幕墙框受力构件挠度限制的条文，有以下几条：

（1）英国标准《英国建筑玻璃工业实施标准》（BS 6262—1982）（原 CP152）规定：对四边支承玻璃，单片玻璃边缘挠度应该限制在玻璃跨度 $L/125$，中空玻璃边缘挠度应该限制在玻璃跨度 $L/175$。

（2）《决定玻璃最小厚度和类型来抵抗规定荷载的实施标准》（ASTM E 1300—94），假设了装有玻璃的框架系统能够保证玻璃边缘在设计荷载下的水平挠度不超过 $L/175$。

（3）1994 年《建筑统一规范》第 2404.2 章"框架"规定：每一玻璃分格的框架构件都应该经过设计并保证垂直玻璃面板的挠度在正负荷载下的均不超过玻璃边长的 $L/175$ 或者 3/4 英寸（19mm）。

（4）1994 年《建筑标准规范》第 2406.1 章"挠度"规定：玻璃的受力构件如框在设计荷载下的挠度不超过 $L/175$ 时可认为是牢固的。

3.4 国内标准解读分析

国内第一代标准《建筑幕墙》（JG 3035—96）和《玻璃幕墙工程技术规范》（JGJ 102—96）对框支承建筑幕墙受力构件挠度进行了相同的限制：横梁和立柱的最大挠度为跨度 $L/180$，并且不大于 20mm。挠度控制曲线如图 5 所示。

这两本国内第一代的标准都提出了 $L/180$ 的相对挠度控制和 20mm 的绝对挠度控制，但对这两个控制尺度的取值是如何考虑的，并未有进一步说明，但 JG 3035 在编制时是以当时建筑装饰协会铝制品委员会的协会标准《玻璃幕墙》为蓝本，该标准也是参考国外相关标准来制定的。从相对挠度控制公式和绝对挠度的限制数值来看，该标准"$L/180$"的相对挠度限制与美国标准 AAMA TIR-A11—96"$L/175$"的相对挠度限制十分近似,而20mm的绝对挠度限制又与日本标准 JASS 14—85 的绝对挠度限制相同。当年的玻璃幕墙基本上都是小跨度,材料都是铝合金型材,所以标准中没有单独对钢型材的受力构件做出特殊的要求。总体来讲,这一代的幕墙技术标准算是以追随、引用国外标准为主,还没有形成独立的见解。

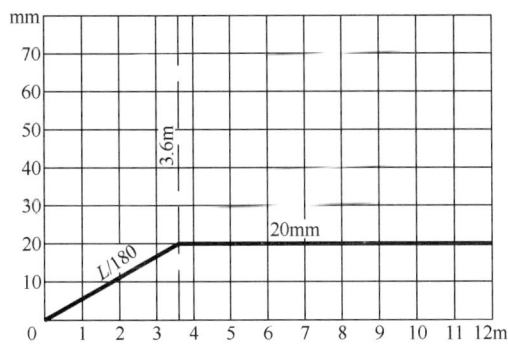

图5 JG 3035—96 及 JGJ 102—96 挠度控制曲线

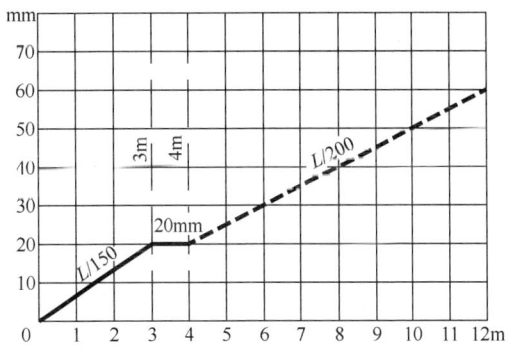

图6 JASS 14—96 挠度控制曲线

3.5 各国标准对比分析

对比各国第一代标准对建筑幕墙框受力构件挠度的限制,当时的美国标准是最先进的。在那个建筑幕墙跨度基本上都在 3~4m 高的年代,美国标准已经有在大跨度幕墙的挠度限制上做出考虑:既没有像欧洲标准一样采用线性的控制方式,也没有像日本标准一样采用绝对挠度控制,而是采取了分段控制的方法,对较大跨度的幕墙受力构件进行更严格的挠度控制。这能够较好地平衡幕墙材料的利用率与幕墙构造的安全性,使得幕墙跨度较小时的材料利用率尽量高,幕墙跨度较大时的幕墙构造安全系数尽量高。我国标准借鉴了日本标准,对大跨度幕墙采取了20mm的绝对挠度控制,尽管在当时的建筑环境下,这种一刀切的绝对挠度控制方式没有体现出其局限性,但是,随着国内建筑设计逐渐向大跨度幕墙发展,在追求成本效益最大化的工程行业,这种控制方式逐渐成为幕墙行业发展的阻碍。

4 第二代技术标准

4.1 日本标准解读分析

日本的第二代标准 JASS 14—96 对挠度的控制作出了大幅度的调整:当跨度不大于4m时,建筑幕墙框受力构件的最大允许挠度为 $L/150$,且不得超过20mm;当跨度大于4m时,建议按 $L/200$ 的相对挠度控制受力构件挠曲变形。挠度控制曲线如图6所示。

日本标准原来的绝对挠度控制方式,会导致大跨度幕墙的材料利用率降低,这在越来越向大跨度幕墙发展的建筑设计趋势中,已经逐渐成为了幕墙发展的阻碍。重新修订的 JASS 14 取消了对4m以上受力构件的绝对挠度限制,只提出了当跨度大于4m时,按 $L/200$ 的相对挠度来控制的建议。这种变化,其实是旧版标准对行业发展的一种妥协。而在 3~4m 区间,不变挠度控制值使得整条挠度控制曲线略显不合理。

4.2 欧洲标准解读分析

欧洲标准 13830—2003 作为第一本欧盟成立后对幕墙受力构件允许挠度进行规定的产品

标准，是参照德国标准制定的，所以，其对幕墙受力构件允许挠度的限制也体现着德国工业一贯的严格传统，该标准要求：建筑幕墙框受力构件的最大允许挠度为 $L/200$，且不得超过 15mm。绝对挠度值的制定，是这一版技术标准比较大的变化。挠度控制曲线如图 7 所示。

4.3 美国标准解读分析

虽然 AAMA TIR-A11 在 2004 年也推出了修订版本，成为美国的第二代标准，但是其对框支承幕墙受力构件挠度控制的规定并没有变化，这更显示出了第一代美国标准在当时的先进性。挠度控制曲线如图 8 所示。

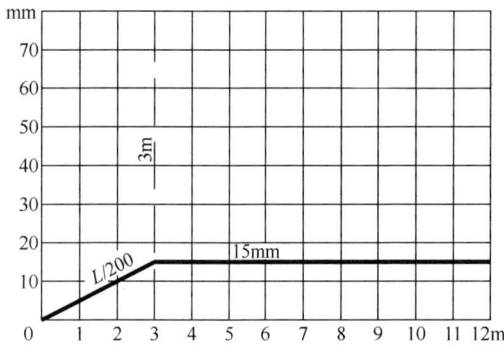

图 7　EN13830—2003 挠度控制曲线

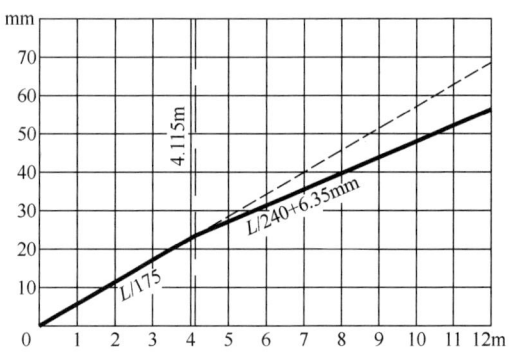

图 8　AAMA TIR-A11—2004 挠度控制曲线

4.4 国内标准解读分析

从 1996 年到 2008 年，国内建筑幕墙行业高速发展，对受力构件挠度进行限制的国家规范标准也不断推陈出新，《金属与石材幕墙工程技术规范》(JGJ 133—2001)、《玻璃幕墙工程技术规范》(JGJ 102—2003)、《建筑幕墙》(GB/T 21086—2007) 作为我国的第二代幕墙标准，依次对受力构件挠度控制进行了不同的规定。

1. JGJ 133—2001 对挠度的限制要求如下：(挠度控制曲线如图 9 所示)

铝合金型材：最大挠度为跨度 $L/180$，并且不应大于 20mm；

钢型材：当 $L \leqslant 7500$ 时，最大挠度为跨度 $L/300$，并且不应大于 15mm；当 $L > 7500$ 时，最大挠度为跨度 $L/500$。

JGJ 133—2001 对铝合金受力构件的挠度限制沿用了 JGJ 102—96 数据，而对钢型材受力构件的挠度控制则是从结构设计角度入手，而不是从标准幕墙其他物理性能的角度来设定挠度控制曲线，作出了十分严格的控制。不过若不考虑幕墙是建筑外围护构造而非主体结构这一点，按照钢结构规范的要求衡量，JGJ 102—96 对钢型材受力构件 "$L/180$" 的相对挠度控制确实稍宽松。

2. JGJ 102—2003 对挠度的限制要求如下：对铝合金型材，最大挠度为跨度 $L/180$；钢型材，最大挠度为跨度 $L/250$。挠度控制曲线如图 10 所示。

JGJ 102—2003 分别对铝合金型材和钢型材的受力构件进行不同的挠度控制的方法，同时取消了绝对挠度限制。新的 JGJ 102 作这两处修订，原因如下：试验表明，横梁挠度达到跨度的 $L/180$ 时，幕墙玻璃的工作仍是正常的。因此，对铝型材的挠度控制值定为 $L/180$。钢型材强度较高，其挠度控制则可以稍严一些。原规范 JGJ 102—96 对挠度附加了不超过 20mm 的限值，这是针对当时幕墙的工程多为高层旅馆和办公楼，层高一般不大于 4m 的情况而制定的。目前，幕墙应用范围已大大扩展，情况多变，有时跨度超过4m较多，因此不宜、也不必要再规定挠度控制的绝对值，这与工程结构设计中挠度控制采用相对值的方法是一致的。

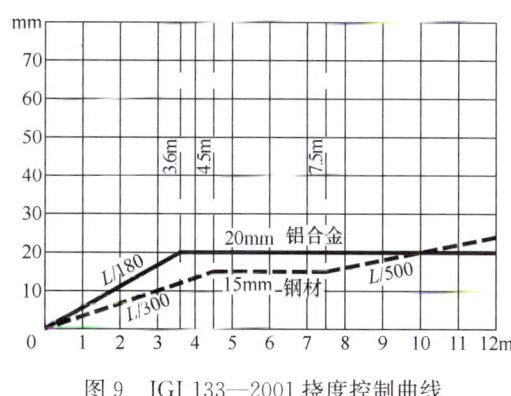

图9 JGJ 133—2001 挠度控制曲线

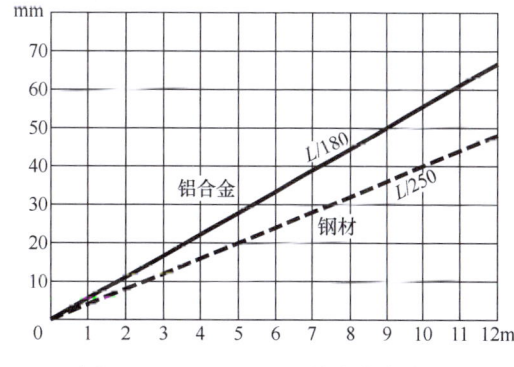

图10 JGJ 102—2003 挠度控制曲线

3. GB/T 21086—2007 对挠度的限制要求如下：（挠度控制曲线如图11所示）

铝合金型材：当 $L \leqslant 4500$ 时，最大挠度为跨度 $L/180$，并且不应大于 20mm；当 $L > 4500$ 时，最大挠度为跨度 $L/180$，并且不应大于 30mm。

钢型材：最大挠度为跨度 $L/250$，并且不应大于 30mm。

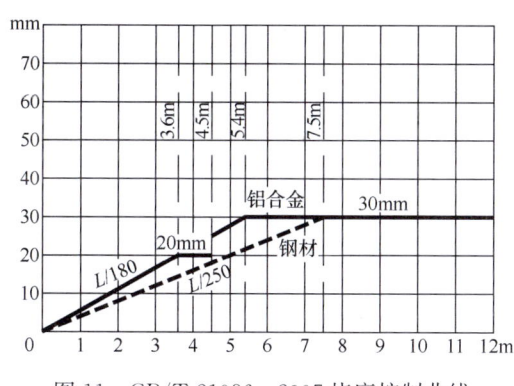

图11 GB/T 21086—2007 挠度控制曲线

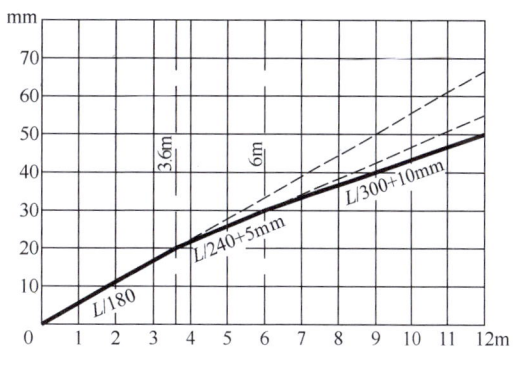

图12 理想的挠度控制曲线

作为国内第二代标准中最晚推行的标准，《建筑幕墙》（GB/T 21086—2007）对受力构件的挠度控制已经体现出我国标准已经十分有针对性地对大跨度幕墙的挠度进行考虑。对跨度大于4500mm的铝合金型材受力构件，绝对挠度限制由20mm放宽到30mm，这提高了4500mm以上铝合金框支承幕墙的材料利用率。曲线中3.6~4.5m间的不变的挠度控制值以及4.5m处曲线不连续的断口成为一个缺陷，也可能导致标准在使用过程中重新纷争。

4.5 各国标准对比分析

环顾各国第二代的标准，有两个比较明显的趋同变化。

第一，各国标准不再根据玻璃的种类差异来作不同的挠度控制。这主要是因为，最早期的受力构件挠度控制，参考了玻璃行业对不同种类玻璃装配的一些要求，而随着多年来的工程经验以及试验证明，对受力构件的挠度控制，不需要按玻璃的种类来作不同的考虑。

第二，除欧洲标准外，各国标准都对大跨度的受力构件挠度控制有了考虑。在当时建筑幕墙行业高速发展的阶段，不但大跨度的幕墙工程原来越多，铝型材厂的生产能力也在不断提高，很多铝型材厂能够生产单支型材长度达 7~8m 的铝型材。各规范放宽了对大跨度受力构件的挠度限制，是一种适应行业发展的进步。

5　挠度控制的研究

随着我国建筑幕墙行业技术的高速发展，当前世界上更高、更大、更难、更先进的建筑幕墙大部分都由我们设计和施工，除了以钢结构和索结构支承为主的点支式玻璃幕墙外，框支承幕墙的跨度也屡创新高，例如超过 10m 高的单元式幕墙和长度达 12m 的玻璃幕墙横梁。面对如此大跨度的幕墙，如何对挠度进行控制往往会令设计及施工单位束手无策。

根据我国结构设计的理论，挠度控制属于正常使用极限状态范畴，荷载采用标准值，而进行强度计算则是属于承载力极限状态的范畴，荷载采用设计值。对于大跨度的结构，刚度的要求往往远比强度的要求高，尽管《玻璃幕墙工程技术规范》（JGJ 102—2003）只采用相对挠度值控制，取消了绝对挠度的限值，但在 2007 年颁布的《建筑幕墙》（GB/T 1086—2007）中，再次设定了绝对挠度控制值，使得大跨度幕墙的设计陷入困境，如广州白云机场 T2 航站楼，横梁宽度 12m，结构计算的力学模型为：重力方向采用多点吊挂（多跨梁），风荷载采用简支梁。按照《玻璃幕墙工程技术规范》（JGJ 102—2003）的要求，横梁风荷载方向的挠度限值为 66.67mm，而按照《建筑幕墙》（GB/T 21086—2007）的要求，挠度限值只有 30mm，尽管横梁截面的深度尺寸接近 500mm，壁厚也达 8~12mm，此时强度的富余量已经很大，但挠曲变形量仍然接近 50mm，可见为满足挠度控制的要求而无限增加用料是不客观和不科学的。

大跨度框支承幕墙的应用是行业发展的必然产物，为保证幕墙的安全性和舒适性，对幕墙受力构件进行合理的挠度控制成为十分迫切的需求。设计出合理的可操作性强的建筑幕墙挠度控制曲线，核心问题在于大跨度幕墙的挠度控制。在这方面，美国标准 AAMA TIR-A11 是最早考虑大跨度幕墙的技术标准，日本标准 JASS14 是最早提出按三段控制挠度（建议）的技术标准，欧洲标准也紧随着技术标准发展的步伐，率先在第三代标准中采用连续无间断的三段控制曲线。不难看出，各国标准均十分重视大跨度幕墙的挠度控制，一致地通过分段控制的方式对超过常规跨度的幕墙受力构件进行更加严格的挠度控制。结合建筑幕墙在设计技术、材料科学、施工手段和使用环境等因素，觉得对幕墙受力构件进行分段控制是必须的，且应根据跨度的不断增大而采取更加严格的控制曲线，即对幕墙受力构件的挠度实施"跨度越大控制越严"的控制理念。

根据"跨度越大控制越严"的控制理念，形成了相对合理可行的三段挠度控制曲线方案，具体如下：（理想的挠度控制曲线方案如图 12 所示）

（1）第一段：当 $0<L\leqslant 3600$mm 时，$d=L/180$；1/180 的挠度控制斜率，充分延续了我国以往技术标准的精神。

（2）第二段：当 3600mm$<L\leqslant 6000$mm 时，$d=L/240+5$mm；挠度控制斜率从 1/180 提高到 1/240，分母增量为 60，并通过调节常量（+5）使得曲线连续，其控制斜率与美国标准吻合，该跨度的幕墙材料属于常规产生的产品，对工程成本的控制有一定好处。

（3）第三段：当 6000mm$<L$ 时，$d=H/300+10$mm；挠度控制斜率从 1/240 提高到 1/300，分母增量仍然为 60，并通过调节常量（+10）使得曲线连续，充分体现了"跨度越

大控制越严"的理念，该跨度的幕墙材料基本上需要采用特殊生产的铝合金型材或钢型材。

"跨度越大控制越严"的理念和理想的挠度控制曲线方案曾经提交给《玻璃幕墙工程技术规范》《金属与石材幕墙工程技术规范》和《人造板材幕墙工程技术规范》三个工程技术规范编制组及主编人。"跨度越大控制越严"这一理念得到充分的认同，但强调作为国家标准除了自身的因素外还需要与相关标准协调，于是，理想的挠度控制曲线被修改调整成为新的曲线并被 JGJ 336—2016 采纳和应用。

6 第三代技术标准

6.1 日本标准解读分析

日本标准 JASS 14—2012 是第一本面世的第三代幕墙技术标准，其挠度控制要求如下：当跨度不大于 4m 时，建筑幕墙框受力构件的最大允许挠度为 $L/150$，且不得超过 20mm；当跨度大于 4m 时，最大允许挠度为 $L/200$。（变形控制曲线如图 13 所示）

2012 版的 JASS14 挠度控制曲线没有发生改变，只是将 95 版 JASS14 建议性的第三段曲线改变成实行的曲线。1995 年到 2012 年这 17 年间的工程经验表明，旧规范对较大跨度幕墙实行的相对严格的挠度控制建议，既能够保证设计的安全，也一定程度上提高了材料的利用率，所以，日本标准将原来建议性的条文修订为规定性条文，更加有力而合理地对幕墙受力构件的挠度进行控制。

6.2 欧洲标准解读分析

第三代的欧洲标准，《幕墙产品标准》（EN 13830—2015）也紧随日本标准之后，采用连续无间断的三段控制曲线来限制受力构件的挠曲变形，规范且量化了大跨度幕墙的挠度控制指标，其挠度控制要求如下：

（1）当 $L \leqslant 3000$mm 时，最大挠度不大于 $L/200$。

（2）当 3000mm$<L\leqslant 7500$mm 时，最大挠度不大于 $L/300+5$mm。

（3）当 $L>7500$mm 时，最大挠度不大于 $L/250$。（变形控制曲线如图 14 所示）

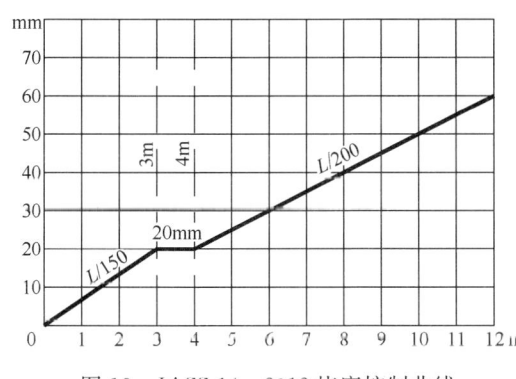
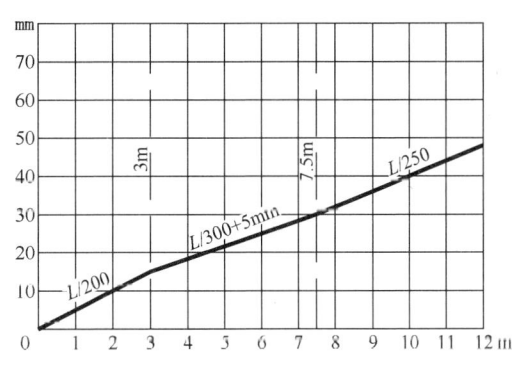

图 13　JASS 14—2012 挠度控制曲线　　　　图 14　EN 13830—2015 挠度控制曲线

从挠度控制曲线可见，第一段的控制曲线沿用了 2003 版标准的曲线；第二段控制曲线取消了绝对值的限值而采用斜率降低了 50% 的控制曲线（较严）；第三段控制曲线却采用了较第二段宽松的控制线，不知是何缘故。

6.3 美国标准解读分析

美国也在 2015 年推出了再一次修订的 AAMA TIR－A11 版本，但是，其对挠度的控制依然没有变化。变形控制曲线如图15所示。

在建筑技术日新月异,大跨度幕墙越来越受到建筑师喜爱并不断向更大跨度方向发展的这20年间,美国标准的挠度控制曲线一直未显示出有任何不合理之处,它将一如既往地继续去规范和约束美国的建筑幕墙行业。

6.4 国内标准解读分析

国内第一本第三代的幕墙技术标准《人造板材幕墙工程技术规范》(JGJ 336—2016)对受力构件挠度的控制要求如下:(变形控制曲线如图16所示)

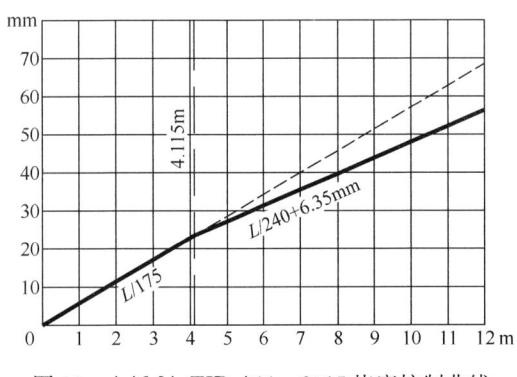

图15 AAMA TIR-A11—2015 挠度控制曲线

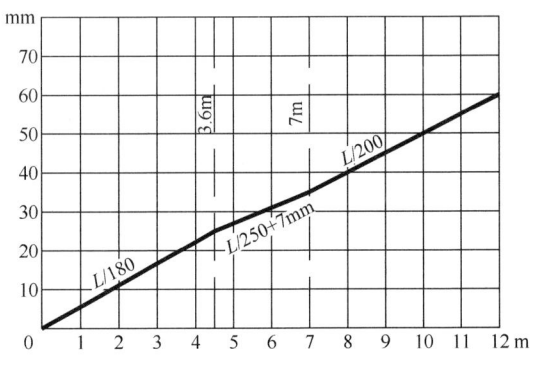

图16 JGJ 336—2016 挠度控制曲线

(1) 当 $L \leqslant 4500$ mm 时,最大挠度不大于 $L/180$。

(2) 当 4500 mm $< L \leqslant 7000$ mm 时,最大挠度不大于 $L/250+7$ mm。

(3) 当 $L > 7000$ mm 时,最大挠度不大于 $L/200$。

如上面所提及,JGJ 336实际上是"理想挠度控制曲线"衍生出来的曲线,其中第一段仍然采用传统的数据;第二段虽然属于大跨度幕墙的范围,但还是十分常见的,故此采取了较为严格的控制值 $L/250$,而 7mm 是为了调节该段控制范围的常量;第三段则是与《钢结构设计规范》(GB 50017)相协调的结果。

6.5 各国标准对比分析

各国标准经过三代的发展,尽管在挠度控制的尺度上,各个国家或因为资源条件、技术、经济、工业文化等的差异,对框支承幕墙受力构件的挠度限制尺度会略有不同。如日本标准受日本本土资源短缺所形成的物尽其用的精益思想影响,对受力构件挠度的控制较为宽松;而欧洲标准则秉承一贯严谨保守的传统思想,对受力构件挠度的控制较为严格。无论如何,各国标准对受力构件的挠度控制都体现了一种共同的理念——跨度越大控制越严。这种控制理念,能够较好地平衡幕墙材料的利用率与幕墙构造的安全性这两个矛盾体之间的关系,使得幕墙跨度较小时的材料利用率尽量高,幕墙跨度较大时的幕墙构造安全系数尽量高。

从JGJ 336的控制曲线可见,第三段较第二段稍有放松,令曲线略显不合理,其原因归根结底除与现行国家标准相协调的结果外,还与作为围护结构的建筑幕墙至今未形成独立的结构计算理论体系有关。期望随着建筑幕墙结构理论研究的深入,形成独立的结构计算理论体系,生成并实施更新更合理的挠度控制曲线,充分体现"跨度越大控制越严"的挠度控制理念。

7 结语

我国的建筑幕墙行业经过近四十年的发展,通过行业同仁的不断努力,已经成为世界幕墙行业的大国和强国,同时我国的建筑幕墙技术标准也有了长足的进步,目前已经处于领先的地位。新一代幕墙技术标准的颁布和实施,将会更有力地促进建筑幕墙行业技术的发展,也更容易适应和满足世界不同地区的技术标准的要求,在"一带一路"的春风推动下在世界市场做得更大,走得更远。

参考文献

[1] 建筑幕墙:GB/T 21086 2007[S]. 北京:中国建筑工业出版社,2007.
[2] 玻璃幕墙术语:GB/T 34327—2017[S]. 北京:中国建筑工业出版社,2017.
[3] 钢结构设计规范:GB 50017—2003[S]. 北京:中国建筑工业出版社,2003.
[4] 建筑幕墙:JG 3035—96[S]. 北京:中国建筑工业出版社,1996.
[5] 玻璃幕墙工程技术规范:JGJ 102—96[S]. 北京:中国建筑工业出版社,1996.
[6] 玻璃幕墙工程技术规范:JGJ 102—2003[S]. 北京:中国建筑工业出版社,2003.
[7] 金属与石材幕墙工程技术规范:JGJ 133—2001[S]. 北京:中国建筑工业出版社,2001.
[8] 人造板材幕墙工程技术规范:JGJ 336—2016[S]. 北京:中国建筑工业出版社,2016.
[9] 设计风荷载作用下的建筑幕墙框受力构件最大允许挠度:AAMA TIR-A11—96[S]. 美国:美国建筑行业协会,1996.
[10] 设计风荷载作用下的建筑幕墙框受力构件最大允许挠度:AAMA TIR-A11—04[S]. 美国:美国建筑行业协会,2004.
[11] 设计风荷载作用下的建筑幕墙框受力构件最大允许挠度:AAMA TIR-A11—15[S]. 美国:美国建筑行业协会,2015.
[12] 幕墙工程:JASS 14—85[S]. 日本:日本建筑学会,1985.
[13] 幕墙工程:JASS 14—95[S]. 日本:日本建筑学会,1995.
[14] 幕墙工程:JASS 14—2012[S]. 日本:日本建筑学会,2012.
[15] 铝合金结构设计规范:BS 8118-1—1991[S]. 英国:民用建筑标准编写委员会,1991.
[16] 欧洲幕墙产品标准:BS EN 13830—2003[S]. 欧洲:欧洲标准化委员会,2003.
[17] 欧洲幕墙产品标准:BS EN 13830—2015[S]. 欧洲:欧洲标准化委员会,2015.
[18] 赵西安. 建筑幕墙工程手册[M]. 北京:中国建筑工业出版社,2002.
[19] 张芹. 玻璃幕墙工程技术规范理解与应用[M]. 北京:中国建筑工业出版社,2004.

作者简介

谭国湘(Tan Guoxiang),男,1964年4月生,职称:高级工程师;研究方向:建筑门窗幕墙技术;工作单位:广州铝质装饰工程有限公司;地址:广州市越秀区建设三马路11号新时代大厦6楼;邮编:510000;联系电话:13602787677;E-mail:GZLZ1983@163.com。

黄永杭(Huang Yonghang),男,1990年10月生,职称:工程师;研究方向:建筑机械设计;工作单位:广州铝质装饰工程有限公司;地址:广州市越秀区建设三马路11号新时代大厦6楼;邮编:510000;联系电话:15915926101;E-mail:GLSJS@126.com。

建筑幕墙三维参数设计

王 鹏[1] 刘玉琦[2]
1 中国建筑金属结构协会铝门窗幕墙委员会 北京 100037
2 天津奥福威工程管理咨询有限公司 天津 300012

1 引言

我们以前用 CAD 画图是计算机辅助建筑设计（computer-Aided Architectural Design，CAAD），它是计算机辅助设计（Computer-Aided Design，CAD）的重要分支。1960 年代起，CAAD 在信息领域不断发展创新，从最开始的复杂计算、二维制图、参数化设计、三维设计应用、有限元分析受力、到有限元热工分析以及最新的建筑 BIM 全生命周期，基本上都是颠覆式的革命。科技改变了生产形式，改变了以人为单位的项目构架形式。

与此同时，计算机与建筑设计结合已从"辅助设计"转向三维参数化设计，我们现在所应用的三维参数化设计软件主流是 Rhino＋Grasshoper，Revit，Catia，以及现在幕墙专用的三维参数化设计软件 Athena。

那么，二维、三维参数化设计是什么？

我们要了解三位参数化设计首先得了解 BIM。

BIM 首先是信息化模型，在建筑信息模型（BIM）过程中，项目团队提供信息和关于共享数字空间中建议的建造资产的数据，称为公共数据。提供的数字信息可以包括规格、时间表、性能要求、计划、成本计划等，当然还有一些图纸。然后将它门组合成一个 3D 模型，以检查它们是否在协调之前与更广泛的项目团队分享。我们之前提供的信息（非图形信息）链接到图形 3D 模型。当你探索并单击 3D 表示的不同部分时，你将能访问有关它的信息。例如：点击门可能为您提供有关其建造商、成本、性能水平、交付时间和时间信息。这个事物被称为信息模型。

三维参数化设计是通过三维建模手段，和相关计算软件、碰撞分析、施工模拟等辅助设计师，达到快速简便直观地实现设计师设计的节点结构。并同时完成其三维模型以及二维图纸出图以及其他下料工作，是一站式的解决设计、计算、下料、对接生产的技术形式，同时生成 BIM 模型，其可以达到无纸化操作（图 1）。

二、设计与施工

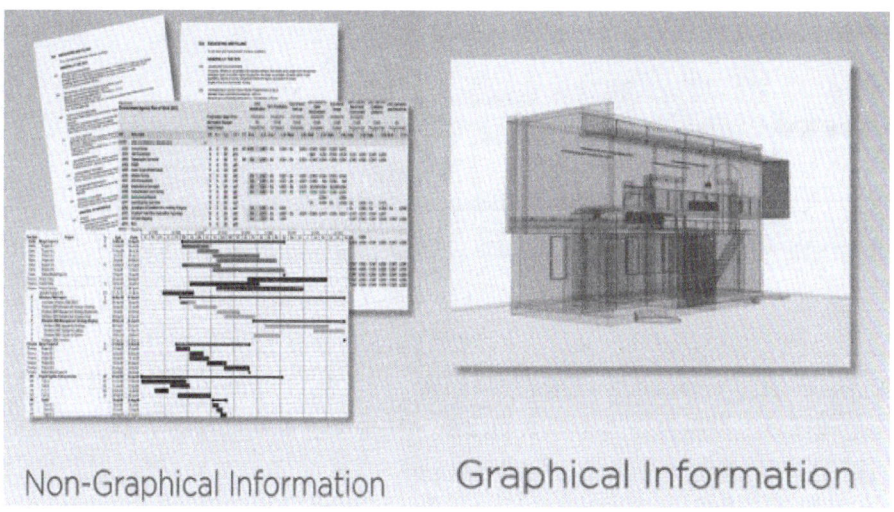

图1 BIM模型

2 三维参数化设计步骤

第一步,进行建筑幕墙参数化设计。首先,我们需要从设计师手里拿到模型资料以及二维图纸。

第二步,我们需要选择适合的节点,设计节点图。

第三步,依照材质和设计师要求,以及材质和缝隙结构形式和形状进行表皮三维分格,并且优化。

第四步,依照节点图确定杆件、连接方式以及加强肋等细部事项,将模型或参数导入结构计算软件进行受力分析,来确定最终节点图以及模型完成结构。

第五步,完成模型。

第六步,依照模型,出建筑图,如若进行展板,出下料图以及下料单。

3 三位参数化设计深度

BIM 模型在不断发展阶段构件所应该包含的信息定义为五个级别,分别为 LOD100、LOD200、LOD300、LOD400 和 LOD500。

LOD100:一般为规划、概念设计阶段。包含建筑项目基本的体量信息(例如长、宽、高、体积、位置等)。可以帮助项目参与方尤其是设计与业主方进行总体分析(如容量、建设方向、每单位面积的成本等)。

LOD200:也是在设计阶段。一般为设计开发及初步设计。包括建筑物近似的数量、大小、形状、位置和方向。同时还可以进行一般性能化的分析。

LOD300:一般为细部设计。这里建立的 BIM 模型构件中包含了精确数据(例如尺寸、位置、方向等信息)。可以进行较为详细的分析及模拟(例如碰撞检查、施工模拟等)。补充一下,我们常说的 LOD350 的概念,就是在 LOD300 基础之上增加建筑系统(或组件)间组装所需的接口(interfaces)信息细节。

LOD400:一般为施工及加工制造、组装。BIM 模型包含了完整制造、组装、细部施工所需的信息。

LOD500:一般为竣工后的模型。包含了建筑项目在竣工后的数据信息,包括实际尺寸、数量、位置、方向等。该模型可以直接交给运维方作为运营维护的依据。

4 常用的三维设计软件优劣

下面介绍现在最流行的三维参数化设计软件。

4.1 Rhino+Grasshoper

很多人都不知道 Grasshoper 是什么,但应该很了解 Rhino。Rhino 是异形设计软件,有其自身的优势和缺点。首先 Rhino 是基于参数化实现 Rhino 设计,虽然 GH(Grasshopper 简称)号称自己是图形化编程,你在使用的时候其实就是在编程了,只不过你只能做简单的事情,而且效率会很低。比如循环、迭代、递归等算法,使用起来非常不方便,这个时候你就用到代码了(图 2)。

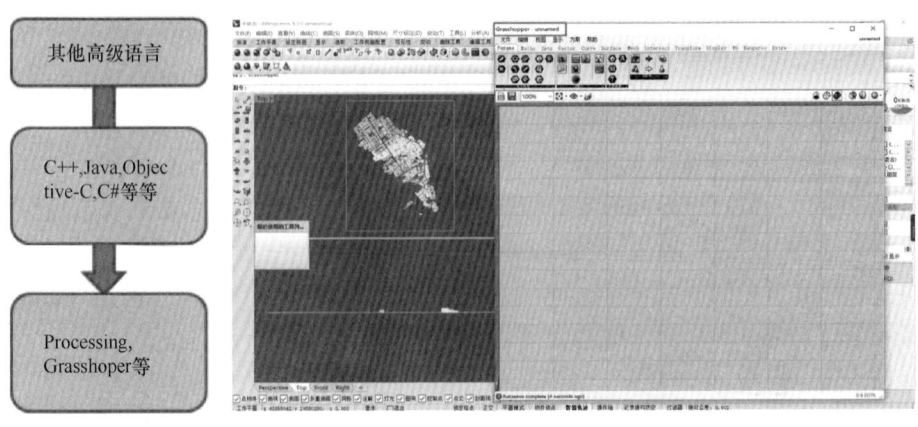

图 2 Rhino+Grasshoper

如下可以看到一个简单的 GH 编程的逻辑关系（图 3）。

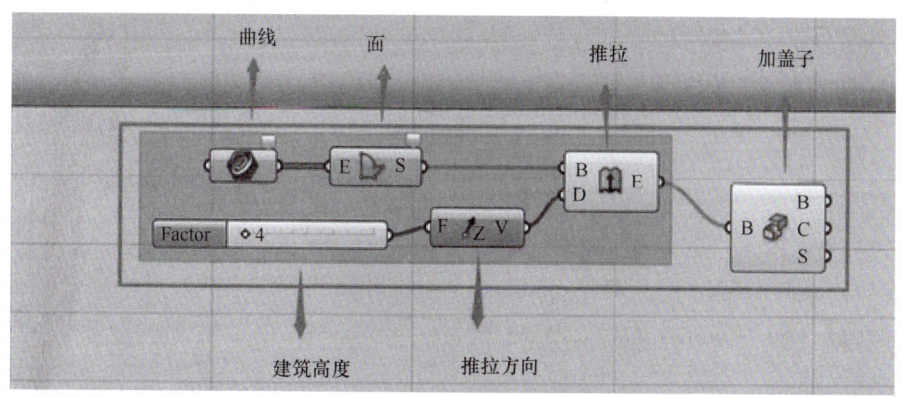

图 3　GH 编程的逻辑关系

优点：能够快速建立异形曲面模型，适用于前期方案探讨。LOD300 之前的建筑外表皮优化。

缺点：第一点，从建模上来讲，Rhino 要实现整个大楼从头到脚到细部的螺丝钉也就是 LOD400—LOD500 是庞大而不现实的。

第二点，Rhino 不像 Revit、Catia 和 Athena 有详尽的建筑生产信息，只能作为一个 3D 模型制作，而作为三维参数化设计 BIM 模型来讲，信息量是不充分的，就更不用说出图了。

第三点，Rhino 制作复杂的曲面，分格拆板时，并不如 Catia 有钣金展开的模块可以输入金属延展率直接出图。

第四点，Rhino 也不能自动精细化下料，毕竟 Rhino 只是一个建模软件而已，很多 BIM 的功能是没有的。

4.2　Catia

Catia 是美国达索公司出品的三维参数化设计软件，适用于机械加工、飞机制造、建筑等多个领域。Catia 不同于 Rhino，是以零件为单位组成的一个庞大模型结构。可以建模、出图，并且可以和数控机床链接。其缺点是上手比较难，制作模型相对复杂。所以从建模上来讲，Catia 要实现整个大楼从头到脚到细部的螺丝钉是庞大而复杂的，也不能一键自动下料。

4.3　Revit

Autodesk Revit 是上述一个产品中操作最为简单的一个产品。其产品线也是最为全面的。Autodesk Navisworks 可以实现模型展示以及施工预演，也是广受市场认可的一个产品。但是它的局限性在于不适用于曲面设计，也不能自动精细化出下料单，出来的清单只能统计个数。Revit 出图如图 4 所示。

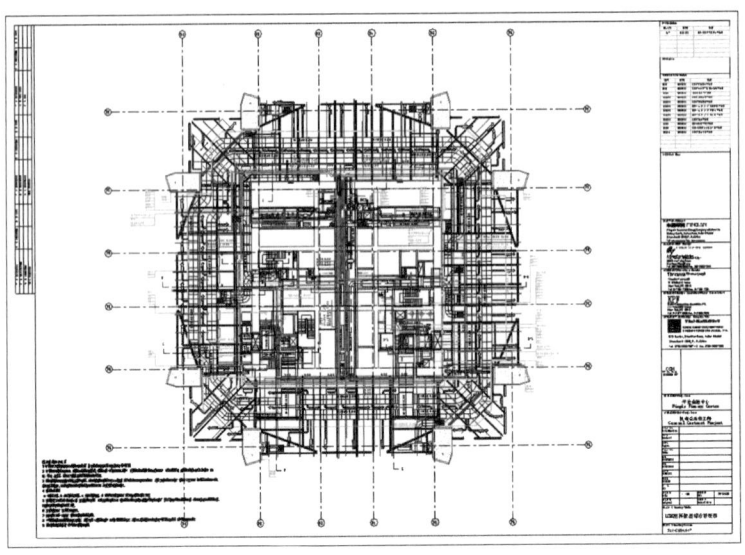

图 4　Revit 出图

4.4　Athena

Athena 是德国卡普兰公司出品的建筑幕墙设计软件。

模型库强大：拥有十万个幕墙产品相关的标准件库。

打通产业链：拥有一键自动出下料清单，精细到每个杆件切割的每一刀的细致截面以及铣孔设置，下料图自动生成。可以导入自动化机床直接生产，是打通了整条产业链的 BIM 幕墙设计生产软件。模型可以直接联通数控机床，自动化生产，无纸化操作。耶鲁的设备可以直接导入，数控机床则需要导出成 SAT 格式，而被数控机床识别。并且联通了企业 ERP 系统（图 5）。

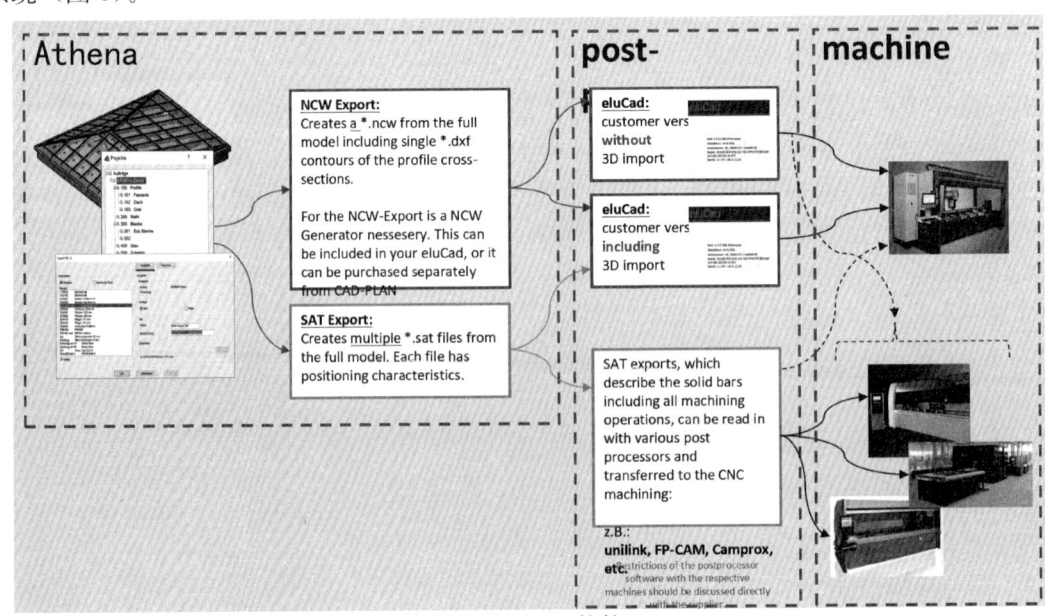

图 5　Athena 软件

二、设计与施工

Athena 的钣金加工也是数一数二的，可以考虑到折弯工艺，进行自动展板，出来的展板图准确有效。还集成有结构计算，型材的静力计算、玻璃等板材的挠度计算、热工计算、噪声计算、二维画图辅助功能，以及二维三维一键互换功能。并且和 Autodesk 合作，可以一键导入 Revit 实现零损失的信息调用。

5 案例分享

5.1 中国尊金属屋面工程（LOD500）

这个工程是江河公司委托我们设计，辅助康盛伟业公司进行加工制造，使用了最先进的三维参数化设计进行下料展板。这是通过 Catia 操作的。工程量见表 1。

表 1 中国尊金属屋面工程的工程量

序号	名称	产品名称	数量	计量单位	备注
1	金属类	裙摆前端及水槽不锈钢	2932.94	m²	弧型扭曲双曲面
2	金属类	裙摆水槽上格栅	239.76	m²	弧型扭曲面；足厚板，胶为进口 GE，展开面积（折边不计面积），参照双方认可的三维模型计算
3	金属类	裙摆不锈钢挡板	300	m²	直型折线

刚拿到图纸时，先不着急建整个模型。我们先建立单个单元体，对其中的安装的合理性，以及制作的难度进行把控。细化图纸，并且根据单个单元体的结构设计其加强肋，每个分板面的背面加强肋，然后设计龙骨。然后开会探讨其施工图工艺，哪里是焊接，哪里用螺钉锚固。由于其板块全是密拼，所以难度相当大。而且三维扭曲结构，安装工艺需相当精准才能保证施工质量。

经过了长期艰苦的工作做了好几十个版本的模型，设计出了最终版本的节点，并且工厂做出了成品样板（图 6）。

然后是大批量的模型建立。我们首先建立出一个理想中的模型。但是由于土建施工误差

图 6　最终版本的节点图

非常大,已经突破了我们节点中给予土建的误差量,所以必须测量出土建误差范围才能将模型精准的安装上去。我们需要的仪器见表2,其他卷尺就不写明了。需要测出所有突破理想模型的位置,然后核准模型数据,根据生产情况做释放的放量。

由于工期紧任务重,土建完成一点,我们根据其中的尺寸调整。随着土建的完成,我们的模型最终完成了。接着是大批量的面材下料,面材展板由于折弯有延展量,以及折弯工艺需要对图纸再修改。图纸数量达到六千多张,龙骨图纸更多。这就是相当大的工作量。由于Catia不能对接工程的型材切割的数控机床,所以仍然需要图纸进行修改施工,最后完成甲方要求。

表 2　测量仪器列表

序号	仪器名称	品牌	型号	精度	单位	数量	产地
1	全站仪	徕卡	TCA2003	0.5″,1mm±1ppm	台	2	瑞士
			TCR1201+	1″,1mm±1.5ppm	台	1	
2	GPS	宾得	SMT888-3G	静态测量平面2mm+0.5ppm,高程5mm+0.5ppm;	台	3	日本
3	精密水准仪	索佳	SDL1X	0.3mm/km 最小读数0.01mm	台	1	日本
		天宝	DINI		台	1	
4	水准仪	苏一光	DSZ2	1.5mm/km,测位器0.7mm	台	2	国产
5	天顶仪	徕卡	ZL	1/200000	台	2	瑞士
6	垂准仪	拓普康	VISA	1/200000	台	1	日本
7	经纬仪	苏一光	DT202C	2″	台	2	国产
8	激光测距仪	徕卡	A5	±2mm	台	4	瑞士

5.2　Athena 设计分享。

设计:Athena可以自动化设计幕墙三维二维模型,通过输入相关参数可以得到一个大致的分格图,也可以导入自己的幕墙分格图,可以选择分格变成门或者窗,可以选择库内型材,或者自定义型材、盖板、立柱螺栓等。最后附加到型材而变成一个三维型材版面。选择玻璃版面附加到分格的版面上形成玻璃。并选择门和窗的样式以及型材和玻璃样式,最后成为一个整体。其操作非常简单,容易。出来的既可以是三维形体,也可以是二维图纸(平、立、剖)(图7)。

分享:如果需要分享给Revit,做后期施工预演或者上平台。内部有端口可以无缝转给Revit,不会丢失数据。也可以单独把模型转换到Revit族里面。同时完成所有的相关此族的工作。同时通过内部ERP转换接口,直接上报到总部,集团方面就可以立即看到相关数据(图8)。

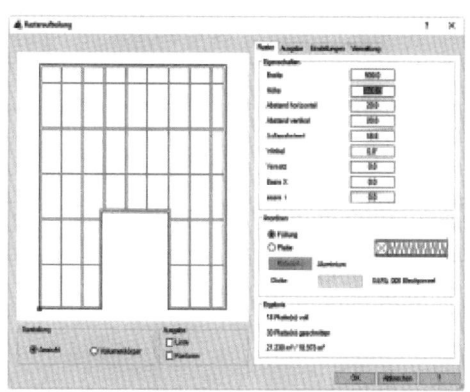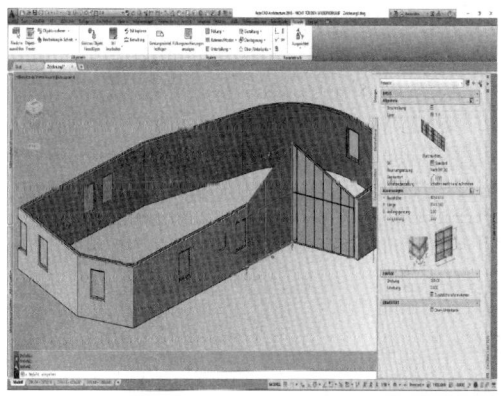

图 7 Athena 设计图

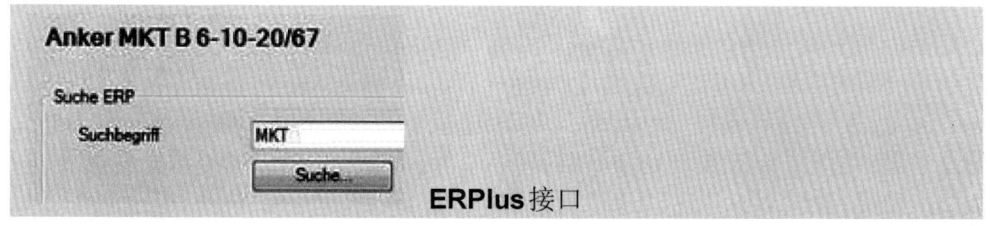

图 8 ERPlus 接口

在雅典娜的设计过程中，ERPlus 用户现在可以在选择 ATHENA 部件时（例如）b. 规范部分）在 ERPlus 物料数据库中执行物料项目，并承担物品编号。这样，数据存量就会被核对，在雅典娜和 ER 普勒斯总是处于相同的水平。

出图：自动化出图，下料图，下料单。点击后自动列出，切割端头以及方向都在 Excel 表格中明确标识。

下料：数控机床相关耶鲁 Elucad 以及兼容 NWC 的设备。SAT 文件格式对接其他普通数控机床设备，达到无纸化操作办公，不会出现几千张甚至上万张图纸用卡车拉到设计院审图的窘境。

整个软件是针对于幕墙设计的相关的软件。

作者简介

王鹏（Wang Peng），男，1986 年 4 月 27 日生，职称：工程师；研究方向：信息化建筑设计；工作单位：中国建筑金属结构协会；邮编：100037；联系电话：18513146339。

单元式幕墙逆作法安装方案探讨

姜清海 姜 辉

深圳市三鑫科技发展有限公司 广东深圳 518057

摘 要 目前单元式幕墙的单元板块吊装方案均为自下而上逐层吊装,无法满足先吊装高层板块后吊装低层板块或同一立面不同施工区段同时吊装的要求。本文提出了一种单元式幕墙的逆作法施工方案,单元式幕墙立面根据需要自下而上分为 K 段、L 段、M 段、N 段等若干施工段,每施工段包括若干楼层。所述单元式幕墙逆作法吊装工艺施工时,不必再按自下而上依次施工 K 段、L 段、M 段、N 段,而可以根据需要任意先施工各施工段。本文所述设计原理简洁明确、操作简便安全、性能可靠,彻底结束了以往单元式幕墙只能自下而上逐层施工的历史,将单元式幕墙的应用范围扩展为可使用到任意高层建筑上,不再受任何分段、分区移交或分段提前交付使用的限制。

关键词 单元式;逆作法;吊装;施工区段

Abstract The current installation of Unitized Curtain Wall, which works from the lower floor to the upper one, can not meet the requirements either for lifting and installing the higher floor first, or for the simultaneous installation in different sections of the same facade. Under this circumstance, the paper proposes reverse construction schemes of a unitized curtain wall, compared with the traditional division of unitized curtain wall into K, L, M, N areas and its corespondent orderly construction, the innovative method presented here saves all these and can flexibly constructed whatever area that's required as priority. The underneath design theory is concise, reliable, and easy-to-operate, which is believed to put an end to the rigid orderly-construction era, and extend the application of Unitized Curtain Wall in any height buildings without the restrictions of transferring between different sections or areas or delivering in advance of schedule.

Keywords unitized curtain wall; installing in reverse order; lift and install; construct area

1 引言

单元式幕墙以其立面效果美观、加工安装质量精致、施工速度快、工期短、可分段完工移交等优点在高层建筑幕墙中被广泛采用。而随着建筑技术的不断发展,超高层、复杂造型的建筑物层出不穷,因受到资金及施工周期的影响,业主常常需要分段分区装修并分区投入使用,因此常常要求建筑幕墙分段完成移交,这给单元式幕墙施工带来了很大的挑战。在单元式幕墙的安装施工中,单元板块吊装是最重要、最基础的环节,而目前采用的全都是自下而上逐层吊装单元板块的施工方案,无法达到业主分段施工、分段移交的要求,尤其是无法满足业主要先施工、先移交高层区段的幕墙的要求。有些项目为勉强达到业主的要求,只能放弃单元式幕墙设计方案,改用框架式幕墙方案,或大面积采用单元式幕墙,而收口层采用框架式幕墙,严重影响了建筑幕墙的整体效果。

因此,需要提供一种全新的吊装工艺以解决长期困扰建筑幕墙行业的施工难题。

2　施工区段划分

施工区段根据建筑特点和业主方的实际需求来划分,在同一立面上,自下而上可将施工区段依次划分为K段、L段、M段、N段或更多施工段,每段包含若干层(多于2层)。如图1所示,按每6层分为一个施工段示例来说明具体吊装过程。

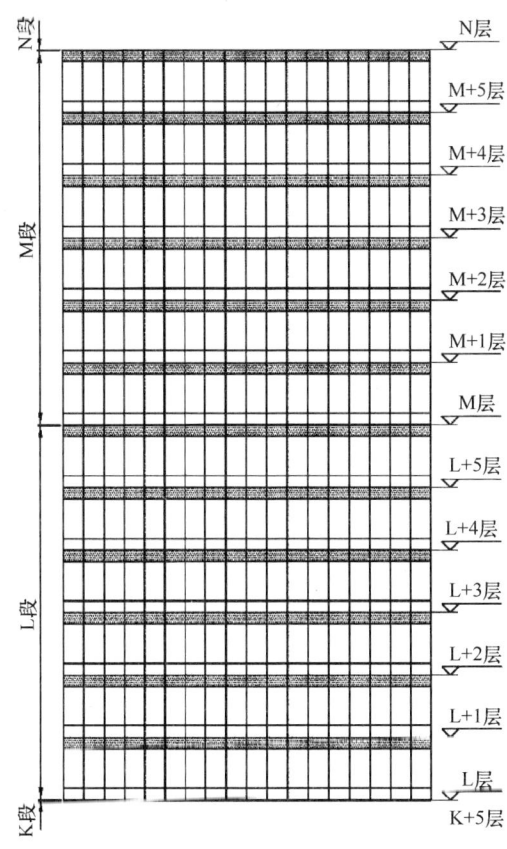

图1　单元式幕墙施工区段分段立面图

3　单元板块吊装顺序

单元式幕墙逆作法垂直吊装工艺为先施工高层施工段（M段）单元式幕墙,后施工低层施工段（L段）单元式幕墙。

图2示出了垂直立面中的M施工段单元式幕墙因特殊需要已先施工完成,而M施工段下方的L施工段单元式幕墙尚未施工。

图3示出了L施工段按逆作法垂直吊装工艺进行单元板块吊装的开始过程,即先按常

规工艺方法自下而上依次逐层吊装L层、（L+1）层、（L+2）层、（L+3）层单元板块，每层均按逆时针方向从左向右逐件吊装。

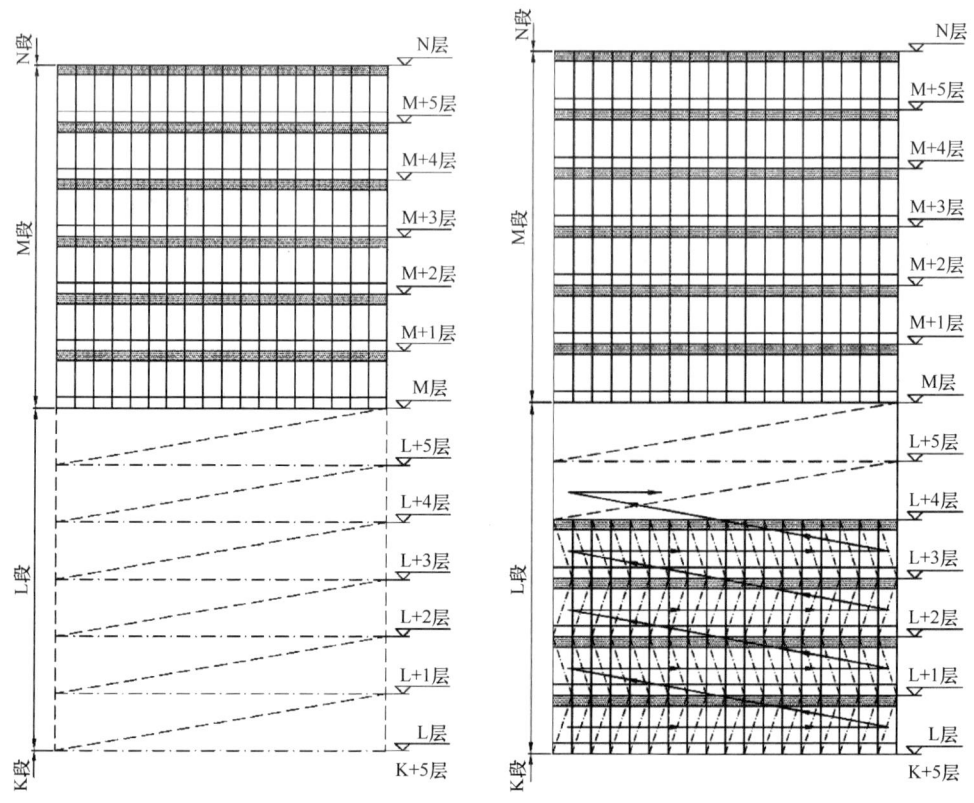

图2 单元式幕墙施工区段分段安装立面图　图3 单元式幕墙垂直方向逆作法安装顺序示意图

4 收口板块安装顺序及方法

逆作法垂直吊装工艺重点在于需留下两层收口层同时安装，L段与M段接口处的最后两层，即（L+4）层、（L+5）层为收口层，需同时交错吊装施工。如图4、图5所示，按单元板块（1）、（2）、（3）、（4）、（5）、（6）、（7）、（8）、（9）的顺序依次交错吊装。其中第（L+4）层的各单元板块组装、吊装方法与标准层单元板块吊装方法相同，但每吊装一件板块后，需交错吊装一件（L+5）层的单元板块，且（L+5）层与（L+4）层的单元板块总是相差两件。

其具体施工顺序为：（L+4）层按常规方法连续吊装两件单元板块（1）、（2）后，在单元板块（1）、（2）的上横梁结合部位安装横梁插芯（24），并与横梁注胶密封，接着按交错顺序方式吊装（L+5）层的单元板块（3），将单元板块（3）垂直起吊到（L+5）层的标高后，向上先插入到M层下端的翼缘（18）内，再在单元板块（2）与M层单元板块间将单元板块（3）向左平行滑入到单元板块（1）的正上方，将尺寸调整准确后固定单元板块（3），接着吊装单元板块（4）。重复以上工序，逐件吊装单元板块（5）、（6）、（7）、（8）、（9），最后按顺序依次吊装单元板块（10）、（11）、（12）、（13）、（14）、（15），完成收口层（L+5）层所有单元板块安装。

二、设计与施工

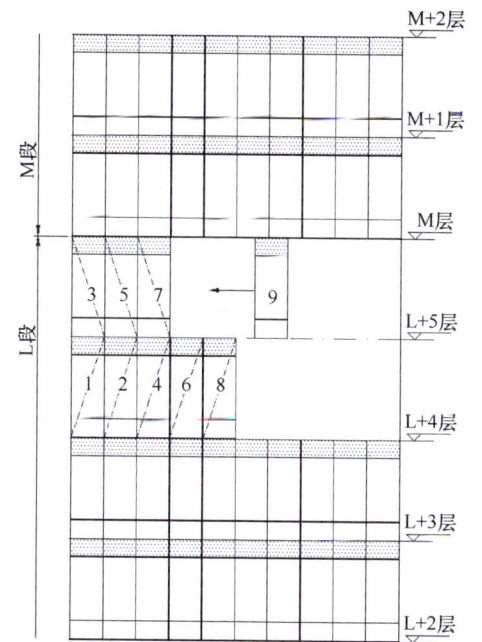 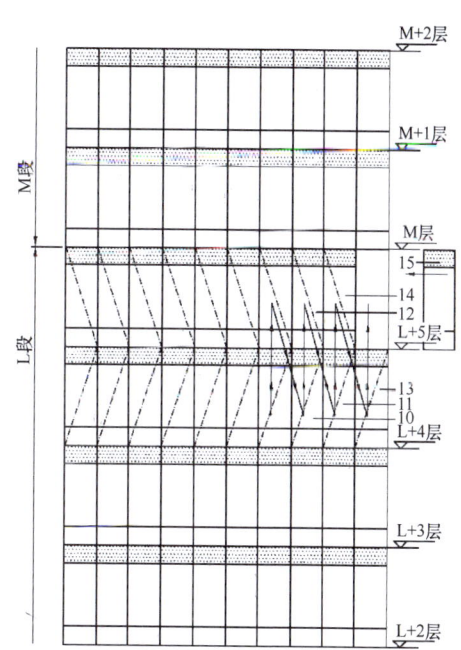

图4 逆作法收口层单元板块安装顺序示意图　图5 逆作法收口层单元板块安装完成时安装顺序示意图

收口板块安装时，防水施工是重中之重。如图6所示，需先在M施工段最底层（M层）单元板块的底端位置安装集水槽（18），所有螺钉孔均注胶密封，并如图7所示将集水槽（18）的下翼缘与（L+5）层的单元板块（7）的右侧翼缘（17）、（L+4）层的单元板块的上翼缘（16）结合部位注胶密封，使（16）、（17）、（18）形成连续的防水线，且均位于（L+5）层单元板块立柱及横梁的第二槽口（28）位置。

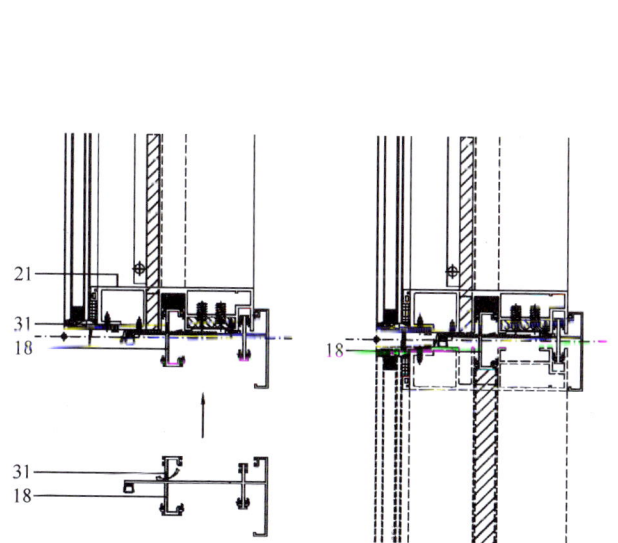 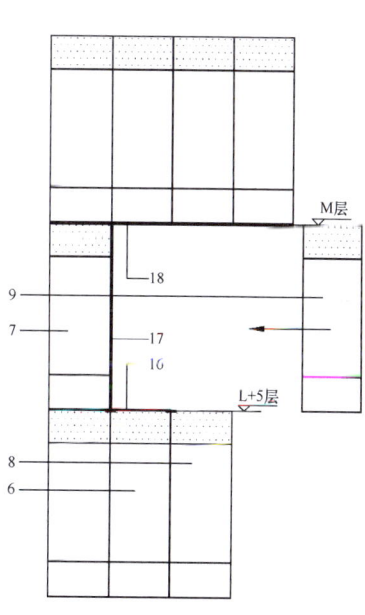

图6 收口层（L+5）层单元板块上端排水槽安装示意图　　图7 单元式幕墙逆作法收口层单元板块安装方法示意图

5 收口层单元板块结构构造介绍

要实现单元板块的逆序收口安装,必须对收口层单元板块的结构构造进行特殊设计。(L+4)层的单元板块与标准层单元板块完全相同,收口层(L+5)层的单元板块构造与(L+4)层及标准层的单元板块有所不同。图8~图11为标准层单元板块与(L+5)层收口单元板块的水平、竖直剖面详图。

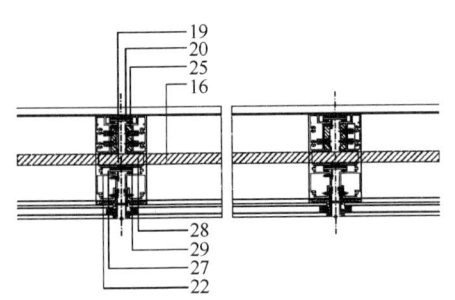 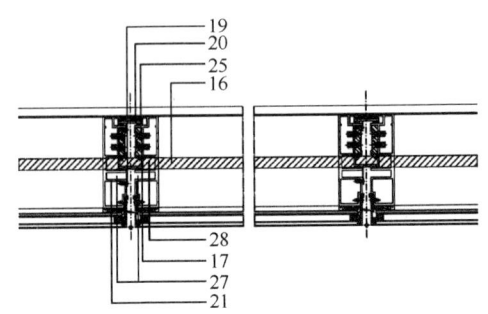

图8 标准层单元板块水平剖面图　　图9 收口层(L+5)层单元板块水平剖面图

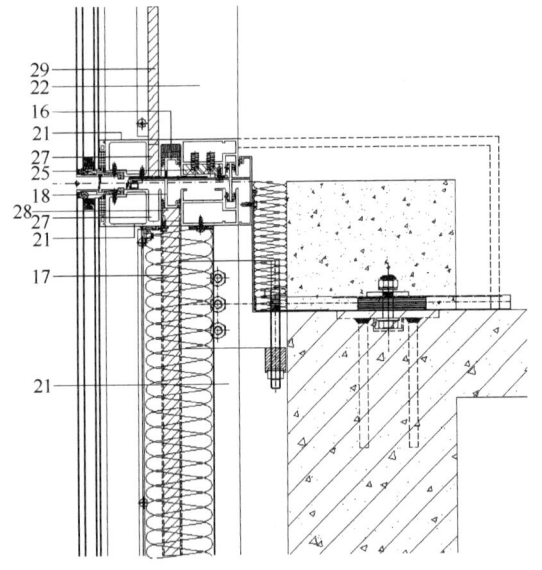 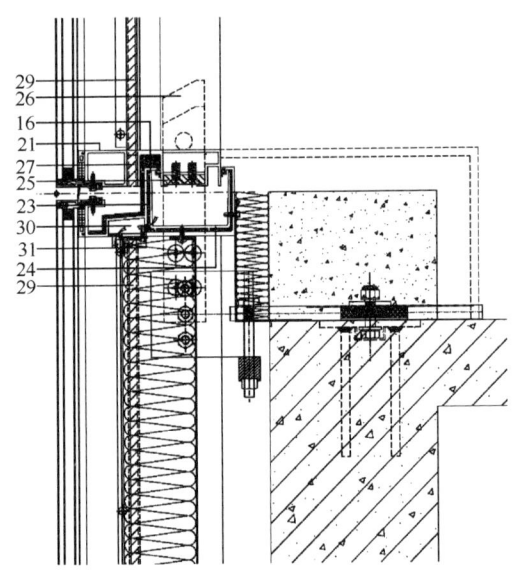

图10 标准层单元板块竖直剖面图　　图11 收口层(L+5)层单元板块竖直剖面图

如图12所示,标准层单元板块左、右立柱(22)相同,单元板块上横梁(23)设置有积水腔(30)及排水口(31),单元板块下横梁(21)与立柱按45°组角,单元板块框架组装时在该单元板块右侧立柱第一槽口(27)位置设置插芯(29),立柱插芯防水线(29)位于下层单元板块上横梁的上端防水线(16)的前壁位置,与横梁防水线(16)搭接密封形成连续的防水线;

如图13所示,(L+5)层单元板块的左右立柱、上下横梁均采用单元立柱母料(21),按45°下料加工,并用组角角码(25)组装成单元板块框架,该框架四周形成连续交圈的槽口（28），组装时在该单元板块右侧立柱第二槽口（28）位置设置铝插芯（17），与横梁防水线（16）、（18）位于同一位置，吊装时与横梁防水线（16）及 M 层单元板块下端积水槽翼缘（18）对接密封，形成连续的防水线。

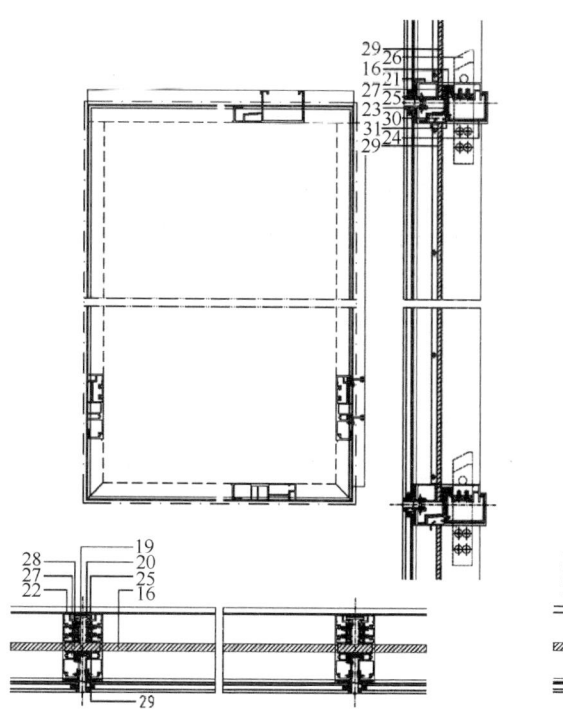

图 12　标准层单元板块组装图

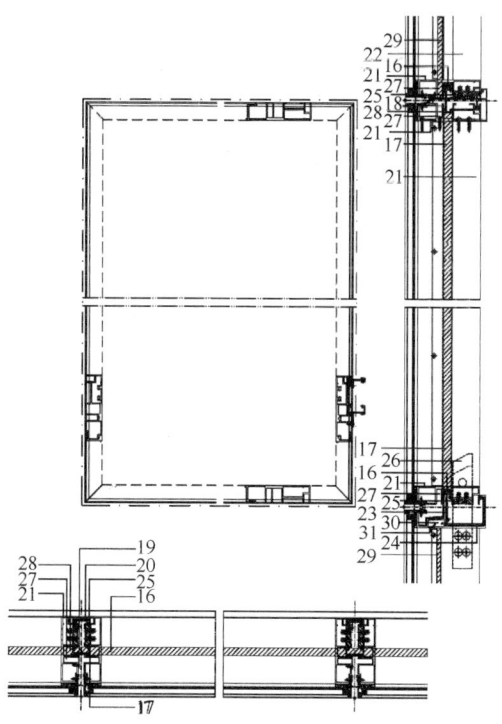

图 13　收口层（L+5）层单元板块组装示意图

6　工程实例介绍

本文介绍的单元式幕墙逆作法安装方案不仅限于理论探讨，而且在工程实际中已得到成功应用，创造了显著的经济效益。图 14～图 17 为国内某酒店项目单元式幕墙采用逆作法吊装板块的工程实例照片。

图 14　逆作法吊装高层区域
单元板块工程实例照片

图 15　逆作法吊装低层区域
单元板块工程实例照片

图 16　逆作法吊装收口楼层单元板块工程实例照片　　图 17　逆作法单元板块吊装完成工程实例照片

7　结语

本文所述的单元式幕墙逆作法吊装工艺设计原理简洁明确，通过"水平滑移"方式打破了单元式幕墙插接施工对施工顺序的严格限制，从而实现了单元板块可从中间楼层插入施工的技术方案，为单元式幕墙逆作法垂直吊装工艺技术方案奠定了基础。本工艺在工程实际中实施时简便安全，仅收口层（L+5）层单元板块的加工组装方式不同，无需增加新的型材种类，与标准层单元板块相比，其加工组装未增加任何难度，现场吊装也无需增加特殊设备，无需采用特殊方法或特殊措施。单元板块安装后性能可靠，收口层单元板块的防水密封线路简洁明了，容易实施和控制质量，可确保收口层单元式幕墙的水密封、气密性。

单元式幕墙逆作法安装工艺彻底结束了以往单元式幕墙只能自下而上逐层施工的历史，将单元式幕墙的应用范围扩展到可使用到任意高层建筑上，不再受任何分段、分区移交或分段提前交付使用的限制，为业主及施工单位提供了极大的便利。

参考文献

[1]　姜清海，姜辉，等．一种单元式幕墙逆作法垂直吊装工艺：ZL 2014 1 0123508.0[P]．2014-03-31．

腾讯数码大厦大跨度不锈钢龙骨幕墙系统分析

彭赞峰 邓军华

深圳市方大建科集团有限公司 广东深圳 518057

摘 要 WT8 大堂不锈钢装饰柱幕墙系统是本项目的难点和亮点之一，该系统无横梁设计，不锈钢立柱最大跨度 19m，外观截面尺寸为 600mm×90mm，表面喷砂处理，以实现建筑的简洁通透效果。本文从结构受力、施工便捷性、工艺可行性等方面对该系统进行解析，为类似幕墙系统提供设计思路和工程借鉴。

关键词 不锈钢立柱；无横梁设计；大跨度；喷砂处理

1 引言

腾讯数码大厦位于深圳市南山区前海深港现代服务业合作区内，总建筑面积约 30 万 m^2，共有两栋分别为 230m 和 155m 的塔楼、五座附属商墅建筑物以及下沉广场和人行连桥组成的裙房，该项目幕墙面积约 11 万 m^2（图 1）。

幕墙类型主要包括：单元式玻璃幕墙、框架式玻璃幕墙、大堂不锈钢装饰柱幕墙、连桥幕墙、屋面采光顶、屋面格栅、雨篷、石材幕墙等。

幕墙系统共划分为 13 个，其中 WT-1（单元式玻璃幕墙）、WT-2（单元式玻璃幕墙）、WT-3～WT6（连桥幕墙）、WT-8（大堂不锈钢龙骨幕墙）为本项目的重难点系统，其局部效果如图 2～图 5 所示。

不锈钢立柱幕墙位于大堂，表面采用喷砂处理，对大堂位置装饰效果有直接影响，建筑师要求表面效果达到苹果体验店不锈钢喷砂的视觉效果，采用的不锈钢立柱加工难度大并对表面处理有非常高的要求。下文对该系统进行阐述。

图 1 腾讯数码大厦效果图

图 2　WT-1 系统局部效果图

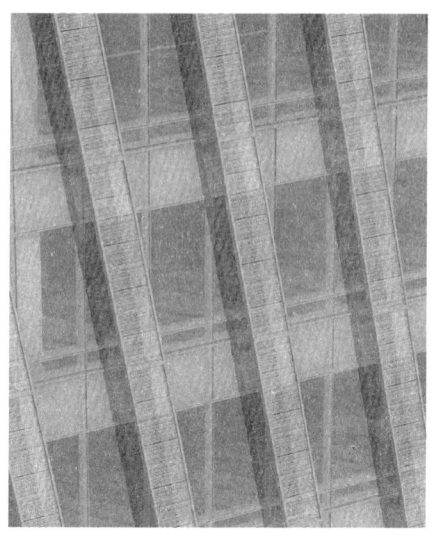
图 3　WT-2 系统局部效果图

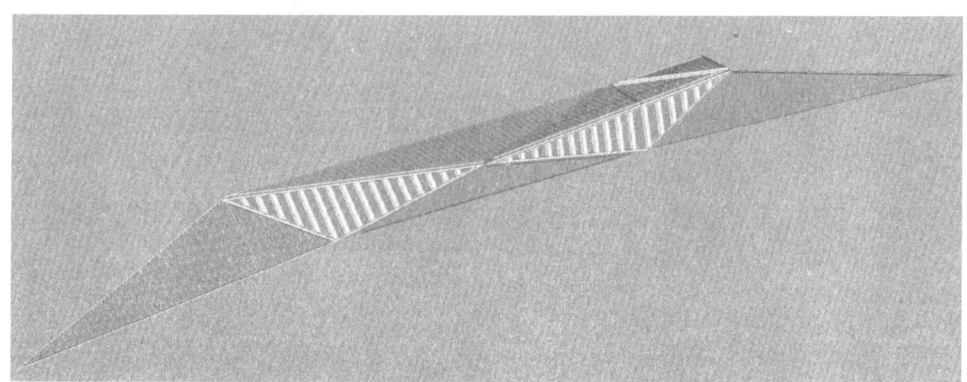
图 4　WT-3~WT-6 连桥幕墙效果图

图 5　WT-8 大堂不锈钢龙骨幕墙效果图

2 不锈钢立柱设计分析

2.1 招标方案介绍

立柱为组合截面立柱，内部为70mm厚实心碳钢钢板，可视面两侧为10mm厚不锈钢板，后侧为1mm厚不锈钢板，表面喷砂处理，其中70mm厚碳钢钢板为受力构件，10mm和1mm厚不锈钢为装饰构件，碳钢钢板与10mm厚不锈钢钢板通过M24×90mm不锈钢猪鼻螺栓进行连接，螺栓间距800mm，1mm厚不锈钢板通过结构胶进行粘结固定，立柱跨度大，种类多，共58种长度，最大跨度达到19.35m，水平分格为2250mm，系统无横梁设计，在立柱上焊接三角形转接件＋PVC垫片作为玻璃托件，如图6~图8所示。

编号	尺寸（m）	数量	编号	尺寸（m）	数量
SK101	19.35	1	SK120	13.85	2
SK102	19.15	1	SK121	13.70	2
SK103	18.90	2	SK201	6.90	2
SK104	18.30	1	SK202	7.30	2
SK105	18.10	1	SK203	7.70	2
SK106	17.80	1	SK204	8.10	2
SK107	12.40	1	SK205	8.50	1
SK108	11.90	2	SK206	3.70	2
SK109	11.40	2	SK207	4.10	2
SK110	16.50	1	SK208	4.50	1
SK111	16.10	1	SK209	9.70	2
SK112	15.60	2	SK210	10.10	2
SK113	15.30	1	SK211	10.50	2
SK114	15.00	1	SK212	10.90	2
SK115	14.50	2	SK213	11.10	1
SK116	14.40	1	SK214	11.40	1
SK117	14.40	2	SK215	11.80	1
SK118	14.20	2	SK216	12.40	1
SK119	14.00	2	SK217	10.00	1

图6 立柱长度统计表

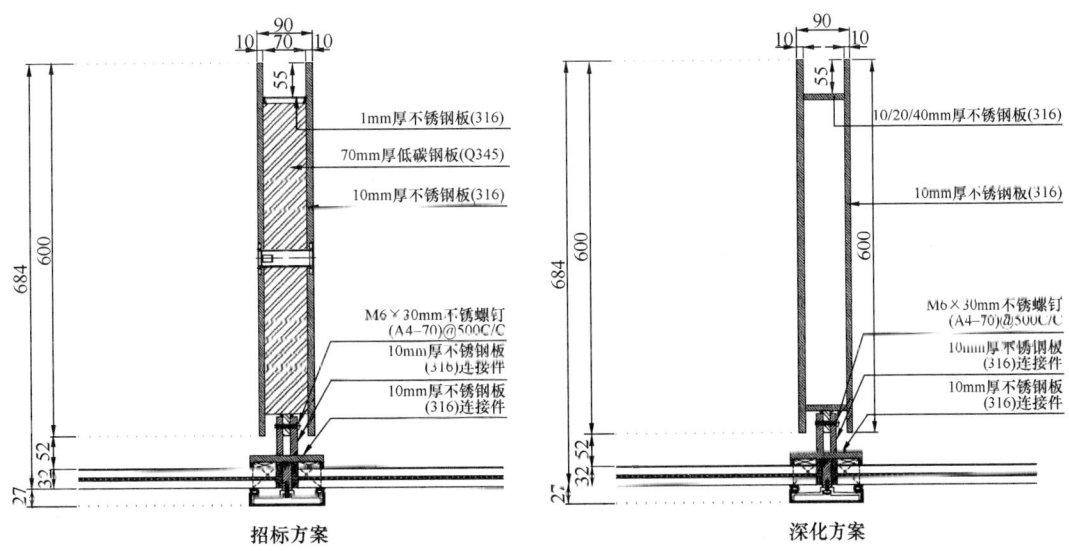

招标方案　　深化方案

图7 标准横剖节点

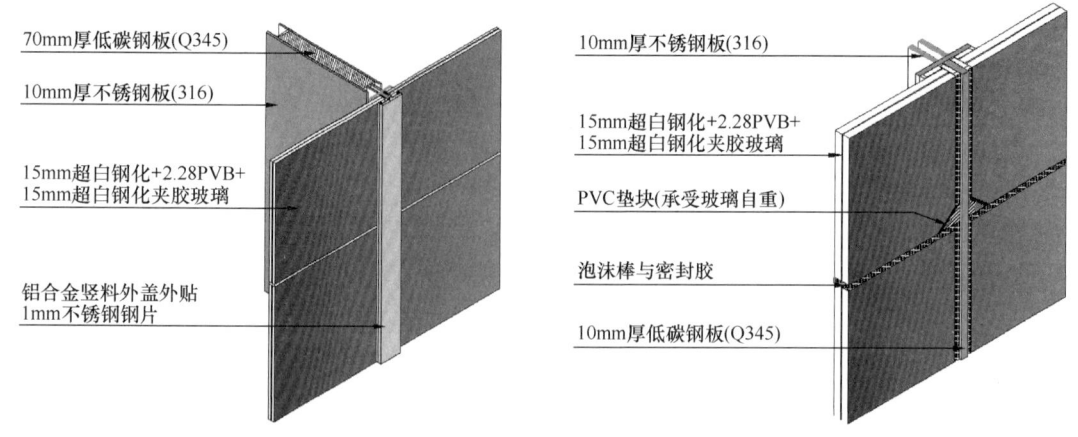

图 8 三维示意图

2.2 深化方案介绍

通过焊接组合实现龙骨外观尺寸，不同跨度设计不同壁厚，前后端（10mm/20mm/40mm），两侧壁厚为10mm。壁厚计算结果数据见表1。

表 1 壁厚计算结果数据

立柱适用范围	截面型式	计算结果
15～19.5m	10mm+40mm不锈钢焊接组合	应力：160.4N/mm²＜178N/mm² 挠度：69.1mm＜19500/250＝78mm
11～15m	10mm+20mm不锈钢焊接组合	应力：120.4N/mm²＜178N/mm² 挠度：30.7mm＜15000/250＝60mm
0～11m	10mm不锈钢焊接组合	应力：76.7N/mm²＜178N/mm² 挠度：10.4mm＜11000/250＝44mm

从表1分析可知，深化方案完全满足结构受力要求。

2.3 招标方案与深化方案对比

2.3.1 外观尺寸、可视效果

深化方案外观尺寸与招标方案完全一致，去掉螺栓后外视效果更为简洁，且能更好地保证外视效果，如图9所示。

样品实物照片如图10、图11所示。

深化方案外观效果更佳，主要体现在以下5个方面：

（1）招标方案立柱由10mm厚不锈钢板和70mm厚碳钢钢板拼接，由于碳钢钢板加工精度及长度较长等原因，碳钢钢板加工平整度较难保证，导致不锈钢与碳钢钢板组合时表面不平整；深化方案立柱为10mm厚不锈钢板焊接成整体，表面平整度高。

（2）招标方案立柱外侧为不锈钢板，内侧为碳钢钢板，两者通过猪鼻螺栓连接固定，碳钢钢板出现生锈时，锈水可能会从螺栓孔位置流出，污染外侧不锈钢板表面，影响效果。

（3）招标方案立柱可视面由10mm厚不锈钢板（热轧型材）和1mm厚不锈钢板（冷轧型材）组成，由于热轧和冷轧基材不一致，表面喷砂效果有一定差异，影响视觉效果。

二、设计与施工

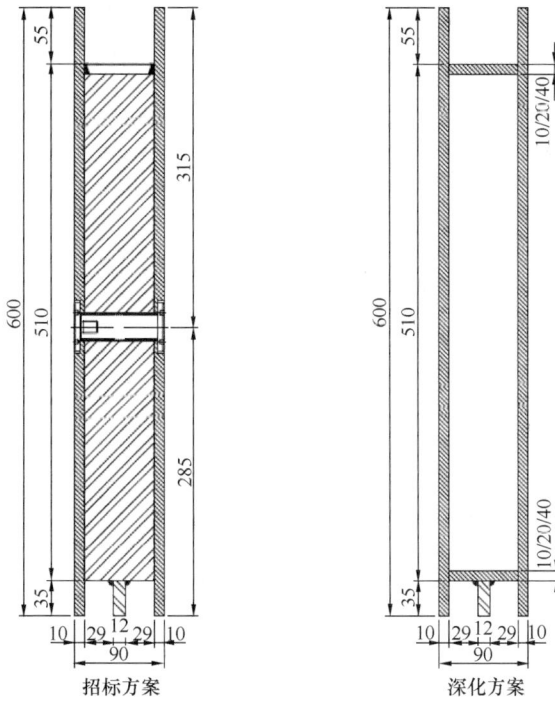

图 9　不锈钢龙骨外观尺寸对照（mm）

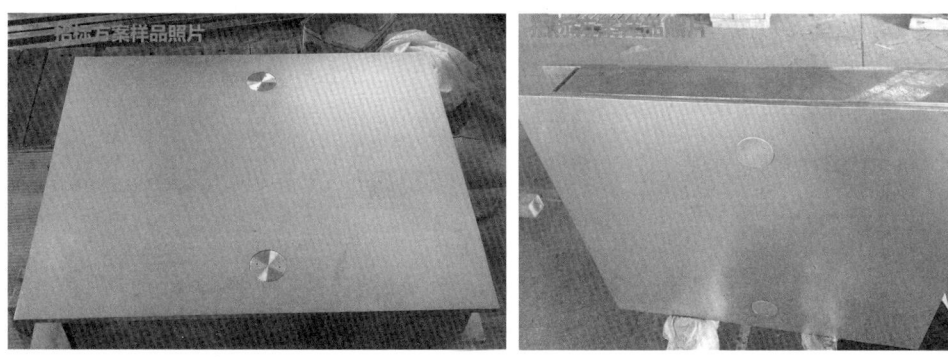

图 10　招标方案样品照片

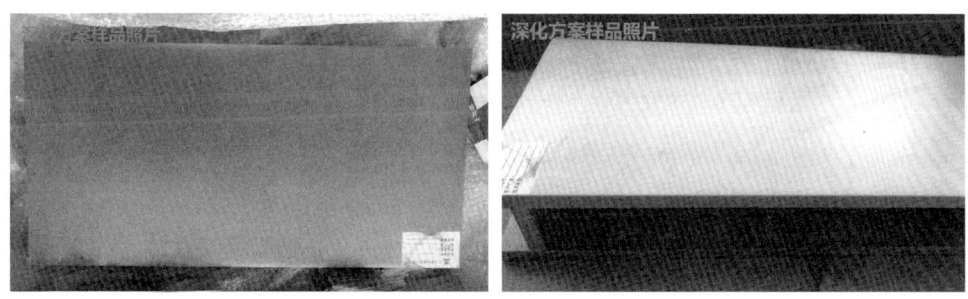

图 11　深化方案样品照片

(4）招标方案立柱后侧装饰板为1mm厚不锈钢板，两侧密封胶填缝，实际工程立柱长度较长，平整度很难保证，同时1mm不锈钢板会由多块拼接，存在拼接缝；深化方案不锈钢立柱无密封胶及拼接缝，视觉效果更优。

（5）招标方案立柱由猪鼻螺栓（@800mm）连接固定，深化方案立柱无连接螺栓，无需加工螺栓孔，加工方便，表面整体性好，视觉效果更优。

2.3.2 运输、安装、经济性

单根龙骨重量分析，取最长立柱计算，招标方案立柱重量为7087kg，吊装难度很大，且不方便加工、运输。深化方案立柱重量为2608kg，重量明显减小，对加工、运输、安装极为有利，同时具有更好的经济性。

3 无横梁设计分析

立柱为组合截面立柱，可视面为10mm厚不锈钢板，表面喷砂处理，内部为70mm厚实心碳钢钢板，立柱跨度大，种类多，共58种长度，最大跨度达到19.35m，水平分格为2250mm，系统无横梁设计，在立柱上焊接三角形转接件＋PVC垫片作为玻璃托件（图12）。

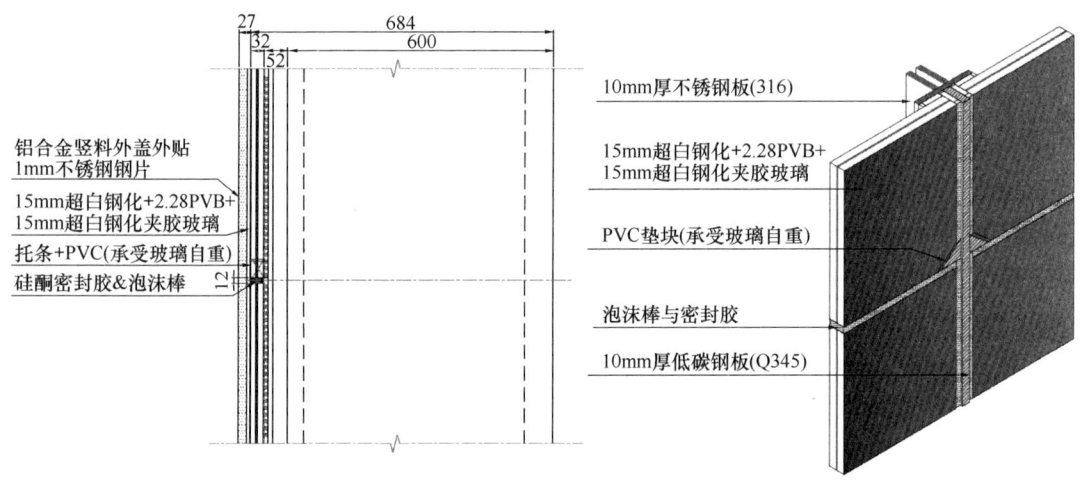

图12 玻璃竖剖节点

由于建筑师追求大堂的通透性，采用无横梁设计方案，效果简洁大方，玻璃通过底部斜向三角垫块承重，为非常规做法，需考虑玻璃局部应力及垫块位置对玻璃的影响，经过SAP2000有限元计算分析，该斜向三角形垫块比水平垫块有利，玻璃垫块设置在端部，对玻璃的应力和变形影响非常小，分析结果如下：

计算模型如图13所示。

强度校核结果如图14所示。

在自重作用下，玻璃应力 $\sigma_{max}=0.369N/mm^2$，满足要求。

挠度校核结果如图15所示。

在自重作用下，玻璃挠度最大值 $d_{max}=0.021mm$，满足要求。

二、设计与施工

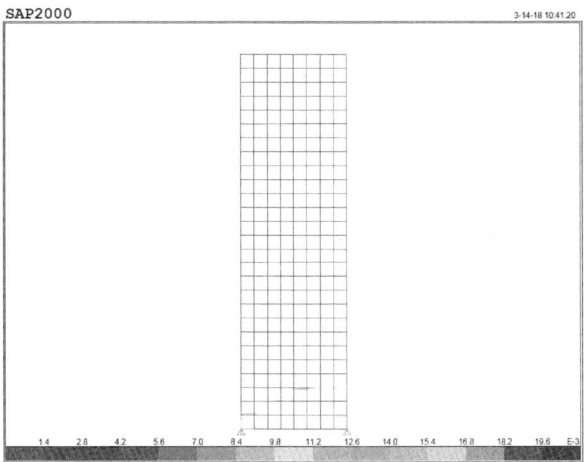

图 13　玻璃计算模型

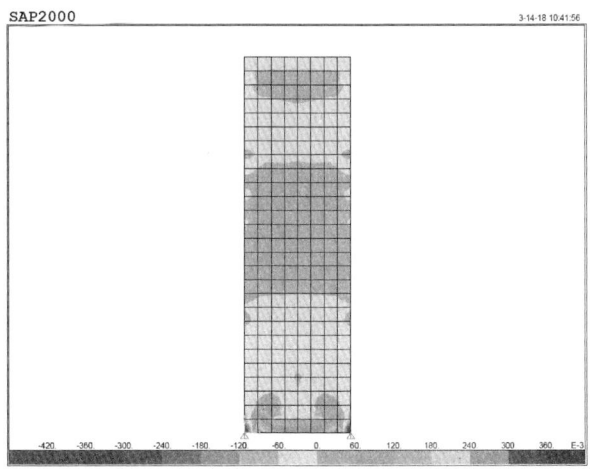

图 14　强度计算结果

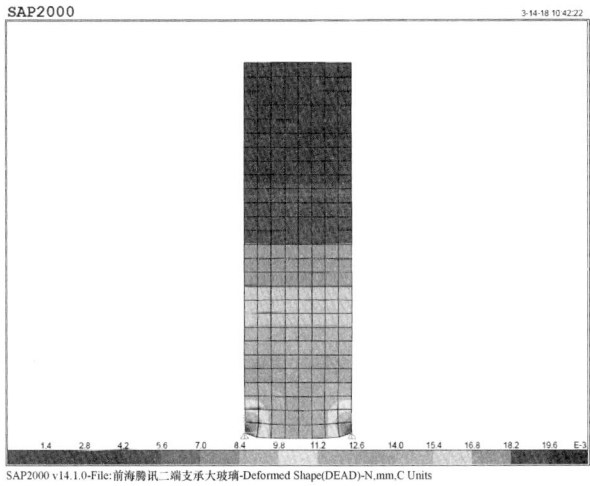

图 15　挠度计算结果

4　表面喷砂处理分析

不锈钢表面处理方式多种多样，本项目建筑师选择喷砂处理，颗粒的大小、均匀性、工艺方法都会影响表面喷砂的质感，在多次样品制作过程中，呈现好的喷砂效果需注意以下几点：

（1）材质的选择，建议选择钛钢（即316L），由于钛的化学性稳定，不容易生锈，比常规不锈钢的基材效果更佳，钛钢生产厂家可以选择浦项、太钢、张浦、宝钢。

（2）喷砂过程中表面容易被污染，全程需做好隔离防护，隔离材料可以选择橡胶制品。

（3）招标方案中1mm不锈钢板和10mm不锈钢板呈现出来的效果不一致，1mm不锈钢板为冷轧板，10mm不锈钢板为热轧板，相比热轧板，冷轧板具有尺寸精确、厚度均匀、表面质量优越、有利于下道工序加工的特点，所以冷轧板呈现更加好的表面效果，热轧板处理可选择要求壁厚＋2mm的原板进行刨、打磨平整掉2mm，再进行表面处理。

（4）喷砂完成后表面极易被污染，指纹、沾灰、刮碰都会留下比较明显的痕迹，所以表面完成后需封油处理，即防指纹处理，可有效保护表面。

5　结语

随着时代的发展，出现了大量的新结构、新材料、新形式、新工艺的现代建筑，尤其是新材料的应用，建筑师在建筑美学、建筑分格、体型等方面有更大的想象空间，同时也给幕墙行业带来比较大的促进和创新源动力。深圳腾讯数码大厦幕墙工程外形新颖，系统复杂多变，项目难点较多，本文选择大堂大跨度不锈钢龙骨幕墙系统进行分析介绍，多次试验并充分论证，从构造、工艺、施工等方面来提升项目品质，同时具有更佳的经济性能，给今后类似项目提供参考和工程借鉴。

参考文献

[1]　玻璃幕墙工程技术规范：JGJ 102—2003[S].
[2]　建筑幕墙：GB/T 21086—2007[S].
[3]　不锈钢冷轧钢板和钢带：GB/T 3280—2007[S].
[4]　不锈钢热轧钢板和钢带：GB/T 4237—2007[S].
[5]　钢结构设计规范：GB 50017—2003[S].

北京丽泽 E06 单元幕墙设计介绍

毛伙南　戈宏飞　李公平
中山盛兴股份有限公司　广东中山　528412

摘　要　本文介绍了北京丽泽商务区 E06 地块 C2 商业金融用地项目单元式幕墙，包括幕墙的防水、保温方面的构造。对单元幕墙特别是内平开窗的设计有一定的参考作用。
关键词　幕墙；单元式；内平开窗；防水；保温；设计

1　引言

北京丽泽 E06 地块 C2 商业金融用地项目，位于北京市丰台区，南至凤凰嘴北路，西至金中都中路，北至骆驼湾南路。地上 43 层，幕墙高度 200m，标准层高 4300mm。南、北、东立面采用竖明横隐玻璃幕墙，在平面上每 3m 设有 500mm 宽竖向金属格栅，格栅后侧是铝板内平开窗，上述三个立面，没有外露的开启扇，立面干净挺拔而有韵律。东侧高区有突出阳台。西侧为退台设计，每个楼层均有观景阳台，外侧设置玻璃栏板。阳台内侧采用竖隐横明玻璃幕墙，每 3m 设有 500mm 宽玻璃平推窗。大楼效果图如图 1、图 2、图 3 所示。

图 1　北立面

图 2　西立面

图 3　东立面

2　单元幕墙板块划分

本工程大面采用 1250mm+500mm+1250mm 的水平分格，其中 1250mm 分格是玻璃，500mm 分格是格栅及内平开窗。幕墙采用单元式结构，若按 1250mm 和 500mm 的分格划分单元板块，则格栅板块分格小，且内平开窗两侧若采用单元立柱的构造，竖框宽度较大，影响室内观感。为此，采用 3m 的宽度作为一件单元板块，即 500mm 宽格栅位于板块中央，开启扇两侧是宽度较小的中立柱。板块尺寸为 3000mm（宽）×4300mm（高），可以采用平板车运输。单元板块划分示意图如图 4、图 5 所示。

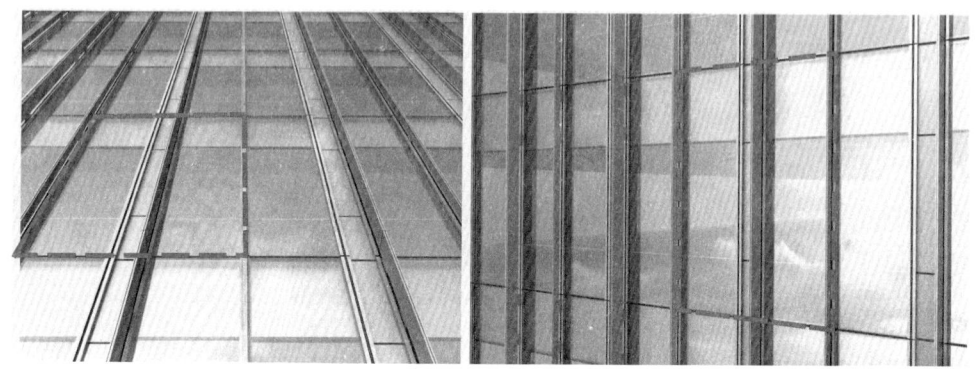

图 4　单元板块划分示意图（室外）

图 5　单元板块划分示意图（室内）

3　节点构造设计

3.1　竖明横隐标准节点构造设计

竖明横隐玻璃幕墙，玻璃采用 8mm 半钢化＋1.52PVB＋8mm 半钢化 Low-E＋12Ar＋12mm 超白钢化中空夹胶玻璃。单元立柱采用穿条式隔热型材，并在隔热条前后采用双道密封胶条，对插位置均采用双道密封胶条，加强了系统的防水性能和热工性能。建筑要求室外竖向装饰线为两片分离的金属翼片，突出玻璃面 150mm。在立柱截面设计时，考虑到室外装饰线采用分离的两翼片，可以分别与室内侧的单元公、母立柱复合成隔热型材，既加强了单元立柱的抗弯截面特性，又保证了室外装饰线与玻璃面的垂直度。室外内压板采用斜插的结构形式与单元立柱固定，螺钉仅起固定作用，内压板通长受力，且安装方便。玻璃与框架在内侧采用密封胶密封，内压板与玻璃之间采用三元乙丙胶条塞紧，避免密封胶长期使用后出现的污染情况。单元立柱的水平剖视节点如图 6 所示。

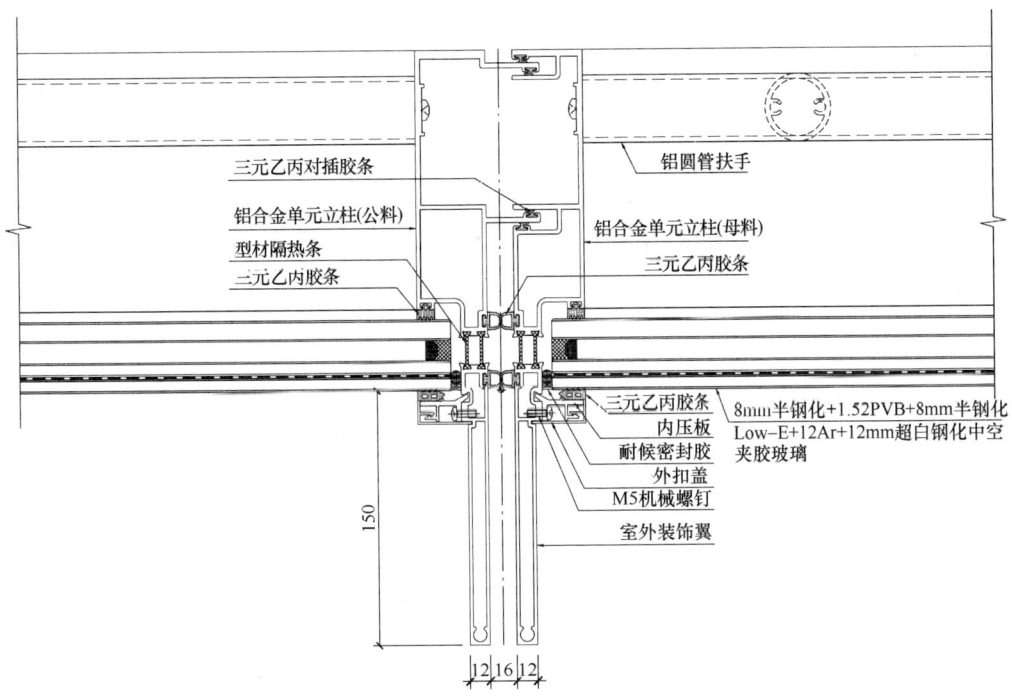

图 6　单元立柱水平剖视图（mm）

单元横梁截面设计考虑分层排水，单元上横梁外侧设有排水腔，内腔的渗漏水可通过泄水孔沿排水腔、立柱外腔排放到下一层室外。单元立柱对插位置与横梁对插位置相对应，形成自然披水构造，避免雨水在板块对插十字缝位置进到横梁内腔，提高系统防水性能。隔热护边与横梁之间，设置凹槽打胶密封。单元横梁的竖向剖视节点如图7所示。

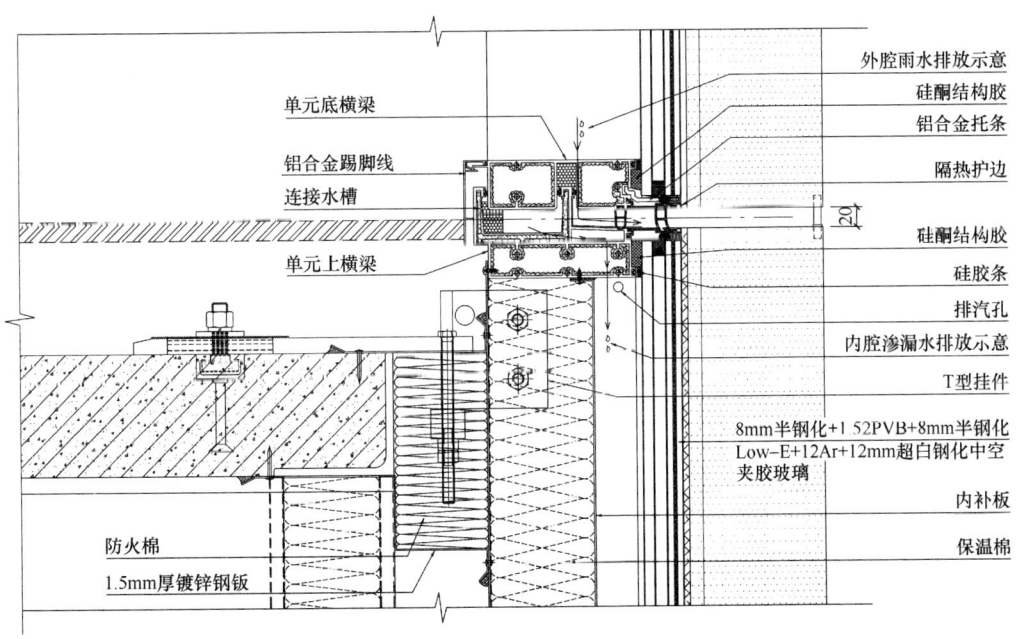

图 7　单元横梁竖向剖视图

3.2 内平开窗节点设计

在格栅位置,内侧是铝板内平开窗,该处的节点构造需要综合考虑防水以及热工性能,是本项目幕墙系统的重点和难点。铝板内平开窗采用内外两层铝板,内填充保温棉。窗扇及窗框采用穿条式隔热型材。隔热条以外一侧的窗框型材与立柱采用隔热毯隔开。内平开窗合页采用隐藏式合页,采用三道密封胶条密封,且内侧胶条位于合页外侧,避免合页断开内侧胶条而影响密封性能。固定格栅的边框,采用隔热型材与立柱固定,与立柱之间缝隙填塞隔热毯,并在外侧打胶密封。内平开窗水平剖视节点如图8所示。

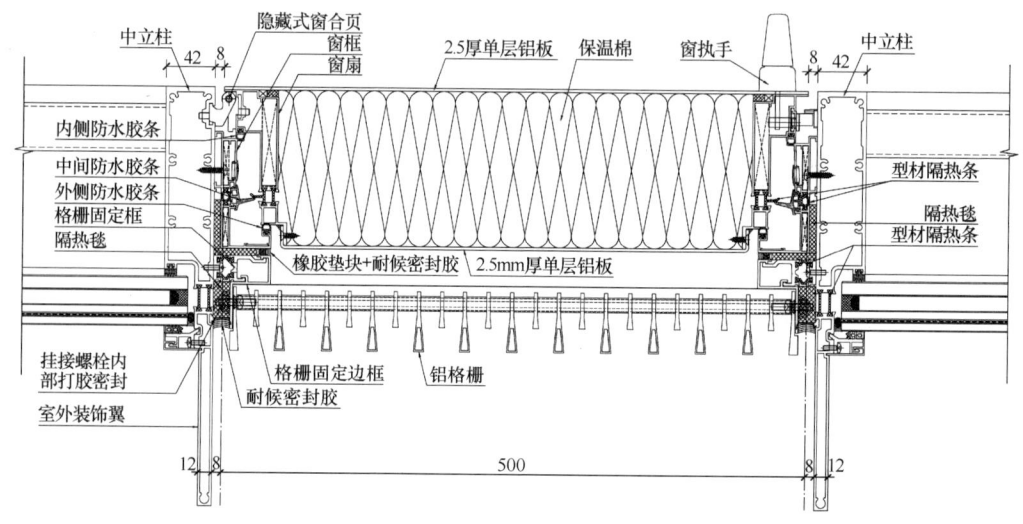

图 8 内平开窗水平剖视图(mm)

固定内平开窗的横梁采用穿条隔热型材,且隔热条外侧型材与铝板之间采用隔热垫块隔开以提高保温性能。窗扇型材与外侧胶条接触位置设置滴水,使雨水尽可能只进到外腔。下侧窗框设置排水孔,且内腔设置排水坡度,即使有少量渗漏水进到内腔,也将从泄水孔排到外腔从而排放到室外。内平开窗竖向剖视节点如图9所示。

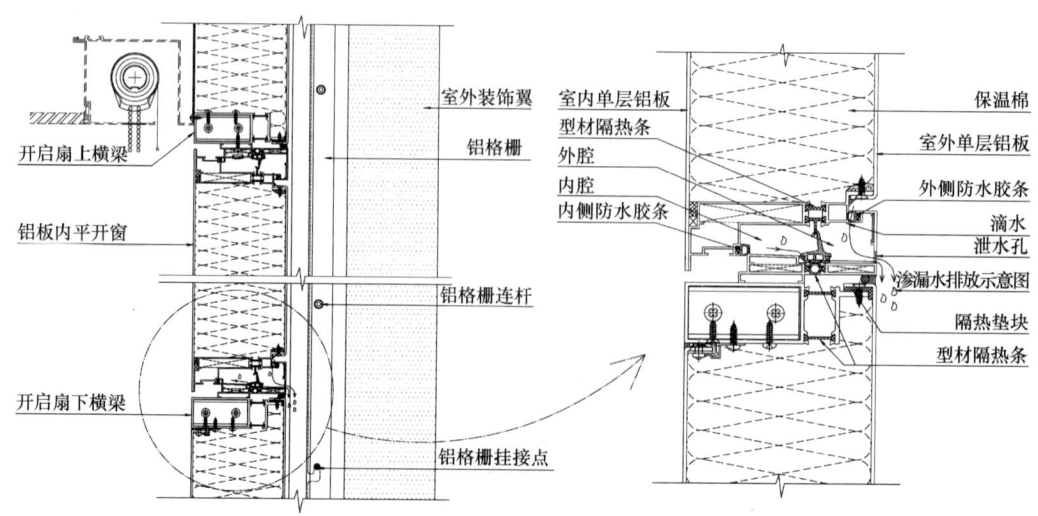

图 9 内平开窗竖向剖视图

3.3 竖隐横明标准节点构造设计

竖隐横明玻璃幕墙，板块分格也是 1250mm＋500mm＋1250mm，两边 1250mm 是玻璃，中间 500mm 是外平推窗。系统的防水腔设置与竖明横隐玻璃幕墙一致，仅室外明隐框形式不同。单元立柱采用隔热护边，与立柱卡接位置设置凹槽打胶密封，隔热护边外侧有铝合金装饰边。单元立柱的水平剖视节点如图 10 所示。

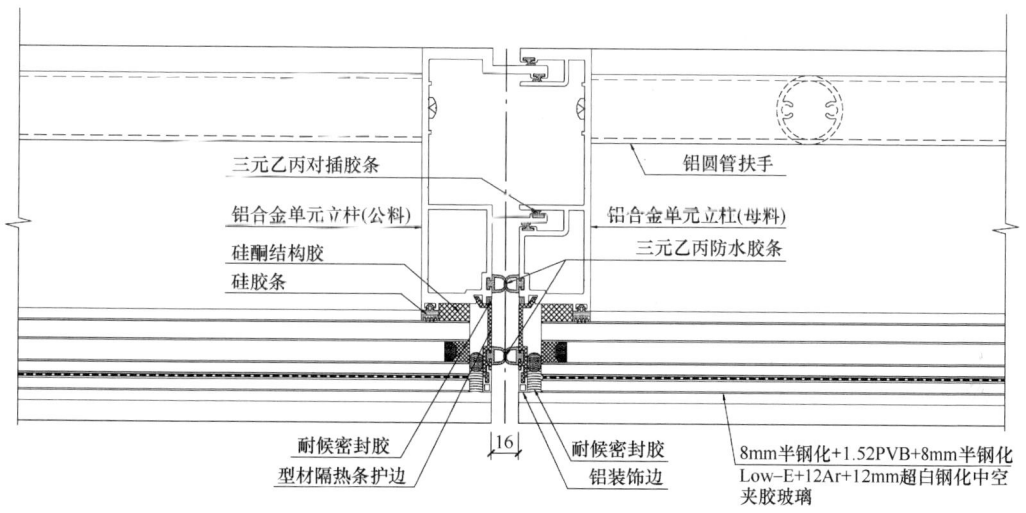

图 10　单元立柱水平剖视图

单元底横梁，考虑到与隐藏式开启扇共用型材，设计成组合式截面。外侧明框分为内压板和外扣盖，玻璃与框架在内侧采用密封胶密封，内压板与玻璃面板之间塞胶条，并在胶条下方设置泄水孔。单元横梁的竖向剖视节点如图 11 所示。

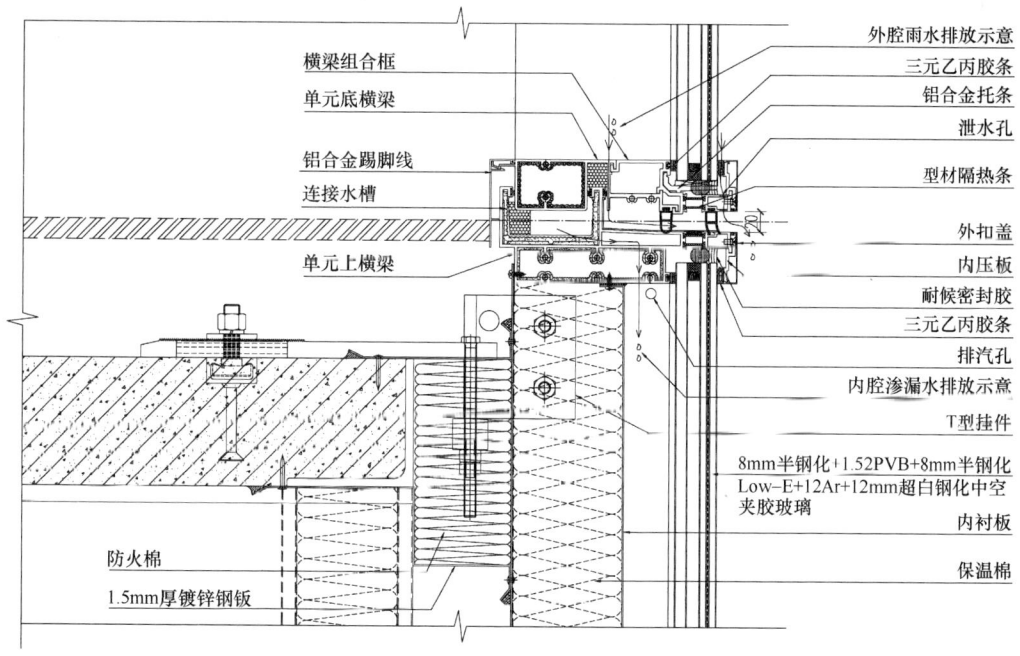

图 11　单元横梁竖向剖视图

3.4 外平推窗节点设计

为减小窗框四周宽度,达到更好的外观效果,外平推窗采用隐藏式设计,中立柱以及单元底横梁设置凹槽作为窗框,下窗扇与单元底横梁顶面平齐(图12,图13)。因开启扇宽度小(500mm),而建筑要求平推窗打开净空不小于100mm,上下导向滑撑采用了特殊的双"×"平推铰链(图14),使得平推窗能达到更大的开启距离,且启闭灵活顺畅。

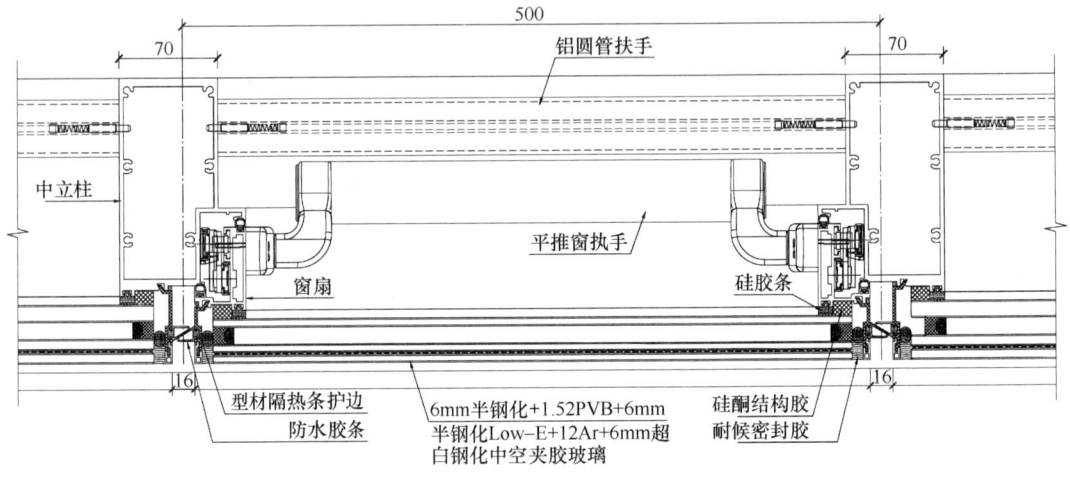

图12 平推窗水平剖视图

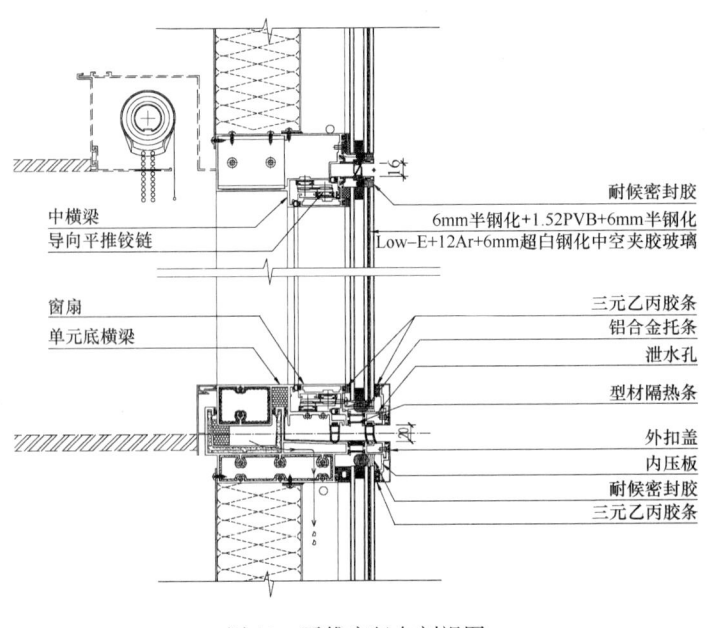

图13 平推窗竖向剖视图

图14 双"×"平推铰链

4 热工计算

本项目位于北京,属于寒冷地区,根据北京市《公共建筑节能设计标准》以及本项目建筑节能要求，热工性能分级为 6 级，外窗（包括透明幕墙）传热系数 K 值要求为 $\leqslant 1.8\mathrm{W}/(\mathrm{m}^2\cdot\mathrm{K})$，遮阳系数要求为 $\leqslant 0.4$，非透明幕墙的传热系数 K 值要求为 $\leqslant 0.45\mathrm{W}/(\mathrm{m}^2\cdot\mathrm{K})$。

本项目竖明横隐玻璃幕墙是热工最不利位置，以下仅计算该典型系统的热工。

4.1 透明部分

4.1.1 典型系统分格及框节点

典型系统分格如图 15 所示，框节点图如图 16 所示。

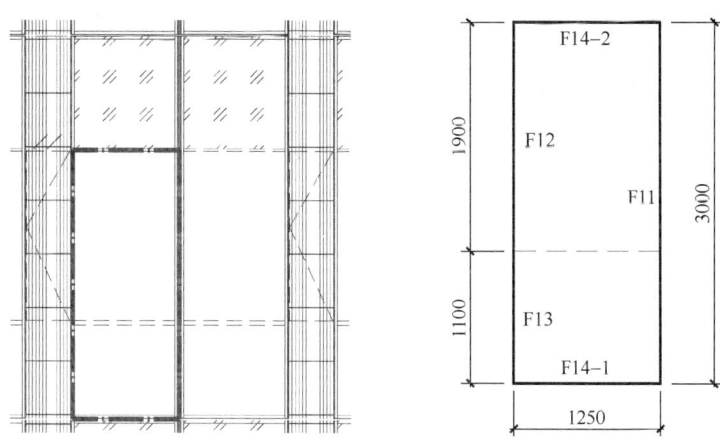

图 15 幕墙典型分格图

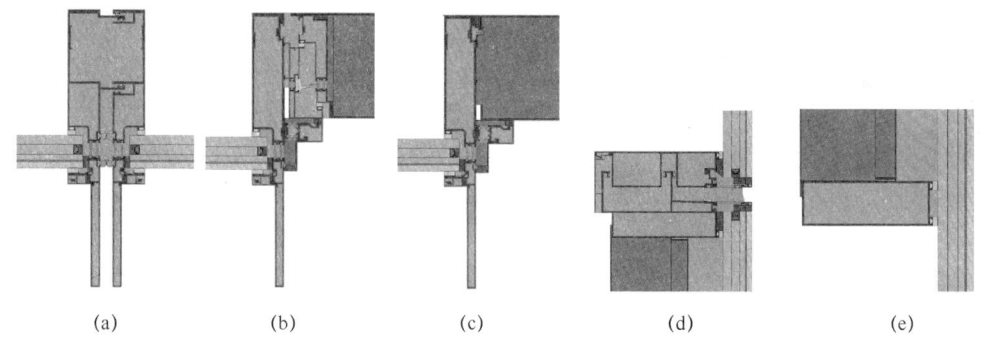

图 16 框节点图
(a) F11；(b) F12；(c) F13；(d) F14-1；(e) F14-2

4.1.2 单元几何参数

计算单元选取：宽 1.25m×高 3m，则：

F11 单元立柱面积：$0.05\times3=0.15\mathrm{m}^2$；

F12 开启中立柱面积：$0.05\times1.9=0.095\mathrm{m}^2$；

F13 固定中立柱面积：$0.05\times1.1=0.055\mathrm{m}^2$；

F14-1 底横梁面积：$0.06\times1.15=0.069\mathrm{m}^2$；

F14-2 顶横梁面积：$0.025\times1.15=0.029\mathrm{m}^2$；

玻璃的面积：$1.25\times3-(0.15+0.095+0.055+0.069+0.029)=3.35\mathrm{m}^2$。

4.1.3 计算框传热系数 U_f

用一块导热系数 $\lambda=0.03$W/(m·K) 的板替代实际的玻璃或其他板材，替代板的厚度等于实际的玻璃或板材厚度，嵌入框的深度也按照实际尺寸，可见替代板的宽为200mm，采用二维稳态热传导计算软件THERM进行框的传热分析，计算结果见表1。

表1 框传热系数及线传热系数

位 置	框的传热系数 U_f [W/(m²·K)]	线传热系数 ψ [W/(m·K)]
F11 单元立柱	3.667	0.088
F12 开启中立柱	4.864	0.035
F13 固定中立柱	3.202	0.038
F14-1 底横梁	2.421	0.116
F14-2 顶横梁	3.420	0.053

4.1.4 计算框与面板之间的线传热系数 ψ

在上述 U_f 的计算模型中，用一块导热系数 $\lambda=0.03$W/(m·K) 的板替代实际的玻璃或其他板材，采用二维稳态热传导计算软件THERM进行框的传热分析，再根据JGJ/T 151的公式进行计算，计算结果见表1。

4.1.5 计算幕墙的传热系数 U_{cw}

遵照 JGJ/T 151—2008 的计算公式 (1)：

$$U_{cw} = \frac{\sum U_f A_f + \sum U_g A_g + \sum l_\psi \psi}{A_t} \tag{1}$$

计算结果为：

$U_{cw} = [(3.67×0.15+4.86×0.095+3.20×0.055+2.42×0.069+3.42×0.029)+$
$1.4×3.35+(0.088×2.915+0.035×1.875+0.038×1.04+0.116×1.15+0.053$
$×1.15)]÷(1.25×3)$
$= 1.787$W/(m²·K) < 1.8 W/(m²·K)

透明部分满足设计要求。

4.2 非透明部分

非透明部分有水平非透明部分（即层间阴影盒位置）以及竖向非透明部分，分别计算。

4.2.1 水平非透明部分传热系数计算

非透明幕墙构造从外到内依次为：8mm+1.52PVB+8Low-E+12Ar+12mm钢化中空夹胶玻璃+50mm空气层+1.5mm喷涂钢板+120mm保温岩棉（图7）。

非透明幕墙的传热系数 U_{p-h} 遵照《民用建筑热工设计规范》(GB 50176—2016)，按面层厚度和热阻进行叠加的方式进行计算：

$$R_0 = R_i + R + R_e \tag{2}$$

式中 R_0 ——围护结构的传热阻 (m²·K/W)；

R_i ——内表面换热阻 (m²·K/W)；

R_e ——外表面换热阻 (m²·K/W)；

R ——围护结构热阻 (m²·K/W)；

冬季：$R_0 = 1/1.4+0.18+0.12/0.04 = 3.894$ m²·K/W

$$U_{p-h}=1/R_0=0.257\text{W}/(\text{m}^2\cdot\text{K})$$

4.2.2 竖向非透明部分传热系数计算

(1) 典型系统分格如图17所示，框节点图如图18所示。

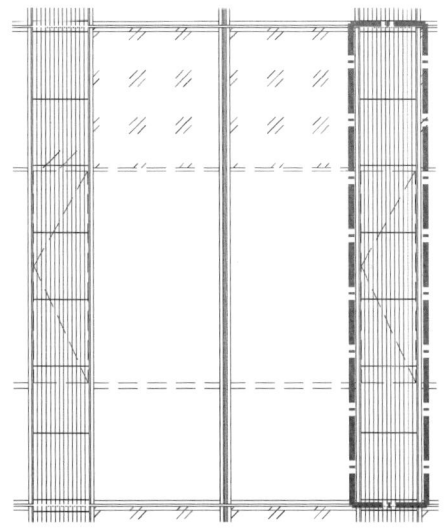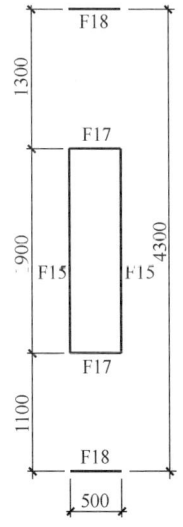

图17 幕墙典型分格图（mm）

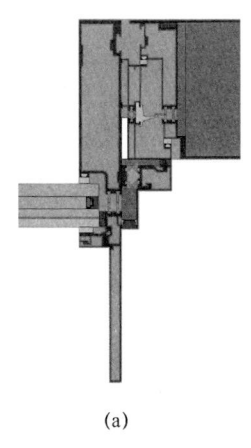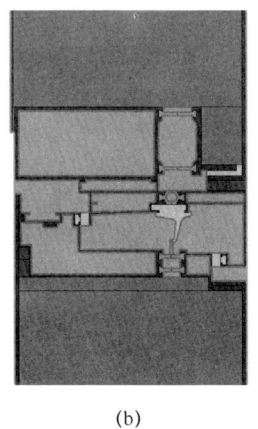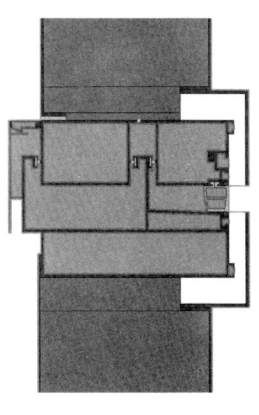

(a) (b) (c)

图18 框节点图
(a) F15；(b) F17；(c) F18

(2) 单元几何参数

计算单元：宽0.5m×高4.3m；

F15非透明开启立柱面积：$0.05\times1.9=0.095\text{m}^2$，边部面积：$0.12\text{ m}^2$；

F17非透明开启横梁面积：$0.1\times0.4=0.04\text{m}^2$，边部面积：$0.04\text{ m}^2$；

F18非透明固定横梁面积：$0.12\times0.5=0.06\text{m}^2$，边部面积：$0.05\text{ m}^2$；

非透明的面积：1.47m^2。

(3) 计算框传热系数 U_f 及边部效应 U_{eg}，见表2。

表 2 框传热系数及线传热系数

位　　置	框的传热系数 U_f [W/(m^2·K)]	边部效应 U_{eg} [W/(m^2·K)]
F15 非透明开启立柱	1.704	1.481
F17 非透明开启横梁	2.225	1.374
F18 非透明固定横梁	2.248	0.913

（4）计算非透明面板的传热系数

非透明面板的构造从外到内依次为：2.5mm 铝板＋130mm 保温岩棉＋2.5mm 铝板（图8）。

非透明面板的传热系数遵照《民用建筑热工设计规范》（GB 50176—2016），按面层厚度和热阻进行叠加的方式按公式（2）进行计算。

冬季：$R_0 = 1/15.2 + 1/3.6 + 0.13/0.04 = 3.594 m^2 \cdot K/W$

$$K = 1/R_0 = 0.278 W/(m^2 \cdot K)$$

（5）计算竖向非透明幕墙的传热系数 U_{p-v}

遵照框和非透明面板的传热系数与面积的加权平均计算原则，计算结果为：

$U_{p-v} = [(1.704 \times 0.095 \times 2 + 2.225 \times 0.04 \times 2 + 2.248 \times 0.06 + 1.704 \times 0.065 \times 1.8 \times 2$
$\quad + 1.37 \times 0.13 \times 0.27 \times 2 + 0.91 \times 0.13 \times 0.37) + 0.278 \times 1.47 \div (0.5 \times 4.3)$
$\quad = 0.71 W/(m^2 \cdot K)$

（6）计算非透明幕墙的平均传热系数 U_p

将竖向和水平非透明按照面积和及其传热系数做加权平均，计算结果为：

$U_p = (0.71 \times 0.5 \times 4.3 + 0.257 \times 2.5 \times 1.3) / (0.5 \times 4.3 + 2.5 \times 1.3)$
$\quad = 0.437 W/(m^2 \cdot K) < 0.45 W/(m^2 \cdot K)$

由以上计算知，尽管采取了隔热毯、隔热型材等构造措施，竖向非透明部分（格栅＋内平开窗）传热系数仍然较大，需要与水平非透明部分（层间阴影盒）加权平均才能满足设计要求。

5 结语

北京丽泽 E06 地块项目幕墙四性试验要求按国标＋美标的流程检测，共 21 项检测内容，经过 7 个水密性测试，包括国标、美标、静态（图19）、动态（图20），一次性通过全

图 19 幕墙四性试验（静态水密）　　图 20 幕墙四性试验（动态水密）

部检测,特别是开启扇历经 7 次水密性测试均没有渗漏水进入内腔,反映系统的防水性能优越。本文对北京丽泽 E06 地块的单元幕墙作了简要介绍,对单元体的节点构造,特别是内平开窗的防水、热工计算进行了说明,对类似的幕墙设计有一定的参考意义。

参考文献

[1] 建筑幕墙:GB/T 21086—2007[S].
[2] 玻璃幕墙工程技术规范:JGJ 102—2003[S].
[3] 公共建筑节能设计标准:DB 11/687—2015[S].
[4] 民用建筑热工设计规范:GB 50176—2016[S].
[5] 建筑门窗玻璃幕墙热工计算规程:JGJ/T 151—2008[S].

作者简介

毛伙南(Mao Huonan),男,1975 年 9 月生,教授级高级工程师,中山盛兴股份有限公司总工程师,中国建筑金属结构协会铝门窗幕墙委员会专家。

戈宏飞(Ge Hongfei),男,1984 年 3 月生,工程师,中山盛兴股份有限公司设计所长。

李公平(Li Gongping),男,1985 年 3 月生,工程师,中山盛兴股份有限公司资深设计师。

浅谈建筑幕墙可靠性设计原理与实践（上）

陈 峻

华建集团华东建筑设计研究总院 上海 200002

摘 要 本文从土木结构工程和机械产品可靠性理论出发，对幕墙结构安全的可靠性原理和概念进行了研究和梳理，并将幕墙结构可靠性原理与幕墙构造设计、幕墙安全评估进行关联，使传统的幕墙结构可靠性设计理论化和具体化，是对幕墙工程结构安全设计实践与理论结合进行了有益的尝试和创新，旨在提升幕墙设计结构可靠性分析的能力，为幕墙工程安全评估、工程质量安全保障提供理论上的参考依据。上篇仅针对幕墙可靠性原理加以阐述，使读者理解幕墙可靠性的内涵和外延。

关键词 可靠度；可靠性

1 引言

我们在幕墙设计实践过程中，常常会遇到既有建筑改造之前，需要检测以判断幕墙产品的可靠度；幕墙结构工程师和幕墙系统设计师对同一个节点细部安全的可靠性理解大相径庭；幕墙结构评审时，专家的评判和被审查者的工程实践经验和理论认知差距较大时，评审往往陷入尴尬的局面……。实际上，新材料、新工艺、新技术在幕墙工程应用中遇到的审查；复杂空间结构设计带来的跨专业问题；建筑幕墙使用寿命到期问题；由于建筑功能要求日益苛刻的需要，导致幕墙系统结构设计的复杂性；灾害性气候对幕墙的损害，而导致社会公共安全及索赔问题，都对建筑幕墙可靠性提出新的要求和挑战。

一种适合于幕墙的结构可靠性理论，可用来指导技术人员进行科学合理的设计，除去思想上的疑惑，在结构安全设计上提高效率，在安全评估上能有明确和快速决断的依据，有效降低幕墙维修的成本；同时，随着我国幕墙工程越来越复杂，幕墙系统结构安全的可靠性日益引起行业重视，它关系到幕墙工程的质量安全和社会成本总投入，也涉及幕墙技术的发展和理论创新。

2 可靠性概念

幕墙作为一个产品，系统可靠性是靠前期设计、生产制造、施工安装、使用管理等一系列工程环节来保障的，但首先是被设计出来的。传统的结构设计和强度校核是基于确定性分析，即结构计算时假定结构的几何尺寸、材料的物理性能以及所受的载荷均是确定的。但实际上这些因素都带有随机性，例如，建筑立面上的风等载荷都是不确定的，钢铝结构材料中用的材料物理性能参数可能与提供的有所差别，名义尺寸与实际结构不完全一致；计算中引入的假设和计算模型与实际情况有偏离等。这些因素都会影响对结构真实可靠性的评价。惯用的确定性分析中为了考虑这些不确定因素的影响只是简单地引入安全因子概念，使许用应力略低于材料的试验数据或想当然地加大几何尺寸，以抵消一些偏危险地因素，提高安全感。安全因子 K 的计算见公式（1）：

$$K = \frac{\sigma_L}{\sigma_C} \tag{1}$$

式中　σ_L——结构产生危险状态的响应特征值；

σ_C——结构工作状态时的特征值。

尽管如此，结构发生破坏的事件还时有发生。这是由于客观世界的规律引起：（1）随机现象：是因为难以全部估计的多种偶然因素存在，通常无法事先准确断定未来事件的结果，表现出因果关系不充分，在一些条件下，某些结果并不总是满足"必然如此"。它除了客观事物有这种特性外，还包括主观认识的不完整性。（2）模糊现象，是因为难以对周围某些事物给出明确的定义和确定性的评定标准，通常无法绝对判定事物属于何类型。判断事件属性时其边界的不清楚性是模糊事件的特点。以强度问题为例，如计算求得的最大应力值小于或等于许用应力值，则认为结构没有破坏，但计算值哪怕是超过一点点，则结构被认为是失效了。而事实上应力的允许范围具有模糊性，从允许到不允许是逐步过渡的。（3）不准确或不完整的信息：对自然界现象认识不足或辨别和了解能力的局限性。

在工程实践中，上面三种不确定现象均存在。20 世纪 50 年代以来，学者和专家对可靠性进行了不断研究后，形成了基于上述规律的较为成熟的可靠性理论——随机可靠性分析理论。

根据 GB/T 21086 建筑幕墙的定义是：由面板与支承结构体系（支承装置与支承结构）组成的、可相对主体有一定位移能力或自身有一定变形能力、不承担主体结构所受作用的建筑外围护墙。幕墙是一个结构概念，也有别于传统的建筑结构体系，由于它由面板和支撑结构体系组成，兼顾工程结构、机械设计范畴。可靠性概念可从这两方面来进行考虑。

2.1　建筑结构可靠性

建筑结构可靠性包含了结构安全性、适用性、耐久性几个方面的含义：（1）能承受在正常施工和正常使用时可能出现的各种作用；（2）在正常使用时具有良好的工作性能；（3）在正常维护状态下具有足够的耐久性能；（4）在偶然事件发生时及发生后，仍能保持必须的整体稳定性。

在规定的时间和条件下，工程结构完成预定功能的概率，是工程结构可靠性的概率度量。工程结构可靠性，是指在规定时间和条件下，工程结构具有的满足预期的安全性、适用性和耐久性等功能的能力。由于影响可靠性的各种因素存在着不定性，如荷载、材料性能等的变异，计算模型的不完善，制作质量的差异等，而且这些影响因素是随机的，因而工程结构完成预定功能的能力只能用概率度量。结构能够完成预定功能的概率，称为可靠概率，结构不能完成预定功能的概率，称为失效概率。

幕墙结构设计的可靠性与建筑结构设计的可靠性要求是完全吻合的，幕墙结构体系的设计和选择与可靠性有着直接的关系。

2.2　机械可靠性

机械可靠性指产品在规定条件下和规定时间内完成规定功能的能力。它包含 4 个要素：产品、规定条件、规定时间、规定功能。（1）产品：任何设备、系统或元器件。（2）规定条件：包括使用时的环境条件和工作条件。环境条件：温度、湿度、振动、冲击、辐射等。工作条件；维护方法、储存条件、操作人员水平等。（3）规定时间：产品的规定寿命。（4）规定功能：产品必须具备的功能和技术指标。

固有可靠性指的是产品在设计、生产中已经确定的可靠性，它是产品内在的可靠性。与产品的制造、设计与生产有关；使用可靠性是指产品在使用中的可靠性，它与产品的运输、储藏、保管及使用过程中的操作水平、维修和环境等因素有关。

可见，机械系统和产品的可靠性与幕墙的产品可靠性要求也是一致的，幕墙产品种类也有很多，如铰链、风撑、预埋件、通风器等，而幕墙材料如玻璃、铝合金型材、结构密封胶等，也符合机械产品可靠性的概念。

2.3 建筑幕墙可靠性

工程结构的随机可靠性分析与机械系统和产品的可靠性分析从本质上均是基于经典可靠性理论。然而，工程结构的随机可靠性与机械产品等可靠性在一些重要方面还是有一定差别，因为机械产品多数是批量生产，且可以假定在名义上是相同的，可以根据统计概率得出破坏概率，但对工程结构尤其是大型工程结构常常无法以类似方法确定破坏概率。工程中需要预测结构破坏事件的数量，在设计阶段要从各个方面预估结构件强度或挠度特性，综合其概率模型。这个模型应该包括对所受载荷和结构抗破坏能力有影响的所有随机不确定因素。

从工程交付上看，幕墙是一个产品，具有机械可靠性的属性，可理解为可靠性是指建筑在满足建筑外观要求和幕墙设计使用年限内持续满足建筑幕墙物理性能的能力。从结构工程上看，幕墙可靠性是指在建筑幕墙使用年限内和各种自然作用下，幕墙结构具有满足预期的安全性、适用性和耐久性等功能的能力。由此可以看出，幕墙兼顾产品和结构功能的双重属性本质上是一致的，对幕墙产品可靠性定义可理解为：建筑幕墙的可靠性是指幕墙面板和支撑结构体系在设计使用年限内和正常设计、施工、使用条件下，达到预期的安全性、适用性和耐久性等建筑物理性能的能力。在这里，面板不仅是指玻璃、石材等面材，也包括板块之间嵌缝的密封胶、密封条；而支撑结构不仅包括受力龙骨、转接件、埋件，也包括开窗器、铰链等有结构传力作用的五金附件。

2.4 结构可靠度

结构可靠度是结构可靠性的概率量度，即结构在规定的条件下和规定的时间内，完成规定功能的概率，是时间的概率。规定时间是指幕墙设计使用年限，目前国家和行业规范界定幕墙设计使用年限为 25 年；规定条件是指正常的设计、施工、使用条件，而不考虑认为过失所造成的事故。幕墙结构可靠度应该是结构安全性、适用性和耐久性的统称。

可靠度含有五个要素：对象、规定条件、规定时间、规定功能和概率。其中，前三个要素是可靠性的前提，是确切的具体的，这三个要素中不会也不允许包含模糊性，幕墙工程实践中的模糊性主要出现在对是否"完成规定功能"的判断和界定上，也就是说，在"完成"和"未完成"之间并不存在明显的界限，因此事实上，更准确的说法应该是"在某种程度上完成规定功能"，这样一来，可靠性的定义中就体现出了其可能存在的模糊性。因此，为了解决这个问题，引入了概率论和数理统计的数学模型，两者把实际问题中涉及的模糊因素用数学表达式表示出来，使问题得以量化和精确化，可以将数学的研究对象从必然现象扩展到随机现象的领域，为人们比较准确地描述和处理具有模糊性的现象和事物提供了一种有效的数学手段。

根据工程结构设计的原理，幕墙结构可靠性的因素归纳为两个综合值，即结构构件的荷

载作用 S 和抗力 R。引入结构极限状态方程（2）：

$$Z = R - S = 0 \tag{2}$$

其中，Z 为结构功能函数。由于影响荷载作用 S 和结构抗力 R 分别有由很多其下属的基本随机变量（如形状、材性等）组成，将这些随机变量设为 X_1，X_2，…，X_n，则结构功能函数的一般形式为：

$$Z = g(X_1, X_2, \cdots, X_n) \tag{3}$$

极限状态作为结构可靠性的临界判断状态，可分为承载能力与正常使用状态，其中承载能力极限状态对应于幕墙结构或构件达到最大承载能力或不适于继续承载的变形：

（1）整个幕墙结构体系或其中一部分作为刚体失去平衡（如倾覆等）。

（2）幕墙结构构件或因材料强度被超过而破坏（包括疲劳破坏），或因过度的塑性变形而不适于继续承载。

（3）幕墙结构转变为机动体系。

（4）幕墙结构或结构构件丧失稳定（如压屈等）。

正常使用极限状态，对应于结构或结构构件达到正常使用或耐久性能的某项规定限值：

（1）影响幕墙正常使用或外观的变形。

（2）影响幕墙耐久性能的局部损坏（包括材料裂缝）。由此可得出：

① $Z>0$ 结构可靠；

② $Z<0$ 结构失效；

③ $Z=0$ 结构处于极限状态。

以上是结构可靠性设计的基本判定公式。

引入可靠概率：结构能完成预定功能的概率（p_s）。失效概率：结构不能完成预定功能的概率（p_f）概念：

$$p_s + p_f = 1 \tag{4}$$

失效概率 p_f 越小，结构的可靠性越高；失效概率 p_f 越大，结构的可靠性越低。通常以失效概率 p_f 来度量结构可靠度（图1、图2）。

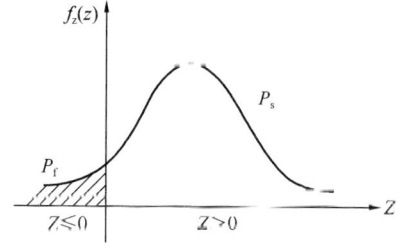
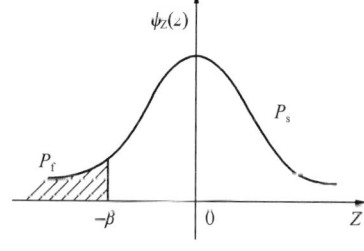

图1 安全概率和失效概率的关系图　　图2 可靠指标与失效概率的关系图

实际上，失效概率 p_f 的计算相当复杂，引用结构可靠指标 β 来代替失效概率 p_f：

$$\beta = -\phi^{-1}(p_f) \tag{5}$$

式中，ϕ^{-1} 为正态分布函数的反函数。

如前面所述，当结构功能函数 Z 为多个随机变量组成的非线性函数时，且变量并不都服从正态分布或对数正态分布，此时基本上无法求解功能函数值，需要近似简化，以近似概率法分析可靠度，其常见的有中心点法和验算点法，本文不在详述。

3 幕墙可靠性数学基础

产品的可靠度都是随机变量，要运用概率论理论和方法来研究这些随机变量的规律。通常的做法是先讨论几种典型的已被证实的重要分布类型，再把产品的现场或试验数据用计算机进行模拟，进行统计学处理，用来判别处理结果和哪一种分布函数吻合，则称这种随机变量符合某种函数分布，运用函数分布曲线，可快速简便估算出某一时刻的函数值，即可靠度。与幕墙工程相关的常见的分布函数有：二项分布、泊松分布、正态分布、对数正态分布、指数分布、威尔分布等。

（1）离散型随机变量的分布：随机变量可能的取值为有限个，每一个不同的变量值对应一个明确的概率值：

$$P(X = x_i) = p_i \quad i = 1, 2, \cdots, n \tag{6}$$

（2）连续性随机变量：在给定区间（或无限区间）内可取的任意数值的随机变量。通常电子零部件、机械产品的寿命都属于连续性随机变量，如幕墙开启扇执手、铰链、电动开窗器等。

取 X 为连续变量时，其累计故障分布函数：

$$F(x) = P(X \leqslant x) \tag{7}$$

取分布函数的导数：

$$f(x) = \frac{\mathrm{d}F(x)}{\mathrm{d}x} \tag{8}$$

即 $f(x)$ 为概率密度函数。该函数可反映随机变量的统计规律，不同的分布类型如正态分布、指数分布等，可描述不同产品的寿命分布。

（3）二项分布：常用离散型随机变量，基本试验只有两个结果：成功和失败，如钢化玻璃的自爆。也称为贝努里试验，而 n 次相同的贝努里试验，每次结果互不影响，则定义为 n 重倍努里试验，若每次成功概率为 q，则失败概率为 $p = 1 - q$，则失败次数 X 是一个可能在 0，1，2，$\cdots$，r，$\cdots$，n 中任意一个数值的随机变量。根据统计概率，恰好发生 r 次失败的概率 b_r 为：

$$b_r = P(X = r) = C_n^r p^r q^{n-r} \tag{9}$$

则称 X 服从 n、p 的二项分布。二项分布的均值 $\mu = np$，方差 $\delta^2 = npq$。

例 1 石材线条在常规生产条件下报废率 0.3，从大批量产品中抽取样本 20 个，求有 r（0，1，2，$\cdots$，15）个废品的概率。

解：设 X 为 30 个产品中的废品数，服从 $n = 20$，$p = 0.3$ 的二项分布，带入公式（9），有

$$P(X = r) = C_{20}^r 0.3^r (1 - 0.3)^{30-r} \quad r = 0, 1, 2, \cdots, 15$$

计算结果见表 1。

表 1　例 1 计算结果

x	p	x	p
0	0.006839	8	0.06537
1	0.027846	9	0.030817
2	0.071604	10	0.012007
3	0.130421	11	0.003859
4	0.178863	12	0.001018
5	0.191639	13	0.000218
6	0.164262	14	3.74E-05
7	0.114397	15	0.000798

绘制图形为图 3 所示。

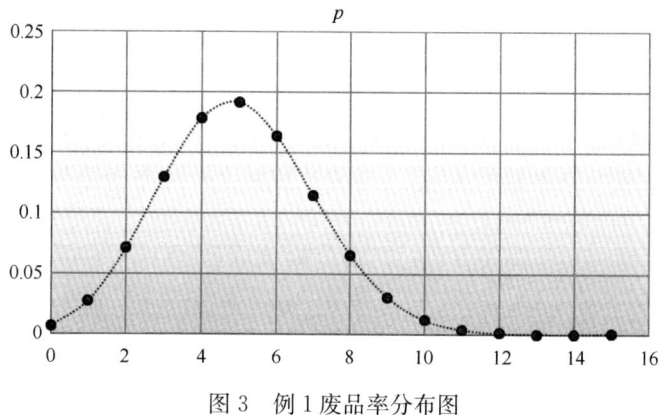

图 3　例 1 废品率分布图

可知，报废率先由小到大，在 $P(X=5)=0.192$ 最大，然后由大到小，在 $r=11$ 后，概率值可以忽略不计。

（4）泊松分布：离散型随机变量。作为对二项分布的简化，在 n 取无限大时的二项分布的简化，一般取 $n>20$，$P\leqslant 0.05$ 时，即可模拟成二项分布。其表达式为：

$$P(X=r)=\frac{\lambda^r}{r!}\mathrm{e}^{-\lambda} \tag{10}$$

其中，$\lambda=np$，泊松分布的均值 $\mu=\lambda$，方差 $\delta^2=\lambda$。

例 2　某批次钢化玻璃的自爆率 0.003，如果要求同一项目中同一批次的自爆玻璃不得超过 2 片，则同一批次 500 片玻璃中不自爆的可靠度是多少？

解：$n=500$，$P=0.003$，$r=2$，由式（10）计算得

$$\begin{aligned}P(X\leqslant 2)&=\sum_{r=0}^{2}\frac{(np)^r}{r!}\mathrm{e}^{-np}\\&=\mathrm{e}^{-1.5}+1.5\mathrm{e}^{-1.5}+\frac{1.5^2}{2}\mathrm{e}^{-1.5}=0.81\end{aligned}$$

（5）正态分布：连续型随机变量。一般有两种模型比较适用：一种是针对由于磨损而发生失效的机械产品的分析，如门的地弹簧、窗扇开启合页等；另一种是针对产品的性能是否符合规范的分析。由于幕墙是一个系统构造，组成某个系统的每一个产品都与规范有所差

别，导致加在一起的整体综合的差别不满足规范要求。

正态分布具有对称性，是关于直线 $x = \mu$ 对称，标记为 $N(\mu, \delta^2)$。实际应用中取均值 $\mu = 0$，标准方差 $\delta = 1$，得到标准正态分布 $N(0,1)$，其累计分布函数为：

$$\phi(z) = \int_{-\infty}^{z} \varphi(z) \mathrm{d}z = \frac{1}{\sqrt{2\pi}} \int_{-\infty}^{z} e^{-\frac{z^2}{2}} \mathrm{d}z \tag{11}$$

一般可将常见的正态分布 $N(\mu, \delta^2)$，通过 X 变换，令 $z = (x - \mu)/\delta$ 转化为标准正态分布。正态分布的可靠性函数为：

$$R(t) = \phi\left(\frac{t - \mu}{\delta}\right) \tag{12}$$

例 3 假设通风用的电动开启扇的电机寿命服从正态分布，其中均值 $\mu = 400$ 小时，$\delta = 50$ 小时，求在 350 小时时刻，电机的可靠度是多少？

解：由题意，电机寿命服从 $N(400, 50^2)$ 的正态分布，由式（12）得：

$$R(300) = 1 - \phi\left(\frac{350 - 400}{50}\right) = 1 - \phi(-1) = 1 - 0.16 = 0.84$$

即电机在运行 350 小时时刻的可靠度为 0.84。

（6）指数分布：指数分布是可靠性工程中最重要的一种分布。产品进入盆浴曲线的偶然障碍区之后，产品故障率基本接近常数，其基本对应故障分布函数就是指数函数。指数函数为：

$$f(x) = \begin{cases} \lambda e^{-\lambda x}, & x \geq 0 \\ 0, & x < 0 \end{cases} \tag{13}$$

指数分布的累计失效分布函数为：

$$F(x) = 1 - e^{-\lambda x} \tag{14}$$

指数分布的均值 $\mu = 1/\lambda$，方差 $\delta^2 = 1/\lambda^2$。

可见，指数分布的性质如下：（1）失效率 λ 等于常数；（2）平均寿命 θ 与失效率 λ 互为倒数关系，$\theta = 1/\lambda$，指数分布具有常态性，即系统的失效率在任何时刻都与已工作过时间的长短没有关系。

例 4 铝型材锻造火控系统的平均故障时间为 200 小时，即 $\theta = 200$ 小时，求工作 10 小时的不发生故障的概率。

解：控制系统的故障分布函数服从指数分布，则：

$$R(10) = e^{-\lambda t} = e^{-\frac{1}{\theta}t} = e^{-\frac{10}{200}} = 0.95$$

工作 10 小时的不发生故障的概率为 0.95。

（7）威布尔分布：威布尔分布是从最薄弱模型导出，例如密封胶的寿命。它是一个通用分布，可通过调整不同的参数构成不同的分布，可为不同类型产品的寿命建立模型。其故障累计分布函数为：

$$F(x) = 1 - e^{-\left(\frac{x}{\eta}\right)^m} \tag{15}$$

式中，m 为形状参数，η 为尺度参数。

威布尔分布应用很广泛，可以定义故障率为常数，故障率随时间递减、递增模型，大多数产品的故障率都是随时间单调递增的，威布尔分布可以很好地描述产品疲劳、磨损等故障。

例5 某种双面胶带的失效时间服从威布尔分布,其中 $m=2$,$\eta=10000$ 小时,求当服役 1000 小时时这种双面胶带的可靠度。

解:$R(1000) = 1 - e^{-(\frac{1000}{10000})^2} = 0.99$

即服役到 1000 小时时,双面胶带的可靠度为 0.99。

4 结语

本文针对工程可靠性概念,对幕墙结构可靠性的原理概念进行了梳理和定义,兼具结构工程和机械产品的双重功能的幕墙系统,具有复杂的功能。文章介绍了用于可靠性研究的基本数学模型,并对幕墙部分产品可靠度计算举例,阐明了以后可靠性分析所用的基本数学工具。

由于篇幅有限,后续相关针对幕墙可靠性设计与分析的方法、案例应用的论述,另文详叙,待续未完。

参考文献

[1] 建筑幕墙:GB/T 21086—2007[S].
[2] 建筑可靠度统一设计标准:GB 50068—2001[S].

作者简介

陈峻(Chen Jun),男,1972 年生,高级工程师,研究方向:玻璃幕墙抗爆炸冲击波、异形空间玻璃结构、玻璃结构安全、文化建筑表皮;工作单位:华建集团华东建筑设计研究总院;地址:上海市汉口路 151 号;联系电话:021-63217420;E-mail:jun_chen@ecadi.com。

严寒地区玻璃幕墙节能设计

刘家良 姜 仁 韩智勇

中国建筑科学研究院有限公司 北京 100013

摘 要 建筑围护结构节能是建筑节能的重要组成部分，特别是严寒地区的节能设计在我国尤为重要，该地区约占国土面积的三分之一。本文从我国能源及建筑能耗现状入手，深入剖析圣彼得堡市某幕墙工程的设计节点，对其先进的节能设计和做法进行了探讨和总结，可供建筑师和幕墙设计人员在进行玻璃幕墙节能设计时参考和应用。

关键词 玻璃幕墙；围护结构；节能设计；保温性能

Abstract Energy conservation of building envelope is an important component of building energy conservation, especially in extremely cold regions, which account for about one third of the land area. This article from the current situation of energy and building energy consumption, st. Petersburg, deep insight into a curtain wall project, the design of the node to its advanced energy-saving design and practice are discussed and summarized, for architects and curtain wall design personnel in the building curtain wall energy-saving design reference and application.

Key words curtain wall; building envelope; energy conservation design; thermal insulation properties

1 我国能源及建筑能耗现状

能源是人类社会赖以生存和发展的重要物质基础，关系到社会正常运行和发展。我国目前处于城市建设高峰期，促使了建筑业的飞速发展，由此也造成了大量的能源消耗。北方城镇建筑的单位面积采暖平均能耗，约为北欧同纬度条件下建筑采暖能耗的 3 倍。而且我国节能建筑少，缺乏建筑节能意识，已建成的既有建筑中 95% 以上属于高能耗建筑，普遍存在着围护结构保温隔热性能差、采暖系统热效率差等问题，建筑节能势在必行。

现如今，越来越多的城市建筑都采用玻璃幕墙作为外围护结构，它带来通透明亮、立面美观的视觉效果的同时，也带来了高能耗、光污染以及隔热性差等问题。尤其玻璃作为透明材料，有很强的热传导性，其能耗占建筑总能耗的比例较大。因此，设计出更加节能的玻璃幕墙，是解决围护结构高能耗问题的一条重要途径。

2 严寒地区节能设计要求

我国严寒地区主要指东北、内蒙古和西部部分地区（最冷月平均温度≤－10℃，日平均气温≤5℃的天数不少于 145 天）。由于该类地区采暖期室内外温差传热的热量损失占主导地位，因此必须满足冬季保温要求，一般可不考虑夏季防热。建筑外围护结构热工性能的好坏，直接影响到室内环境及建筑能耗，为实现建筑采暖能耗降低65%的节能目标，所有建筑设计必须按此标准执行，并且实际运维期也要满足此能耗要求。

国家标准《公共建筑节能设计标准》（GB 50189—2015）（以下简称《标准》）对围护结构在严寒地区给出了更加深入合理的设计要求：首先，《标准》中对严寒地区甲类公共建筑各单一立面窗墙面积比（包括透光幕墙）提出了要求，要求各立面均不宜大于0.60，严于其他类地区的0.70；对于外门门斗，《标准》中要求严寒地区全部设置，而其他类地区可部分设置或采取其他方式代替；此外，《标准》对严寒A、B区和C区围护结构的传热系数也按部位分别制定了限值，详见表1和表2。

表1 严寒A、B区公共建筑围护结构热工性能限值

建筑类型	围护结构部位		体形系数≤0.30	0.30<体形系数≤0.50
			传热系数K [W/(m²·K)]	
甲类公共建筑	屋面		≤0.28	≤0.25
	外墙（包括非透明幕墙）		≤0.38	≤0.35
	底面接触室外空气的架空或外挑楼板		≤0.38	≤0.35
	地下车库与供暖房间之间的楼板		≤0.50	≤0.50
	非供暖楼梯间与供暖房间之间的隔墙		≤1.2	≤1.2
	单一立面外窗（包括透明幕墙）	窗墙面积比≤0.20	≤2.7	≤2.5
		0.20<窗墙面积比≤0.30	≤2.5	≤2.3
		0.30<窗墙面积比≤0.40	≤2.2	≤2.0
		0.40<窗墙面积比≤0.50	≤1.9	≤1.7
		0.50<窗墙面积比≤0.60	≤1.6	≤1.4
		0.60<窗墙面积比≤0.70	≤1.5	≤1.4
		0.70<窗墙面积比≤0.80	≤1.4	≤1.3
		窗墙面积比>0.80	≤1.3	≤1.2
	屋顶透光部分（屋顶透光部分面积≤20%）		≤2.2	
	围护结构部位		保温材料层热阻R [(m²·K)/W]	
	周边地面		≥1.1	
	供暖地下室与土壤接触的外墙		≥1.1	
	变形缝（两侧墙内保温时）		≥1.2	
乙类公共建筑	屋面		≤0.35	
	外墙（包括非透明幕墙）		≤0.45	
	底面接触室外空气的架空或外挑楼板		≤0.45	
	地下车库与供暖房间之间的楼板		≤0.50	
	单一立面外窗（包括透光幕墙）		≤2.0	
	屋顶透光部分（屋顶透光部分面积≤20%）		≤2.0	

表2 严寒C区公共建筑围护结构热工性能限值

建筑类型	围护结构部位	体形系数≤0.30	0.30<体形系数≤0.50
		传热系数K [W/(m²·K)]	
甲类公共建筑	屋面	≤0.35	≤0.28
	外墙（包括非透明幕墙）	≤0.43	≤0.38
	底面接触室外空气的架空或外挑楼板	≤0.43	≤0.38

续表

建筑类型	围护结构部位		体形系数≤0.30	0.30<体形系数≤0.50
			传热系数 K [W/(m²·K)]	
甲类公共建筑	地下车库与供暖房间之间的楼板		≤0.70	≤0.70
	非供暖楼梯间与供暖房间之间的隔墙		≤1.5	≤1.5
	单一立面外窗（包括透明幕墙）	窗墙面积比≤0.20	≤2.9	≤2.7
		0.20<窗墙面积比≤0.30	≤2.6	≤2.4
		0.30<窗墙面积比≤0.40	≤2.3	≤2.1
		0.40<窗墙面积比≤0.50	≤2.0	≤1.7
		0.50<窗墙面积比≤0.60	≤1.7	≤1.5
		0.60<窗墙面积比≤0.70	≤1.7	≤1.5
		0.70<窗墙面积比≤0.80	≤1.5	≤1.4
		窗墙面积比>0.80	≤1.4	≤1.3
	屋顶透光部分（屋顶透光部分面积≤20%）		≤2.3	
	围护结构部位		保温材料层热阻 R [(m²·K)/W]	
	周边地面		≥1.1	
	供暖地下室与土壤接触的外墙		≥1.1	
	变形缝（两侧墙内保温时）		≥1.2	
乙类公共建筑	屋面		≤0.45	
	外墙（包括非透明幕墙）		≤0.50	
	底面接触室外空气的架空或外挑楼板		≤0.50	
	地下车库与供暖房间之间的楼板		≤0.70	
	单一立面外窗（包括透光幕墙）		≤2.2	
	屋顶透光部分（屋顶透光部分面积≤20%）		≤2.2	

3 影响严寒地区玻璃幕墙保温性能的主要因素

3.1 玻璃面板造成的热损耗

现代建筑中，大面积的采光玻璃应用十分广泛，但建筑用玻璃的传热系数比砖体结构墙壁的要高很多，冬季室内的热量在玻璃上通过热传导、对流和辐射传到室外，从而导致建筑物的热损耗增加。图1是利用红外热像仪观测到的某座建筑的红外热分布图，从图中可以看出采光玻璃处是热损耗的主要部位。

玻璃的节能主要是通过热工性能、玻璃层数、中空玻璃的隔离层、中空层的介质、中空层间隔框的材质、中空层间隔框的密封等因素来实现阻隔冷热空气的热传导或热对流。目前已应用到生产、生活中的中空玻璃是对其热辐射、热传导、热对流三种方式的能量传递过程进行控制，有一定的节能保温作用。而低辐射玻璃（Low-E玻璃）具有较大的日光透过率和很小的红外反射系数，可以有效阻止热量通过玻璃散失，并且不影响玻璃的采光性能、无光污染。

图1 红外热分布图

3.2 铝合金边框材料造成的热损耗

幕墙的铝合金边框一般占围护结构总面积的10%~25%，它对热量的传导同样对建筑物的保温性能起重要作用，一旦处理不当，形成"冷桥"，造成的热损耗更大，甚至会出现结露、结冰现象。边框的节能主要由框的材料、导热系数、框的腔体构成、断热设计等因素决定。

3.3 幕墙板块间及周边缝隙形成空气渗透进行的热交换

室内外温差和压差的存在，导致空气通过板块间及周边缝隙进行渗透，同时进行热交换。虽然在幕墙设计阶段，这些缝隙都会用三元乙丙胶条、硅酮密封胶等材料进行密封，但施工阶段很难做到万无一失，而且建筑物使用阶段的温度变形、沉降变形等因素还可能会加大此缝隙的渗透影响。

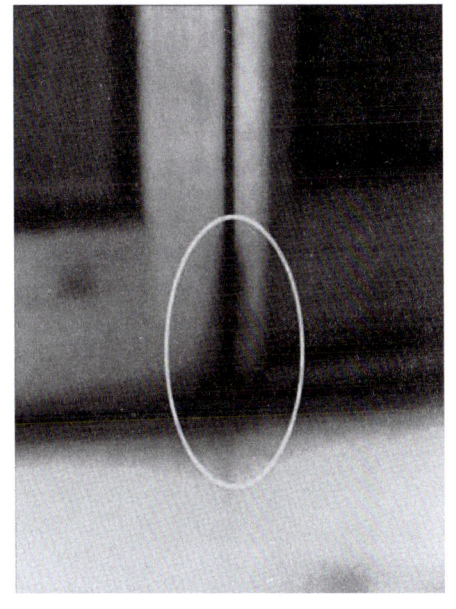

图 2　门的气密性能检测

3.4 门、窗开启部位的气密性能

门、窗开启部位的重要功能是通风换气，这就要求既要保证其开启灵活，又要保证关闭后密闭无渗漏。而在严寒地区，影响门、窗保温性能主要取决于传热系数 K 值和气密性能等级。开启部位的气密性则是影响整体围护结构的气密性能关键部位，既要保证开启部位与边框配合结构的合理性，还要保证其密封的有效性。图 2 是利用红外热像仪检测门的气密性能。

4 圣彼得堡某幕墙工程节能设计

现阶段我国提高玻璃幕墙节能的主要措施尚停留在消极设防的阶段，主要是采用镀膜玻璃、Low-E 玻璃、热反射玻璃、中空玻璃及隔热断桥铝型材降低结构传热系数、消除结构体系热桥、降低空气渗透热损失、减少开启窗扇面积、提高其密封性等。显然，对于严寒地区，仅仅依靠以上传统方法很难达到外围护结构的节能要求。因此，本文对俄罗斯圣彼得堡市某幕墙工程的保温节能做法进行剖析，挑出其设计亮点，供广大幕墙爱好者参考。

4.1 玻璃的选取

圣彼得堡是俄罗斯第二大城市，冬季最冷五天的平均温度达到-26℃，室内外温差在50℃以上。该幕墙工程为单元式，建筑高度 83.4m，幕墙面积 15300m²，如图 3 所示。考虑到圣彼得堡市特殊的气候因素，该项目选取自 AGC 的遮阳型低辐射三玻双腔中空玻璃（自室外向室内：10mm 厚 Low-E 钢化玻璃＋12mm 氩气层＋6mm 半钢化玻璃＋12mm 氩气层＋8mm 半钢化玻璃，如图 4 所示）。此三玻两腔中空玻璃主要在以下几方面实现节能效果：

4.1.1 玻璃厚度

基片玻璃是组成中空玻璃的主要材料，玻璃厚度与玻璃热阻的乘积和中空玻璃的传热系数有着直接的联系，当玻璃厚度增加时，必然会增大该片玻璃对热量传递的阻挡能力，从而降低整个中空玻璃系统的传热系数。三片基片玻璃的组合可以近似看成是厚度的累加，即总厚度共计 24mm。

图3 圣彼得堡市某幕墙工程　　　　图4 三玻两腔中空玻璃

4.1.2　气体空腔厚度

通过气体空腔厚度的控制，使中空玻璃内部形成紊态气流的传热，使其上升与下降的气流互相干扰来控制产生对流传热。气体空腔厚度与传热系数的大小有直接关系，在相同条件下，气体层越厚，传热阻越大。需要注意的是，气体层的厚度达到一定程度后（19mm 左右），传热阻的增长率就很小了，因为此时气体在玻璃之间温差的作用下会产生一定的对流过程，从而减低了气体层增厚的作用。因此，双重考虑下，确定了12mm 厚的气体腔。

4.1.3　中空腔充入氩气并保证充气量（填充量≥90％）

由于充入中空腔的氩气属于惰性气体，导热系数低［空气 0.024W/（m^2·K），氩气 0.016W/（m^2·K）］，可以提高玻璃的隔热、隔声性能。

4.1.4　遮阳型低辐射玻璃

低辐射膜具有较大的日光透过率和很小的红外反射系数，可让80％可见光通过玻璃进入室内，又能将90％以上的太阳光中或室内物体辐射的红外线反射掉，有效阻止热量通过玻璃散失，节能效果达75％以上，并且不影响玻璃的采光性能、无光污染。而遮阳型低辐射玻璃采用独特的热喷射镀膜技术制作而成，除本身具有低辐射性能外，它还具有控制阳光的性能，节能效果更佳。

4.2　边框的设计

铝合金边框虽然不是主要的传热途径，但一旦处理不好而出现"冷桥"，将会有大量的热损失，并且一定会在室内结露，形成冷凝水。该项目选取自国内某知名厂家的 6063A-T5/T6 铝型材。断热处理是边框设计的重中之重，如图5 设计节点所示，采用了穿条式的大截面断热条（双道），既保证了断热功能，又满足了强度要求。除此之外，公框与母框插接部位采用多道 EPDM 胶条，形成多个等压腔，解决水密问题。在玻璃和铝型材边框的联合作用下，外围护结构的保温隔热性能得以满足，且不会出现结露现象，如图6 模拟的热工性能。

二、设计与施工

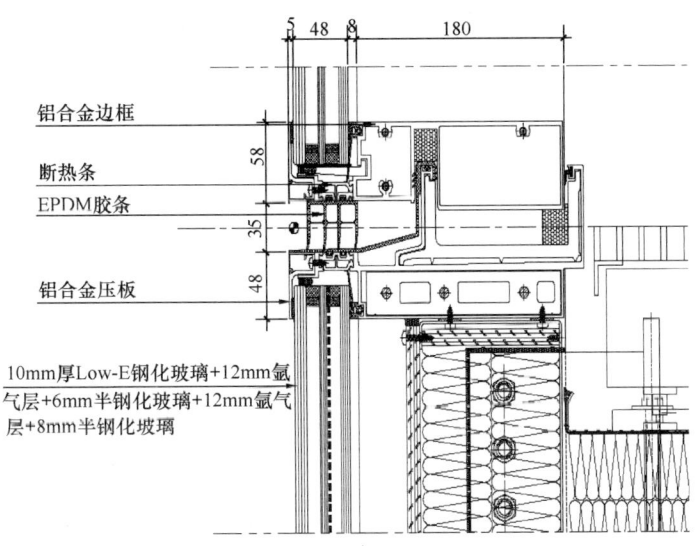

图 5　设计节点竖剖图

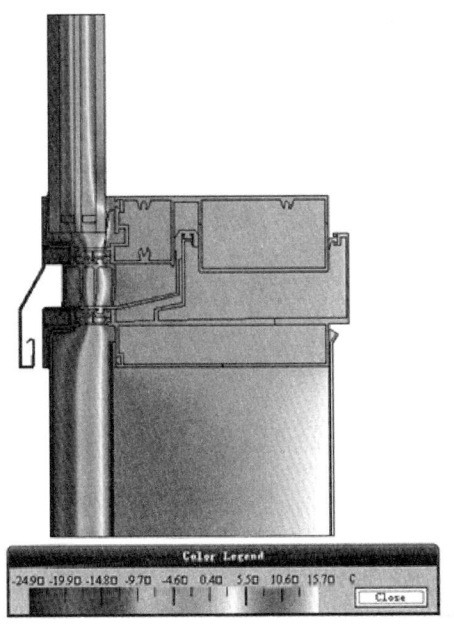

图 6　热工计算竖剖图

4.3　板块密封处理

该工程的单元式幕墙作为一种面板式结构,上、下、左、右四个边框分别与邻近板块的对应边框之间采用插接结构,在外加荷载时能同时变形、协同受力,插接面同时设计有三道密封胶条来确保相邻两个板块之间的密封。三道胶条形成三道密封线,即尘密线、水密线、气密线。尘密线用来阻挡灰尘及大部分的雨水;水密线和等压腔联合作用,起到阻水、排水的作用;气密线用来阻止空气的渗透。三道密封线依靠三元乙丙胶条自身的弹性,均能起到阻止空气渗漏的功能,确保室内、室外空气隔绝,阻止了热交换。

4.4 门、窗保温的处理

门窗边框和扇框采用常规的断热处理外,在两条断热条内填充聚氨酯发泡剂,它是一种将聚氨酯预聚物、发泡剂、催化剂等组分装填于耐压气雾罐中的特殊聚氨酯产品。当物料从气雾罐中喷出时,沫状的聚氨酯物料会迅速膨胀并与空气或接触到的基体中的水分发生固化反应形成泡沫,具有填缝、粘结、密封、隔热、吸声等多种效果,是一种环保节能、使用方便的建筑材料。用在此处,可提高铝合金框的隔热性能,从而提高整扇门、窗的隔热性能。此外,在边框、扇框型材的空腔内,塞入保温岩棉,也同样起到了隔热、吸声的作用。

5 结语

现在很多人认为使用玻璃幕墙的建筑就是高耗能建筑,这样的结论是毫无根据的,国家也从未叫停玻璃幕墙。在幕墙设计阶段,只要合理进行设计,选用合适的玻璃和构造,严格遵照节能设计要求,建筑的热工性能完全可以达到《公共建筑节能设计标准》的要求。本文针对圣彼得堡某幕墙工程对保温节能的做法进行了剖析,对我国严寒地区幕墙设计有一定参考价值。

虽然玻璃幕墙的很多方面都会受到经济条件的制约,业主的选择通常起着决定性作用。但即便如此,幕墙设计师也要从专业角度提出合理的建议,以使幕墙在外视效果和功能性等方面都达到最佳。此外,幕墙设计师还应该转变原有的设计理念:变被动为主动,首先进行玻璃幕墙的热工设计,追求设计功能的主动性和积极性,变被动设防为主动利用能源的设计思想。

参考文献

[1] 熊建明. 玻璃幕墙建筑节能技术分析及其经济评价[J]. 新型建筑材料. 2000(9): 15-17.
[2] 民用建筑热工设计规范: GB 50176—2016[S]. 北京: 中国建筑工业出版社, 2016.
[3] 赵长春. 幕墙保温与节能浅析[J]. 房材与应用, 2005(2): 32.
[4] 公共建筑节能设计标准: GB 50189—2015[S]. 北京: 中国建筑工业出版社, 2015.
[5] 张雄, 张永娟, 等. 现代建筑功能材料[M]. 北京: 化学工业出版社, 2009: 160-170.

作者简介

刘家良(Liu Jialiang),男,1983年8月生,工程师,研究方向:玻璃幕墙设计;工作单位:中国建筑科学研究院有限公司(China Academy of Building Research);地址:北京市朝阳区北三环东路30号;邮编:100013;联系电话:15940516885;E-mail:15940516885@163.com。

遮阳系统抗动态风压性能研究

韩智勇 姜 仁 刘家良 郝志华
中国建筑科学研究院有限公司 北京 100030

摘 要 本文分析了气流的基本原理，介绍了气流形成的静压和动压，并针对某工程复杂的屋面遮阳系统，结合实际工程，介绍了一种利用动态风压法验证遮阳板系统安全性的方法，为研究遮阳板系统在工程中的可靠性提供了一些有价值的参考。

关键词 遮阳系统；动态风压；可靠性；工程实例

1 引言

遮阳系统作为建筑外围护结构赋予现代建筑的最大特点是将建筑美学、建筑功能和建筑结构等因素有机地结合起来，使建筑物展现出时代的美感。目前，我国建筑物以玻璃作为饰面材料的围护结构仍然占据主导地位，从建筑热工及节能减排角度来看，玻璃是建筑物热交换、热传导最为活跃和敏感的部位。随着时代的进步，我国对建筑的节能和环保提出了更高的要求，由此建筑遮阳系统也得到了更为广泛的应用，它既有助于降低建筑的能耗，又能改善建筑的舒适性。同时，复杂造型、特殊构造的遮阳系统的安全性如何验证也成为大家关注的问题。本文将结合实例，探讨了一种特殊造型的屋面[2]遮阳板可靠性的验证方法。

2 动态风压验证方法及设备

2.1 气流特性

空气是一种流体，它在流动时遵守伯努利原理，即其势能和动能会互相转化，但总机械能保持不变。势能包括位置势能和压力势能，当空气在水平方向上流动时，只有压力势能与动能之间的转化，流速越大意味着动能越大，压能越小，理想情况下才可维持总能量不变。

通常来说，静压是压能，是势能的一种。它是空气垂直作用于物体单位表面积上的压力，用压强表示，在静止的气流中，其大小为空气的大气压。动压是单位体积空气包含的动能，由于流速产生的附加压力。气流具有如下的特性：

2.1.1 可逆性原理

物体在静止的空气中运动或气流流过静止的物体，如果两者相对速度相等，物体上所受的空气动力完全相等。

一般在研究、分析和实验时，采用气流流过物体的方法较为直观和简单。根据此原理，只要相对速度相等，它的结果与物体在空气中运动时所受的空气动力相同。

2.1.2 连续性定理

这是描述流速与气流截面关系的定理。气流稳定地流过直径变化的管子时，每秒流入多少空气，也流出等量的空气。所以管径粗处的气流速度较小，而管径细处较大。

2.1.3 伯努利定理

伯努利定理是能量不灭定理在空气动力学中的应用，它描述空气动压、静压和总压之间的关系。

2.2 验证方法

由于建筑遮阳系统的造型比较特殊，构造比较复杂，所处位置相对多变，利用传统的静压箱很难实现对复杂遮阳系统的安全性验证。为此，借鉴幕墙风洞及动态风雨的实验原理，利用大功率电动机作为动力，驱动飞机螺旋桨高速旋转，形成具有一定速度的稳定气流，气流作用在样件上达到施加风压的效果，同时，样件完全按照工程的实际情况进行安装，从而最大限度地模拟样件在工程实际情况下所受风荷载，达到验证遮阳系统可靠性的目的。

根据伯努利方程可以推算出理想状态下（气压为1013hPa，温度为15℃，空气重度 $r=0.01225kN/m^3$，重力加速度 $g=9.8m/s^2$）风速和风压的关系，同时可以参照风级与风速的对应关系，详见表1。这样便可根据当地气象部门的数据，在验证时调整螺旋桨的转速，使之能够产生相应风级的风速作用到样件表面，达到真实模拟实际情况的验证效果。

(1) 根据伯努利方程，风的动压为：

$$w_p = 0.5 \cdot \rho \cdot v^2 \tag{1}$$

式中　w_p——风压（kN/m²）；

　　　ρ——空气密度（kg/m³）；

　　　v——风速（m/s）。

(2) 根据空气密度和重度的关系，动压转换为：

$$w_p = 0.5 \cdot r \cdot v^2 / g \tag{2}$$

式中，$r = \rho \cdot g$。

(3) 标准状态风的动压为：

$$w_p = v^2 / 1600 \tag{3}$$

2.3 主要设备

(1) 动力设备：由螺旋桨、大功率电动机、支架、联轴器、防护罩、变频控制器等几部分组成，可提供最大55m/s的稳定风速，如图1所示。

(2) 安装架：由底座、安装架、支撑杆等组成，可根据工程的实际情况调节遮阳系统安装角度，如图2所示。

(3) 测量仪器：包括位移传感器、风速传感器、气压计等。

表1　风级、风速、风压对照表

风级	名称	风速		风压（10N/m²）
		km/h	m/s	
0	无风	<1	0~0.2	0~0.0025
1	软风	1~5	0.3~1.5	0.0056~0.014
2	轻风	6~11	1.6~3.3	0.016~0.68
3	微风	12~19	3.4~5.4	0.72~1.82
4	和风	20~28	5.5~7.9	1.89~3.9

续表

风级	名称	风速		风压（10N/m²）
		km/h	m/s	
5	清风	29～38	8.0～10.7	4～7.16
6	强风	39～49	10.8～13.8	7.29～11.9
7	疾风	50～61	13.9～17.1	12.08～18.28
8	大风	62～74	17.2～20.7	18.49～26.78
9	烈风	75～88	20.8～24.4	27.04～37.21
10	狂风	89～102	24.5～28.4	37.52～50.41
11	暴风	103～117	28.5～32.6	50.77～66.42
12	飓风	＞117	＞32.7	66.42～85.1

图 1　动力设备　　　　图 2　安装架

3　实验验证

3.1　验证条件

（1）螺旋桨的半径、稳定气流距桨叶中心距离等应满足验证要求，样件应处于风压有效作用区内。

（2）安装架的刚度要满足验证要求，安装角度可调节。

（3）位移计的安装应牢固，风速计的量程应符合验证要求。

（4）样件的材料、规格、安装工艺、安装方法与工程应保持一致。

（5）应在开阔区域内展开验证，以便形成稳定气流，避免气流扰动对验证结果造成不良影响。

3.2　验证流程

验证流程根据工程的实际情况进行安装（图 3、图 4）。本次验证分别选取了样件与水平面的夹角为 0°、30°、60°、90°四个角度，同时每个安装角度分别施加不同角度的动态风压，基本涵盖了遮阳板系统的典型实际工况。对每个工况施加符合设计要求的动态风压，并保持相应的作用时间，观察各重要连接部位的变化，记录样件在验证过程中的情况。

图3　工程安装状态　　　　　　　　图4　验证安装状态

3.3　验证结果

所有连接螺栓无松动，连接可靠；各构件完好，未发生损毁，未发生永久变形。支撑杆出现小幅摆动，局部面板在连接处出现小幅高频振动。为确保工程上万无一失，针对出现摆动和振动的部位进行了优化调整，并对优化结果进行了再次验证，之前出现的问题得到了明显的改善。

3.4　验证结论

将验证数据结合典型工况有限元分析，可得出遮阳板承载能力满足设计要求，详见图5、图6及表2。

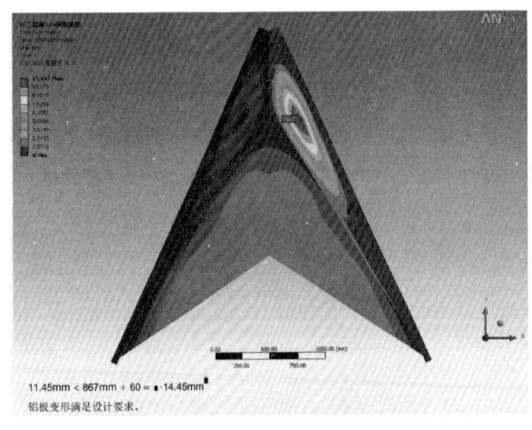
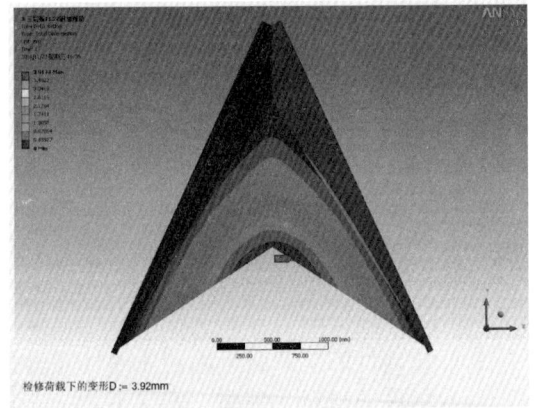

图5　有限元计算摘要　　　　　　　　图6　有限元计算摘要

表2　比较结果

序号	内容	审核内容	计算结果
1	典型工况	铝板强度	$\sigma = 91.6\text{MPa} < [\sigma] = 97\text{MPa}$
		铝板挠度	计算挠度11.45mm＞验证挠度9.5mm，符合设计要求

4 结语

通过此次对实际工程的抗动态风压性能的验证,为工程的可靠性提供了关键性的参考。同时也证明该方法对于验证复杂造型,特殊构造的遮阳板系统的安全性和可靠性具有一定的实用性。

参考文献

[1] 建筑幕墙:GB/T 21086—2007[S].
[2] 采光顶与金属屋面技术规程:JGJ 255—2012[S].

作者简介

韩智勇(Han Zhiyong),男,工学学士,高级工程师;研究方向:建筑物里与设备,从事幕墙、门窗、屋面、采光顶、屋面等建筑外围护结构的检测、检查、鉴定、评估,以及门窗、幕墙、屋面、采光顶、开合屋面等建筑外围护结构的设计、BIM技术应用、施工管理等;地址:北京市朝阳区北三环东路30号;电话:010-64693016;E-mail:hanzhiyong3399@sina.com。

基于 BIM 技术的异形幕墙（屋面）面板下料

曾晓武

深圳市建筑门窗幕墙学会　广东深圳　518053

摘　要　对幕墙设计人员来说，异形幕墙（屋面）面板的下料往往难度较大，耗时较长，也往往容易产生设计失误。本文通过 BIM 技术的应用，将异形幕墙（屋面）面板的下料变得简单，快捷，确保设计质量。

关键词　BIM 技术；异形幕墙（屋面）面板；设计下料

Abstract　For curtain wall designers, design of irregular curtain wall (roof) panels is often difficult, time-consuming and possible to some design mistake. Through the application of BIM technology, I will explain how to becomes design of irregular curtain wall (roof) simple, fast and ensures the design quality.

Key words　BIM；Curtain wall (roof)；Design

1　引言

幕墙设计人员遇到异形幕墙（屋面）时通常会觉得下料比较繁琐，特别是面板部分，往往可能一天才能下几块面板，既费时又费力，效率低还容易出错。但是，如果采用 BIM 技术，异形幕墙（屋面）的面板下料可能会非常简单，可极大地提高设计效率。当然，异形屋面也是同样的道理。

由于异形幕墙（屋面）的曲面面板差异性太大，只能具体工程具体分析，所以本文主要阐述不规则平面面板的设计下料。

2　总体思路

首先，根据建筑师提供的幕墙分格图或建筑三维表皮模型，建立异形幕墙（屋面）的三维模型，并根据板块编号提取各个不规则面板的参数化信息，如各边长长度、相关角度、规格、材质等；其次，将异形幕墙（屋面）三维模型提取的各面板相关参数化信息输入不规则面板 BIM 三维机械加工模型中，通过逻辑运算，自动生成面板材料的加工工艺图和 CAM 格式机械设备加工图；通过接口将 CAM 格式加工图输入相关的加工设备。本文主要阐述如何将异形幕墙（屋面）的面板通过 BIM 机械设计软件自动生成面板的加工图。

异形幕墙（屋面）中不规则面板最常见的面材为铝板和玻璃组框，下面分别阐述这两种面板材料如何通过 BIM 技术进行设计下料，希望对异形幕墙（屋面）的设计下料人员有所帮助。

3 不规则铝板

为拟合曲面,幕墙面板往往为三边形或四边形,而四边形的铝板相对来说设计难度更大,所以,本文以不规则四边形铝板为例应用BIM技术进行三维建模下料。

我们知道,要确定一个不规则四边形,需要四个边长和一个夹角。而要设计一个不规则铝板的加工图,还需要明确铝板的厚度、铝板折边高度以及根据结构计算的最大间距明确固定角码和加劲肋的位置、数量和间距等。

3.1 技术路线

（1）建立不规则铝板三维机械加工模型,主要参数包括各边长长度、夹角、折边高度、铝板厚度等,如图1所示。

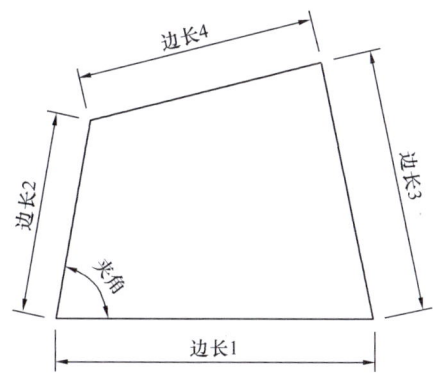 

图1 不规则铝板参数化信息及三维局部详图

（2）按设计要求确定固定角码的间距和数量,固定角码的间距需通过函数逻辑关系运算,以确保实际间距不大于设计要求的最大间距,如固定角码的数量＝1＋（边长－两个角码边距）/角码最大设计间距,固定角码的间距＝（边长－两个角码边距）/固定角码的数量等。铝板加劲肋间距和数量的确定与固定角码类似。

（3）通过阵列或镜像等工具确定固定角码和加劲肋的位置和数量,生成铝板加工图。

（4）自动生成铝板展开工艺图,并提交铝板的展开面积、面板质量等相关信息。

3.2 实例说明

下面通过一个具体的铝板加工实例来说明,由于不规则铝板的加劲肋布置变化太大,无法确定,故实例中省略了加劲肋的布置设计。

（1）假设我们要自动生成一块不规则铝板的加工图,四条边长分别为1511mm×922mm×1233mm×1144mm,夹角为78°,其他参数如图2所示。正如图中所示,不规则铝板的三维模型的外形尺寸、角码、折边等立即按参数设定的要求进行了更新生成。

（2）根据三维模型,生成不规则铝板的加工图,如图3所示。从图中可见,各边长的角码间距和数量均按最大间距350mm进行了自动布置。

（3）同时,自动生成不规则铝板的展开图,如图4所示。从图中可见,不规则铝板的展开面积及铝板质量均可自动生成。

通过上述实例可见,不规则铝板无论是三边形、四边形还是五边形等,只要能通过参数

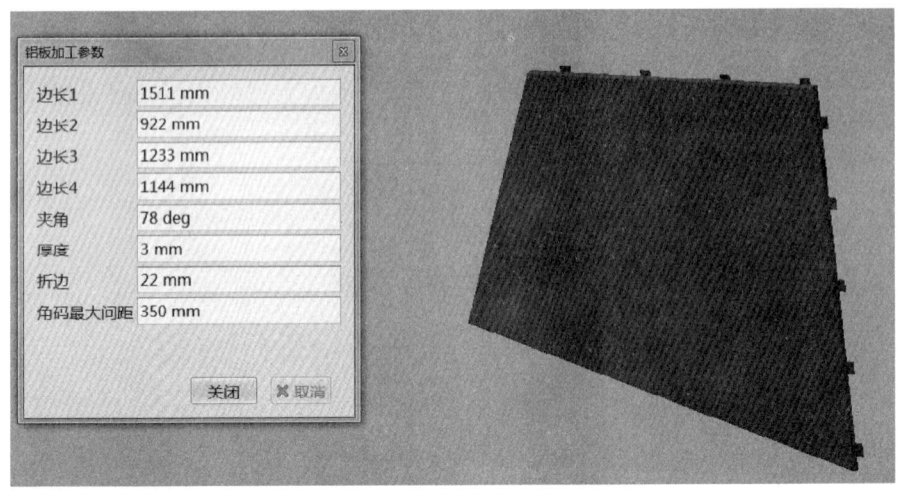

图 2　不规则铝板按参数要求自动生成

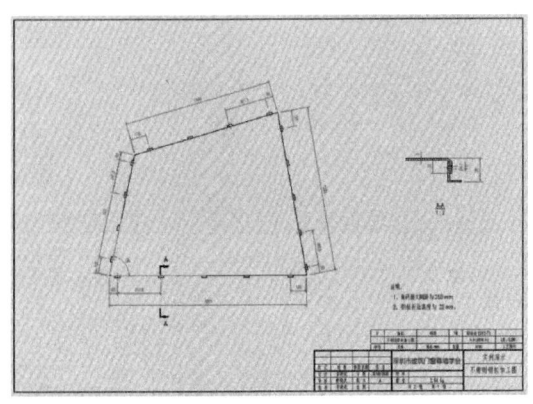 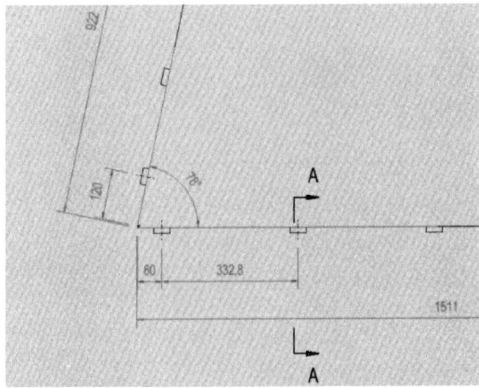

图 3　不规则铝板加工图及局部放大图

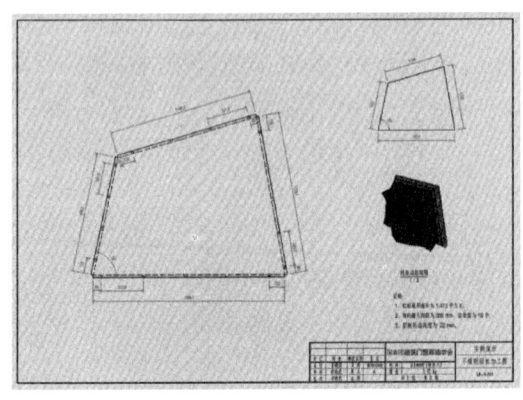 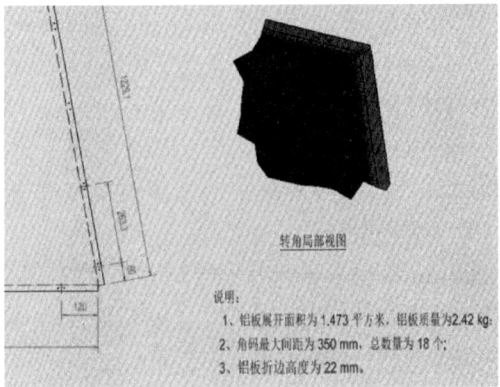

图 4　不规则铝板展开图及局部放大图

化进行表述,都能应用 BIM 技术实现不规则铝板快速自动生成加工图和展开图,从而提高不规则铝板的设计下料效率,确保设计的正确性。

4 不规则玻璃组框

采用玻璃拟合曲面时,通常采用三边形,下面以不规则三角形玻璃组框为例,来说明应用 BIM 技术如何进行三角形玻璃组框的设计下料。

异形幕墙(屋面)的分格为三角形分格,玻璃为平面玻璃,与玻璃框铝型材采用结构胶进行粘结。三维模型表皮视图如图 5 所示。

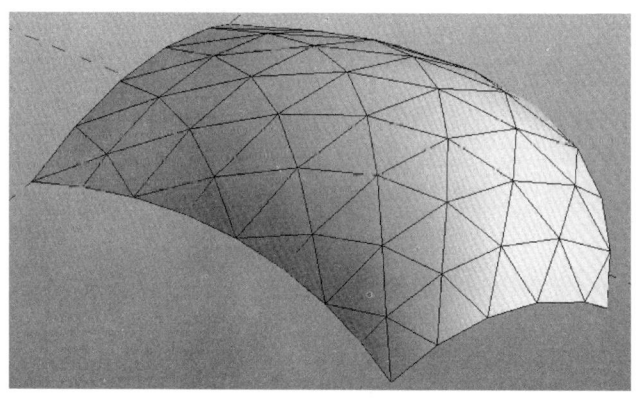

图 5　三角形不规则玻璃组框表皮三维视图

要设计一个不规则三角形玻璃组框,需要三个边长以确定玻璃组框外形尺寸、各边玻璃框的长度及切割角度等,还需要明确玻璃结构胶的厚度、玻璃与玻璃框的出边关系等。

4.1 技术路线

(1)同样,先建立不规则玻璃组框的三维机械加工模型,主要参数包括各边长长度、玻璃与结构胶厚度、玻璃出边尺寸等,如图 6 所示。

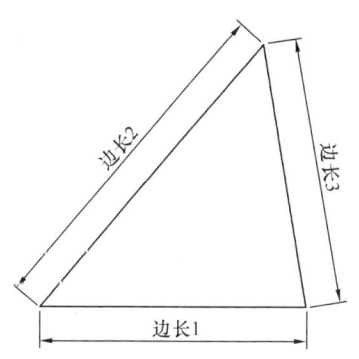 

图 6　不规则玻璃组框参数化信息及三维局部详图

(2)根据三维模型自动计算各边玻璃框的长度及两边的切割角度等生成不规则玻璃组框加工图所需要的参数信息。

(3)通过参数信息,自动生成不规则玻璃组框的组框图以及各边玻璃框的加工图,并提交玻璃组框的面积、质量等相关信息。

4.2 实例说明

下面通过一个具体的不规则玻璃组框加工实例来说明。

（1）假设我们要自动生成一块不规则玻璃组框的加工图，玻璃的三条边长分别为1611mm×1422mm×1033mm，其他参数如图7所示。正如图中所示，不规则玻璃组框的三维模型的外形尺寸、玻璃及结构胶厚度、玻璃出边尺寸等立即按参数设定的要求进行了更新生成。

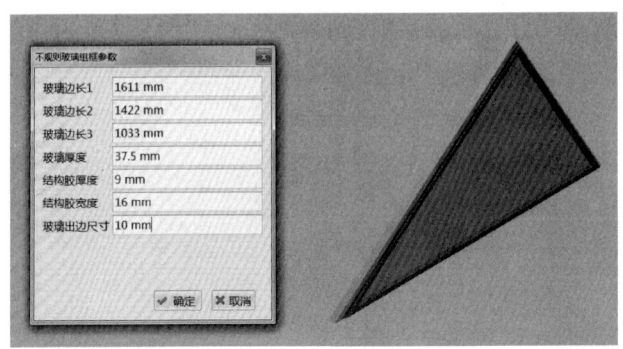

图7 不规则玻璃组框按参数要求自动生成

（2）根据三维模型，生成不规则玻璃组框的加工图，如图8所示。从图中可见，玻璃及结构胶的厚度、玻璃出边尺寸等均按参数要求进行了更新生成，同时生成各构件的明细表，表中的参数也进行了更新生成。

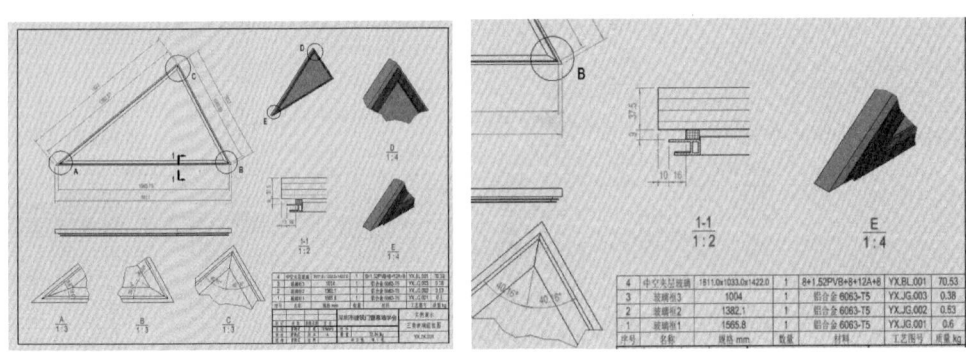

图8 不规则玻璃组框加工图及局部放大图

（3）同时，自动生成不规则玻璃框的加工图，如图9所示。

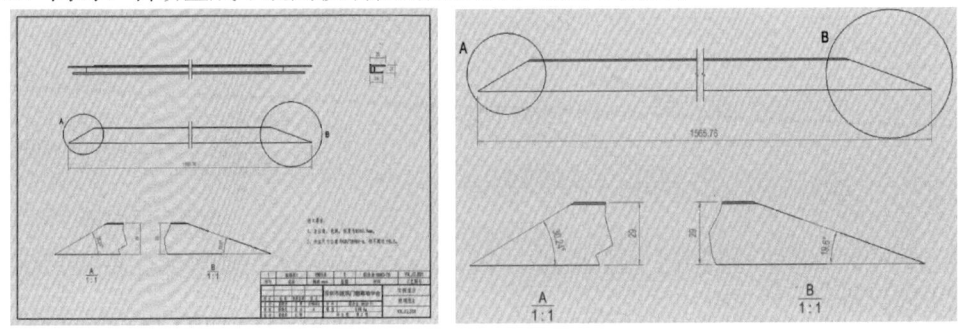

图9 边长1玻璃框加工图及局部放大图

通过上述实例可见，不规则玻璃组框通过参数化进行表述后，能应用 BIM 技术实现不规则玻璃组框的快速自动生成组框图和加工图，并提供其他附属信息，如板块重量、板块重心等，为以后的工序提供方便。

5 结语

在没有采用 BIM 技术之前，碰到异形幕墙（屋面）往往采用 Autocad＋Rhino 的方式进行设计下料，通过这些三维建模软件获取面板在空间环境下的与主体结构及分格尺寸的关系、各边边长、夹角等，再转到 Autocad 进行二维平面设计各面板及各构件的加工图，转换过程中稍有不慎，就可能引起设计失误，造成损失，则直接影响设计乃至整个工程的进度。

通过不规则铝板和玻璃组框的设计示例可以得出，作为异形幕墙（屋面）设计的培增器，BIM 技术的应用使得异形幕墙（屋面）的设计下料变得非常简单、快捷，立等可取。只要参数化模块和幕墙（屋面）三维模型输入正确，理论上不可能存在下料错误，极大地提高了异形幕墙（屋面）的设计效率，使异形幕墙（屋面）的快速设计下料变为可能。基于 BIM 技术的异形幕墙（屋面）设计将原本枯燥无味的幕墙下料工作变得非常简单、轻松，大大地解放了设计下料人员的工作压力，极大地提高了设计效率，降低了人为设计错误，对整个幕墙工程的施工进度和成本控制都将起到非常大的推动作用。

基于 BIM 技术的异形幕墙（屋面）设计及下料还有待进一步研究、发掘，特别是双曲面的异形板块，任重道远但前景广阔。

参考文献

[1] 廖小烽，王君峰. Revit 2013/2014 建筑设计[M]. 北京：人民邮电出版社，2013.
[2] 马茂林，王龙厚. Autocad Inventor 高级培训教程[M]. 北京：电子工业出版社，2014.

三、方法与标准

内平开下悬窗五金系统中欧标准解析

曾 超 华若家 杜万明

广东坚朗五金制品股份有限公司 广东东莞 523722

摘 要 内平开下悬窗由于其一窗两种开启方式的功能特点，受到用户的广泛青睐。多功能的实现并不代表性能的下降，在国内和国外均有对于内平开下悬五金系统的专门标准，充分保证了内平开下悬窗的性能。本文详细介绍了国内外标准的区别和联系。

关键词 内平开下悬；EN 13126-8；GB/T 24601

1 引言

内平开下悬，又称内开内倒，是一种既可以向内平开又可以下悬开启的开启形式（图1）；当处于内平开状态时，既可为室内加大通风量又可方便进行窗扇玻璃的清洁；当处于下悬状态时，由于开启距离有限，窗扇在保有一定通风量的同时，也确保了室内的安全性；另外，也因为"上开下合"特点，外部自然风由室外侧吹入室内侧时，是沿窗扇上部和侧部通往室内空间，避免了直接吹向室内人员，形成了柔性通风，更利于人体健康。

在此特别说明一下，内平开下悬窗（又称内开内倒窗）和内开下悬窗（又称内倒窗）是两种完全不一样的窗型，如图1所示，需注意区分。

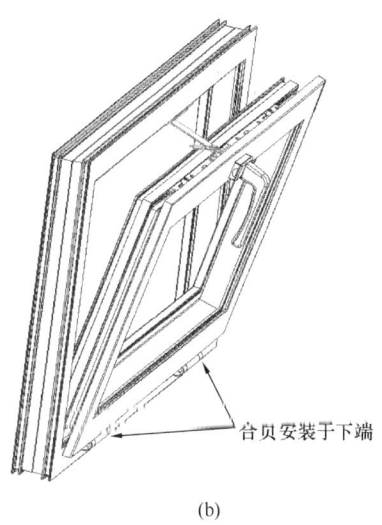

(a) (b)

图1 内平开下悬与内开下悬示意图
(a) 内平开下悬窗（内开内倒）；(b) 内开下悬窗（内倒窗）

2 中欧内平开下悬五金相关标准/文件

目前国内市场较认可的标准为中国国家标准 GB/T 24601 和欧洲标准 EN 13126-8 两个标准，两类标准的主要信息见表1。

表1 内平开下悬窗用标准

序号	标准号	英文名称	中文名称	备注
1	DD CEN/TS 13126-8：2004	Building hardware fittings for windows and doors height windows-Requirements and test methods Part 8：tilt&turn, tilt-first and turn-only hardware	窗和高窗用建筑五金配件的要求和试验方法 第8部分：平开下悬、下悬平开和仅平开五金系统	欧洲技术规范（TS：Technical Specification），2003-8-18号审核通过，是EN 13126-8：2006 的发展草案稿（DRAFT FOR DEVELOPMENT（DD），类似于试运行版本）
2	EN 13126-8：2006	Building hardware-Requirements and test methods for windows and doors height windows Part 8：tilt&turn, tilt-first and turn-only hardware	窗和高窗用建筑五金的要求和试验方法 第8部分：平开下悬、下悬平开和仅平开五金系统	2005-12-28号审核通过，取代了 CEN/TS 13126-8：2004。其内容与 CEN/TS 13126-8：2004 一致，基本没什么变化。目前已废止，被2017版取代
3	EN 13126-8：2017	Building hardware-Hardware for windows and door height windows Part 8：Requirements and test methods for Tilt&Turn, Tilt-First and Turn-Only hardware	窗和高窗用建筑五金 第8部分：平开下悬、下悬平开和仅平开用五金的要求和试验方法	2017-7-16号审核通过，取代 EN 13126-8：2006，反复启闭方面有所变化，且对新的五金系统的反复启闭作了特别的规定
4	JG/T 168—2004	Tilt&turn hardware system of doors and windows	建筑门窗内平开下悬五金系统	2004-12-02号发布，目前已废止。参考了 CEN/TS 13126-8 的内容
5	GB/T 24601—2009	Building hardware for windows-Tilt and turn hardware system	建筑窗用内平开下悬五金系统	2009-11-15号发布，作为国标，全面覆盖了 JG/T 168 的内容
6	TBDK directive	Attachment of supporting fitting components for turn-only and tilt&turn fittings	平开和内平开下悬五金组件的安装及试验	2014-05-05发布，前一版本为2011-02-04；该文件由德国国内5个机构：FV SB，RAL，PIV，ift 和 VFF 联合制定

注：door height windows 直译为高窗，即我们国内常说的落地窗，在本文后续内容中，将统一称为"落地窗"

欧洲标准：EN 13126-8 标准，2006版与2004版内容基本一致，2017版内容则有新变化。

国内标准：JG/T 168—2004 参考了 CEN/TS 13126-8（2004版），GB/T 24601—2009 的内容中的技术要求全面覆盖了 JG/T 168，且内容基本完全沿用。

TBDK directive：在文件中明确说明了合页的静载荷试验引用了 EN 13126-8 内容，但对于下合页的试验安全系数有一定的差别。

接下来，将对 EN 13126-8：2006、EN 13126-8：2017、GB/T 24601—2009 以及 TBDK directive 这四个标准/文件进行比较分析。

3 标准异同分析

标准/文件之间的内容相互有引用，在接下来的比较分析中，对于相同的内容会以 GB/T 24601 标准中的文字描述为主，对于差异性的内容则会客观地显示各标准之间的描述。各标准中，对于内平开下悬五金的性能要求方向，具体见表2

表2 各标准性能要求项目对比表

序号	性能要求项	EN 13126-8：2006	EN 13126-8：2017	GB/T 24601—2009	备注
1	范围	非性能要求，差异在具体内容中介绍			
2	锁点数量	●	○	●	
3	斜拉杆的稳定性	●	●	●	★
4	合页承受静态荷载性能	●	●	●	
5	启闭力性能	●	●	●	
6	反复启闭	●	●	●	★
7	90°平开启闭	●	●	●	★
8	锁闭部件强度试验	○	○	●	
9	悬端吊重	●	●	●	
10	冲击试验	●	●	●	
11	开启撞击	●	●	●	
12	关闭撞击	●	●	●	
13	最小关闭装置阻力	●	●	○	

注：
1. EN 13126-8 中，包含对平开窗用五金的规定，除反复启闭差异外，各项与内平开下悬内容一致，本文中不做介绍。
2. ●：表示标准中对该性能有要求；○：表示标准中对该性能无要求；★：重大差异内容。
3. 由于 TBDK directive 文件中主要内容是五金的安装，试验内容也多引用标准，后续将对其差异部分（合页的承受静态荷载力值）作重点描述，在本表格中，不与其他标准作对比。

五金系统的试验验证，窗扇重量由厂家自我声明，但试验用样窗尺寸，则必须按照标准中的规定；3个标准中，分别对样窗规格作出了明确规定，具体见表3。

表3 各标准样窗尺寸要求

标准	样窗尺寸规格（宽×高）	适用条件	备注
EN 13126-8：2006	1300mm×1200mm	50kg≤扇重≤130kg	—
	1550mm×1400mm	扇重＞130kg	
	900mm×2300mm	落地窗≥50kg	
EN13126-8：2017	1300mm×1200mm	50kg≤扇重≤130kg	
	1550mm×1400mm	扇重＞130kg	
	1400mm×1550mm	扇重＞130kg	厂商自由选择
	900mm×2300mm	落地窗≥50kg	
GB/T 24601—2009	1300mm×1200mm	60kg≤扇重≤130kg	
	1550mm×1400mm	扇重＞130kg	
	900mm×2300mm	落地窗≥60kg	—

三个标准的试验流程图如图2所示。

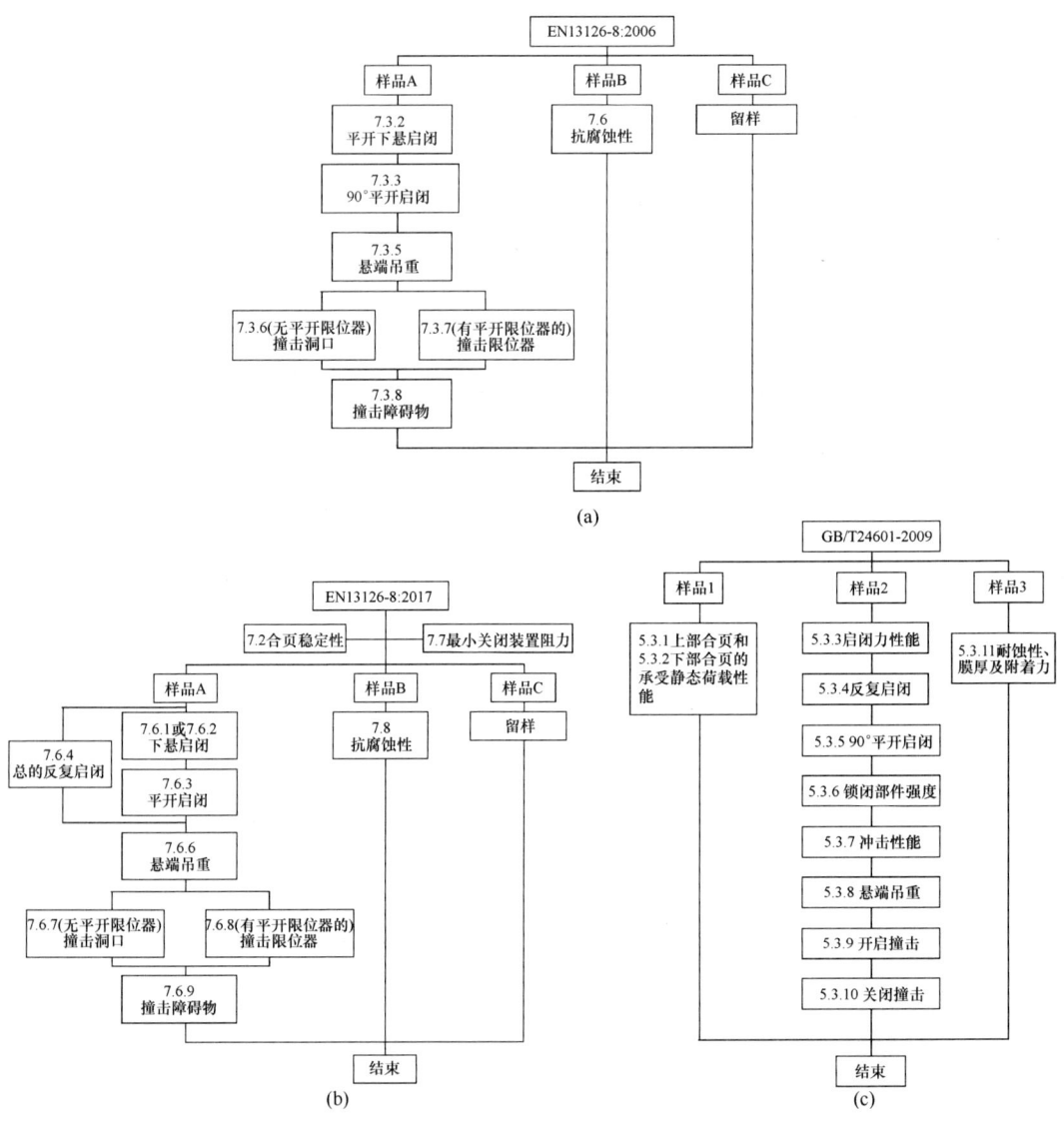

图 2 三个标准试验流程图
（a）EN 13126-8：2006；（b）EN 13126-8：2017；（c）GB/T 24601—2009

下面对三个标准的具体内容做具体化分析。

3.1 范围

EN 13126-8：2006、EN 13126-8：2017、GB/T 24601—2009：

（1）相同点：这三个标准均适用于内平开下悬五金系统、下悬内平开五金系统。

（2）不同点：EN 13126-8 标准同样适用于平开五金系统，而 GB/T 24601 未涵盖。

注：本文只探讨标准中对于内平开下悬五金系统内容的规定；内平开下悬和下悬内平开属于同一性质的五金系统，仅两种开启方式的先后顺序不一样。

3.2 锁点要求

（1）EN 13126-8：2006

窗扇宽高为 1300mm×1200mm 或 1550mm×1400mm 的，锁点数量应≥7个；窗扇宽高 900mm×2300mm 的，锁点数量应≥6个。若少于该规定的锁点，则在试验报告中，必须注明锁点数量。

(2) EN 13126-8：2017

无规定要求。

(3) GB/T 24601—2009

锁点数不应少于3个。

注：锁点数量过多，同侧多个锁点中心线能否充分在一条直线上、异侧多个锁点能否处于一个平面内，直接影响整窗的操作顺畅度等；锁点过少，在整个门窗整体评估标准体系中，可能影响气密性、水密性、抗风压性等性能；因此，锁点的数量多少，不宜在标准中直接规定，应由厂商自行设计选择。

3.3 斜拉杆的稳定性

(1) EN 13126-8：2006、EN 13126-8：2017

① 当操作不当时，斜拉杆应能保证窗扇不会脱落。

② 当误操作发生时，合页（与斜拉杆组装在一起的那个合页）应能保证窗扇与窗框相连接。若不能满足上述要求，则要求安装防误操作器。

(2) GB/T 24601—2009

无明确规定。

注：GB/T 24601—2009 中并没有单独的条款描述斜拉杆的稳定性，但在反复启闭及其他性能试验中，一般都要求"五金系统整体功能正常""窗扇不脱落"等要求，充分保证了对斜拉杆质量的要求。

3.4 合页承受静态荷载性能

该部分内容，均是要求上、下合页在承受一定的静荷载后，合页不断裂，由于 EN 13126-8：2006、EN 13126-8：2017 和 GB/T 24601—2009 的内容基本一致，因此进行统一说明。

3.4.1 上合页承受静态荷载要求和试验方法

施加的静态荷载力值要求见表 4。

表 4　上合页承受静态荷载力值要求

试验窗扇尺寸 900mm×2300mm		试验窗扇尺寸 1300mm×1200mm		试验窗扇尺寸 1550mm×1400mm		试验窗扇尺寸 1400mm×1550mm[②]	
承载质量 (kg)	拉力 F (N)	承载质量 (kg)	拉力 F (N)	承载质量 (kg)	拉力 F (N)	承载质量 (kg)	拉力 F (N)
50[①]	500[①]	50[①]	1400[①]	—	—	—	—
60	600	60	1650	—	—	—	—
70	700	70	1900	—	—	—	—
80	800	80	2200	—	—	—	—
90	900	90	2450	—	—	—	—
100	1000	100	2700	—	—	—	—
110	1100	110	3000	—	—	—	—
120	1150	120	3250	—	—	—	—
130	1250	130	3500	—	—	—	—
140	1350	—	—	140	3900	140	3200
150	1450	—	—	150	4200	150	3400
160	1550	—	—	160	4400	160	3650

续表

试验窗扇尺寸 900mm×2300mm		试验窗扇尺寸 1300mm×1200mm		试验窗扇尺寸 1550mm×1400mm		试验窗扇尺寸 1400mm×1550mm[②]	
承载质量 (kg)	拉力 F (N)	承载质量 (kg)	拉力 F (N)	承载质量 (kg)	拉力 F (N)	承载质量 (kg)	拉力 F (N)
170	1650	—	—	170	4700	170	3850
180	1750	—	—	180	5000	180	4100
190	1850	—	—	190	5300	190	4300
200	1950	—	—	200	5500	200	4550

① GB/T 24601—2009 力值例表中，以 60kg 为最低值，因此没有 50kg 这一列；
② 试验窗扇尺寸 1400mm×1550mm，仅 EN 13126-8：2017 中有，因此其余两个标准中，无这类窗型对应的静态荷载力值。
除上述两点外，三个标准所规定的力值完全一样

试验方法：

取 3 个上合页（GB/T 24601 规定取 3 个，EN 13126-8 规定取 20 个），按图 3 进行试验，试验完成后，合页不应断裂。

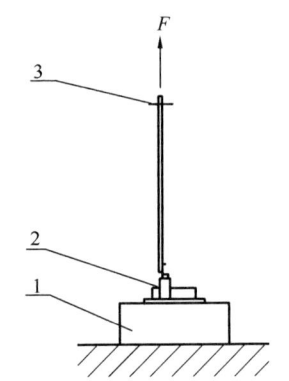

1——钢制构件；
2——上部合页、斜拉杆组合件
3——斜拉杆上的孔

图 3 上部合页试验示意图

注：静态荷载力值与承载重量、试验窗扇尺寸规格有关，计算公式为：$F = 5 \times \dfrac{10 \times 扇重 \times 扇宽}{2 \times 扇高}$

即：$F = 25 \times \dfrac{扇重 \times 扇宽}{扇高}$

同一承载重量的五金系统，由于在 EN 13126-8：2017 版中，常规窗可选 1550mm×1400mm 或 1400mm×1550mm 两种窗型，因此对于上合页静态承载力试验的力值选取有所区别。

3.4.2 下合页承受静态荷载要求和试验方法

施加的静态荷载力值要求见表 5。

试验方法：

取 3 个上合页（GB/T 24601 规定取 3 个，EN 13126-8 规定取 20 个），按图 4 进行试验，试验完成后，合页不应断裂。

表 5 上合页承受承受静态荷载力值要求

测试窗扇尺寸 900mm×2300mm $X=11°$		测试窗扇尺寸 1300mm×1200mm $X=30°$		测试窗扇尺寸 1550mm×1400mm $X=30°$		测试窗扇尺寸 1400mm×1550mm[②] $X=30°$	
承载重量 (kg)	压力 F(N)	承载重量 (kg)	压力 F(N)	承载重量 (kg)	压力 F(N)	承载重量 (kg)	压力 F(N)
50[①]	2550[①]	50[①]	2850[①]	—	—	—	—
60	3050	60	3400	—	—	—	—
70	3550	70	4000	—	—	—	—
80	4000	80	4550	—	—	—	—
90	4600	90	5100	—	—	—	—
100	5100	100	5700	—	—	—	—
110	5600	110	6250	—	—	—	—
120	6100	120	6800	—	—	—	—
130	6600	130	7400	—	—	—	—
140	7150	—	—	140	8000	140	7650
150	7650	—	—	150	8550	150	8200
160	8150	—	—	160	9150	160	8800
170	8650	—	—	170	9700	170	9350
180	9150	—	—	180	10300	180	9900
190	9700	—	—	190	10850	190	10450
200	10200	—	—	200	11450	200	11000

① GB/T 24601—2009 力值例表中，以 60kg 为最低值，因此没有 50kg 这一列；
② 试验窗尺寸 1400mm×1550mm，仅 EN 13126-8：2017 中有，因此其余两个标准中，无这类窗型对应的静态荷载力值。
除上述两点外，三个标准所规定的力值完全一样

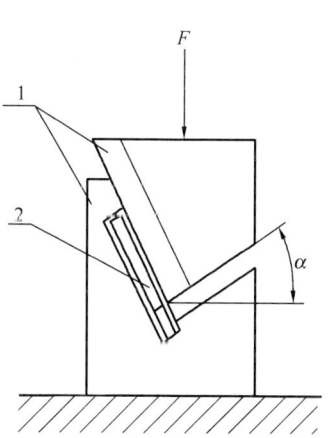

说明：
测试落地窗用下部合页时，$α=11°$；测试其他窗用下部合页时 $α=30°$
图 4 下部合页试验示意图
1—钢制构件；2—下部合页

注：静态荷载力值与承载重量、试验窗扇尺寸规格有关：

在 EN 13126-8：2017 版本中，明确列出了下列公式：

$$F = 5 \times \sqrt{\left(\frac{扇重 \times 5 \times 扇宽}{扇高}\right)^2 + (扇重 \times 10)^2}$$

在 TBDK directive 文件中，也明确列出了下合页试验所用静态荷载力计算公式：

$$F = 2.5 \times \sqrt{\left(\frac{扇重 \times 5 \times 扇宽}{扇高}\right)^2 + (扇重 \times 10)^2}$$

由于所取安全系数不一样（5 或 2.5），因此，在 TBDK directive 文件中，下合页静态荷载试验时，施加的静态荷载力值约只有其他三个标准中规定值的一半（由于计算出来后，取整的方式有所区别，因此不是完全 1/2 倍的关系）。表 6 是 TBDK directive 文件所规定力值与 EN 13126-8 标准所规定力值的比较。

表 6　TBDK directive 与 EN 13126-8 下合页静态荷载力值差异

承载重量 (kg)	测试窗扇尺寸 1300mm×1200mm $X=30°$ 压力 F (N)		承载重量 (kg)	测试窗扇尺寸 1550mm×1400mm $X=30°$ 压力 F (N)	
	EN 13126-8	TBDK directive		EN 13126-8	TBDK directive
50	2850	1450	—	—	—
60	3400	1740	—	—	—
70	4000	2225	—	—	—
80	4550	2310	—	—	—
90	5100	2600	—	—	—
100	5700	2890	—	—	—
110	6250	3180	—	—	—
120	6800	3470	—	—	—
130	7400	3760	—	—	—
—	—	—	140	8000	4050
—	—	—	150	8550	4340
—	—	—	160	9150	4620
—	—	—	170	9700	4910
—	—	—	180	10300	5200
—	—	—	190	10850	5490
—	—	—	200	11450	5780

3.5 启闭力性能

（1）EN 13126-8：2006

窗扇：反复启闭完成后，从平开位置到关闭位置的关闭力不大于120N。

五金操作：反复启闭完成后，执手转动力矩不应超过10N·m；执手转动力不应超过100N。

（2）EN 13126-8：2017

窗扇：反复启闭完成后，从平开位置到关闭位置的关闭力不大于100N。

五金操作：反复启闭完成后，执手转动力矩不应超过10N·m；执手转动力不应超过100N。

（3）GB/T 24601—2009

窗扇：平开状态下的启闭力应≤50N；下悬状态下的推入力：常规窗60~130kg，≤180N；常规窗>130kg，≤230N；落地窗：≥60kg，≤150N。反复启闭后，从平开位置到关闭位置的关闭力不大于120N。

五金操作：反复启闭完成后，执手转动力矩不应超过10N·m；执手转动力不应超过100N。

注：窗扇下悬状态时沿关闭方向的推入力，与窗扇的重量、窗扇开启角度有直接关系，欧洲标准中未对该部分进行明确要求，另外，执手的转动力（力矩）方面，欧洲标准中，明确要求在向每个锁点施加20N反作用力的情况下（模拟胶条的压紧力）进行执手操作，在国内标准中未进行明说明。

3.6 反复启闭

3.6.1 EN 13126-8：2006

1. 要求

15000次、25000次（在标准的第4.3条中，明确规定了两个等级，但在7.3.2试验方法中，又明确说明只进行15000次。以实验要求方法描述为准，默认为15000次）；框扇间隙变化量≤1mm；从平开位置到关闭位置的关闭力不大于120N；执手转动力矩不应超过10N·m；执手转动力不应超过100N。

2. 试验方法

以 250_0^{+25} 次/h的频率循环15000次。试验循环应包含以下过程：窗扇在关闭位置，五金系统锁闭—窗扇运动到下悬位置（或平开位置100mm处）—窗扇运动回至关闭位置，五金系统锁闭—窗扇运动到平开位置100mm处（或下悬位置）—窗扇运动回至关闭位置，五金系统锁闭。

（1）下悬时，以0.5（±10%）m/s的速度运动至距最终下悬位置5mm处，窗扇在下悬位置是有可能产生回弹的，例如，在窗扇到达其最大下悬位置时气缸气压释放（阀门打开了），大约3s后进行下一个运动。

（2）平开时，窗扇执手侧应开启到大约100mm的位置。

（3）锁闭时，窗扇由下悬或平开状态转成关闭状态时，在距关闭位置还有（3±1）mm时（胶条与框型材恰好形成配合时）应该停止住，20N的反作用力应施加到每个锁点上，通过转动执手完成最终锁闭。整次测试中20N的反作用力要一直存在。

3.6.2 EN 13126-8：2017

1. 要求

5000次、10000次、20000次三个等级，厂商自行选择；框扇间隙变化量≤1mm；从平开位置到关闭位置的关闭力不大于100N；执手转动力矩不应超过10N·m；执手转动力不应超过100N。

2. 试验方法

1）单个下悬或平开开启

（1）下悬反复启闭

① 无积极控制的五金系统

初始位置：窗扇处于锁闭状态（五金件锁闭）。

下悬位置静止状态：通过执手操作使得五金件进入"下悬位置"（五金处于非锁闭状态）。

开启：沿开启方向，向执手施加拉力，使窗扇运动至斜拉杆最终起作用位置。

关闭：沿关闭方向，向执手施加压力，使窗扇返回关闭位置（五金处于非锁闭状态）。

锁闭：窗扇到达距关闭位置（3±1）mm处（胶条与框型材刚形成配合时）。通过操作执手使五金系统处于锁闭状态。

继续从初始位置开始，进行下一个下悬周期。

② 带积极控制的五金系统（通过转动执手，窗扇可自动实现下悬和关闭）

初始位置：窗扇处于锁闭状态（五金件锁闭）。

开启循环：通过转动执手，使得窗扇自行进行下悬位置。

关闭循环：通过转动执手，使得窗扇自行进行下悬位置。

继续从初始位置开始，进行下一个下悬周期。

（2）平开反复启闭

初始位置：窗扇处于锁闭状态（五金件锁闭）。

平开位置静止状态：通过执手操作使得五金件进入"平开位置"（五金处于非锁闭状态。）

开启：通过执手操作，使窗扇平开（窗扇开启至60°前，达到参考速度0.5 m/s，该速度保持到70°位置）。随后，通过试验台上的装置用无冲击和无振动的方式使得窗扇进入90°平开位置时缓慢的停止。

关闭：通过执手操作，使窗扇关闭（窗扇距离完全关闭位置5^{+5}_{-0}mm前必须达到参考速度0.5m/s）。随后，窗扇平稳的到达关闭位置。

锁闭：窗扇到达距关闭位置（3±1）mm处（胶条与框型材刚形成配合时）。通过操作执手使五金系统处于锁闭状态。

继续从初始位置开始，进行下一个平开周期

2）总的反复启闭（一次反复启闭＝1次下悬反复启闭＋1次平开反复启闭）

初始位置：窗扇处于锁闭状态（五金件锁闭）。

下悬反复启闭：根据五金系统的性质，按①或②进行反复启闭。

平开反复启闭：按平开启闭试验方法进行试验；

完成平开循环并结束休息时间后，重新开启下一个循环。

注：在EN 13126-8：2017中，反复启闭试验模式自行选择，以10000次反复启闭为例，方案1：先完成10000次下悬反复启闭，再完成10000次的平开反复启闭；方案2：以完成一个下悬反复启闭＋一个平

开反复启闭为一次完整的反复启闭（两种开启方式组合在一起），试验10000次。

3.6.3 GB/T 24601—2009

1. 要求

15000次；框扇间隙变化量≤1mm；从平开位置到关闭位置的关闭力不大于120N；执手转动力矩不应超过10N·m；执手转动力不应超过100N。

2. 试验方法

完成从平开（下悬）—锁紧—下悬（平开）—锁紧共15000个操作循环，反复启闭测试过程中：

（1）下悬时，在距最终下悬位置5mm处之前应保证试验模拟窗在测试装置的控制下以0.5～0.15m/s的速度运动，在5mm处解除施力，并保证试验模拟窗扇在下悬位置的回弹。

（2）平开时，扇执手侧应从关闭位置开启到（100±10）mm处。

（3）锁紧时，试验模拟窗扇执手侧关闭到垂直窗扇平面的框扇间距离在达到与合页侧框扇间距离一致位置处停止（允许误差±1mm）。

注：EN 13126-8：2017中区分了带积极控制的五金系统（通过转动执手，窗扇可自动实现下悬和关闭，不用再通过向执手施加拉力或压力而实现窗扇的开启或关闭了），此外，其合并了90°平开反复启闭内容（在接下来的90°平开内容中有进行说明）

3.7 90°平开启闭

3.7.1 EN 13126-8：2006

1. 要求

不同的窗型，所要求的反复启闭次数不一样：

（1）1300mm宽×1200mm高（窗重≤130kg），5000次。

（2）1550mm宽×1400mm高（窗重＞130kg），5000次。

（3）900mm宽×2300mm高（落地窗尺寸），10000次。

启闭完成后，从平开位置到关闭位置的关闭力不大于120N。

2. 试验方法

以250^{+25}_{0}次/h的频率进行，开启程度为将窗扇开启至90°；关闭程度为窗扇在距其最终关闭位置大约50mm的处停止。

3.7.2 EN 13126-8：2017

无规定，实际上在3.6节的反复启闭内容中包含了该部分内容。

3.7.3 GB/T 24601—2009

1. 要求

不区分窗型，均要求10000次，从平开位置到关闭位置的关闭力不大于120N。

2. 试验方法

在没有摩擦式撑挡（平开限位器）的状态下，以250～275次/h的频率，通过测试装置（应保证施加在执手或操纵装置上的扭矩不大于10N·m或操作力不大于100N）将试验模拟窗扇从最大平开位置（90±5）°进行关闭，扇在回到关闭位置前（50±5）mm处停止。

注：

1. 第6点反复启闭和第7点的90°平开启闭内容，其实都是对于五金系统的耐久性的考核，但在不同的标准中，两个标题中的内容涵义有所区别，具体要求也有差异，在此作一下梳理，具体见表7。

表7 五金系统整体耐久性说明

标准	反复启闭	90°平开启闭	备注
EN 13126-8：2006	反复启闭15000次 过程：锁闭—关闭—平开（开启至100mm）—关闭—锁闭—下悬—关闭—锁闭	1300mm宽×1200mm高（窗重≤130kg），5000次； 1550mm宽×1400mm高（窗重>130kg），5000次； 900mm宽×2300mm高（落地窗尺寸），10000次 过程：距完全关闭位置50mm处—窗扇开启90°—距完全关闭位置50mm处，进行反复启闭，不包含五金的锁闭	
EN 13126-8：2017	5000次、10000次、20000次三个等级； （1）下悬： ① 积极控制的五金系统：锁闭—关闭—下悬—关闭—锁闭 ② 无积极控制的五金系统：锁闭—下悬—锁闭（通过执手转动，窗扇自行锁闭或下悬） （2）平开： ③ 锁闭—关闭—平开（开启至90°）—关闭—锁闭 五金系统的反复启闭，两种模式供选择： 模式1：规定次数的①或②＋规定次数的③（下悬和平开反复启闭完全独立，分别进行实验）； 模式2：规定次数的（（①或②）＋③）（下悬、平开组合实验）	无，该内容已包含至反复启闭中	EN 13126-8：2017与另外两个标准的重大区别： 1. EN 13126-8：2006和GB/T 24601—2009中，相当于对平开进行了2次实验（1次是仅开启至100mm，1次是开启至90°）；而EN 13126-8：2017只有1次（开启至90°）； 2. 完全平开至90°试验中，EN 13126-8：2017中始终要求有五金锁闭过程； 3. 反复启闭最高为20000次
GB/T 24601—2009	反复启闭15000次 过程：锁闭—关闭—平开（开启至100mm）—关闭—锁闭—下悬—关闭—锁闭	10000次 过程：距完全关闭位置50mm处窗扇开启90°距完全关闭位置50mm处，进行反复启闭，不包含五金的锁闭	

2. 关于反复启闭试验过程中，向锁点施加反作用力的要求：

（1）EN 13126-8：2006：试验过程中向每个锁点施加20N的反作用力（模拟胶条压紧力）。

（2）EN 13126-8：2017：试验过程中既可向每个锁点施加20N的反作用力（模拟胶条压紧力），也可直接安装胶条，用胶条代替这20 N的力（二选一）。

（3）GB/T 24601—2009：无明确规定。

3.8 锁闭部件强度试验

（1）EN 13126-8：2006、EN 13126-8：2017

无规定。

（2）GB/T 24601—2009

① 要求

锁点、锁座承受 1800_0^{+50} N 破坏力后，各部件应无损坏。

② 试验方法

在五金系统上任选一组锁点、锁座，将其处于正常锁闭位置时，在扇型材对应该锁点的位置处，向扇开启方向施加 1800_0^{+50} N 静拉力，保持 60_0^{+10} s，卸载后打开窗扇，检查锁点、锁座损坏情况（图5）。

3.9 悬端吊重

EN 13126-8：2006、EN 13126-8：2017、GB/T 24601—2009 三个标准是一样的：

（1）要求

悬端吊重试验后，窗扇不脱落，合页应仍然连接在窗框和窗扇边梃上。

（2）试验方法

试验模拟窗开启到 $(90\pm5)°$，在执手垂直地面作用线上附加 1000_{-10}^{+10} N 重力，保持 5min（图6）。

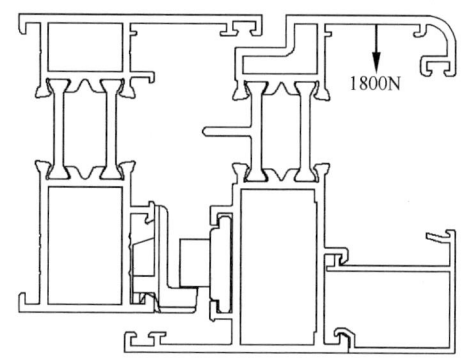

图5 锁闭部件强度试验示意图

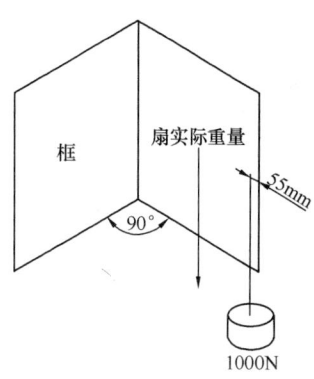

图6 悬端吊重试验示意图

3.10 冲击试验

1. EN 13126-8：2006、EN 13126-8：2017

要求：窗扇不应掉落。合页应仍能连接窗扇和窗框。

2. GB/T 24601—2009

（1）要求：通过重物的自由落体进行窗扇冲击试验，反复5次后，将窗扇从平开位置关闭时，窗扇推入窗框的作用力不应大于120N。

（2）试验方法（三个标准基本一样）

在有摩擦式撑挡（平开限位器）的状态下，将试验模拟窗扇从距最大开启位置 (200 ± 10) mm 处，用非弹性绳子与试验模拟窗执手位置处相连接，通过 个 (10 ± 0.05) kg 重物的自由落体使试验模拟窗扇加速开启，绳子长度的选择应恰好使10kg重物在试验模拟窗扇距摩擦式撑挡（平开限位器）极限位置 (20 ± 2) mm 时落到基准面上，反复5次。

注：EN 13126-8：2006、EN 13126-8：2017 中，只要求反复3次。

3.11 开启撞击

EN 13126-8：2006、EN 13126-8：2017、GB/T 24601—2009 三个标准是一样的：

（1）要求

开启撞击试验后，窗扇不脱落，合页应仍然连接在窗框和窗扇边梃上。

（2）试验方法

在没有摩擦式撑挡（平开限位器）的状态下，将试验模拟窗扇从距测试基准面（撞到模拟墙的位置）(450±10) mm 处，用非弹性绳子与试验模拟窗执手位置处相连接，通过一个(10±0.05) kg 重物的自由落体使试验模拟窗扇加速开启，重物在距测试基准面前 (20±2) mm 时停止运动。每次测试后应让试验模拟窗扇充分摆动，此试验反复3次（图7）。

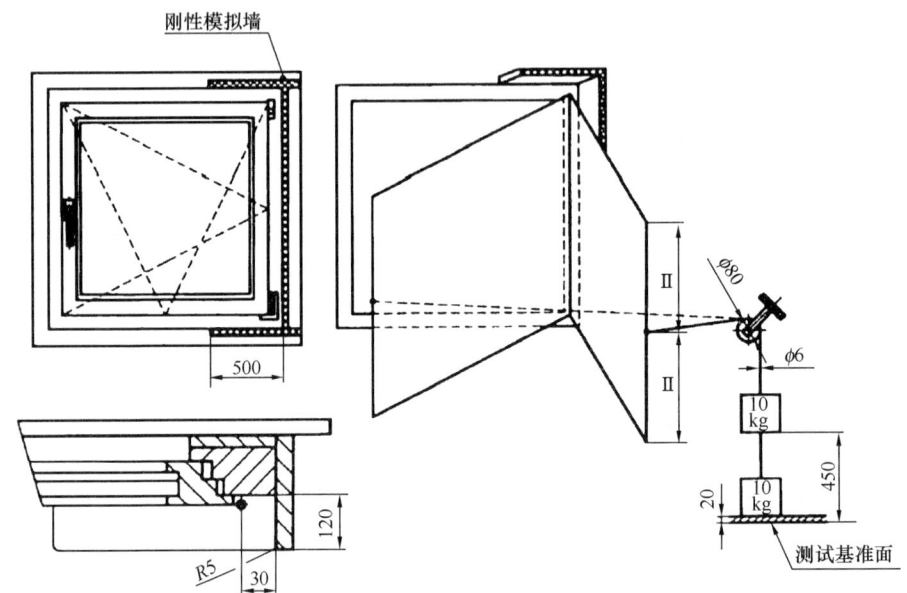

图 7 开启撞击试验示意图（mm）

注：冲击试验和开启撞击思路是一致的，都是通过重物的自由落体使窗扇加速撞击，只不过开启撞击是在没有撑挡的情况下进行（此时窗扇直接撞击洞口），冲击试验是在有撑挡的情况下进行（此时撑挡直接承受冲击）。

3.12 关闭撞击

EN 13126-8：2006、EN 13126-8：2017、GB/T 24601—2009 三个标准是一样的：

（1）要求

关闭撞击试验后，窗扇不脱落，合页应仍然连接在窗框和窗扇边梃上。

（2）试验方法

将试验模拟窗扇从距测试基准面（限位器限制的最大开启位置）(200±10) mm 时，将 10kg 自由落体的重物用非弹性绳子与试验模拟窗执手位置处相连接，使试验模拟窗扇加速关闭，在重物距离测试基准面 (20±2) mm 时，试验模拟窗撞到障碍物（刚性），重物停止运动。每次测试后待试验模拟窗扇摆动停止后，再进行下一次试验。此试验反复 3 次（图8）。

3.13 最小关闭装置阻力

1. EN 13126-8：2006、EN 13126-8：2017

（1）要求：向关闭装置施加力矩之后，该关闭装置应能进行正常操作。

（2）试验方法

锁闭机构（如传动锁闭器，执手等）应安装在试验台上并阻止其传动（转动）。施加

三、方法与标准

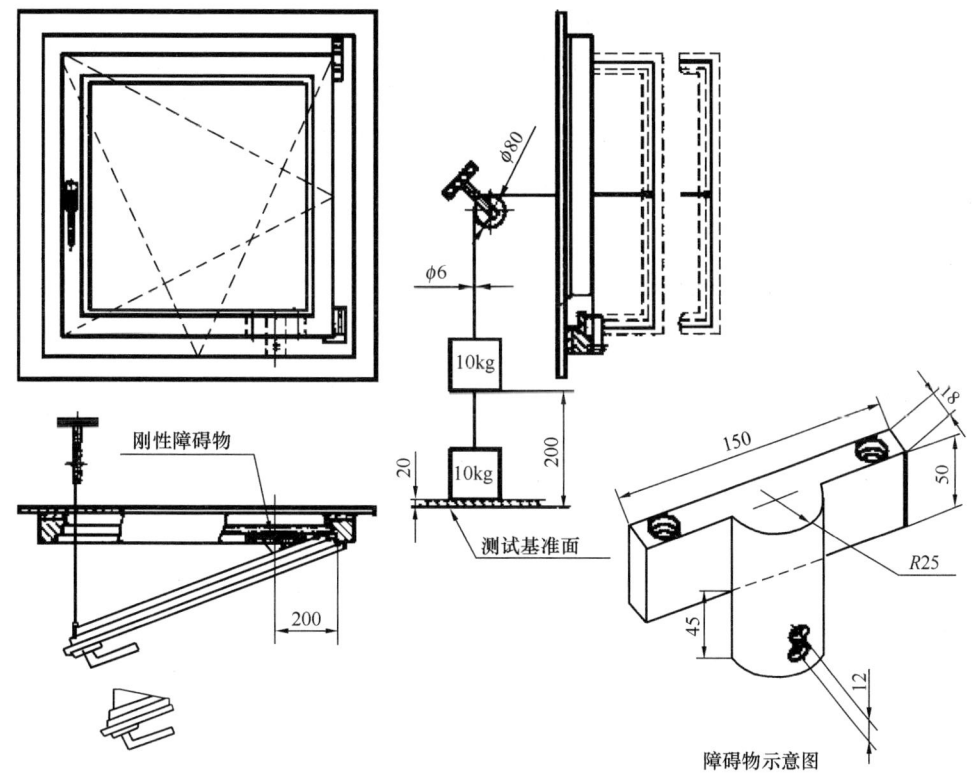

图 8 关闭撞击试验示意图（mm）

25_0^{+1} N·m 的力矩，维持 60_0^{+10} s。

2. GB/T 24601—2009

无明确规定。

注：虽然对于关闭装置（执手、传给锁闭器）抗阻这一部分内容，GB/T 24601 无文字的具体说明，但在国内，五金件一般参考执行建筑工业行业标准《建筑门窗五金件》系列，在《建筑门窗五金件 传动机构用执手》（JG/T 124）和《建筑门窗五金件 传动锁闭器》（JG/T 126）中，明确规定了对两种产品在该方面的性能要求。

JG/T 124 第 5.4.3.1 条：执手在 25 N·m 力矩的作用下，各部件不应损坏，执手手柄轴线位置偏移量应小于 5°；

JG/T 126 第 5.4.2 条：齿轮驱动式传动锁闭器承受 25_0^{+1} N·m 力矩的作用后，各零部件不应断裂、损坏；连杆式传动锁闭器承受 25_0^{+1} N·m 力矩的作用后，各零部件不应断裂、脱落。

4 结语

从上文分析可清楚地知道，我国 GB/T 24601—2009 标准与 EN 13126-8：2006 标准的内容基本保持了一致。EN 13126-8：2017 为目前最新版本的标准，从标准内容中可以看到，其不但考虑了市场上新出现的功能五金（带积极控制的内平开下悬五金系统），还对反复启闭内容进行了重点梳理。新标准中，反复启闭最高要求为 20000 次。积极采用国际先进组织标准或参照国外标准进行国内标准的编制，能迅速提升我国产品标准水平，有利于我国产品国外市场的拓展，后续国内需对内平开下悬五金系统标准进行修编时，需注重这些国外标准的最新变化。

参考文献

[1] DD CEN/TS 13126-8：2004 Building hardware fittings for windows and doors height windows—Requirements and test methods Part 8：tilt&turn, tilt-first and turn—only hardware[S].

[2] EN 13126-8：2006 Building hardware—Requirements and test methods for windows and doors height windows Part 8：tilt&turn, tilt-first and turn-only hardware[S].

[3] EN 13126-8：2017 Building hardware—Hardware for windows and door height windows Part 8：Requirements and test methods for Tilt&Turn, Tilt-First and Turn—Only hardware[S].

[4] TBDK directive 2014-05-05 Attachment of supporting fitting components for turn-only and tilt&turn fittings[S].

[5] 建筑门窗内平开下悬五金系统：JG/T 168—2004[S].

[6] 建筑窗用内平开下悬五金系统：GB/T 24601—2009[S].

[7] 建筑门窗五金件 传动机构用执手：JG/T 124—2017[S].

[8] 建筑门窗五金件 传动锁闭器：JG/T 126—2017[S].

作者简介

曾超(Zeng Chao)，男，1987年11月生，助理工程师；研究方向：门窗五金；工作单位：广东坚朗五金制品股份有限公司；地址：广东省东莞市塘厦镇大坪坚朗路3号；邮编：523722；联系电话：18825290971；E-mail：zengchao@kinlong.cn。

华若家(Hua Ruojia)，男，1993年6月生，助理工程师；研究方向：门窗五金；工作单位：广东坚朗五金制品股份有限公司；地址：广东省东莞市塘厦镇大坪坚朗路3号；邮编：523722；联系电话：18924330340；E-mail：hruojia@kinlong.cn。

杜万明(Du Wanming)，男，1961年11月生，高级工程师；公司总工程师，研究方向：门窗及门窗五金；工作单位：广东坚朗五金制品股份有限公司；地址：广东省东莞市塘厦镇大坪坚朗路3号；邮编：523722；联系电话：13926809130；E-mail：dwanming1@kinlong.cn。

门窗密封胶标准解析

曾 容 蒋金博 汪 洋

广州市白云化工实业有限公司 广东广州 510540

摘 要 围绕门窗密封胶标准的相关要求，结合门窗实际应用特点，对比分析了各标准对门窗密封胶施工性能、理化性能方面的主要技术指标，同时介绍了门窗密封胶的选用原则。

关键词 门窗；密封胶；标准

Abstract This article compares the requirements of sealant standards for doors and windows throughout world and analyzes the application performance and mechanical properties, pointing out how to select the proper sealant.

Keywords sealants; doors and windows; standards

1 引言

伴随着生活质量的提高，人们对住宅的质量与性能有了更高的要求，越来越关注门窗的节能、安全、耐用等性能。作为辅材，密封胶在门窗制作中成本占比很小，但对门窗整体性能起着至关重要的作用。门窗密封胶主要用在门窗与其框架间的接缝密封及门窗与外墙的接缝密封，保证门窗的气密性、水密性及整体性能。门窗密封胶一旦密封粘结失效，会导致门窗漏水漏气，严重影响用户的正常使用。为保障密封胶产品质量，我国早在20世纪90年代就发布了相关的国家及行业标准，经过多年的发展和市场验证，标准历经多次修订，其中GB/T 14683、JC/T 881等门窗胶适用标准于2017年再次修订完成，2018年正式发布实施，新版标准在旧版标准基础上改进完善，更加符合相关密封胶产品的应用要求，能够更好地规范市场及促进行业健康发展。鉴于新版发布时间尚短，可能部分用户尚未深入了解，本文将围绕国家标准《硅酮和改性硅酮建筑密封胶》（GB/T 14683—2017）、行业标准《混凝土接缝用建筑密封胶》（JG/T 881—2017）等新标准要求，同时对比《建筑窗用弹性密封胶》（JC/T 485—2007）等门窗适用的密封胶标准，阐述门窗密封胶产品的主要技术性能，并介绍门窗密封胶的选用原则，以帮助广大门窗用户选择合格、优质产品。

2 门窗密封胶的主要技术性能及相关标准

国内门窗密封胶主要以硅酮类为主，聚氨酯胶、聚硫胶、丙烯酸酯密封胶相对较少，门窗密封胶相关的标准主要有《硅酮和改性硅酮建筑密封胶》（GB/T 14683—2017）、《混凝土接缝用建筑密封胶》（JC/T 881—2017）、《建筑窗用弹性密封胶》（JC/T 485—2007）等。其中GB/T 14683、JC/T 881均参照《建筑结构—接缝产品—密封胶分级和要求》（ISO

11600），而现行有效的 JC/T 485 则参考了日本标准《建筑材料》（JIS A 5758：2004）和《建筑密封材料试验方法》（JIS A1439：2004），三个标准分别对密封胶的产品分类、技术要求、试验方法和检验规则等作了详细说明与规定，对密封胶提出了相应指标要求和检测方法。从主要技术内容上看，GB/T 14683、JC/T 881 两标准与 JC/T 485 在标准分级上有明显差别，主要技术性能要求的侧重点及涉及范围存在一定的差异性，现对这三个标准进行相应的分析和讨论。

2.1 施工性能

施工性能表征了产品的使用性能，是施工应用的关键特性指标，直接关系到施工应用的操作便捷性。良好的施工性能，可以有效保证施工过程的速度及效率；不良的施工性能不仅造成操作困难，也容易发生施工质量缺陷。常规的施工性能指标如下：

（1）流动性

对于门窗密封胶，测定指标为下垂度，表征注胶后密封胶保持自身形状的能力。下垂度不符合表1规定的产品，施胶后容易出现流淌变形的现象。

（2）挤出性

表征特定应用温度下密封胶的挤出特性，反映挤注速度。不能正常挤出的密封胶不应使用，因为这可能表示质量差、缺乏包装稳定性或导致操作时间不足。

（3）适用期

表征双组分密封胶的工作时间，低于该指标值将导致操作时间不足。

（4）表干时间

表征密封胶的工作修整时间以及确保密封胶能完全固化。当固化时间需要非常长时，表示密封胶可能过期失效。

在门窗密封胶的施工性能指标方面，GB/T 14683、JC/T 881、JC/T 485 标准中，均对现场施工时经常涉及的上述性能指标进行了规定。对比详见表1。

表1 施工性能指标

序号	项目		GB/T 14683	JC/T 881	JC/T 485
1	流动性	下垂度（mm）	≤3	≤3	≤2
		流平性	—	光滑平整	—
2	挤出性（mL/min）		≥150	≥150	≥50
3	适用期（min）		供需商定（硅酮）≥30（改性硅酮）	≥30	≥180
4	表干时间（h）		≤3	≤24	≤24（1级）≤48（2级）≤72（3级）

由表1可见，GB/T 14683、JC/T 881 评价要求基本一致，JG/T 485 下垂度项目要求比 GB/T 14683、JC/T 881 要相对严格，但其他项目指标要求更宽泛。

2.2 位移能力

门窗密封胶根据应用形式属于接缝类密封胶，需要具备良好的弹性，以适应接缝位移变化，因此在选用过程中应关注位移级别，位移级别越高，密封胶承受接缝变形的能力越强，密封耐久性越好。国内外接缝类密封胶标准中，都采用了按位移能力对密封胶进行分级的方法，具体分级见表2及表3。

表2 GB/T 22083、GB/T 14683、JC/T 881 三个标准的位移能力分级

级别（从低到高）	7.5	12.5	20	25	35	50	+100/−50
拉压幅度	±7.5%	±12.5%	±20%	±25%	±35%	±50%	+100%/−50%
定伸幅度	25%	60%	60%	100%	100%	100%	100%
位移能力	7.5%	12.5%	20%	25%	35%	50%	+100%/−50%
GB/T 14683			■	■	■	■	
JC/T 881		■	■	■	■	■	
GB/T 22083	■	■	■	■	■	■	■

表3 JC/T 485 标准的位移能力分级

级别	3		2		1
拉压幅度	±5%	±10%	±20%	±20%	±30%
定伸幅度	25%	25%	60%	60%	100%
耐久等级	7005	7010	7020	8020	9030

由表2可见，GB/T 22083的位移能力分级覆盖最全面，GB/T 14683对硅酮密封胶的分级级别有20级、25级、35级和50级，JC/T 881对密封胶分级级别有12.5级、20级、25级、35级和50级，JC/T 485也对密封胶的位移级别进行了分级，由于参照的是日本标准，其分级级别有所不同，分级级别有1级、2级、3级，目前国内应用较少。对于位移较大的接缝，建议通过计算选用适合位移级别的密封胶产品，但大多数门窗接缝相对位移较小，选用12.5级、20级是可以完全满足的。

2.3 粘结性

位移能力的级别是通过定伸（常温、浸水、紫外线辐照后、浸水光照后）粘结性、冷拉热压后的粘结性等多项指标来评定的，而粘结性是门窗密封胶实现防水、防气、防渗等基本功能的首要性能，获得并保持长期的粘结性是门窗密封胶耐久使用的首要条件。标准要求详见表4。

表4 位移能力及粘结性能指标

项目	GB/T 14683	JC/T 881	项目	JC/T 485
定伸粘结性	无破坏	无破坏	拉伸粘结性能（MPa）	≤0.4（1级） ≤0.5（2级） ≤0.6（3级）
浸水后定伸粘结性	无破坏	无破坏	热空气-水循环定伸性能	无破坏
冷拉-热压后粘结性	无破坏	无破坏	拉伸-压缩循环性能 粘结破坏面积（%）	≤25
紫外线辐照后粘结性[a]	无破坏	/	水-紫外线辐照后 定伸性能	无破坏
浸水光照后粘结性[b]	无破坏	/		

a 仅适用于硅酮 G_n 类产品（普通装饰装修镶装玻璃用途）。
b 仅适用于硅酮 G_w 类产品（建筑幕墙非结构性装配用途）即幕墙耐候密封胶。

由表4可见，GB/T 14683、JC/T 881这两个标准的位移能力及粘结性评价项目是基本一致的，JC/T 485也设定了相应的评价项目，但测试方法及要求有所差异。

2.4 其他测试项目

GB/T 14683、JC/T 881、JC/T 485标准中，除上述施工性能、位移能力及粘结性等关键性能指标外，还基于应用要求、预防劣质产品、保障产品质量稳定、规范市场及促进行业健康发展，设置了以下测试项目，具体对比见表5。

（1）外观

外观是最直观的视觉性指标，关系到胶缝外在的美观问题，也是用户首先关注到的产品指标项，标准均要求密封胶产品细腻、均匀，无气泡、结皮或凝胶，测试方法是刮平胶进行目测。

（2）密度

密封胶产品密度可以间接反映配方组分的含量，也间接说明配方稳定性，应保持在一定范围内，标准要求产品密度在规定值的±0.1以内，密度超出该范围，说明密封胶配方设计发生了显著变动，产品性能指标极可能相应变化。

（3）拉伸模量

拉伸模量是密封胶在给定伸长状态下的拉伸应力与相对伸长之比，以相应伸长率时的应力表示。对于位移能力在20级以上的产品，同一位移能力级别下，按产品的拉伸模量，可分为高模量（HM）和低模量（LM）两个次级别。通常情况下，拉伸模量表征密封胶的柔韧性，拉伸模量越低，密封胶越柔软，拉伸模量越高，韧性越大，即相同伸长下，强度更高。

（4）弹性恢复率

弹性恢复率是指密封胶在释去引起变形的外力后，完全或者部分地恢复原来形状和尺寸的性能，也用于表征密封胶的弹性。GB/T 14683中硅酮密封胶从20级、25级、35级到50级的产品规定弹性恢复率≥80%；JC/T 881的弹性恢复率按位移能力级别要求有所不同，级别越高，弹性恢复率要求越高，但至少必须≥60%；JC/T 485中需要先进行预处理即经过热空气-水循环后测试弹性恢复率，试验条件更严苛，指标要求相对低些。

（5）低温柔性

低温柔性是指密封胶在低温条件下的柔韧性能，表5中的低温柔性测试中密封胶需要经过高温和低温循环处理后考察其保持弹性或柔性的性能，用于评价密封胶高低温老化过程中变硬、变脆及低温挠曲时开裂情况，也是表征密封胶耐久性指标之一。同时，该指标项目对于某些特定环境或地区（如寒冷、昼夜温差大等地域）的密封胶应用具有一定的参考价值。

（6）质量损失率

质量损失率是指密封胶固化前后的质量损失。密封胶在固化过程中本身就会释放一些小分子物质导致一定的重量损失，不同配方密封胶的这个损失会有所不同，虽然一般只有3%左右，但GB/T 14683标准修订过程中的验证试验发现，由于配方问题（如助剂含量偏高）时，也可能达到7%左右，因此GB/T 14683及JC/T 881标准均将修订前所规定的"质量损失率"由≤10%调整为≤8%，更加合理严格。虽然这个损失与密封胶是否充油无关，但也可间接相对表征，当质量损失率越小时，越能够限制密封胶中加入矿物油（白油）的量。

（7）烷烃增塑剂

硅烷增塑剂，行业俗称矿物油或白油，早期的标准，如 JC/T 881—2001、GB/T 14683—2003、GB 22083—2008 等，由于没有针对密封胶中矿物油（白油）含量的检测方法，只能依靠"质量损失率"或"体积收缩率"两个指标来把控。标准规定的"质量损失率≤8％"或者"体积收缩率≤10％"的较宽的指标，让一些充油耐候密封胶有机会混入市场。随着技术进步，现在已经有标准方法可以定量检测密封胶中白油的含量，因此 GB/T 14683—2017 版标准对耐候胶中白油含量规定为"不得检出"，也就是绝不允许含有矿物油（白油）。目前市面上仍有部分硅酮耐候密封胶，填充了矿物油以降低成本，但其产品宣称的标准是 GB/T 14683，而这显然是不可能满足 GB/T 14683—2017 的要求，该类充矿物油的耐候密封胶产品是达不到标准要求的不合格产品。同时，还有相当部分门窗胶产品填充了大量矿物油，宣称满足 GB/T 14683 要求，但其质量损失率明显超出标准≤8％的要求。此外，应当引起注意的是，虽然新版标准中未明确规定 G_n 类——普通装饰装修镶装玻璃用途（即行业中通常简称的门窗胶、内装胶等）必须测试烷烃增塑剂项目，但在当前行业部分生产企业，无视质量底线，填充矿物油（白油）降低成本，以次充好，导致不少门窗密封胶普遍充油的市场乱象下，测试该指标是很有必要的。

表5 其他测试项目及指标要求

序号	项目	GB/T 14683	JC/T 881	JC/T 485	
1	外观	细腻、均匀膏状物，不应有气泡、结皮或凝胶	细腻、均匀膏状物或黏稠液体，不应有气泡、结皮或凝胶	不应有结块、凝胶、结皮及不易迅速均匀分散的析出物	
2	密度（g/cm³）	规定值±0.1	—	规定值±0.1	
3	拉伸模量（MPa）	高模量（HM）：>0.4（23℃）或>0.6（−20℃） 低模量（LM）：≤0.4（23℃）和≤0.6（−20℃）		—	
4	弹性恢复率（％）	≥80（硅酮） ≥70（改性硅酮25级） ≥60（改性硅酮20级）	≥80（35级、50级） ≥70（25级） ≥60（20级、12.5级）	≥60（1级） ≥30（2级） ≥5（3级）	热空气-水循环后
5	低温柔性（℃）	—	—	−30（1级） −20（2级） −10（3级）	
6	质量损失率（％）	8	8		
7	烷烃增塑剂a	不得检出	—		

a 仅适用于硅酮 G_w 类产品（建筑幕墙非结构性装配用途）即幕墙耐候密封胶。

3 门窗密封胶选用指南

密封胶选用不当或者施工质量差，将导致门窗密封失效，造成漏水、漏气等问题，严重影响门窗质量。因此，密封胶的正确选择和使用直接关系到门窗性能、质量以及使用寿命。

3.1 正确选择符合标准的产品

在密封胶的选用过程中，除应关注其符合的标准，还应关注其对应的位移级别。位移能力是衡量密封胶弹性的最关键指标，位移能力越高，密封胶弹性越好。

（1）门窗的加工和安装应选用位移能力不低于 12.5 级的产品，以保证门窗的长久气密性和水密性。GB/T 14683 有 20 级、25 级、35 级、50 级等位移能力级别，符合该标准的产品品质较高，高位移级别产品承受接缝位移变化的能力更强，建议尽可能选择高位移级别的产品。

（2）在门窗安装使用过程中，普通密封胶与水泥混凝土的粘结效果通常比与门窗铝型材或玻璃的粘结效果会差一些，因此，门窗安装所用密封胶选用符合 JC/T 881 的产品更为合适。

（3）JC/T 485 由于参考的是旧版日本标准，该标准分级和性能指标与其他接缝用密封胶有很大差别，为了标准体系的统一，该标准已修订为与其他接缝密封胶标准类似的分级方法。因此，国内采用该标准的产品越来越少；而且该标准中的 3 级产品位移能力偏低，不适用于要求较高的门窗的加工和安装。

3.2 根据用途正确选择密封胶产品

（1）隐框窗、隐框开启扇需要结构密封胶起到结构粘结作用，一定要用硅酮结构密封胶，其粘结宽度和厚度要符合设计要求。

（2）在门窗安装过程中，石材接缝或一边是石材的接缝用密封胶应选用符合 GB/T 23261 标准的石材专用密封胶。

（3）防火门窗或对耐火完整性有要求的建筑外门窗，选用防火密封胶更为合适。

（4）对防霉有特殊要求的应用场所，如厨房、卫浴以及阴暗潮湿的部位，门窗接缝密封宜选用防霉密封胶。

3.3 产品的品牌选择

密封胶经过近十年来的迅速发展，目前市场生产厂家众多，竞争激烈，产品良莠不齐。建议用户在选择密封胶时应考虑产品品牌，从以下几个方面考虑：

（1）产品的质量稳定性

众所周知，某一批产品合格不代表每一批产品都合格，产品质量的稳定性有时候比其性能优异更加重要。某些厂家产品检测报告宣称满足某标准某级别，实际生产中因其生产过程质量波动及其质量控制水平等原因，造成产品性能下降而达不到其所宣称的级别。质量稳定性的重要性不言而喻，而保障质量稳定性不仅要靠技术实力、先进的自动化设备和管理体系，还要靠多年的经验技术积累。

建议选择通过 ISO 9001/ISO 14001/OHSAS 18001 质量、环境、职业健康安全一体化管理体系认证的企业，以及具有全自动连续化生产线的企业。很难想象一个缺乏生产经验、没有技术团队、没有先进生产设备、没有完善质量管理体系的厂家能生产出没有波动、质量稳定的产品。

（2）售后服务能力和水平

由于所使用材料、设备、环境影响和人员操作的熟练程度等原因，有时密封胶产品在使用过程中会遇到一些的问题，如果密封胶生产厂商的服务及时有效，通常会使问题很快得到解决。如果生产厂商的服务能力跟不上，服务不及时，则会对施工工期和施工质量造成很大影响。

（3）产品价格

对用户而言，产品价格不是越低越好，用户需要的是合适的、性价比高的产品；只有将价格与上述因素综合起来进行考虑，才能选择到性价比高的产品。密封胶在整个门窗中的成本中所占的比例很低，却对门窗的质量和使用寿命有着很大的影响。劣质产品虽然价格便宜，但其粘结密封性能及耐久性方面下降明显，会带来诸多的质量问题，给门窗用户品牌信誉造成的重大损失，往往远超过密封胶的产品价格。

3.4 千万不要选择充油的密封胶产品

目前市场上的门窗密封胶基本上属于硅酮密封胶，主要由有机硅基础聚合物、填料和助剂三部分组成，在这三种原材料中，有机硅基础聚合物价格高，同时在合理的硅酮密封胶配方中含量也最高，因此其成本常常占整个硅酮胶原材料成本的75%以上。但部分生产厂家只考虑到成本而不顾性能，为了降低硅酮密封胶的成本，向密封胶中添加大量的低价填料，掺入矿物油，进而大幅降低有机硅基础聚合物的含量。掺入了矿物油的硅酮密封胶，在行业内称为"充油硅酮密封胶"。矿物油属于烷烃类石油蒸馏分，由于其分子结构与有机硅相差很大，因此其与硅酮密封胶体系相容性差，一段时间后就会从硅酮密封胶中迁移、渗透出来。因此，"充油密封胶"刚开始弹性挺好，但使用一段时间后，填充的矿物油从密封胶中迁移、渗透出来，密封胶就会收缩、变硬、开裂，甚至出现不粘结的问题。

硅酮密封胶优异的耐老化性能是由于其特殊的以硅-氧-硅键为主链的分子结构决定的，有机硅基础聚合物含量直接影响着硅酮密封胶的长期耐老化性能和耐久年限。如果硅酮密封胶掺入了矿物油、廉价填料，有机硅基础聚合物的含量明显下降，其耐久性必将会受到严重影响。从表面上看，这些低成本的"充油硅酮密封胶"与不充油的硅酮密封胶无太大区别。部分产品甚至做得外观很好，很光亮，固化速度也快，初期固化力学性能也好。但随着使用时间的延长，充油硅酮密封胶与不充油的硅酮密封胶差异逐渐显现。充油硅酮密封胶应用到门窗密封，往往不到一两年就出现密封失效，导致门窗出现漏水，能耗上升，严重影响正常使用。如充油门窗密封胶与中空玻璃有接触，所充的矿物油还会迁移渗入中空玻璃，导致中空玻璃的一道密封丁基胶被溶解而出现流油现象。

选择合格优质的门窗密封胶产品，虽然在初期购买密封胶的价格略高一点，但是可以长期保存其使用性能，不会有质量问题。选用低价的劣质"充油密封胶"，虽然价格便宜，初期投入成本稍低；但是出了问题以后，后期的维护费用、返工时付出的产品成本、人工成本、品牌损失等，这些代价可能是密封胶本身价格的几倍甚至几十倍；不仅没有节省费用，反而给用户增加了非常多的麻烦。同时造成门窗品牌信誉和厂家信誉造成严重受损，这些损失更是无法进行成本计算的。

4 结语

门窗密封胶的质量对门窗的质量和使用寿命有着极其重要的影响。门窗密封胶应选择满足相应国家标准、行业标准的产品，还需考虑到实际用途正确选用，同时也应重视品牌选择。对于目前市场上的不少门窗密封胶产品，填充了矿物油，这类填充矿物油的产品多数不符合新版GB/T 14683—2017标准的要求，且经应用验证，此类产品耐老化性能差，使用这类密封胶产品会带来很多质量问题。用户在应用中，对密封胶要给予足够的重视：首先要"选好胶"，选用品质有保证、品牌信誉好的密封胶产品；同时要"用好胶"，做好密封胶施工质量监控，按规范要求设计施工，以保证门窗质量。门窗密封胶应尽可能选用高品质的密封胶产品，千万不能选用填充矿物油的密封胶。

参考文献

[1] 硅酮和改性硅酮建筑密封胶：GB/T 14683—2017[S].
[2] 建筑窗用弹性密封胶：JC/T 881—2017[S].
[3] 建筑窗用弹性密封胶：JC/T 485—2007[S].

作者简介

曾容(Zeng Rong)，女，1973年11月生，工程师；研究方向：密封胶；工作单位：广州市白云化工实业有限公司；地址：广州市民营科技园云安路1号；邮编：510540；联系电话：020-37312887；E-mail：zengrong@china-baiyun.com。

四、材料性能

台风过后既有幕墙调研及硅酮结构胶自然老化研究

程 鹏 崔 洪

郑州中原思蓝德高科股份有限公司 河南郑州 450001

摘 要 对经受过台风"山竹"影响的部分既有幕墙工程进行了跟踪调研,并对典型工程用质保 25 年硅酮结构密封胶和国内外多个品牌硅酮结构密封胶进行了自然老化跟踪测试及对比分析,结果表明,不同品牌产品满足标准不同,其质量水平及自然老化性能差异较大,质保 25 年硅酮结构密封胶具有更加优异的耐久稳定性,沿海台风多发地区的门窗幕墙工程应当选用高标准、高质量的结构密封胶产品。

关键词 既有幕墙;硅酮结构密封胶;自然老化;台风

2018 年 9 月 16 日,超强台风"山竹"袭击了深圳、珠海、广州、香港等地,风力 14 级以上,阵风高达 17 级以上(65m/s),并伴有大暴雨,多栋住宅门窗、玻璃幕墙遭受破坏,甚至出现玻璃坠落现象。硅酮结构密封胶作为玻璃幕墙结构装配粘结的关键材料,是否能够承受超强台风的袭击,能否保证建筑幕墙安全的问题再次受到了各界的关注。为考察硅酮结构密封胶对经受台风袭击的玻璃幕墙的影响,郑州中原思蓝德高科股份有限公司对受台风影响最严重的深圳、珠海两地部分玻璃幕墙工程进行了跟踪调研。并对典型工程用硅酮结构密封胶以及国内外多个品牌硅酮结构密封胶进行了自然老化跟踪测试及对比分析,提出建筑幕墙硅酮结构密封胶合理选材的建议,以提升我国幕墙工程的质量安全。

1 台风过后建筑幕墙工程调研情况

工程基本情况:共调研玻璃幕墙工程 19 项,其中满足欧洲标准 ETAG002 质保 25 年硅酮结构密封胶产品(简称"质保 25 年结构胶")的工程 6 个(表 1)。所用密封胶:结构密封胶均为"思蓝德"牌硅酮结构密封胶。

表 1 调研的部分建筑幕墙工程信息表

序号	幕墙工程名称	工程建造时间	幕墙装配用结构密封胶	台风过后现状	备注
1	深圳某某交易营运中心	2010 年	"思蓝德"质保 25 年结构胶	完好	—
2	深圳南方某某基金大厦	2015 年		完好	—
3	深圳侨城某某广场	2016 年		完好	—
4	珠海横琴某某中心	2016 年		完好	—
5	珠海横琴某某金融中心	2017 年		完好	在建项目
6	珠海横琴某某某金融大厦	2018 年		完好	在建项目

台风过后幕墙情况:19 项幕墙工程全部完好无损,没有因结构胶质量问题造成板块脱

粘或脱落现象。尤其是珠海横琴某金融大厦、横琴某金融中心两个在建项目工程，台风来临时工程正处于玻璃板块安装阶段，超强台风使得板块受力状态多变——承受拉伸、剪切、疲劳、蠕变等多种复杂受力，板块损坏的风险很大，在遭受了"山竹"强台风及暴雨袭击之后，无一例玻璃板块受损脱粘或脱落现象，充分验证了质保25年结构胶在恶劣环境条件下具有高强的抗风压能力，优异的耐疲劳和抗蠕变性能，在强台风的作用下仍然能够保证幕墙的安全。

为了更好地考察质保25年结构胶的实际应用情况，对比质保10年结构胶的性能优势，在我国不同地区对典型工程用质保25年结构胶以及国内外多个品牌质保10年结构胶进行了自然老化跟踪测试的研究。

2 典型玻璃幕墙工程用硅酮结构密封胶跟踪研究

2.1 工程及跟踪测试基本情况

该玻璃幕墙工程所在地深圳属南亚热带季风气候，夏长冬短，日照充足，雨量充沛，自然环境条件详见表2。年日照时数平均为1889.3h，年降水量平均为2042.2mm，年平均有4次台风。作为沿海地区日照雨水充足的自然条件以及多发台风的环境对硅酮结构密封胶的耐老化性能带来严峻的考验。

表2 深圳市自然环境（2013—2017年累年平均值）

气温（℃）	相对湿度（%）	年降水量（mm）	年日照时数（h）	年台风数量（次）
23.4	77	2042.2	1889.3	4

该工程始建于2010年，幕墙结构粘结装配采用"思蓝德"质保25年结构胶，自2012年开始对该工程用质保25年结构胶开展长期自然老化跟踪检测工作。2016年2月，由业主代表、施工方代表、行业知名专家代表对该项检测工作进行现场监督，验证该项跟踪检测工作的真实性和可靠性。2017年，业主方将该工程正在使用的一块玻璃板块拆卸，割取结构密封胶进行了性能检测，考察了实际工程应用过程中结构密封胶的性能保持情况（"动态"跟踪测试）。2018年台风"山竹"过后，再次对结构胶取样进行性能检测，验证经受超强台风后质保25年结构胶的稳定性。

2.2 跟踪测试试样及制作

选取国内市场国内外6个知名品牌硅酮结构密封胶产品，具体信息见表3。

表3 国内外不同品牌试样信息

序号	品牌或代号	质保年限	满足标准	放置地点
1	思蓝德	25年	ETAG002、JG/T 475、GB 16776	工程楼顶、深圳地区、郑州地区
2	国内1号	10年	GB 16776	郑州地区
3	国内2号	10年	GB 16776	郑州地区
4	国内3号	10年	GB 16776	郑州地区
5	国外1号	10年	GB 16776	郑州地区
6	国外2号	10年	GB1 6776	郑州地区

试样制作方法：对选取的各品牌密封胶，按规定数量（满足跟踪年限需要）制作符合标准ETAG002或JG/T 475—2015要求的"工"型试样（图1）。试样制作完毕后，放置在标

准条件[温度(23±2)℃、相对湿度(50±5)%]下养护28d。

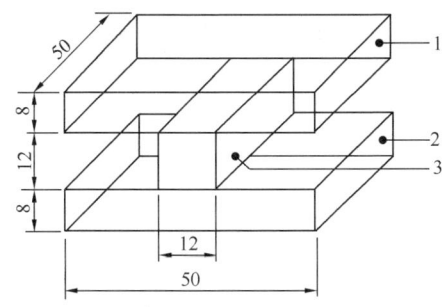

图1 试样尺寸示意图
1—玻璃基材;2—铝基材;3—硅酮结构密封胶所用基材;
玻璃为浮法玻璃,铝基材为阳极氧化铝型材。

2.3 试样放置场地

将已制作养护好的试样分别放置在3个场地:(1)实际应用的工程现场(工程楼顶平台,图2);(2)深圳地区(亚热带季风气候,图3);(3)郑州地区(温带季风气候,图4)。

图2 工程楼顶平台试样放置现场

图3 深圳地区试样放置现场

2.4 跟踪检测周期及取样

计划进行50年自然老化跟踪检测,每年取样2次,每次取回试样在标准条件下静置(24±4)h,进行力学性能等检测。

2.5 检测方法及结果表示

根据ETAG002或JG/T 475标准规定进行拉伸粘结性测试。试验温度为(23±2)℃,拉伸速度为5mm/min。结果表示:拉伸粘结强度、断裂伸长率。

图4 郑州地区试样放置现场

3 结果分析

3.1 工程楼顶平台自然老化试验结果

自2013年2月以来,已持续68个月对该工程楼顶平台放置的硅酮结构密封胶老化情况进行跟踪,并对所取试样进行了性能测试,历次的测试结果见表4,性能测试结果趋势如图5所示。

表4 工程楼顶平台质保25年结构胶试样自然老化性能测试结果

序号	老化时间（月）	拉伸强度（MPa）	伸长率（%）	备注
1	0	1.10	265	2013年2月放置试样
2	5	1.08	450	—
3	11	1.14	408	—
4	18	0.97	409	—
5	24	1.03	413	—
6	30	0.96	386	—
7	36	0.99	378	2016年2月取样测试（多方专家监督验证试验）
8	48	0.96	370	—
9	60	0.98	413	—
10	68	1.10	334	2018年10月取样测试（台风"山竹"过后验证试验）
均值	—	1.02	389	—
标准偏差 S	—	0.068	27.8	—
相对标准偏差 RSD（%）	—	6.7	7.1	—

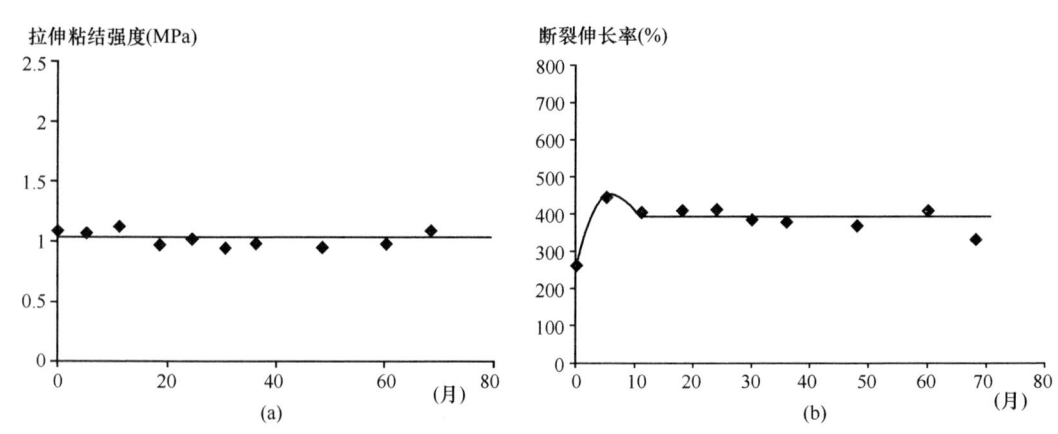

图5 工程楼顶平台质保25年结构胶试样自然老化性能变化趋势图
(a) 拉伸粘结强度；(b) 断裂伸长率

由上述图表可以看出，质保25年结构密封胶初始拉伸粘结强度为1.10MPa，通过68个月的持续自然老化，一直保持在0.96～1.14MPa之间上下浮动，相对标准偏差6.7%，产品拉伸粘结强度基本保持不变；初始断裂伸长率为265%，在初期因深层后固化而略有增加，5个月后增加到400%以上（450%），之后一直保持在370%～413%之间上下浮动，相对标准偏差7.1%，断裂伸长率历次测试结果无明显差异，产品弹性基本保持稳定。可见，经过68个月的自然老化，该项工程用质保25年结构密封胶力学性能保持稳定不变，具有优异的耐久稳定性。

值得关注的是，表4中序号7（老化时间36个月）的数据为一次多方专家代表（业主代表、施工方代表、行业专家代表）现场共同监督验证的检测结果数据，此次检测拉伸粘结强度（0.99MPa）和断裂伸长率（378%）与以往跟踪检测数据相比较，无明显差异，验证了该项自然老化跟踪检测工作的真实性和可靠性。另外，序号10（老化时间68个月）的数据为台风"山竹"过后进行取样验证的数据，此次检测拉伸粘结强度（1.10MPa）和断裂伸长率（334%）与以往跟踪检测数据相比较，无明显差异，证明经受超强台风袭击后质保25年结构胶仍然能够保持良好的力学性能。

3.2 深圳地区自然老化试验结果

工程用质保25年结构胶在深圳地区进行了持续76个月的自然老化跟踪试验，历次测试结果见表5，自然老化后力学性能的变化趋势如图6所示。

表5 深圳地区大气暴晒老化性能测试结果

序号	老化时间（月）	拉伸强度（MPa）	伸长率（%）
1	0	1.10	265
2	3.5	1.08	380
3	7	1.14	426
4	10	0.99	324
5	15	1.00	399
6	24	1.05	418
7	30	1.11	428
8	35	1.14	404
9	40	1.03	436
10	65	0.98	333
11	76	0.93	389
均值	—	1.05	402
S	—	0.067	36.72
RSD（%）	—	6.4	9.3

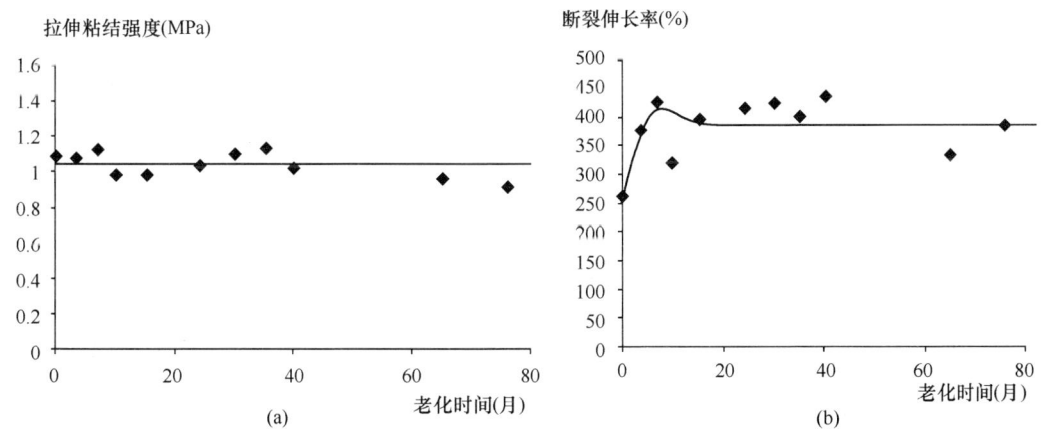

图6 深圳地区自然老化性能变化趋势图
（a）拉伸粘结强度；（b）断裂伸长率

由上述图表可以看出，质保 25 年结构密封胶初始拉伸粘结强度为 1.10MPa，通过 76 个月的持续大气自然老化，一直保持在 0.93～1.14MPa 之间上下浮动，相对标准偏差仅 6.4%，拉伸粘结强度历年来结果无明显差异，基本保持不变；初始断裂伸长率为 265%，在初期因深层后固化而略有增加，3.5 个月后增加到 380% 左右，基本上一直保持在 330%～436% 之间上下浮动，相对标准偏差 9.3%，断裂伸长率历年来结果无明显差异，趋于稳定。可见，经过 76 个月深圳地区（亚热带季风气候）的自然老化，工程用质保 25 年结构胶力学性能保持稳定不变，具有优异的耐久稳定性。

3.3 郑州地区不同品牌硅酮结构胶自然老化试验结果

不同品牌硅酮结构密封胶在郑州地区同样自然条件下同期进行了持续 72 个月的自然老化跟踪试验（由于试样数量原因，一些厂家产品跟踪了 48 个月），历次测试结果见表 6，自然老化后力学性能的变化趋势如图 7 所示。

表 6　不同品牌硅酮结构胶大气曝晒老化性能对比（郑州地区）

样品	质保 25 年结构胶		国外 1 号		国外 2 号		国内 1 号		国内 2 号		国内 3 号	
符合标准	ETAG002		GB 16776		GB 16776		GB 16776		GB 16776		GB 16776	
时间（月）	拉伸强度（MPa）	伸长率（%）	拉伸强度（MPa）	伸长率（%）	拉伸强度（MPa）	伸长率（%）	拉伸强度（MPa）	伸长率（%）	拉伸强度（MPa）	伸长率（%）	拉伸强度（MPa）	伸长率（%）
0	1.10	265	1.05	282	1.03	113	1.13	142	0.96	229	1.34	154
3	1.13	351	0.94	160	1.24	98	1.21	93	—	—	—	—
6	1.13	380	0.97	155	1.11	73	1.26	86	0.89	54	1.42	115
12	1.00	370	0.90	158	—	—	1.13	72	0.86	51	—	—
18	1.08	403	0.86	130	1.11	69	1.02	51	0.69	34	1.40	97
24	1.13	384	0.90	156	1.06	61	0.95	48	0.67	33	1.48	106
30	1.02	407	0.86	136	1.07	62	0.91	44	0.62	32	1.34	99
36	1.02	415	0.86	127	1.01	58	0.90	41	0.58	27	1.47	126
42	1.00	351	0.90	133	1.10	70	0.92	40	0.62	26	1.44	101
48	0.97	405	0.83	145	1.07	64	0.85	35	0.55	22	1.35	126
60	0.94	447	—	—	—	—	—	—	—	—	—	—
72	1.01	333	—	—	—	—	—	—	—	—	—	—
均值	1.04	386	0.90	158	1.07	71	1.01	62	0.72	56	1.40	116
S	0.067	33.5	0.068	48.0	0.037	17.6	0.136	34.2	0.149	65.6	0.058	19.3
$RSD(\%)$	6.4	8.7	7.6	30.4	3.4	24.7	13.5	55.1	20.7	116.2	4.1	16.7

由上述图表可以看出，"思蓝德"质保 25 年硅酮结构密封胶初始拉伸粘结强度为 1.10MPa，通过 72 个月的持续大气自然老化，一直保持在 0.94～1.13MPa 之间上下浮动，相对标准偏差仅 5.9%，拉伸粘结强度历次结果无明显差异，基本保持不变；初始断裂伸长率为 265%，在初期因深层后固化而略有增加，6 个月后增加到 380% 左右，之后一直保持在 333%～447% 之间上下浮动，相对标准偏差 8.7%，断裂伸长率历次结果无明显差异，趋于稳定。可见，经过 72 个月郑州地区（温带季风气候）的自然老化，"思蓝德"质保 25 年

四、材料性能

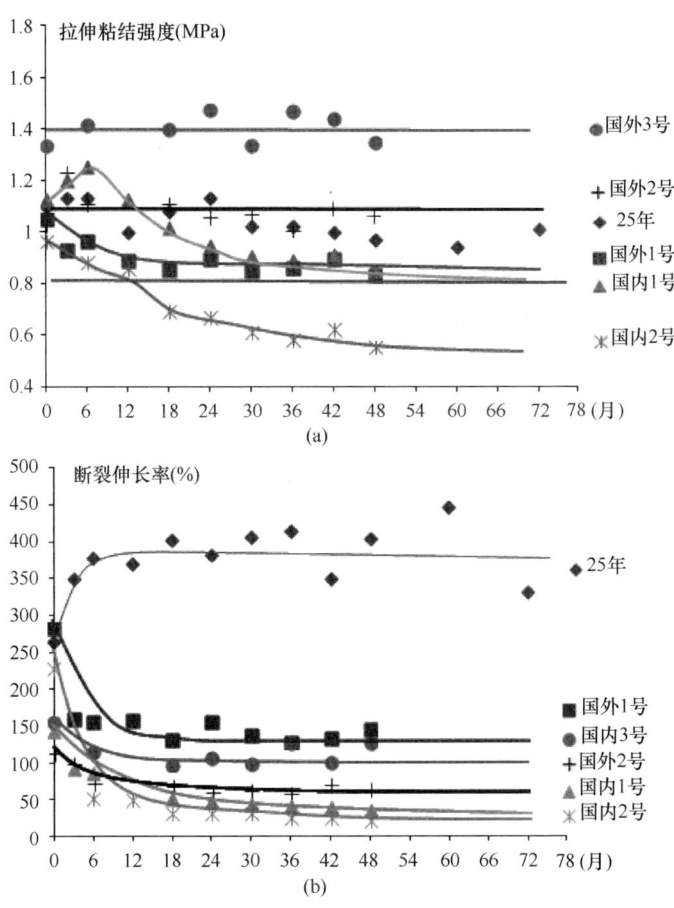

图 7 不同品牌硅酮结构胶自然老化性能变化趋势图
(a) 拉伸粘结强度；(b) 断裂伸长率

结构密封胶力学性能保持稳定不变，具有优异的耐久稳定性。

国内 1 号试样，拉伸粘结强度稍有降低，断裂伸长率明显降低。粘结强度在初始的 6 个月稍有增大（从初始 1.13MPa 增至 1.26 MPa），到 12 个月时恢复到初始值左右（1.13 MPa），之后缓慢降低，48 个月时为 0.85 MPa；但断裂伸长率明显降低，初始时 142%，到 12 个月以后急剧降低至 72%，降低了近 50%。

国内 2 号试样，拉伸粘结强度和断裂伸长率均有明显降低。拉伸粘结强度从初始的 0.96 MPa 降低到 48 个月时的 0.55MPa；断裂伸长率初始时 229%，6 个月内急剧降低至 54%，之后缓慢降低，48 个月时仅仅只有 22%，已变硬变脆。

国内 3 号试样，拉伸粘结强度保持良好，断裂伸长率有所降低。拉伸粘结强度在 48 个月内一直保持在 1.34～1.48MPa 之间上下浮动，历次结果无明显差异；伸长率初始时 154%，6 个月内降低至 115% 左右，之后趋于稳定。

国外 1 号试样，拉伸粘结强度保持良好，断裂伸长率明显降低。拉伸粘结强度在 48 个月内一直保持在 0.83～1.05MPa 之间上下浮动，历次结果无明显差异；断裂伸长率初始时 282%，3 个月时急剧降低至 150% 左右，之后趋于稳定。

国外 2 号试样，拉伸粘结强度保持良好，断裂伸长率明显降低。拉伸粘结强度在 48 个月内一直保持在1.01～1.24MPa之间上下浮动，历次结果无明显差异；断裂伸长率初始时113%，6个月时急剧降低至70%左右，之后趋于稳定。

3.4 "动态"跟踪测试

为进一步测试工程所用结构胶实际应用多年后的老化状况，2017年，将该工程北立面7楼夹胶玻璃拆卸（图8），取出该玻璃板块所用灰色质保25年结构胶样品进行性能检测，与初始应用到该工程时的性能进行对比，检测结果见表7。

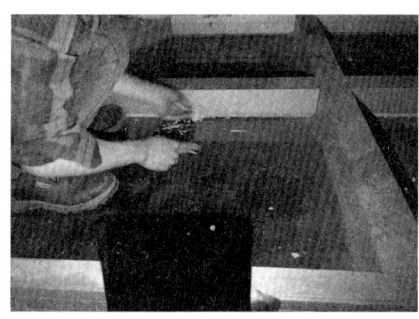 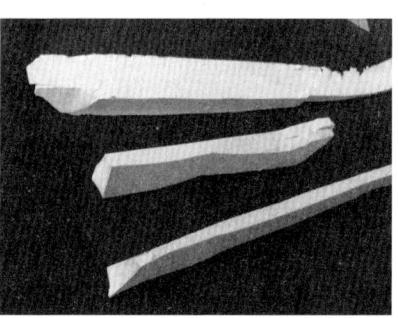

图8　工程玻璃板块用结构密封胶取样

表7　工程用硅酮结构密封胶性能测试结果

工程用硅酮结构密封胶	拉伸强度（MPa）	伸长率（%）
初始性能	1.12	255
使用6年后性能	1.16	279

从表7中可以看出，该工程所用灰色质保25年结构密封胶经过6年实际应用后，最大拉伸强度及伸长率均与初始时相比基本保持不变，性能稳定。

综合以上分析，可以看出，随着自然老化时间的增长，中国市场国内外不同品牌的硅酮结构胶的拉伸粘结强度和断裂伸长率表现出不同程度的变化。符合欧洲标准ETAG002及建工行业标准JG/T 475质保25年的"思蓝德"硅酮结构胶拉伸粘结强度基本保持不变，断裂伸长率在老化初期略有增加，3个月后基本趋于稳定。可见，国内市场所售硅酮结构密封胶，不同品牌质量水平差异较大，质保25年结构胶具有良好的力学和弹性保持能力，能够更好地保证幕墙的安全和使用寿命。

4　结语

（1）国内市场所售硅酮结构密封胶，不同品牌产品质量水平及自然老化性能差异较大，随着自然老化时间的增长，中国市场国内外不同品牌的硅酮结构胶满足的标准不同，其拉伸粘结强度和断裂伸长率表现出不同程度的变化。国内外不同品牌满足GB 16776质保10年硅酮结构胶的伸长率均有明显降低，部分样品拉伸强度明显衰减；满足欧洲标准ETAG002及建工行业标准JG/T 475的"思蓝德"质保25年硅酮结构密封胶力学性能稳定不变，具有良好的力学和弹性保持能力，具有优异的耐自然环境老化性能及耐久稳定性，能够更好地保证幕墙的安全和使用寿命。

（2）在强台风的作用下，高标准、高质量的硅酮结构胶依然能够保证幕墙的安全，但是一些性能差甚至不符合相关标准要求的硅酮结构胶具有导致玻璃板块整片脱落的风险。因此，在沿海台风多发地区，门窗幕墙工程更应当选用高标准、高质量的结构密封胶产品，以确保幕墙安全。

参考文献

[1] 本刊综合. 当"山竹"来袭，你的建筑还坚挺吗？[J]. 城市开发，2018(18)：84-87.

[2] 今年登陆我国最强台风"山竹"肆虐广东深圳[J/OL]. 新浪网. http：//news.sina.com.cn/c/2018-09-17/doc-ifxeuwwr5293266.shtml.

[3] 建筑幕墙用硅酮结构密封胶：JG/T 475—2015[S].

[4] ETAG 002 Guideline for European Technical Approval for Structural Sealant Glazing kits：Part 1 Supported and Unsupported Systems[S].

作者简介

程鹏(Cheng Peng)，男，硕士研究生，工程师，主要从事密封胶研发质控工作，E-mail：chengpeng308@163.com。

一种符合 EN1279 充气中空玻璃用聚硫密封胶的研制及性能评价

佘安宇 王玉美 焦振峰 白慧 崔洪 邱凯 宫祥怡

郑州中原思蓝德高科股份有限公司 河南郑州 450000

摘 要 通过对比国内 GB/T 11944 及欧洲主要的建筑-中空玻璃用聚硫密封胶标准 EN1279，了解到满足 EN1279 标准的聚硫密封胶的有效使用寿命比满足 GB/T 11944 的长 10 年，《建筑用玻璃-中空玻璃》（EN1279）标准为目前比国内标准更先进的建筑中空玻璃标准；同时介绍了一种符合 EN1279 中充气中空玻璃标准要求的聚硫中空玻璃密封胶的研制及性能评价方法。

关键词 充气中空玻璃；EN1279；聚硫密封胶；研制及性能评价

Abstract By comparing domestic GB/T 11944 and the European standard building EN1279 for polysulfide sealant for insulating glass, it is found that the effective service life of polysulfide sealant meeting EN1279 is 10 years longer than GB/T 11944, EN1279 the glass-insulating glass standard is the architectural insulating glass standard which is more advanced than the domestic standard. At the same time, the development and performance evaluation method of the polysulfide insulating glass sealant complying with the requirements of the inflatable insulating glass standard in EN1279 is introduced.

Keywords inflatable Insulating glass; EN1279; polysulfide sealant; development and performance evaluation

1 引言

随着我国建筑业的不断发展，建筑总能耗也越来越高。中空玻璃作为节能建筑的一部分，如何提升中空玻璃的性能，降低因中空玻璃导致的能耗，以及如何延长中空玻璃的有效使用寿命，已成为建筑行业所关注的一个焦点。据卜宇波等多年的工程建筑监理经验，他指出建筑用中空玻璃的制造实施监造，对其制造材料、工艺实施控制，可有效提高中空玻璃的使用寿命，保证建筑用中空玻璃的节能、美观、耐久性等要求。马启元、李少甫等的分析指出建筑中空玻璃出现的过早结露、渗水、边缘开胶甚至外层玻璃坠落事故，多与边缘粘结耐久性和承载力不足有关。目前，欧洲、德国等发达国家对充气式中空玻璃的节能要求高，且对低能耗中空玻璃的应用比国内多，相比较而言，他们对充气中空玻璃用外道密封胶标准的研究也比较先进。国内尚无标准对充气中空玻璃用密封胶的性能做出规定。所以，通过解读国外中空玻璃用聚硫密封胶先进标准，确定先进性能要求，并研制一款具有高性能的充气中空玻璃用聚硫密封胶，对节能环保意义重大。

2 建筑用玻璃—中空玻璃标准的选定

国内，目前有关中空玻璃用弹性密封胶的产品标准有《中空玻璃用弹性密封胶》（GB/T 29755—2013）以及《建筑门窗幕墙用中空玻璃弹性密封胶》（JG/T 471—2015）[5]。GB/T 29755—2013 标准规定了产品满足应用的基本性能及最低合格要求，未规定表征不同质量水平材料的性能标准值，也未对产品质量持续稳定性和一致性提出要求，缺失密封胶粘结应用必需的技术性能[6]。JG/T 471—2015 标准立足于国际先进中空玻璃用弹性密封胶标准，并结合 GB/T 29755—2013，对中空玻璃用弹性聚硫密封胶的性能给出了规定。

国际上，《建筑用玻璃-中空玻璃》（EN1279）作为 CEN 成员奥地利、比利时、捷克、丹麦、芬兰、法国、德国、希腊、冰岛、意大利、卢森堡、马耳他、尼德兰、挪威、葡萄牙、西班牙、瑞典、瑞士和联合王国的国家必须执行的欧洲标准，存在英语、法语、德语三种公认的版本，标准中明确规定，从 2003 年 5 月起，这些国家的相关国标必须与该标准一致[7]。EN1279-3 附录 B 中明确指出满足本标准的聚硫密封胶的有效使用寿命至少为 25 年[8]，是目前建筑用中空玻璃标准中可预估寿命较长的方法标准，属于国际上较为先进的建筑用中空玻璃标准。该标准共包含 6 大部分，本文涉及聚硫密封胶性能的测试依据 EN1279-4，涉及充气中空玻璃性能测试及评价依据 EN1279-2、EN1279-3 进行。

3 实验部分

本文共设计了 4 个不同原胶含量的中空玻璃用外道聚硫密封胶 A 组分配方：含量分别为 25%、30%、35%、40%；并将这 4 个配方配套同一个 B 组分，按照质量比 A：B=10：1 的配比，依据 EN1279-2、EN1279-3、EN1279-4 部分进行检测。

3.1 主要原料及耗材

主要原料：液态聚硫橡胶、环保型增塑剂 A、环保型增塑剂 B、补强型填料、触变剂、增粘剂、促进剂 A、促进剂 B、MnO_2、炭黑。

耗材：浮法玻璃 75mm×12mm×6mm、(502±2)mm×(352±2)mm×4mm、12A 铝间隔条、MF910 丁基密封胶、3A 分子筛。

3.2 主要测试仪器

梅特勒电子天平、2L 双行星搅拌釜、电子万能试验机、三辊研磨机、2500L 搅拌机组、恒温鼓风干燥箱、中空玻璃紫外辐照试验箱和高低温交变试验箱。

3.3 密封胶的制备工艺

双组分聚硫密封胶 A 组分的制备工艺：按表 1 所示的配方量加入 2L 双行星搅拌釜，搅拌抽真空制得；B 组分的制备工艺：按表 2 所示配方量配料→搅拌釜初混和→三辊研磨机压碾→搅拌抽真空制得。

3.4 密封胶的性能测试

密封胶的性能测试主要依据《建筑用玻璃-中空玻璃第四部分：边缘密封胶的物理属性的试验方法》（EN1279-4）进行，包含工型试样的拉伸粘结性及水蒸气透过率测试。

拉伸粘结性规定将密封胶制备成 50mm×12mm×12mm 工型试样，并依据标准进行 4 种处理方式：①标准条件养护 21d 及养护后的各项老化处理；②热处理(60±2)℃×(168±

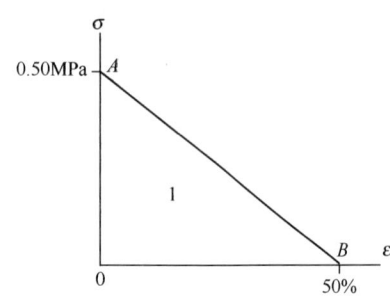

图 1　应力-应变曲线 OAB 示意图

5)h,③标准条件下浸水(168±5)h,④紫外(96±4)h处理后的拉伸测试。本部分规定了拉伸试样在应力-应变曲线的 OAB 区域内均无脱粘、无破坏,OAB 区域详情如图 1 所示;且符合本标准的密封胶的拉伸强度应≤2.0MPa,伸长率应≤150%。

水蒸气透过率测试,依据 EN1279-4 制备 2mm 厚的胶样,将水分含量小于 5% 的分子筛置于水蒸气透过率测试仪的透湿杯中,再将胶样放到透湿杯上,再将透湿杯置于(23±1)℃、相对湿度≥90% 的试验箱中,间隔一定的周期称量透湿杯的质量,并绘制时间—质量曲线图,取 6 个以上的数据连线趋于稳定时,则认为这条直线的斜率为水蒸气透过率。

3.5　中空玻璃性能的测试

充氩气中空玻璃的制备:玻璃尺寸(502±2)mm×(352±2)mm×4mm,铝间隔框规格为 12A,内道胶为 MF910G 丁基密封胶,每胶样制备 15 件。

(1) 水气渗透指数依据《建筑用玻璃-中空玻璃第二部分:水气渗透的长期试验方法和试验条件》(EN1279-2) 进行测定[9]。

(2) 气体泄漏率按《建筑用玻璃-中空玻璃第三部分:气体渗透和气体浓度的公差的长期测试方法和必要条件》(EN1279-3) 进行测定。

4　结果与讨论

4.1　不同原胶含量对密封胶性能的影响

在 A 组分配方中,保证其他原料种类及重量不变的情况下,仅改变原胶含量(配方详情见表 1),配套固定 B 组分(B 组分配方详情见表 2),依据 EN1279-4 测试密封胶性能。

表 1　不同原胶含量的密封胶 A 组分配方一览表

配方 原料	A-1 号 (25%)	A-2 号 (30%)	A-3 号 (35%)	A-4 号 (40%)
液态聚硫橡胶	26.67g	34.29g	43g	65.33g
环保型增塑剂 A	20g	20g	20g	20g
补强型填料	45g	45g	45g	45g
触变剂	13.05g	13.05g	13.05g	13.05g
增粘剂	1.5g	1.5g	1.5g	1.5g
促进剂 A	0.45g	0.45g	0.45g	0.45g

表 2　密封胶 B 组分配方一览表

B 组分配方(质量份数)	
MnO_2	37
环保型增塑剂 B	49
炭黑	6.36
促进剂 B	6.44
备注:使用比例为 A 组分∶B 组分=10∶1(质量比)	

测试项目包含4种条件下的拉伸粘结性实验及水蒸气透过率。不同原胶含量密封胶的拉伸测试数据见表3。

表3 不同原胶含量密封胶的拉伸测试数据表

编号	项目		A-1号(25%)	A-2号(30%)	A-3号(35%)	A-4号(40%)
1	标准条件21d	拉伸强度(MPa)	0.54	0.67	0.95	0.89
		伸长率(%)	84	76	119	167
2	(60±2)℃× (168±5)h	拉伸强度(MPa)	0.59	0.72	1.01	0.99
		伸长率(%)	70	65	112	162
3	浸水7d	拉伸强度(MPa)	0.57	0.69	0.98	0.90
		伸长率(%)	87	75	108	154
4	紫外线照射 (96±4)h	拉伸强度(MPa)	0.48	0.61	0.81	0.77
		伸长率(%)	63	66	108	173
5	水蒸气透过率[g/(m²·d)]		4.56	4.87	4.95	5.08

由表3数据可知，(1) 四个原胶含量配方的各拉伸试样在应力-应变曲线的 OAB 区域均无脱粘等任何形式的破坏，仅A-4号的伸长率超标，不满足本部分标准要求；(2) 随着A组分中原胶含量由25%递增到40%，制备的工型试样在标准条件及各种老化处理后的拉伸强度也递增，原因是随着原胶含量的增加，密封胶体系的交联度升高，导致拉伸强度的增加；(3) 当A组分中原胶含量为40%时，伸长率＞150%，不满足标准规定EN1279-4，分析原因可能是原胶含量升高到40%时，体系黏度降低明显，交联后没有足够量的填料去填充并支撑交联网状结构的骨架，导致弹性增加，伸长率变长；(4) 四个配方的水蒸气透过率数值相近，说明水蒸气透过率数值大小主要由材料种类决定，同一种材料不同配方的水蒸气透过率数值差别不大。

4.2 不同原胶含量对充气中空玻璃气体密封耐久性的影响

将A-1号、A-2号、A-3号、A-4号依据EN1279-3标准要求制备充气中空玻璃样件，要求初始氩气浓度≥90%，并按照本部分要求进行气体密封耐久性的测试。

将充气中空玻璃试件在标准实验室条件下养护2周后，进行如下2个阶段的测试：第一个阶段是从−18~53℃的一个高低温循环过程，每个循环12h，共28个循环，14天；第二个阶段是 t 为58℃、RH 为95%的高温高湿过程，持续4周。测试过程如图2所示。

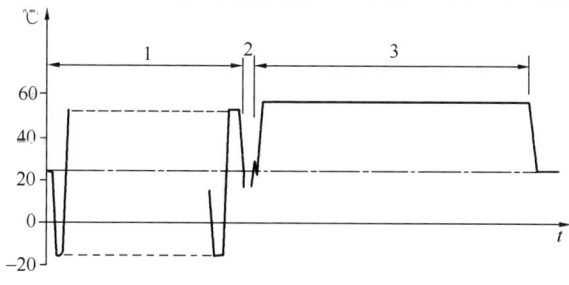

1—第一阶段为高低温循环试验
2—第二阶段为高温高湿试验
图2 气体密封耐久性试验温度-时间曲线

经过以上两个阶段的加速老化以后,测试充气中空玻璃单元中氩气浓度,计算氩气泄漏率(表4)。

表 4　气体泄漏率测试数据

项目	A-1号(25%)	A-2号(30%)	A-3号(35%)	A-4号(40%)
气体泄漏率<$1.00\%a^{-1}$	1.12	0.99	0.66	1.01
	1.16	1.02	0.65	1.00
单项判定	不合格	不合格	合格	不合格

由表4数据可知,A-1号、A-2号、A-4号,这三个配方依据EN1279-3气体密封耐久性测试后,气体泄漏率高于$1.00\%a-1$,不满足标准要求,仅A-3号配方满足。

4.3　不同原胶含量对充气中空玻璃耐久性水气渗透指数的影响

将满足EN1279-4标准要求的A-1号、A-2号、A-3号依据EN1279-2标准要求制备充气中空玻璃样件,要求初始氩气浓度≥90%,按照EN1279-2进行加速环境老化后水气渗透指数的测试。

将试件在标准实验室条件下养护2周后,进行如下2个阶段的测试:第一个阶段是从-18~53℃的一个高低温循环过程,每个循环12h,共56个循环,28天;第二个阶段是t为58℃、RH为95%的高温高湿过程,持续7周。测试过程如图2所示。

经过以上两个阶段的加速环境老化后,依据EN1279-2测试中空玻璃的水气渗透指数(表5)。

表 5　水气渗透指数测试数据

项目	指标要求	A-1号(25%)	A-2号(30%)	A-3号(35%)	A-4号(40%)
水分渗透指数平均值,I_{av}	≤20%	13.6	11	4.8	11.2
水分渗透指数最大值,I_{max}	≤25%	14.1	11.9	6.5	11.8
单项判定	—	合格	合格	合格	合格

由表5数据,可知,A-1号、A-2号、A-3号、A-4号,四个配方依据EN1279-2进行加速环境老化后,单个水气渗透指数均≤25%,平均水分渗透指数均≤20%,均满足标准要求;但拉伸强度较高的A-3号配方,其水分渗透指数单个值及均值均远小于A-1号、A-2号、A-4号。其原因可能是A-3号配方拉伸强度最大,能保证充气中空玻璃在经历高低温发生一定的变形时,不会脱粘,且伸长率适中,不会因为外道密封胶的过度热膨胀而引起内道丁基密封胶的脱粘,从而保证充气中空玻璃良好的气密性及水气透过率。

5　结语

综合本文的测试数据,可知四个配方中仅A-3号配方可完全满足EN1279-2、EN1279-3、EN1279-4标准要求。该配方的拉伸粘结强度最大,且伸长率适中,故经过加速环境老化后的气体泄漏率、水气渗透指数均是A-3号配方最小,从而保证了充气中空玻璃良好的气密性,可推断出采用该配方制备的聚硫密封胶作为外道密封制备的充气中空玻璃具有更长的使用寿命及应用优势,前景看好。

参考文献

[1]　宇波.中空玻璃失效的主要原因分析及质量控制[J].山西建筑,2017,43(25):124-125.

［2］ 马启元. 中空玻璃边缘的可靠粘接是其功能寿命的重要保障——气压荷载效应及粘结设计分析[A]. 北京粘结学会. 北京粘结学会第二十一届学术年会暨粘结技术创新与发展论坛论文集[C]. 北京粘结学会：北京粘结学会，2012：10.

［3］ 程鹏，邢凤群，金燕鸿，郭月萍，杨玉宁，冯培. 充气中空玻璃密封胶性能评价方法及选用[J]. 玻璃，2016，43(09)：37-43.

［4］ 中空玻璃用弹性密封胶：GB/T 29755—2013[S].

［5］ 建筑门窗幕墙中空玻璃弹性密封胶：JG/T 471—2015[S].

［6］ 程鹏，邢凤群，郭月萍，杨玉宁，金燕鸿，冯培.《建筑门窗幕墙用中空玻璃弹性密封胶》新标准解析[J]. 粘结，2016，37(03)：66-71.

［7］ EN1279-4 part 4：Methods of test for the physical attributes of edge seal[S].

［8］ EN1279-3 part 3：Long term test method and requirements for gas leakage and for gas concentration tolerances[S].

［9］ EN1279-2 part 2：Long term test method and requirements for moisture penetration[S].

作者简介

佘安宇(She Anyu)，女，1985年2月生，工程师，主要从事建筑、防腐及军用聚硫密封胶的研制工作；工作单位：郑州中原思蓝德高科股份有限公司；地址：郑州市中原区华山路213号；邮编：450000；联系电话：0371-67629125；E-mail：371898254@qq.com。

粘结形态对硅酮耐候密封胶性能的影响

谢 林 罗思彬 齐成龙 邓玉梅 黄 强

成都硅宝科技股份有限公司 四川成都 610041

摘 要 本文验证了粘结形态对不同位移能力硅酮耐候密封胶性能的影响，如定伸粘结性、粘结破坏面积、拉伸粘结强度、拉伸模量、最大拉伸强度时伸长率。试验结果表明，三面粘结容易造成第三面部位出现严重破坏，拉伸粘结强度衰减超过25%，低模量密封胶拉伸模量提升约25%，最大拉伸强度时伸长率衰减超过15%。

关键词 硅酮耐候密封胶；粘结形态；两面粘结；三面粘结

Abstract The effect of bonding morphology on the properties of silicone weathering sealants with different movement capability were verified by experiments, such as tensile properties at maintained extension, adhesion failure area, tensile strength, tensile modulus and elongation at maximum tensile strength. The experiment results show that the three-sided adhesion is likely to cause serious damage on the third surface, tensile strength is reduced more than 25%, the tensile modulus of the low modulus sealant is increased about 25%, and the elongation at maximum tensile strength is reduced more than 15%.

Keywords silicone weatherproofing sealant; bonding morphology; two-sided adhesion; three-sided adhesion

1 引言

建筑幕墙是由支承结构体系与面板组成、可相对主体结构有一定位移能力、不分担主体结构所受作用的建筑外围护结构或装饰性结构，它赋予建筑的最大特点是将建筑美学、建筑功能、建筑节能和建筑结构等因素有机地统一起来。

密封胶作为幕墙必不可少的材料，对幕墙的安全性起着非常重要的作用。幕墙板片会受到温度变化、主体结构变形等影响而产生位移，导致接缝宽度也会随之变化，这就要求密封胶具有较好的承受接缝位移的能力，在长期承受接缝宽度变化的情况下仍能保持良好的粘结密封效果。由于硅酮密封胶具有优异的耐气候老化和耐高低温性能，良好的粘结性；幕墙板片间接缝的防水密封主要采用硅酮耐候密封胶。

随着幕墙的大面积使用，密封胶失效的问题层出不穷（图1）。密封胶失效带来的直接危害是幕墙漏水，腐蚀幕墙锚固件，影响建筑的整体安全性，造成建筑物内饰的破坏，同时密封胶失效后的返修成本较高，且大大地增加了建筑的能耗。

密封胶失效的原因有很多，如接缝设计不合理、密封胶选择不当、粘结不良、粘结形态

四、材料性能

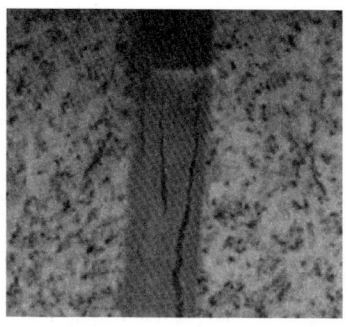

图 1　耐候密封胶密封失效案例

不合理、施工操作不当等。幕墙板片的接缝为移动性接口，密封胶的粘结形态对胶体本身的位移能力有较大的影响。粘结形态不合理，当三面粘结现象发生时，密封胶可承受的位移量会受到较大的限制，密封胶容易被撕裂导致胶体开裂，进而失去密封和防水作用。因此，硅酮耐候密封胶在接缝内应采用两面粘结，避免三面粘结。

三面粘结是指在接缝中填充密封胶时，与接缝两侧面和底面均粘结的方式，常用于非移动接缝，如图 2（a）所示；两面粘结是只与接缝两侧面粘结而不与接缝底面粘结的方式，使密封胶能自由地承受接缝的位移，如图 2（b）所示。

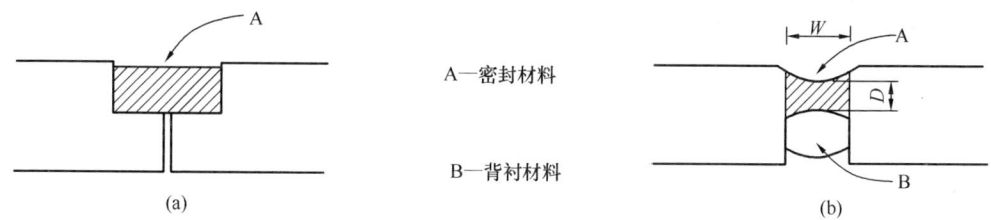

图 2　三面粘结和两面粘结示意图
（a）三面粘结；(b) 两面粘结

本文主要从定伸粘结性、粘结破坏面积、拉伸粘结强度、拉伸模量、最大拉伸强度时伸长率五个方面考察粘结形态对硅酮耐候密封胶性能的影响。

2　实验

2.1　主要原料及仪器

硅酮耐候密封胶：自产及市售共 4 种。浮法白玻：50mm×50mm×6mm，成都亮生玻璃制品有限公司。阳极氧化铝片：50mm×12mm×2mm，成都阳光铝制品有限公司。其具体见表 1。

表 1　硅酮耐候密封胶样品基本信息

编号	级别	次级别
样品 1	20 级	HM
样品 2	25 级	HM
样品 3	50 级	LM
样品 4	100/50 级	LM

电子万能材料试验机：AGS-J，精度 1.0 级，岛津仪器（苏州）有限公司。

2.2 试件制备及养护

试件的形状、尺寸、制备按 GB/T 14683—2017 要求进行，分别制备两面粘结和三面粘结的试件（图 3），密封胶的尺寸为 50mm×12mm×12mm（模拟接缝宽厚比为 1∶1 的硅酮耐候密封胶接缝），三面粘结试件制备时在隔离垫块组装腔内一侧加阳极氧化铝片。制备好的试件在标准试验条件温度（23±2）℃，相对湿度（50±5）％下养护 28d。

图 3　三面粘结和两面粘结试件
(a) 三面粘结；(b) 两面粘结

2.3 性能测试

定伸粘结性按 GB/T 13477.10—2017 测试；拉伸粘结强度、最大拉伸强度时伸长率、粘结破坏面积按 GB 16776—2005[5] 测试；拉伸模量按 GB/T 13477.8—2017[6] 测试。

3 结果与讨论

3.1 粘结形态对定伸粘结性、粘结破坏面积的影响

幕墙板片间使用硅酮耐候密封胶主要是进行防水密封，需要考虑的第一要素就是密封胶对基材的粘结性。首先就粘结形态对不同位移能力样品的定伸粘结性、粘结破坏面积的影响进行了测试（表 2）。

表 2　定伸粘结性、粘结破坏面积的测试结果

编号	100％定伸粘结性		粘结破坏面积（％）	
	两面粘结	三面粘结	两面粘结	三面粘结
样品 1	无破坏	内聚破坏 6.2mm	16	20
样品 2	无破坏	内聚破坏 3.6mm	1	1
样品 3	无破坏	内聚破坏 3.0mm	1	1
样品 4	无破坏	内聚破坏 3.4mm	0	0

由表 2 可见，对比两面粘结，三面粘结对定伸粘结性的影响非常大，两面粘结定伸无破

坏的硅酮耐候密封胶在三面粘结时均出现了不同程度的破坏（开裂），破坏都在第三面铝片与上下玻璃片的交界部位（图4）。结果表明，密封胶在三面粘结时相比两面粘结更容易发生破坏，说明幕墙板片接缝密封如果采用了三面粘结，更容易导致防水密封失效。

试验结果表明，两种粘结形态的粘结破坏面积基本没有差异性。对比两面粘结，三面粘结不会造成硅酮耐候密封胶与基材粘结破坏面积增大，即三面粘结对硅酮耐候密封胶与基材的粘结性不会造成影响。

3.2 粘结形态对拉伸粘结强度的影响

使用硅酮耐候密封胶对幕墙板片进行防水密封时，密封胶对基材的粘结性虽是考虑的第一要素，但密封胶与基材的粘结力也非常重要，因此考察了粘结形态对不同位移能力样品拉伸粘结强度的影响（表3、图5）。

图4　三面粘结在100％定伸粘结性破坏示意图

表3　拉伸粘结强度的测试结果

编号	拉伸粘结强度（MPa）		三面粘结拉伸粘结强度-衰减率（％）
	两面粘结	三面粘结	
样品1	1.12	0.79	29
样品2	1.08	0.74	31
样品3	1.39	0.95	32
样品4	1.34	0.99	26

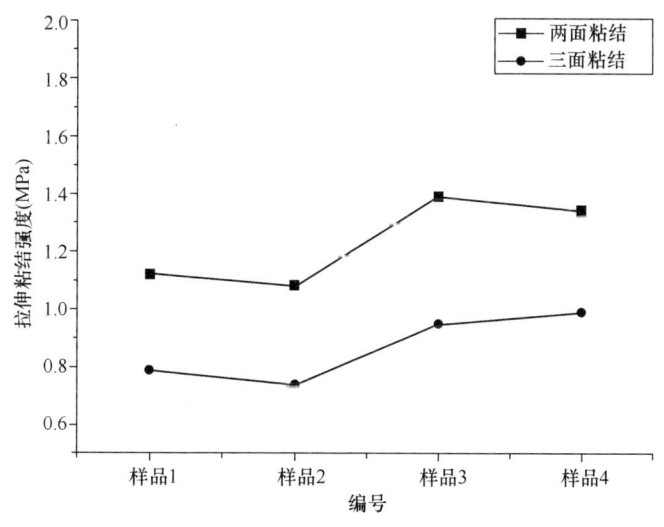

图5　粘结形态对拉伸粘结强度的影响

由表3和图5可见，对比两面粘结，三面粘结会造成硅酮耐候密封胶拉伸粘结强度降低，降幅25％以上。这说明在幕墙板片受外力作用拉伸时，三面粘结的硅酮耐候密封胶更容易被撕裂。

3.3 粘结形态对拉伸模量的影响

拉伸模量是指密封胶在给定伸长率下的拉伸应力与相对伸长之比[2]，分为高模量（HM）、低模量（LM）两个次级别。使用硅酮耐候密封胶对幕墙板片进行防水密封时，需根据不同使用部位选择高模量或低模量的产品，因此考察了粘结形态对不同位移能力样品拉伸模量的影响（表4、图6）。

表4 拉伸模量的测试结果

编号	100%拉伸模量（MPa）		三面粘结100%拉伸模量-衰减率（%）
	两面粘结	三面粘结	
样品1	0.75	0.73	3
样品2	0.55	0.55	0
样品3	0.36	0.45	−25
样品4	0.38	0.47	−24

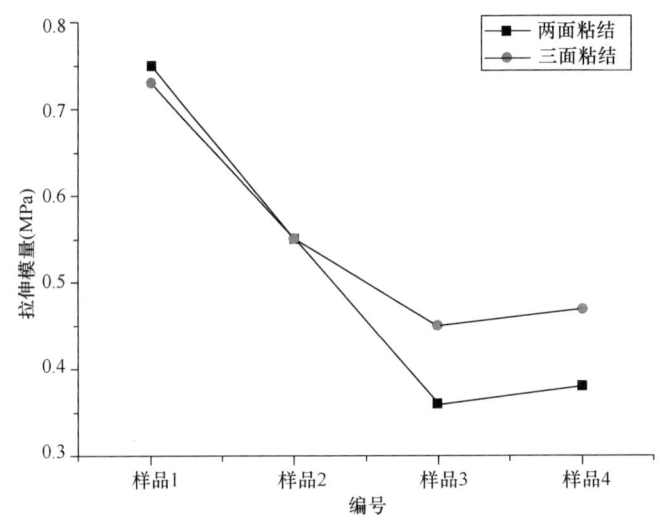

图6 粘结形态对拉伸模量的影响

由表4和图6可见，高模量密封胶和低模量密封胶在不同粘结形态时呈现出不一样的试验结果。两面粘结和三面粘结对高模量的硅酮耐候密封胶在100%拉伸时的模量数值没有影响。但低模量的硅酮耐候密封胶，三面粘结在100%拉伸时的模量数值会提升约25%左右；三面粘结会使原本低模量的硅酮耐候密封胶变成高模量的硅酮耐候密封胶。

3.4 粘结形态对最大拉伸强度时伸长率的影响

最大拉伸强度时伸长率表征的是密封胶在其拉伸应力（拉伸粘结强度）达到最大值时的位移量，当超过这个位移量，密封胶开始逐渐破坏，此项目对硅酮耐候密封胶选型具有一定的指导意义，因此考察了粘结形态对不同位移能力样品最大拉伸强度时伸长率的影响（表5、图7）。

表5 最大拉伸强度时伸长率的测试结果

编号	最大拉伸强度时伸长率（%）		三面粘结最大拉伸强度时伸长率-衰减率（%）
	两面粘结	三面粘结	
样品1	230	187	19
样品2	438	363	17
样品3	582	491	16
样品4	594	478	20

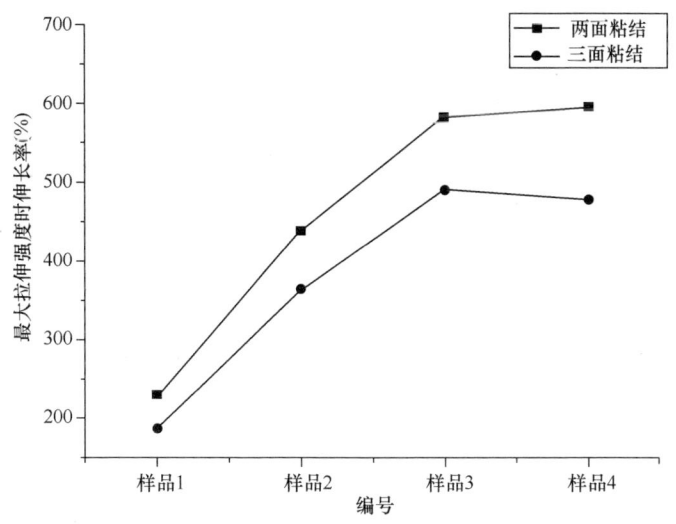

图7 粘结形态对最大拉伸强度时伸长率的影响

由表5和图7可见，对比两面粘结，三面粘结会造成硅酮耐候密封胶最大拉伸强度时伸长率降低，降幅在15%以上，这是因为当三面粘结现象发生时，硅酮耐候密封胶的位移能力受到了限制。

4 结语

本文主要测试了硅酮耐候密封胶接口宽厚比1∶1时粘结形态对其定伸粘结性、粘结破坏面积、拉伸粘结强度、拉伸模量、最大拉伸强度时伸长率的影响。可以看出，三面粘结容易造成第三面部位出现严重破坏，拉伸粘结强度衰减超过25%、最大拉伸强度时伸长率衰减超过15%、低模量密封胶拉伸模量提升约25%。结合实际应用，硅酮耐候密封胶接口的宽厚比在2∶1时，三面粘结会使硅酮耐候密封胶的位移能力出现更大的衰减变化。

三面粘结对硅酮耐候密封胶的性能影响非常大，会使位移能力原本满足或超出使用要求的硅酮耐候密封胶变得不再满足要求，出现不同程度的开裂，从而失去密封和防渗漏作用。因此在幕墙板片间设计施工时，一定要避免三面粘结，采用PE泡沫棒或防粘胶带能够有效避免三面粘结。对于较深的接口应采用PE泡沫棒填充，控制密封胶厚度同时隔离底部；对于较浅的接缝，应采用防粘胶带将密封胶与底部隔离。

参考文献

[1] 中国建筑科学研究院. 玻璃幕墙工程技术规范：JGJ 102—2003[S]. 北京：中国建筑工业出版社，2003.

[2] 全国轻质与装饰装修建筑材料标准化技术委员会. 建筑密封材料术语：GB/T 14682—2006 [S]. 北京：中国标准出版社，2006.

[3] 全国轻质与装饰装修建筑材料标准化技术委员会. 硅酮和改性硅酮建筑密封胶：GB/T 14683—2017 [S]. 北京：中国标准出版社，2017.

[4] 全国轻质与装饰装修建筑材料标准化技术委员会. 建筑密封材料试验方法 第10部分：定伸粘结性的测定：GB/T 13477.10—2017[S]. 北京：中国标准出版社，2017.

[5] 全国轻质与装饰装修建筑材料标准化技术委员会. 建筑用硅酮结构密封胶：GB 16776—2005[S]. 北京：中国标准出版社，2005.

[6] 全国轻质与装饰装修建筑材料标准化技术委员会. 建筑密封材料试验方法 第8部分：拉伸粘结性的测定：GB/T 13477.8—2017 [S]. 北京：中国标准出版社，2017.

作者简介

谢林（Xie Lin），女，工程师，主要从事有机硅密封胶的检测和应用研究；E-mail：xielin@cnguibao.com。

大工程，小材料——硅酮结构密封胶在建筑幕墙上的应用

王有治　罗思彬

成都硅宝科技股份有限公司　四川成都　610041

摘　要　硅酮结构密封胶有优异的耐气候老化、良好的粘结性，广泛应用于建筑幕墙的结构性粘结，虽然只是幕墙工程中的一种小材料，但还是出现了各种各样的应用问题。本文讨论了极端气候环境对硅酮结构密封胶的影响，常见的硅酮结构密封胶失效问题，以及如何从设计、选材、施工等方面保证硅酮结构密封胶在幕墙上的使用寿命，特别是在极端气候环境下具有优异的性能表现。

关键词　幕墙；硅酮结构密封胶；粘结

Abstract　Silicone structural sealant has excellent weatherability, good adhesion, widely used in building curtain wall structural adhesion, although silicone structural sealant only as a small material used in building curtain wall, but there are still a variety of application problems. This paper discusses the influence of extreme climate environment on silicone structural sealant, common failure cases, and how to ensure the service life of silicone structure sealant on curtain wall from design, material selection, sealant application and other aspects, especially in extreme climate environment with excellent performance.

Keywords　curtain wall; silicone structural sealant; adhesion

1　引言

建筑幕墙的应用始于19世纪末，在20世纪50年代，玻璃幕墙开始大规模应用于建筑外围护结构，宣告建筑幕墙时代到来。20世纪80年代，我国幕墙建筑开始萌芽，1981年修建的广州广交会展馆是我国幕墙时代开始的标志，将近40年的发展使我国建筑幕墙行业实现了从无到有、从模仿引进到自主创新的跨越式发展。目前，我国已成为世界建筑幕墙生产和使用的第一大国[1]。

建筑幕墙的发展带动了相关材料的发展，建筑幕墙用材料可分为板材、支撑结构、密封填缝材料、结构粘结材料四大部分。其中，板材通常采用金属、玻璃、陶瓷和石板等材质，而内部支承结构则采用玻璃肋、钢结构以及铝横梁立柱等结构形式，还包括连接板片与型材之间的硅酮结构密封胶、中空玻璃二道密封用密封胶、起到防水密封作用的硅酮耐候密封胶，以及衬垫的橡胶条类材料[2]。在实际工程应用中，大家对于铝材、玻璃等大宗材料的关注度都比较高，往往会忽略密封胶这类小材料。密封胶在幕墙工程中的造价占比不超过

3%,但在整个幕墙系统中却起到了至关重要的作用,一旦发生失效,后期的维护、返修费用十分高昂。本文主要针对密封胶在幕墙工程应用中容易出现的问题进行分析,并提出相应的解决参考建议。

2 气候环境影响

一般而言,建筑的设计使用年限都在 50 年以上,这就要求使用的材料也必须具有较长的使用寿命,到目前为止,硅酮密封胶在建筑幕墙上已经有四十多年的应用历史。近年来建筑幕墙的超高化以及板片的大型化、复杂化、多样化,让大家对建筑幕墙安全性的关注度越来越高,各项关注既有幕墙安全性的法规也纷纷出台,同时对结构及接缝密封胶性能也提出了更高的要求。具有高强度、高伸长率、优良粘结性、耐久性等特点的高性能结构密封胶应运而生并得到了广泛应用。但极端气候环境对建筑幕墙的使用寿命仍是一项比较严苛的挑战。

2.1 地震

我国位于世界两大地震带——环太平洋地震带与欧亚地震带之间,受太平洋板块、印度板块和菲律宾海板块的挤压,地震断裂带十分活跃。地震中容易发生断层错动、地震波引起地面振动,造成如地面破坏、建筑物与构造物的破坏、山体滑坡等危害。1995 年日本阪神大地震和 1999 年台湾大地震中均有大量的玻璃窗震害的报告,却没有震后幕墙危害报告,2008 年四川汶川 5.12 大地震中,幕墙的抗震性能优于其他形式的外墙围护装饰抗震得到了充分的体现(图 1)[3]。

图 1 2008 年汶川地震都江堰骨科医院外墙破坏,幕墙完好[3]

建筑幕墙是由支撑结构体系与面板组成、可相对主体结构有一定位移能力、不分担主体结构所受作用的建筑外围护结构或装饰性结构[4]。幕墙本身的构造特点使得它能承受大的平面内变形而不破损,例如,玻璃幕墙大部分会使用硅酮结构密封胶作为柔性连接,石材幕墙和铝板幕墙会使用支承结构(横梁立柱、钢结构、连接件等等)与建筑主体连接。许多工程所进行的幕墙平面内变形试验表明,符合规范设计要求的幕墙可以承受 1/100 层高的平面内水平位移而不破损(图 2)[5]。

硅酮结构密封胶自身具有较高的粘结强度,能够起到结构粘结的作用,同时良好的弹性

图 2 2008年汶川地震都江堰水利大厦填充墙破坏，幕墙完好[5]

能够在玻璃幕墙中传递玻璃与主体框架之间的层间位移变化。硅酮耐候密封胶经常作为幕墙板片间的防水密封材料使用，还可以在幕墙板片出现位移变化时，起到弹性缓冲保护作用。当地震来临时，硅酮结构密封胶和耐候密封胶可以对建筑幕墙起到很好的保护作用。

历年大地震结果表明，建筑幕墙在地震中的安全性远优于一般建筑，只要建筑主体结构尚未倒塌，幕墙相对都保存得比较完好。说明只要设计严格（提高设计安全系数）、选材合理、施工规范，就可以保证幕墙在地震地区有优异的抗震性能。

2.2 台风

近年来，台风频频侵袭，不仅对农作物、树木、电力、道路等造成极大破坏，同时也造成大量建筑受损，给建筑外围护结构——幕墙造成了不同程度的损坏，也给我国高层建筑幕墙带来了一次次的严峻考验。

2016年9月15日第14号台风"莫兰蒂"对厦门的建筑幕墙造成了不同程度的破坏，据调查，很多建筑幕墙受损，少数受损比较严重，个别项目玻璃破损高达70%以上。经过分析，虽然此次台风的实际风力超出幕墙风荷载设计值是幕墙破坏最为主要的原因，但也不排除某些项目上设计取值偏低、材料配置不足、施工质量差以及防范台风意识不强等因素（图3）[6]。

图 3 "莫兰蒂"台风后玻璃幕墙出现板片破损

2018年9月16日17时，第22号台风"山竹"（强台风级）在广东台山海宴镇登陆，登陆中心附近最大风力14级（45m/s，相当于162km/h），中心最低气压955百帕。与2016年9月"莫兰蒂"台风袭击厦门相比，其风力等级、风速等几乎持平。同样，在这次台风中，广东、广西、香港等地区的建筑幕墙也出现了不同程度的损坏（图4）。

图4 "山竹"台风中玻璃幕墙板片出现破损

2.3 暴雨

近年来，全国各地每年夏季都有很多城市遭遇暴雨袭击，连续的暴雨通常伴随着大风天气，对建筑幕墙的结构安全和防水密封进行了严厉的考验。暴雨天气幕墙出现的主要问题是漏水，密封胶各种形式的粉化开裂，导致雨水通过胶缝渗入室内，造成室内装饰破坏，甚至腐蚀部分结构性型材和锚固件，造成结构安全隐患（图5）。

(a)　　　　　　　　　　　　(b)

图5 石材幕墙密封胶注胶不饱满和铝板幕墙密封胶开裂
（a）石材幕墙密封胶注胶不饱满；（b）铝板幕墙密封胶开裂

3 硅酮结构密封胶失效案例原因分析

在极端的气候环境下，我们可以看到设计严格、选材合理、施工规范可以保证硅酮密封胶在建筑幕墙上发挥良好的作用。但尽管如此，国内关于幕墙板片坠落、结构密封胶粘结破坏、耐候密封胶防水失效的案例仍频频发生。本文将从以下几个方面来进行分析：

3.1 设计问题

硅酮结构密封胶必须具有足够的宽度以承受风压和自重等因素。设计风压和玻璃的尺寸越大，硅酮结构密封胶宽度就越大；同样板片越重，硅酮结构密封胶的宽度就越大。正确的硅酮结构密封胶设计使密封胶容易安装，并可减小由不同温差位移引起的应力。硅酮结构密封胶设计必须参照《玻璃幕墙工程技术规范》（JGJ 102—2003）进行计算，同时硅酮结构密封胶不能限制在狭小的范围，以免影响密封胶固化。

3.2 硅酮结构密封胶粘结失效

硅酮结构密封胶在玻璃幕墙使用过程中受力十分复杂，不仅承受正反方向的风荷载，还要承受剪切、撕裂、机械疲劳、蠕变等各种不同的作用力。故而，要求硅酮结构密封胶必须具有较高的抗拉、抗剪、抗压和剥离粘结强度。结构密封胶粘结一旦失效会造成较大的安全隐患，这就需要我们选用符合设计要求的高品质硅酮结构密封胶（图6）。粘结是物理作用和化学作用共同体现的结果，因此还和以下因素有关：基材表面情况如粗糙度、表面能和化学组成等，表面的清洁程度、清洁溶剂选择、养护固化条件等。

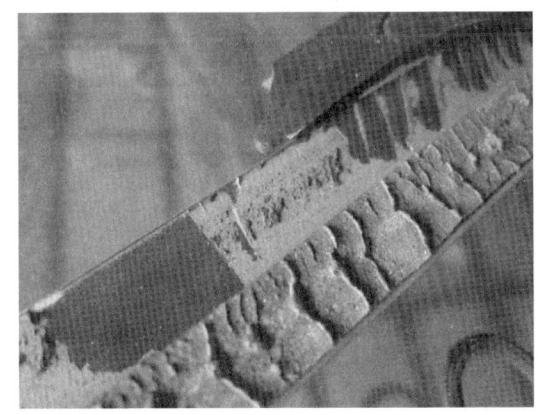

图6 硅酮结构密封胶与附框粘结失效

3.2.1 胶的材质问题

硅酮结构密封胶的基本成分是羟端基聚二甲基硅氧烷聚合物，同时添加补强填料、催化剂、增塑剂等。目前硅酮结构密封胶的市场极为混乱，部分生产厂家为追求利益最大化，从降低成本着手，不惜加入劣质原材料，导致硅酮密封胶质量参差不齐，幕墙在竣工投入使用后短时间内便出现粘结失效、渗水、开裂粉化、流油甚至导致玻璃坠落等问题。

隐框或半隐框幕墙使用的中空玻璃，二道密封也必须选用硅酮结构密封胶，不能选用聚硫密封胶，防止后期出现由于胶体自身老化导致的中空玻璃外片脱落问题（图7）。

图7 开启扇中空玻璃外片掉落（聚硫密封胶）

3.2.2 胶的老化问题

由于玻璃幕墙在自然条件下要经受光、热、氧、雨、水等大气原因的影响，太阳光中的紫外线可以直接破坏高分子聚合物的分子链或诱发光氧反应，由材料表面逐渐向材料内部发展，使材料老化、性能下降。太阳光中的红外线经材料吸收转化为热能后使材料温度升高，会加速材料的分子运动，诱发热氧化反应，使高聚物降解，也使材料老化、性能下降。硅酮密封胶本身具有良好的耐气候老化性能，需要杜绝劣质的硅酮密封胶、改性硅酮密封胶作为幕墙的结构性使用。

3.2.3 施工工艺和养护时间

早期的幕墙工程，由于没有明确施胶的环境条件等要求，导致施工不规范，如工地现场施胶等，从而影响到硅酮结构密封胶的性能。这是因为温度、湿度是决定硅酮结构密封胶固化的主要因素，温度、湿度越高，固化越快，但过大的湿度也可能会抑制硅酮结构密封胶的固化；现场的灰尘或杂质也会影响到施胶质量和粘结效果。

4 硅酮结构密封胶使用指导建议

4.1 设计方面

硅酮结构密封胶承受荷载和作用产生的应力大小，关系到幕墙构件的安全，对结构密封胶必须进行承载力核算，而且必须要保证最小的粘结宽度和厚度。硅酮结构密封胶的拉伸粘结强度值在国家强制性标准《建筑用硅酮结构密封胶》（GB 16776—2005）中明确规定了不低于0.60MPa；在风荷载或地震作用下，其总安全系数取值不小于4。根据《玻璃幕墙工程技术规范》（JGJ 102—2003）中硅酮结构密封胶的强度设计值：$f_1=0.2$N/mm^2，$f_2=0.01$N/mm^2。这个取值是根据概率极限状态设计方法来的，不应因选取的密封胶不同而轻易进行更改。

4.1.1 建议选用超高性能硅酮结构密封胶

针对在地震和沿海台风多发地区，在进行硅酮结构密封胶计算时，可以考虑提高系统的整体安全系数，尽量采用超高性能硅酮结构密封胶（强度值≥1.2MPa），提高胶的安全系数，保证粘结部位有充分的余量，能够应对极端气候环境。

4.1.2 台风区域适当提高设计基本风压

在进行硅酮结构密封胶计算时，需要考虑风荷载、地震作用、板片永久荷载的影响。在超强台风区域，相对而言，地震作用、板片永久荷载影响相对比较稳定，而波动较大的是风荷载的变化。

台风"山竹"登陆时，登陆时中心附近最大风力14级（45m/s，相当于162kg/h），核算出来的风压为1.26kN/m^2，已经超过了深圳和厦门地区百年以来的风压值（表1）。因此在台风多发区域进行设计核算时，可以考虑提高基本风压，进而抵御超强台风。

表1 风压从《建筑结构荷载规范》（GB 50009—2012）附录E摘录

地区	海拔（m）	风压（kN/m^2）		
		$R=10$	$R=50$	$R=100$
广州	6.6	0.30	0.50	0.60
深圳	18.2	0.45	0.75	0.90
厦门	139.4	0.50	0.80	0.95

4.1.3 提高中空玻璃外片的承载能力

玻璃幕墙采用中空玻璃时，应符合现行国家标准《中空玻璃》（GB/T 11944—2012）：中空玻璃应采用双道密封；隐框、半隐框及点支承玻璃幕墙用中空玻璃的二道密封胶应采用硅酮结构密封胶，中空玻璃结构密封胶宽度应≥5mm，内道丁基胶层宽度应≥3mm。中空玻璃的二道密封胶接口设计可以参考《玻璃幕墙工程技术规范》（JGJ 102—2003）中第5.6章节进行核算。考虑超强台风时，二道密封胶的粘结宽度应大于计算值，保证风荷载增大时中空玻璃外片也能够完整地粘合在主体结构上，防止出现由于外片粘结宽度不够而导致的外片掉落。

4.1.4 明确特殊部位做法

在超强台风的作用下，幕墙开启扇部位不可避免会发生一些漏水的情况，开启扇部位类似于隐框玻璃幕墙，其中空玻璃二道密封也应选用硅酮结构密封胶。在特殊部位的设计时，如异形造型、转角部位，及需要现场板片切割时，必须明确材料的具体做法，且预留足够的空间保证密封胶的粘结。

4.2 产品选用

幕墙结构性装配时，必须选择满足国家标准《建筑用硅酮结构密封胶》（GB 16776）要求的硅酮结构密封胶，不能使用硅酮耐候胶，甚至是非硅酮类的产品。这些产品不能适用于结构性设计要求，使用会存在严重的安全隐患。

密封胶在运输、存储过程中不可避免会受热，受热后其物理性能可能衰减导致出现提前过期现象。特别是在夏天，温度较高，这种现象比较明显。因此，密封胶在使用前应通过表干时间测试进行粗略判断，还应将硅酮胶打成胶条，待其固化3天后用手拉伸以测试其是否具有弹性，如果弹性良好则可以使用。

4.3 项目开工前测试

硅酮结构密封胶在使用前，应经国家认可的检测机构进行与其相接触材料的相容性和剥离粘结性测试，并对邵氏硬度、标准状态拉伸粘结性能进行复检（图8）。

图8 相容性和剥离粘结性测试

4.4 现场测试

在项目施胶前，需要对密封胶进行检查。幕墙板片大多是在工厂内使用设备混合的双组分硅酮结构密封胶装配而成，在每天施胶时必须进行蝴蝶测试（确认胶是否混合均匀）、拉断测试(确认胶的可操作时间)、随批剥离粘结性测试(确认胶与基材的粘结性),必要时进行蛇形测试(确认胶的整体固化是否正常)(图9)。

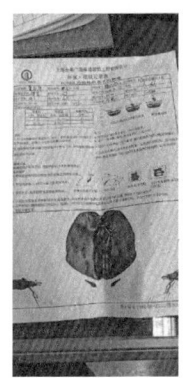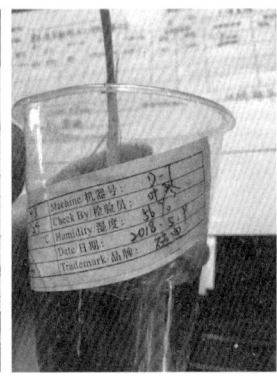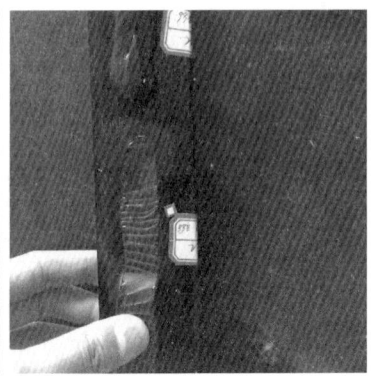

图 9 蝴蝶测试、拉断测试和随批剥离粘结性测试

4.5 现场记录

密封胶在施工时,必须严格按照标准的施工流程进行,标准的"两块抹布清洁法",必要时使用底涂预处理,保证施胶的厚度和宽度满足设计要求,注胶过程中保证均匀一致性,防止引入气泡等,并做好相应的施工记录(图10)。

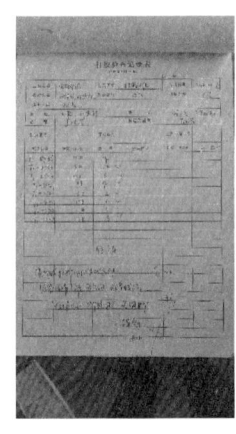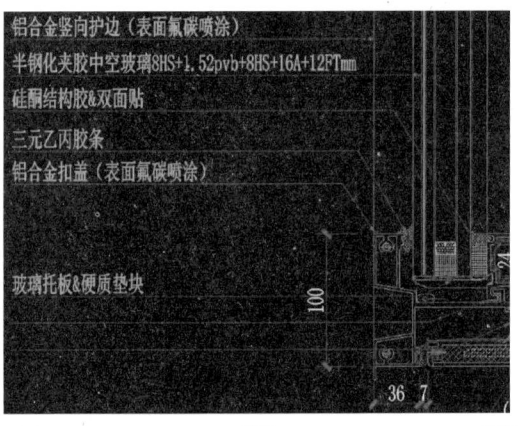

图 10 施胶记录表和密封胶尺寸设计

4.6 养护

硅酮结构密封胶的固化受外界环境的影响较大,冬季和夏季硅酮结构密封胶固化的速度有一定差异,因此,硅酮结构密封胶在施打后应严格按照标准进行养护,才能达到较好的应用性能。幕墙板片在搬运和安装之前,均必须进行现场的割胶测试予以确认,如果密封胶没有固化完全,与基材粘结效果不佳,不允许进行板片的搬运及安装操作。

4.7 现场质量检查

成品割胶测试适用于装配现场测试结构密封胶粘结性的检查(图11),用于发现工地应用中的问题,如:基材不清洁或清洁不当、使用不合适的底涂、施工方法不当、不正确的接缝装配、接缝设计不合理以及其他影响粘结性的问题。该项检测需硅酮结构密封胶在标准条件下完全固化后进行,完全固化时间通常需要14~21d(双组分14d,单组分21d)。

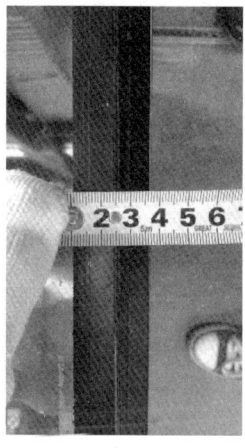

图 11 现场割胶检查

4.8 建筑幕墙维护

根据《玻璃幕墙工程技术规范》(JGJ 102—2003)要求,建筑幕墙竣工验收后一年时,应进行全面的检查,此后每五年检查一次。同时,在出现恶劣天气后,应及时进行全面的系统排查。

在幕墙的定期维护保养过程中,我们首先需要检查硅酮结构密封胶与基材的粘结性,并对硬度值进行检测,初步判断胶体的老化情况,如有必要现场割胶后进行定量的力学性能考察。同时,针对检查出来的问题尽快制订专业的维修方案,保证幕墙的结构安全和防水密封性能。

5 结语

建筑幕墙是一个系统性的工程,硅酮结构密封胶作为整个体系中的小材料,发挥着巨大的作用。因此,要求在极端气候(地震或台风)区域,在设计时提高硅酮结构密封胶在幕墙应用中的总体安全系数。同时选择正确的材料,完善的检测手段,规范化的施工流程以及到位的后期维护工作也是保证硅酮结构密封胶在幕墙上安全应用的几大要素。

参考文献

[1] 黄小坤,赵西安,刘军进,等. 我国建筑幕墙技术 30 年发展[J]. 建筑科学,2013,29(11):80-88.
[2] 刘彦博,石晓东. 玻璃幕墙用建筑密封胶和结构密封胶的选用[J]. 粘结,2005,26(3):55-56.
[3] 龙文志. 反思汶川地震的门窗和幕墙抗震性[J]. 门窗,2008(8):10-14.
[4] 中国建筑科学研究院. 玻璃幕墙工程技术规范:JGJ 102—2008[S]. 北京:中国建筑工业出版社,2003.
[5] 赵西安. 四川汶川大地震中玻璃窗和玻璃幕墙抗震性能的初步分析[C]// 中国玻璃行业年会暨技术研讨会,2008.
[6] 仵永明. 干货:下次台风来之前,幕墙工程商必须掌握这些![EL/OL]:http://www.alwindoor.com/info/2016-11-10/42064-5.htm.
[7] 徐勤,王骅. 玻璃幕墙用硅酮结构密封胶安全性能指标对比研究[J]. 中国建筑防水,2013(10):23-26.

[8] 全国轻质与装饰装修建筑材料标准化技术委员会. 建筑用硅酮结构密封胶：GB 16776—2005 [S]. 北京：中国标准出版社，2005.

作者简介

罗思彬(Luo Sibin)，男，1985 年生，硅宝科技应用技术服务工程师，主要从事有机硅室温胶的应用研究；联系地址：610041 成都市高新区新园大道 16 号；E-mail：sibinluo@cnguibao.com。